磷资源开发利用丛书

总主编 池汝安

副总主编 杨光富 梅 毅

磷 石 膏

第 13 卷

余军霞 丁一刚 张战利 张华丽 等 编著

科学出版社

北 京

内 容 简 介

本书梳理了近几年国内外有关磷石膏的科研成果,主要介绍磷石膏的产生与堆存现状、源头减量、净化与无害化处理、综合利用和硫钙的循环利用,以及磷石膏堆场管理和生态修复,并对磷石膏的利用前景和政策支持进行了展望。

本书可作为从事磷化工研究与生产的高等院校师生、科研院所的科研人员及企事业单位技术人员的参考用书。

图书在版编目(CIP)数据

磷石膏. 第 13 卷 / 余军霞等编著. -- 北京:科学出版社,2024.6. --(磷资源开发利用丛书 / 池汝安总主编). -- ISBN 978-7-03-078794-1

Ⅰ. P578.92

中国国家版本馆 CIP 数据核字第 20247JQ609 号

责任编辑:刘翠娜 孙静惠 / 责任校对:杨 赛
责任印制:师艳茹 / 封面设计:赫 健

科学出版社 出版

北京东黄城根北街 16 号
邮政编码:100717
http://www.sciencep.com

北京中科印刷有限公司印刷
科学出版社发行 各地新华书店经销

*

2024 年 6 月第 一 版 开本:787×1092 1/16
2024 年 6 月第一次印刷 印张:20 1/4
字数:460 000

定价:260.00 元
(如有印装质量问题,我社负责调换)

"磷资源开发利用"丛书编委会

本书编委会

顾 问

王焰新　杜　耘　王发洲　李国璋　杨　超　池汝安　马保国
李会泉　王锦举　邓忠明　史　红　粘来霞　李斗林　李少平
王　杰　刘　畅

主 编

余军霞

副主编

丁一刚　张战利　张华丽

编 委（按姓氏笔画排序）

习本军　马会娟　马保国　王　龙　王　斌　王云山　王石泉
王宏霞　邓　华　邓伏礼　邓祥意　邓曦东　古永红　龙秉文
匡步肖　向　兰　刘仁龙　刘生鹏　江山竹　阮耀阳　李　防
李小娣　李中军　李东升　李永双　李先福　李洪强　李智力
李耀基　杨　刚　杨秀山　肖　炘　肖春桥　何　桔　何东升
邹　静　邹　箐　汪国靖　张　莉　张　娟　张　婷　张越非
陈　伟　陈　偏　罗惠华　周　芳　周　俊　周若瑜　周昌林
郑光明　孟子衡　胡雄杰　贺余梅　唐　佩　黄　健　黄志亮
黄胜超　戚华辉　龚家竹　梁　欢　韩庆文　舒　巧　谢　闯
虞云峰　蔡　忠　熊成雪　蹇守卫

"磷资源开发利用"丛书出版说明

磷是不可再生战略资源，是保障我国粮食生产安全和高新技术发展的重要物质基础，磷资源开发利用技术是一个国家化学工业发展水平的重要标志之一。"磷资源开发利用"丛书由湖北三峡实验室组织我国300余名专家学者和一线生产工程师，历时四年，围绕磷元素化学、磷矿资源、磷矿采选、磷化学品和磷石膏利用的全产业链编撰的一套由《磷元素化学》《磷矿地质与资源》《磷矿采矿》《磷矿分选富集》《磷矿物与材料》《黄磷》《热法磷酸》《磷酸盐》《湿法磷酸》《磷肥与磷复肥》《有机磷化合物》《药用有机磷化合物》《磷石膏》《磷英汉化工词典》组成的丛书，共计 14 卷，以期成为磷资源开发利用领域最完整的重要参考用书，促进我国磷资源科学开发和磷化工技术转型升级与可持续发展。

　　磷肥和磷化工对于农业生产和磷基化学品高新技术产业发展至关重要。然而，湿法磷酸生产过程中产生的大量磷石膏是化学工业中排放量最大的固体废物之一。磷石膏主要成分除硫酸钙外，还含少量磷酸、硅、镁、铁、铝、氟、有机杂质等。巨量磷石膏堆存，不但占用大量土地，而且造成严重的环境污染。迄今，全世界磷石膏的有效利用率不到 10%。因此，如何低成本处置和规模化利用磷石膏，成为生态环境保护和磷肥与磷化工产业可持续发展的技术瓶颈，是亟待解决的难题。

　　我国从 20 世纪 50 年代开始发展的磷肥产业受限于本土磷矿资源的空间分布，集中在长江流域。数十年来，磷肥产量不断提高，排放的磷石膏废渣堆积量也不断增加。目前，我国不仅是全球最大的磷肥生产国，也因此成为世界第一大磷石膏副产国：磷石膏堆存量已经超过 7 亿 t，每年还以大约 7500 万 t 的速度递增，主要分布在长江经济带。

　　对于环境科学工作者而言，固废是放错了地方的资源。作为十大湖北实验室之一的湖北三峡实验室，定位绿色化工，将磷石膏综合利用作为实验室研发的重中之重。为了更好地指导磷石膏处置和利用，实验室组织专家编写了《磷石膏》，从磷石膏产生、源头减量、净化与无害化处理，到磷石膏综合利用和循环利用及堆场的管理与生态修复，全面梳理了国内外相关最新研究成果，以期对高等院校师生、科研院所的科研人员和磷石膏企业科技人员的科研与教学工作有所裨益。

　　我相信，《磷石膏》一书的出版发行，将有力推动我国磷石膏综合利用的创新与实践，助力长江大保护、国家粮食安全和长江经济带高质量发展。

中国科学院院士

中国地质大学（武汉）校长

2023 年 5 月 18 日

湿法磷酸生产是磷化工的基础，不仅关系到农业发展和粮食安全，而且关系到高新技术产业发展对磷基化学品的需求，是国家经济社会发展的重要基石。然而湿法磷酸生产中用硫酸分解磷精矿时会产生大量固体废渣磷石膏，每生产 1t 湿法磷酸（以 P_2O_5 计）约产生 4.5t 的磷石膏。磷石膏对环境污染大，现已成为制约产业发展的重大技术难题。在国外，磷石膏大多堆放处理，综合利用程度低，因此，磷石膏污染也是全球难以解决的重大难题。

目前我国磷石膏堆存量已超过 7 亿 t，每年新增约 7500 万 t，主要集中在长江经济带。磷石膏的大量堆放不仅占用土地，还会造成十分严重的环境污染问题，危及长江的生态安全。因此，解决好磷石膏的消纳和综合利用问题是磷化工发展面临的紧迫任务。

近年来，全国各地在磷石膏资源化利用方面做了大量探索，取得了初步成效。特别是在国家加大生态环境保护的大背景下，探索了硫磺低温分解磷石膏制硫酸联产钙基材料技术，磷石膏制备新型节能绿色建材等一系列科研成果得到了推广应用，形成了多元化的磷石膏综合利用产业格局，利用磷石膏的途径不断拓展，其在建材、水泥、道路、土壤修复等领域都得到了广泛应用。湖北省作为全国磷化工和磷复肥产业的重要产区，省委、省政府高度重视磷石膏的综合利用，在全国率先出台了《湖北省磷石膏污染防治条例》，将磷石膏污染防治纳入县级以上人民政府的国民经济和社会发展规划，负责制定专项规划并组织实施，为磷石膏的综合利用提供重要政策保障。

作为湖北十大实验室之一的湖北三峡实验室，把磷石膏综合利用的关键技术难题摆在实验室的重中之重，将磷石膏资源化利用作为重要的研究方向，科学设置研究课题，启动了各类研究开发课题。目前，项目已取得阶段性成效，磷石膏的综合利用率已达 50%。

为推进我国磷石膏利用技术的发展，促进无害化处置与利用的产业化，保障国家粮食安全，保护长江生态安全，湖北三峡实验室勇担政治责任，肩负历史使命，组织了近百位行业专家，历时一年时间，数易其稿，编写完成了专著《磷石膏》。本书从磷石膏产生与堆存现状、源头减量、过程净化、无害化处理、综合利用和硫钙的循环利用，以及堆场管理和生态修复等方面，全面梳理了国内外最新研究成果和未来发展方向，分析提炼后编撰成书。

本书第 1 章全面介绍了磷石膏的来源、理化性质、危害和国内外主要应用途径；第 2 章重点阐述了磷石膏晶型调控、杂质迁移以及有价元素回收利用的相关理论基础；第 3 章详细介绍了磷石膏源头减量途径，阐述磷矿预富集工艺及半水-二水法、二水-半水法、盐酸法、硝酸法四种湿法磷酸工艺；第 4 章系统介绍了磷石膏净化和无害化处理方法及处理后磷石膏的理化性质；第 5 章重点阐述磷石膏的综合利用情况；第 6 章详细论述了磷石膏中硫、钙的循环利用，在理论分析基础上阐述了工业化实践情况；第 7 章介绍了磷石膏制备晶须、高强石膏、胶凝材料、装配式内墙及快速成岩材料的研究及应用开发，全面总结了磷石膏高值化利用情况；第 8 章介绍了磷石膏堆存及堆场的安全监控管理和生态修复；第 9 章对磷石膏开发利用的技术发展前景及相关政策支持进行了总结，并对其产业应用前景进行了展望。

本书第 1 章由张莉、刘生鹏、邓伏礼、张战利撰写；第 2 章由李东升、周昌林、李永双撰写；第 3 章由龙秉文、李洪强、何东升、刘生鹏、李智力撰写；第 4 章由罗惠华、张华丽、余军霞、阮耀阳、梁欢、张战利撰写；第 5 章由王石泉、肖春桥、周俊撰写；第 6 章由龚家竹、肖春桥、杨刚、王云山撰写；第 7 章由马保国、刘生鹏、蹇守卫、黄健、戚华辉、张婷、陈偏撰写；第 8 章由余军霞、邓祥意、肖春桥、李小娣撰写；第 9 章由丁一刚、邓伏礼、刘生鹏撰写。全书由湖北三峡实验室主任池汝安和副主任习本军统筹规划、框架设计、思路规划及稿件定稿审查，由余军霞、丁一刚、张战利、张华丽和李小娣统稿。李中军、江山竹、曹本三郎、宋雅琪、侯硕旻、冯惊雨、胡雄杰等参与了全书的修改和编辑。本书的部分工作得到了科技部国家重点研发计划"精细化工园区磷硫氯固废源头减量及资源化循环利用（2019YFC1905800）"和"磷石膏提质与规模化消纳技术及集成示范（2022YFC3902700）"及湖北省重点研发计划"磷石膏污染防治与综合利用关键技术研究与示范（2022ACA004）"等项目的资助，也得到了科学出版社的大力支持，在此一并深致谢忱。

由于编者的水平有限，尽管力求编撰完整，但难免挂一漏万，敬请各位读者批评指正和支持鼓励。

作 者

2023 年 5 月 10 日

目　录

1.1 磷石膏的来源

1.1.1 磷石膏的产生

磷石膏（phosphogypsum，PG）主要指磷化工企业用硫酸分解磷矿生产磷酸时产生的工业固体废弃物，主要组分为二水硫酸钙（$CaSO_4 \cdot 2H_2O$），且含有多种杂质。硫酸钙有二水硫酸钙、半水硫酸钙（$CaSO_4 \cdot 1/2H_2O$）和无水硫酸钙（$CaSO_4$）。根据产生硫酸钙结晶水的形式，硫酸法分解磷矿的工艺又分为二水法、半水法和半水-二水法或二水-半水法，目前国内外大多为二水法生产工艺。二水法湿法磷酸生产过程中每生产 1t 磷酸（以 P_2O_5 计）将产生 4.5～5.5t 磷石膏固废。相对热法磷酸工艺而言，湿法磷酸工艺是目前主要的生产工艺，其产量占磷酸总产量的 85%～90%。

湿法磷酸生产中二水法硫酸分解磷矿副产磷石膏工艺过程如图 1-1 所示。

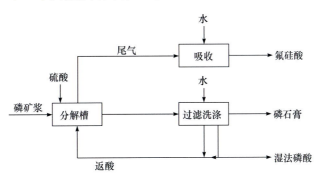

图 1-1　二水法硫酸分解磷矿副产磷石膏的工艺示意图

二水法湿法磷酸的磷矿可来源于选矿的磷矿粉，P_2O_5 品位一般为 30%，也可来源于中低品位磷矿，P_2O_5 品位为 26%～28%。磷矿经配成磷矿浆液进入磷矿分解槽（也称萃取槽），在硫酸的作用下进行磷矿分解反应，酸解反应槽有多浆单槽、单浆单槽及等温反应器等，目前国内绝大多数采用同心圆式的多浆单槽[1]。根据磷矿中 P_2O_5 品位的不同，分解槽中酸浓度一般控制 P_2O_5 在 19%～25%。分解反应产生的氟化氢和四氟化硅经水吸收形成氟硅酸溶液，氟硅酸的浓度一般在 16%～20%。经硫酸分解的磷矿进入转盘过滤机过滤、水洗，过滤液即为成品湿法磷酸（也称萃取磷酸），水洗的稀酸作为返酸和部分湿法磷酸调配以控制分解槽中酸浓度，水洗后的滤饼经转盘过滤机排出即为二水磷石膏。

湿法磷酸生产工艺根据分解磷矿采用的无机酸不同可分为硝酸法、盐酸法和硫酸法等。这些方法的共同点是都能产生湿法磷酸，但磷矿中的钙将产生不同形式的钙盐，其中仅有硫酸法湿法磷酸工艺中会副产以硫酸钙为主的磷石膏[2]。

湿法磷酸工艺三种无机酸分解矿石反应式表示如下：

$$Ca_5F(PO_4)_3+10HNO_3 = 3H_3PO_4+5Ca(NO_3)_2+HF\uparrow \qquad (1-1)$$

$$Ca_5F(PO_4)_3+10HCl = 3H_3PO_4+5CaCl_2+HF\uparrow \qquad (1-2)$$

$$Ca_5F(PO_4)_3+ 5H_2SO_4+nH_2O = 3H_3PO_4+5CaSO_4 \cdot nH_2O+HF\uparrow \qquad (1-3)$$

1.1.2 磷石膏的组成

磷石膏主要成分是 $CaSO_4 \cdot 2H_2O$，其含量一般在 80%以上，此外还有杂质，包括少量未分解的磷矿、未洗涤干净的磷酸、氟化钙、铁和铝化合物、酸不溶物、有机质以及放射性物质等多种杂质，通常游离水含量在 20%以上。

根据磷石膏中杂质的物理特性，可以将杂质分为三类：第一类为可溶性杂质，如水溶性磷、溶解度较低的氟化物和硫酸盐。可溶氟通常以 NaF 形式存在，可溶磷以磷酸、磷酸二氢根、磷酸一氢根的形式存在，可溶磷含量一般在 0.3%～1.8%。第二类为难溶性杂质，如石英、未分解的磷灰石、不溶磷、共晶磷、氟化物及磷酸盐、硫酸盐、氧化铁、氧化铝和二氧化硅。难溶氟通常以 Na_2SiF_6、CaF_2、Na_2AlF_6 形式存在，难溶磷以 $Ca_3(PO_4)_2$、少量的磷酸盐络合物存在，难溶磷含量一般在 0.6%～1.4%。硫酸根被 HPO_4^{2-} 代替进入晶格从而形成了共晶磷，并以 $CaHPO_4 \cdot H_2O$、$CaSO_4 \cdot 2H_2O$ 两种形式共存，且随磷石膏的粒度增加其质量分数减少，共晶磷一般在 0.2%～0.8%。磷石膏中有机质主要分布在二水石膏晶体的表面，如异硫氰甲烷、3-甲氧基正戊烷、2-乙基-1,3-二氧戊烷、乙二醇甲醚乙酸酯等，有机杂质一般以絮状存在，且随磷石膏粒度的增大其质量分数也增加，有机杂质的含量一般在 0.35%以下。第三类为放射性杂质，一般含量较低。可溶性杂质对环境的危害大，随雨水渗透到土壤中污染环境，对于不溶杂质而言，影响相对比较弱。

根据磷矿石的来源、磷矿分解的工艺不同，磷石膏的组成及杂质分布也有相应的变化，表 1-1 列举了云南、贵州、四川、湖北等省份部分企业磷石膏的组成。

表 1-1 磷石膏主要化学组成及质量分数（%）

组成	云南安宁	云南海口	四川什邡	四川绵阳	贵州瓮福	湖北宜昌	重庆
CaO	28.19	30.98	33.63	39.47	28.63	45.30	31.60
SO_3	36.42	39.92	38.77	49.03	42.43	40.80	45.90
SiO_2	12.03	—	3.72	3.68	5.28	9.50	3.81
Al_2O_3	0.74	0.34	1.03	2.59	0.19	0.768	0.62

组成	云南安宁	云南海口	四川什邡	四川绵阳	贵州瓮福	湖北宜昌	重庆
Fe_2O_3	0.14	0.39	0.53	1.95	0.04	0.903	1.22
MgO	0.06	0.04	0.10	0.02	—	0.212	0.20
K_2O	0.27	0.07	0.15	0.29	0.02	0.362	—
Na_2O	0.08	0.1	0.06	—		0.219	
总磷	0.92	0.48	1.22	1.78	0.82	0.995	1.75
水溶性磷	0.33	0.14	—	—			0.86
总氟	0.32	0.15	0.13	0.06		0.68	0.50
水溶性氟	0.25	—	—	—			
有机物	—	—					0.12
烧失量	—	—	20.82	—	—	19.72	—

1.1.3 磷石膏的分布及特征

我国磷矿资源储量占全球磷矿资源储量的 6%，位居世界第二。我国拥有磷矿资源 500 余亿 t，已经探明保有储量为 157 亿 t，分布在 26 个省份。云南、贵州、四川、湖北是分布最多的 4 个省份，特别是湖北磷矿产量占全国总量的 1/3 以上，4 个省份约占全国总储量的 4/5，且 P_2O_5>30%的富矿石储量几乎全都集中在这 4 个省份[3]。

随着现代化工业农业的快速发展，伴随着磷肥工业的迅猛发展，我国磷矿开采以及磷化工副产品堆存量已经位居世界前列[4]。磷石膏作为湿法制磷工艺的副产品，其产量与磷矿资源分布有很大关系，主要集中在磷矿储量较多的省份。

我国各地区高浓度磷复肥的产量不断增长，直接导致我国各地区磷石膏的排放量不断增加，且排放的地方相对集中，即集中在高浓度的磷复肥生产企业附近。相关数据显示[3, 4]，我国云南、湖北、四川、贵州及安徽 5 省的磷石膏排放总量约占我国产排总量的 82.25%，仅云南省的排放量就占全国产排总量的 24.62%；湖北省的排放量占全国产排总量的 24.85%；四川省的排放量占全国产排总量的 9.03%；贵州省的排放量占全国产排总量的 16.71%，安徽省的排放量占全国产排总量的 7.04%（图 1-2）。

各省份磷石膏分布、特性虽有不同，但也有一定的普遍性，如湖北省磷石膏分布及特征如下。

1）堆存量高。湖北省磷化工产业发达，使用湿法生产磷酸的大型磷化工公司近 30家。截至 2020 年年底，湖北省磷石膏堆存量已达 2.96 亿 t。

2）分布集中。2020 年湖北省磷石膏产量高达 2996 万 t。湖北省磷矿由于受天然的地域性资源限制，磷矿资源比较集中，因而采用湿法生产磷酸的大型磷化工公司集中在宜昌、襄阳、武穴、荆门地区。

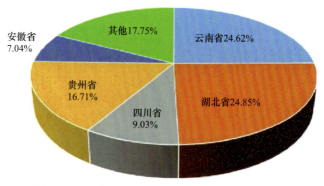

图 1-2   主要省份磷石膏产量占全国产排总量比例[3]

3）利用潜力大。湖北省磷石膏含有磷、钙、镁等营养元素，可用于农业领域；磷石膏组分中 $CaSO_4 \cdot 2H_2O$、水溶性磷和氟含量虽然均比较高，但由于重金属（除砷以外）、放射性核素等含量均比较低，因此，若采用某些预处理手段使磷石膏中水溶性磷和氟含量降低，则可将其用于建材领域。

1.1.4   磷石膏的产量、堆存量

2022 年我国磷石膏排放量约为 7300 万 t。国内大型磷肥企业多采用湿法排渣，在山谷筑坝堆存[5]。目前我国磷石膏堆存量已超过 7 亿 t，每年还新增约 7500 万 t。据统计磷石膏全球累计排放 60 亿 t，并以 1.5 亿 t/a 的速率增加。按目前磷石膏利用量来估计，预估 2025～2045 年磷石膏堆存总量将增长至现有的两倍[6]。磷石膏的堆存不仅占用大量土地资源，堆场投资大、运行成本较高，还会给环境安全带来一定的风险，同时影响了磷化工企业和行业的可持续发展，严重制约磷化工产业的健康发展。

近年来，国内磷石膏年产生量约 7000 万 t，占工业副产石膏年产量的 70%，综合利用率约 40%[4]。随着国家产业政策和环保政策的调整变革，磷石膏的利用率有一定的增加，但全国堆存的磷石膏量依然很大。

受国内外化肥市场萎缩、国内建筑市场及环境保护等其他因素的交叉影响，2019 年我国磷石膏利用量为 3000 万 t，同比下降 100 万 t，下降了 3.22%。中国建筑业协会数据显示，2019 年全国建筑行业完成房屋竣工面积 40.24 亿 m²，同比下降 2.68%，磷石膏用于制备纸面石膏板、石膏砌块的利用量与 2018 年相比分别下降 27.7%、69.4%。磷石膏的产生量和利用量的差值还在逐渐增大，说明我国磷石膏的堆存量还在加大，急需提升磷石膏的综合利用率[4]。

2016～2020 年，我国磷石膏产量和堆存量如图 1-3 和图 1-4 所示，可以看出以下几个方面。

1）我国磷石膏年度总产量在 7600 万 t 上下浮动，可从侧面说明我国磷化工整体较为稳定，但磷石膏堆存压力仍在。

2）磷石膏产量的年增长率在 –5%～2.6% 范围内波动，说明我国对于磷石膏产量控制严格。

3）我国磷石膏堆存量依旧在逐渐增加，从另一角度来看即年度产生量与利用量之间的差距并未明显缩小，磷石膏的堆存问题始终未得到解决。

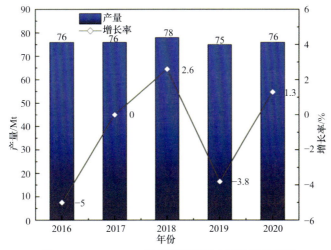

图 1-3 2016～2020 年我国磷石膏产量及增长情况

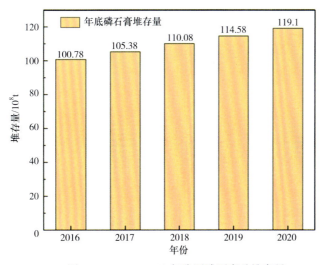

图 1-4 2016～2020 年我国磷石膏总堆存量

1.2 磷石膏的理化性质

1.2.1 磷石膏的粒度分布

磷石膏粒度及其分布是其能否用作充填料的重要参数之一。磷石膏粒度及其分布因磷矿产地和生产工艺的不同而有所变化，代表性的粒度分布如表 1-2 所示。

表 1-2 磷石膏粒度分布表

尺寸范围/mm	<0.01	0.01～0.02	0.02～0.03	0.03～0.04	0.04～0.05	0.05～0.06	>0.06
百分比/%	27	32	23.5	7.8	5.6	3	1.1

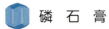
1.2.2 磷石膏的晶体结构

磷石膏是结晶性能良好的单斜晶系柱状、四边形、燕尾状晶体[7]。晶体形式主要以针状晶体、板状晶体、密实晶体、多晶体核晶体存在,其晶体结构特性见表 1-3;磷石膏各种晶体扫描电子显微镜(SEM)图像分别见图 1-5、图 1-6 和图 1-7。

表 1-3　磷石膏晶体结构特性

晶体结构	结构特性
针状晶体	晶体的尺寸大小:长 80～500μm、宽 20～100μm、厚 5～10μm,长宽比 4～5。这种晶体具有悬浮倾向,在料浆脱水时呈中性
单分散板状晶体	晶体多为平行四边形或菱形,结晶尺寸:长 40～200μm、宽 30～150μm、厚 5～10μm、长宽比为 1.3～1.5。这些晶体具有沿水平"层"相互堆积的倾向,从而产生不利于间隙液体移动的现象
密实晶体	由板状晶体转化而来,当板状晶体厚度增长到几十微米时,即形成密实晶体,它的形成条件与板状晶体相似
多晶体核晶体	具有"毛刺"的密实晶体的聚合体,这种晶体具有良好的过滤性。大量观测表明,开阳磷矿区磷石膏晶体外表形态多属于单分散的平行四边形、菱形、五边形及六边形结晶类型晶柱,晶体互相交错堆积,形成的膜孔大多为不等边长方形

图 1-5　磷石膏针状晶体的扫描电子显微镜图像[8]

图 1-6　磷石膏单分散板状晶体的扫描电子显微镜图像[8]

图 1-7　磷石膏密实晶体和多晶体核晶体的扫描电子显微镜图像[8]

1.2.3　磷石膏的物理性质

磷石膏是硫酸与磷矿石化学反应后生产的副产物，通常含有 80%以上的 $CaSO_4 \cdot 2H_2O$ 结晶物，难溶于水，流动性能较差，其含水量在 25.4%～50.5%，平均含水量为 36.54%，附着水为 10%～30%；磷石膏在风干后粒径为 10～300μm，密度在 1.40～1.85g/cm³，堆积密度为 1.05～1.45g/cm³，孔隙比为 1.0～3.5，渗透系数为 2.8×10⁻⁴～3.2×10⁻⁴cm/s。

工业副产物磷石膏的杂质含量多，外观呈灰绿、灰白和灰黄粉末状，纯化加工后的磷石膏外观为白色粉末，粒径为 5～150μm，若附着水超过 30%则呈浆体状[6]。

1.2.4　磷石膏的化学性质

磷石膏拥有较好的热稳定性，在加热时首先变成半水石膏（$CaSO_4 \cdot 1/2H_2O$），若再持续加热则会转变为无水石膏，当温度大于 1200℃时无水石膏才会发生分解[5]。除此以外，磷石膏中还含有少许 $H_2PO_4^-$、HPO_4^{2-}、PO_4^{3-}、F^-等[9]。磷石膏 pH 为 1.5～4.5，呈酸性，有轻微的刺激性气味。由于其含有杂质，以及水量较高，因此与天然石膏、脱硫石膏相比，其在有效化学组成和形貌上有一定的区别[10]。

磷石膏的胶凝性能低于天然石膏，黏滞性、流动性也比天然石膏差，磷石膏浆体凝结时间长，并具有一定的腐蚀性。磷石膏在水中的溶解度极小，其饱和溶解度随着温度的升高而下降。磷石膏的粒径大小比较集中，杂质的含量与晶体的形貌和磷矿石有很大的关系，磷石膏的晶型越规则，磷石膏的粒径就越大，杂质含量相对就越少[11]。

磷石膏经适当方法预处理后可用于制备磷石膏轻质墙体砖。煅烧、石灰中和或者煅烧加石灰中和的方法都能够比较有效地对磷石膏进行改性，使其能够用于制备满足《非烧结垃圾尾矿砖》（JC/T 422—2007）标准要求的轻质墙体砖。石灰中和法简单、投资少，成本低，在能够满足磷石膏轻质墙体砖强度等级要求的前提下，宜采用石灰中和法对磷石膏进行预处理[12]。

1.3 磷石膏的危害

1.3.1 磷石膏的危害特性

1. 磷石膏的危害组分

我国磷石膏的主要成分为二水硫酸钙，而其杂质含量和品位受到多种因素影响。磷石膏中二水石膏含量大于 80%，但含有磷、氟、有机物、碱金属盐、硅、铁、镁、铝等多种杂质，因而不能直接用于石膏建材生产[13]。

（1）可溶磷、共晶磷和难溶磷

磷石膏中的磷主要有可溶磷、共晶磷和难溶磷三种形态，可溶磷对磷石膏性能的影响最大，总体表现为磷石膏凝结时间延长，硬化体强度降低[14]。

可溶磷在磷石膏中以 H_3PO_4 及相应的盐存在，其分布受水化过程中 pH 的影响。酸性以 H_3PO_4、$H_2PO_4^-$ 为主，碱性则以 PO_4^{3-} 为主，磷石膏中可溶磷主要以 H_3PO_4、$H_2PO_4^-$、HPO_4^{2-}、PO_4^{3-} 几种形态存在。由于石膏中 Ca^{2+} 的含量相对较高，而 $Ca_3(PO_4)_2$ 是溶解度较小的难溶盐，故体系中 PO_4^{3-} 的含量一般较低。由于 $CaHPO_4 \cdot 2H_2O$ 与 $CaSO_4 \cdot 2H_2O$ 同属单斜晶系，具有较为相近的晶格常数，因此在一定条件下 $CaHPO_4 \cdot 2H_2O$ 可进入 $CaSO_4 \cdot 2H_2O$ 晶格形成固溶体，即共晶磷。另外，磷石膏中还含有 $Ca_3(PO_4)_2$、$FePO_4$ 等难溶磷，其中以未反应的 $Ca_3(PO_4)_2$ 为主，它主要分布在粗颗粒的磷石膏中[14]。

上述三种形态的磷中，以可溶磷对磷石膏的性能影响最大，可溶磷会使建筑石膏凝结时间显著延长，强度大幅降低，其中 H_3PO_4 影响最大，其次是 $H_2PO_4^-$、HPO_4^{2-}。另外，可溶磷还会使磷石膏呈酸性，可造成使用设备腐蚀，在石膏制品干燥后，它会使制品表面发生粉化、泛霜。因此，国内外对用于水泥缓凝剂的磷石膏需控制其可溶磷含量。大多规定用于水泥的磷石膏其可溶磷含量小于 0.1%。磷石膏中共晶磷含量取决于反应温度、液相黏度、SO_4^{2-} 和 H_3PO_4 浓度、析晶过饱和度以及液相组成均匀性等因素，共晶磷存在于半水石膏晶格中，水化时会从晶格中溶出阻碍半水石膏水化。共晶磷还会降低二水石膏析晶的过饱和度，使二水石膏晶体粗化、强度降低。难溶磷在磷石膏中为惰性，对性能影响甚微[14]。

（2）可溶氟、难溶氟

磷石膏中氟以可溶氟（如 NaF）和难溶氟（如 CaF_2、Na_2SiF_6）等形态存在，对磷石膏性能影响最大的是可溶氟，而难溶氟对磷石膏性能基本不产生影响。可溶氟会使建筑石膏促凝，使水化产物二水石膏晶体粗化，晶体间的结合点减少，结合力削弱，使其强度降低。它在石膏制品中将缓慢地与石膏发生反应，释放一定的酸性，含量低时对石膏制品的影响不大[14]。

（3）有机物及可溶性盐

磷矿石带入的有机物和磷酸生产时加入的有机絮凝剂使磷石膏中含有少量的有机物。有机物会使磷石膏胶结需水量增加，凝结硬化减慢，延缓建筑石膏的凝结时间，削弱二水石膏晶体间的结合，使硬化体结构疏松，强度降低。同时，有机物在磷矿用硫酸分解时，由于硫酸作用和局部温度过高还会导致炭化，有机物会影响磷石膏的颜色，通常导致磷石膏白度下降[14]。

磷石膏中碱金属主要以碳酸盐、磷酸盐、硫酸盐、氟化物等可溶性盐形式存在，含量以 Na_2O 计在 $0.05\%\sim0.3\%$ 范围。碱金属会削弱纸面石膏板芯材与面纸的黏结，对磷石膏胶结材有轻微促凝作用，对磷石膏制品强度影响较小。当磷石膏制品受潮时，碱金属离子会沿着硬化体孔隙迁移至表面，水分蒸干后在表面析晶，使制品表面产生粉化和泛霜现象[14]。

（4）SiO_2

磷石膏中含有 $1.5\%\sim7\%$ 以石英形态为主的 SiO_2，以及少量与氟硅酸钠配位形成的硅。它们在磷石膏中为惰性，对磷石膏制品无危害。其硬度较大，含量高时会对生产设备造成磨损[14]。

（5）金属氧化物

磷石膏中还含有少量的 Fe_2O_3、Al_2O_3 和 MgO。它们由磷矿石引入，降低磷酸收率，对二水石膏晶体形貌有影响，是生产磷酸时的有害杂质，但对磷石膏制品并无不良影响，而且以磷石膏制备 II 型无水石膏时有利于胶结材料的水化、硬化[14]。

因此，对石膏制品而言，磷石膏中可溶磷、可溶氟、共晶磷和有机物是磷石膏中主要有害杂质[12]。磷石膏中具体组分及危害如表 1-4 所示。

表 1-4　磷石膏的危害组分及其危害

杂质	组成	危害
磷类杂质	可溶磷 （H_3PO_4、$H_2PO_4^-$、HPO_4^{2-}、PO_4^{3-}）	可溶磷，其含量取决于洗涤、过滤工艺的选择，磷石膏颗粒度越大，其含量越大，一般在 $0.3\%\sim1.8\%$。水化时可溶磷与 Ca^{2+} 反应生成 $Ca_3(PO_4)_2$，附着在表面，阻碍其继续水化，呈酸性，使得磷石膏凝结时间延长、结构疏松、强度降低，且对制品及设备造成腐蚀。 若大量可溶磷进入地表水和土壤，且累积量超过一定限度，会导致植物不能正常生长，甚至死亡；使水体中好氧微生物过多繁殖，水生生物因缺氧死亡，从而使水体浑浊，加重水体富营养化
	共晶磷 （共结晶磷酸盐、不溶性磷酸盐和氟化合物共结晶磷酸盐）	共晶磷是由于 HPO_4^{2-} 部分取代 SO_4^{2-} 进入 $CaSO_4$ 晶格而生成以固溶体形式存在的 $CaSO_4 \cdot 2H_2O$ 和 $CaHPO_4 \cdot 2H_2O$，其含量受磷石膏生产中萃取工艺条件的影响，取决于反应温度、液相的黏度、液相组成均匀性、析晶过饱和度以及 SO_4^{2-} 和 H_3PO_4 的浓度。磷石膏的颗粒度越大含量越少，一般在 $0.2\%\sim0.8\%$。 其水化时，共晶磷从晶格中释放，生成磷酸钙，降低磷石膏 pH，使凝结时间延长，导致水化产物结构疏松
	难溶磷 [$Ca_3(PO_4)_2$、少量的磷酸盐络合物，如铁、钠、钾、铝、锶、镁等金属的络合物]	难溶磷含量一般在 $0.6\%\sim1.4\%$，主要存在于磷石膏的粗颗粒中，在磷石膏中为惰性，对磷石膏的性能影响很小
氟类杂质	可溶氟（F^-）	可溶氟会对磷石膏产生促凝作用，当质量分数超过 0.3%，材料强度显著降低。大量可溶氟进入水体和土壤，会抑制作物的新陈代谢和光合作用，使其光合组织受损、产量降低。人体会因过量摄入含氟的食物和饮用水而氟中毒。长期饮用高氟水，轻则使牙齿变质，重则会使骨质疏松或硬化、骨变形，最终丧失劳动能力

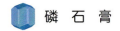

杂质	组成	危害
氟类杂质	难溶氟 （Na_2SiF_6、CaF_2、Na_3AlF_6、$CaSiF_6$等）	对于难溶氟，磷石膏颗粒度越大，其含量越大。其会减慢凝固速率，使磷石膏抗弯强度下降。但由于其含量较低，对磷石膏的性能基本不会有影响，在磷石膏净化时重点则是可溶氟的处理
有机杂质	有机物 （除垢剂、消泡剂、浮选药剂、植物有机杂质等，如异硫氰甲烷、乙二醇甲醚乙酸酯、3-甲氧基正戊烷、2-乙基-1，3-二氧戊烷等）	有机杂质分布于磷石膏晶体表面，使磷石膏标准稠度需水量增大，凝结时间减少，晶体间的结合减弱，使硬化体孔隙率增大、结构疏松，可降低磷石膏强度和胶凝性能，影响磷石膏在建材方面的应用
其他杂质	难溶物 （硫酸盐络合物，如含 Fe、Sr 等，或氧化物如含 Mg、Fe、Sr 等，石英，放射性元素如含 Ra、Th 等，重金属如含 Cd、Cu、Zn、Pb、As、Hg 等）	影响较小，对环境和人体伤害较大（放射性元素过量）
	可溶物 （Na^+、K^+等）	产品表面易出现泛霜或粉化

磷石膏与天然石膏一样，主要成分为 $CaSO_4 \cdot 2H_2O$，而且磷石膏中的 $CaSO_4 \cdot 2H_2O$ 含量与天然石膏的含量相当，其主要差异在于磷石膏中含有磷、氟、有机物等多种有害杂质，且呈酸性。这些性质使磷石膏水化时间延长，强度降低，导致磷石膏不能直接代替天然石膏。因此，除去磷石膏中有害杂质或将可溶性有害杂质转变为不溶性杂质，就可用磷石膏部分代替天然石膏的应用。另外，磷石膏粒径小，不需要像天然石膏一样需要破碎，因此从这个角度来说磷石膏的利用具有较好的应用前景[13]。

2. 磷石膏的危害机理

磷石膏的各主要危害组分的污染机理如下。

（1）含磷化合物的污染机理

可溶磷主要以 H_3PO_4、$H_2PO_4^-$、HPO_4^{2-}、PO_4^{3-} 形式存在。经过洗涤、过滤，一方面 H_3PO_4 电离出 H^+、$H_2PO_4^-$、HPO_4^{2-} 和 PO_4^{3-}；$H_2PO_4^-$ 进一步电离出 H^+、HPO_4^{2-} 和 PO_4^{3-}；HPO_4^{2-} 还可进一步电离出 H^+ 和 PO_4^{3-}，但已经相当微弱；各步均涉及可逆过程。此过程反应式如下。

$$3H_3PO_4 \rightleftharpoons 6H^+ + H_2PO_4^- + HPO_4^{2-} + PO_4^{3-} \qquad (1\text{-}4)$$

$$2H_2PO_4^- \rightleftharpoons 3H^+ + HPO_4^{2-} + PO_4^{3-} \qquad (1\text{-}5)$$

$$HPO_4^{2-} \rightleftharpoons H^+ + PO_4^{3-} \qquad (1\text{-}6)$$

电离出的 H^+ 增强环境酸性，流入地表水系，使水呈酸性，若酸性的水渗入土壤，大多不耐酸的植物则受到伤害而无法正常生长，严重时枯死。若进入地下水，会导致饮用水酸化，长期饮用这类水会对人体造成极大危害。另外，磷化合物通过雨水溶解后，流入江河湖泊，可引起水体富营养化，造成藻类大量疯长，大量水生生物由于缺氧而濒临灭亡[15]。

共晶磷在水化过程中从晶格中释放出，转变为可溶磷 HPO_4^{2-} 溶解于浆体中，HPO_4^{2-} 电离出 H^+、PO_4^{3-}，通过雨水冲淋，会导致水中的部分生物大量恶性繁殖，使水中缺氧，鱼贝类水生生物大量死亡，使得水生生物的品种单一，水质变差，浑浊发臭，造成水体富营养化，最终导致浮游生物迅速繁殖，加剧水缺氧，使得水域底泥恶化，水面呈红色，该现象即为"赤潮"[15]。

（2）可溶氟的污染机理

磷石膏中的氟来源于磷矿石，磷矿石中的氟有 20%～40%夹杂在磷石膏中，在磷石膏中的可溶氟主要是 NaF。磷石膏中所含氟化物及硫酸盐溶入水中后，可生成氟和二氧化硫，它们会从水中逸出从而污染大气，尤其是在气温较高的夏季这种情况会经常出现。

氟对环境的污染主要表现在人体上，氟本是人体必需的微量元素之一，若人体摄氟量过低则会产生龋齿。但大量的可溶性氟化物流入水体和土壤，被植物吸收后，人通过饮水或食物摄入过的氟则会导致氟病。长期饮用氟含量高的水，过量的氟进入人体后，主要沉积在牙齿和骨骼上，形成氟斑牙、氟骨症，可导致牙齿表面出现白色不透明的斑点，斑点扩大后牙齿失去光泽，明显时呈黄色、黄褐色或黑褐色斑纹。牙齿软化、畸形、牙釉质失去光泽、变黄；骨骼骨质疏松、变厚变软、珐琅脱落[15]。

1.3.2 磷石膏的环境影响

1. 磷石膏的环境危害

磷石膏为磷化工行业生产磷酸时排出的大量固体工业废渣，虽然磷石膏的利用量呈逐步上升的态势，但是依然存在较大堆存压力以及环境风险。磷石膏堆存占用大量土地资源，同时又造成巨大的环境压力[16]。

统计数据表明，在"十二五"期间，我国磷石膏年排放量已达 5000 万 t，"十三五"期间，因科学施肥等多种因素，高浓度磷肥产量逐年大幅度增长的势头得以放缓，磷石膏产量也呈缓慢增长趋势。2016～2018 年，受国内外化肥市场萎缩等因素影响，我国磷肥行业产能过剩的矛盾愈加突显，高浓度磷肥产量下降，导致磷石膏产量稍有减少。由于我国磷化工产业 90%以上集中在磷矿资源丰富的长江经济带沿线区域，如川、鄂等，因此，磷石膏的大量堆存也是导致长江流域总磷污染的重要原因之一[17]。

根据磷矿产地和品位不同，磷石膏中杂质的含量和种类也有所不同，其中的有害杂质更使其应用受限，导致 70%的磷石膏难以资源化利用，不仅对环境有较大的影响，同时综合利用率低。磷石膏属于酸性物质，具有一定腐蚀性，并对土壤资源、生物资源、水资源、大气资源造成破坏。如磷石膏含有磷、氟、游离酸、氧化物、有机物、少量重金属和放射性物质等有害杂质，在降雨和长期堆存过程中，磷石膏渗滤液会污染土壤、地表水源、地下水源和大气，破坏了周围生态环境，同时影响人们的身体健康[16]。

目前磷石膏的资源化利用还做不到"吃干榨净"，仍以堆存为主要的处置方式[17]。大部分磷石膏被当作废物而丢弃，排放的磷石膏废渣不仅占用大量土地，而且堆场运营费高、投资大，同时还存在着巨大的环境隐患和安全风险。磷石膏不仅污染环境，更与我国绿色发展的理念相违背，在阻碍磷化工高质量发展的同时，更严重制约着我国磷化工可持续发展。

磷石膏堆存的危害具体分为以下几点。

1）占用土地资源，危害环境。磷石膏每年新增堆存量约为 7500 万 t，新增堆存占用大量土地，造成土地资源浪费，并影响土地资源的有效利用[7]。磷石膏中可溶磷、氟含量虽然不高，但最突出的表现是酸性，强酸性的回收水直接并长期排入环境会导致抗酸性弱的植被大量死亡，使土壤呈酸性，破坏本地的生态环境[18]。

2）污染水环境。磷石膏在长期堆放处置的过程中，堆放保湿率为 12%，含水量较高。通过自然降水，尤其是大暴雨，磷石膏中 H_3PO_4、$H_2PO_4^-$、HPO_4^{2-} 随着雨水渗入江河湖泊，渣场中可溶磷等酸性物质都能够被有效地淋溶、浸泡出来，渣场强酸性废水对附近的环境，尤其对地下水、地表水环境将造成严重的污染，并会导致水体富营养化，严重时可覆灭水体生态系统。所以，不论是干法排渣渣场还是湿法排渣渣场，磷石膏渣场的选址、建设及后续渣场管理工作等都尤为重要。

3）破坏大气环境。磷化工的生产过程中生成的废气包括以下几种：CO、SO_2、CO_2、HF、PH_3。除了上述废气外，磷矿原料加工过程中，还会生成大量粉尘，这些粉尘进入大气后对人类的健康产生严重威胁[7]，特别是微米级粉尘会进入呼吸道，引起支气管炎等病症，严重者甚至出现窒息死亡。此外，这些废气、粉尘还会对农作物、林木生长产生严重危害[19]。在磷石膏堆场进行机械操作，在遇到干燥大风的天气时，会产生扬尘，造成粉尘污染。磷石膏中的磷、汞、镉和放射性元素等有害杂质也会随着蒸气进入大气，对大气环境造成危害[20]。

4）危害人类生存和健康安全。磷石膏中残存着磷酸、铁铝化合物等有害物质，若不严加管理防范，长期堆存的磷石膏会破坏土壤酸碱平衡从而影响农作物的生长，或造成耕地大面积损毁从而限制了农产品的生产与发展；磷石膏中可溶氟化物易被动植物吸收利用，可通过食物链进入人体，过量氟离子会导致人体牙齿变质、骨质疏松甚至瘫痪[7]。

5）破坏建筑及生态环境。暴雨可导致磷石膏库水位猛涨，若防汛失败、泄洪措施不当，易导致翻坝事故，使得含磷、氟的渗漏废水污染地表水、地下水和江河湖泊；雨水和翻坝库水的冲刷，导致坝肩和坝体外坡的支撑力下降，从而引发溃坝，致坝内磷石膏滑移、崩塌。磷石膏库具有较高势能，一旦溃坝导致泥石流，不仅破坏渣场周围生态环境、公路、建筑物等[18]，造成严重的生态问题，还严重威胁周边居民的生命财产安全。

按照磷石膏对环境的直接、间接影响进行分类，具体如图 1-8 所示。

2. 磷石膏的危害案例

磷石膏产排及堆存已经给环境、企业等造成严重的负担，且磷石膏自身带有一定的重金属和伴生金属，不合理的堆放处置会使其中的迁移能力较强的重金属（如 Zn、Pb、As 等）释放到土壤和地下水环境中。因此磷石膏的综合整治成为社会关注的热点。2019 年开始，国家全面启动长江"三磷（磷矿、磷化工企业、磷石膏库）"专项排查整治。其中 2019 年开展了 12 座磷石膏渣库的调查评估工作，探索了长江"三磷"中磷石膏渣库排查情况。

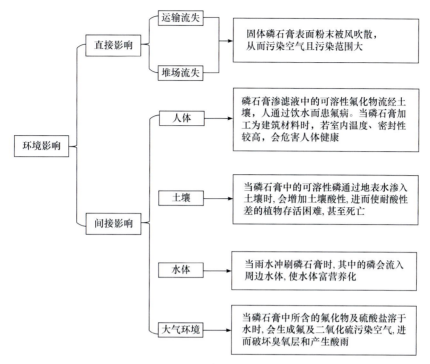

图 1-8　磷石膏对环境的影响

（1）长江流域的磷污染现状

长江流域磷污染呈现出明显的时空分布差异。在空间分布上，上下游污染较为严重，中游污染较轻。从总磷浓度来看，上游区域河流各断面总磷浓度在 0.001～4.680mg/L，中游区域在 0.003～1.680mg/L，下游区域在 0.004～2.450mg/L。从断面来看，长江流域总磷污染最为严重的 30 个断面中，上游占 21 个，主要集中在四川省的沱江、岷江及涪江水系。2016 年开始，总磷成为长江的首要污染物。2018 年上半年，长江经济带国控断面中，总磷指标超标的断面占全部超标断面的 56%。

（2）磷石膏库的主要问题

渗滤液浓度高：大量的磷石膏堆场依江河沿岸布局，水污染风险大。据调查，部分磷石膏堆场渗滤液总磷浓度高达 4～8 g/L。若无法做到规范堆存和回收利用，不仅大量浪费磷矿资源，还极易造成周边水体总磷含量超标、富营养化。

历史遗留问题：磷石膏堆场规范化建设整体水平偏低，老旧磷石膏堆场问题尤为突出，特别是 2011 年之前的磷石膏堆场，因环保要求低，磷石膏库未铺设防渗膜，渗滤液无序外排。

规范应用问题：磷石膏堆场建设运行管理规范出台较晚。2012 年环境保护部组织制定《磷石膏堆场污染防治技术指南》，但并未出台专门的磷石膏堆场污染管控要求。2016 年，国家安全生产监督管理总局发布《磷石膏库安全技术规程》（AQ 2059—2016），填补了磷石膏堆场建设标准的空白。

建设落实问题：现存渣库实际情况与磷石膏渣库管理要求相距甚远，规范化建设水平偏低。新建渣库虽然有能力按照规范标准建设，但存在建设期防渗防雨工程建设不到位、堆存过程不规范、闭库后防渗防雨处理不严格等问题与隐患。20 世纪八九十年代无序开发遗留的大量堆场，从防渗防雨基础设施建设到堆场运行维护管理均存在较大问题，一些老旧堆场缺乏责任主体，后期主要由当地政府承担了整治管理责任。

监测力度不够：利用监测井开展磷石膏库地下水监测工作力度不够。《一般工业固体废物贮存和填埋污染控制标准》对地下水质监测井的建设位置提出要求："在地下水流场上游应布置 1 个监测井，在下游至少应布置 1 个监测井，在可能出现污染扩散区域至少应布置 1 个监测井。设置有地下水导排系统的，应在地下水主管出口处至少布置 1 个监测井，用以监测地下水导排系统排水的水质。"

监测记录不完善：处理后渗滤液监测水质需按行业排放标准或地方标准执行。而目前针对大部分磷石膏堆场，多未开展规范化的监测和记录，且利用地下水监测井开展监测的时间、频次均不规范，多数企业对堆场地下水监测情况掌握不清、重视不够。

1.3.3 磷石膏利用的必要性

磷石膏为湿法磷酸生产过程的副产品，本质上被归类于工业固体废物，需进行后续处理。磷石膏综合利用的必要性主要如下。

1）磷石膏产量大、堆存量多。目前世界磷石膏的总堆存量已高达 60 亿 t，并以 1.5 亿 t/a 的速度持续增长，国内绝大部分磷石膏来源于湿法制磷酸工艺。磷酸作为常用的化工原料，其需求量大，副产品磷石膏产量也随之增大；我国磷石膏综合利用率低于 40%，堆存量因长年积累而数量极大。

2）磷石膏中含有有害成分。在磷石膏的化学成分中，氟化物、磷酸盐等可溶盐，还有一些重金属离子以及有机物质等，这些杂质可能会对环境造成有害影响。

3）磷石膏的性质决定了其经过加工就可作为多领域材料。例如，磷石膏化学成分中有钙、磷、镁等元素，因此可作农业肥料；也可生产硫酸铵、硫酸钾、碳酸钙、硫脲等化工原料。

4）磷石膏对环境影响范围广泛。磷石膏不仅对周边水环境造成影响，还会直接或间接地危害大气环境、土壤甚至人体健康。

5）磷石膏堆场的建立，不但会对环境造成影响，还占用大量土地资源。

1.4　磷石膏的主要用途

1.4.1 国内外磷石膏利用的主要途径

1. 我国磷石膏综合利用现状

（1）磷石膏综合利用的主要产品

我国磷石膏主要用于制作水泥缓凝剂、外供、石膏板和石膏砌块、筑路充填、建筑石膏粉等，用途众多[21]。2018～2019 年我国磷石膏主要利用途径及占比如图 1-9 所示。

通过 2018 年与 2019 年的数据对比可以看出，磷石膏在建材领域（作建筑材料）的应用比例明显增大，侧面显示出我国磷石膏综合利用的方向开始发生转变，其中主要利用磷石膏的大型企业及其利用技术如表 1-5 所示。

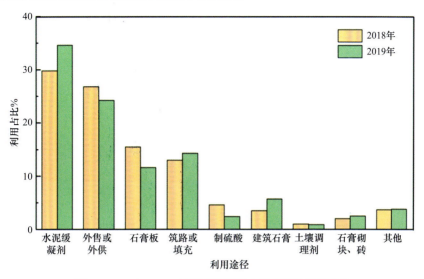

图 1-9　2018～2019 年我国磷石膏主要利用途径及占比

表 1-5　主要大型企业磷石膏利用技术

代表性企业	利用途径
瓮福（集团）有限责任公司（现属贵州磷化集团）	（1）化学法处理生产石灰和硫酸铵：①悬浮态法分解磷石膏制硫酸联产石灰；②制取粒状硫酸铵。 （2）生产建筑材料：开展磷石膏生产新型建筑材料产品技术开发及应用研究。已生产出石膏砌块、水泥缓凝剂、黏结石膏、粉刷石膏等产品
贵州开磷集团股份有限公司（现属贵州磷化集团）	（1）开发了"一步法"生产高强耐水磷石膏砖生产工艺及制备技术。 （2）开发与磷石膏砖相配套使用的石膏基干混砂浆、内墙腻子、粉刷石膏等 11 种粉体建筑材料
云天化集团有限责任公司	（1）土壤调理剂：研究土壤调理剂的调控机制与应用。 （2）磷石膏制酸联产水泥项目。 （3）开发"低温陶瓷改性磷石膏生产标砖和胶凝材料"产业化装置
金正大诺泰尔化学有限公司	（1）开发出二水-半水法磷酸联产α半水石膏的能量自平衡转晶技术。 （2）开发窑尾预热生产硅钙钾镁肥技术。 （3）开发磷石膏制酸"切换式"联产硅钙钾镁肥/水泥熟料生产工艺技术

国内各磷石膏的综合利用情况大体上相当，主要产品是水泥缓凝剂、石膏砌块（砖）、纸面石膏板、装饰石膏板、石膏抹灰砂浆、石膏线材等，表 1-6 列举了 2018 年湖北省磷石膏综合利用主要企业的情况。

表 1-6　湖北省磷石膏综合利用主要企业情况

企业名称	建厂年份	产品	年生产能力	年消耗磷石膏/万 t	磷石膏来源	备注
湖北宜化肥业股份有限公司	2014	水泥缓凝剂	30 万～40 万 t	30	湖北宜化肥业股份有限公司	
宜昌中孚肥业科技有限公司	2011	纸面石膏板水泥缓凝剂/石膏砌块	120 万 m²	15	宜昌中孚肥业科技有限公司	

企业名称	建厂年份	产品	年生产能力	年消耗磷石膏/万 t	磷石膏来源	备注
湖北力达环保科技有限公司	2015	水泥缓凝剂/石膏抹灰砂浆	10 万 t	10	宜都兴发化工有限公司	拟建石膏粉、石膏砌块、纸面石膏板
泰山石膏（湖北）有限公司	2010	纸面石膏板/装饰石膏板	12 亿 m²	60	湖北祥云化工股份有限公司	
泰山石膏（襄阳）有限公司	2014	纸面石膏	12 亿 m²	30	襄阳泽东化工集团股份有限公司、湖北世龙化工有限公司	
湖北楚钟新型建材有限公司	2011	纸面石膏板/石膏制粉	6000 万 m²	50	钟祥市楚钟磷化有限公司、湖北京襄化工有限公司	
大悟县银松新型墙体材料有限责任公司	2011	加气混凝土砖	—	3	湖北省黄麦岭磷化工有限责任公司	
武汉中东磷业科技有限公司		石膏砌块/水泥缓凝剂	—	60	武汉中东磷业科技有限公司	与建材公司合作

（2）国内磷石膏利用量和利用率

我国 2016～2020 年磷石膏利用量及利用率如图 1-10 所示，可以看出磷石膏的利用情况具有下列特点：五年间我国磷石膏产生量基本保持不变，其利用量除 2017 年有较大提高外，2018 年以后也基本保持不变。因此，磷石膏利用率呈现小幅度上涨趋势。但是，磷石膏的产生量与利用量之间依旧具有较大的差距，最高的利用率也仅仅只有 40.54%（2020 年），说明我国磷石膏堆存量还在持续增加，磷化工企业在提高磷石膏综合利用率方面依旧压力巨大。

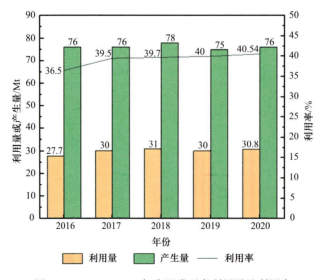

图 1-10　2016～2020 年我国磷石膏利用量及利用率

（3）国内磷石膏的利用整体特征

面对磷石膏利用的高压态势，磷复肥企业积极寻找新技术、投资建设新的利用装置，磷石膏利用率呈逐年提高的态势。但磷石膏利用量与产生量的差距依然较大，磷石膏堆存量有增无减，磷石膏库堆存压力逐年加大。特别是在某些地区和企业磷石膏库服务期已接近末期的状况下，如何拓展利用途径、增大利用量已成事关行业、企业生存发展的头等大事。近年来磷石膏制备水泥缓凝剂以及外售或外供的利用途径占比一直占据前两位，表明磷石膏利用途径狭窄、同质化现象严重，磷石膏综合利用产品结构调整、转型升级迫在眉睫。同时，由于综合利用产品品种与市场需求不匹配的问题、生产供应能力难以满足建筑市场短期内需求量的矛盾、产品质量不稳定的问题、新近投入的生产装置聚集扎堆于同类产品的现象、物流成本居高不下削弱产品市场竞争力的问题以及效益低下与创新投入不足的矛盾等，都成为磷石膏利用快速发展的阻碍[21]。

2. 国外磷石膏综合利用现状

世界主要磷肥生产国美国、俄罗斯、哈萨克斯坦、乌兹别克斯坦等国家对磷石膏采用堆存处理的办法。其中美国主要采用湿法排渣，在平地建渣场堆放，设回水收集回收管道，磷石膏渣场的设计、建设有国家统一标准，但与危险废物的渣场相比，设计、建设要求要低很多。俄罗斯、哈萨克斯坦、乌兹别克斯坦等国采用干法排渣，在平地建渣场堆放，不设回水收集回收系统。而另外一些磷肥生产大国摩洛哥、突尼斯、约旦、埃及等则直接将磷石膏渣排入大海。对磷石膏开展综合利用的国家主要为磷石膏产量小、土地资源少、经济较发达的国家[22]。以日本为例，由于日本国内缺乏天然石膏资源，磷石膏有效利用率接近100%，其中60%左右用于生产熟石膏粉和石膏板[23]。国外磷石膏综合利用情况见表1-7。

表1-7 国外磷石膏综合利用情况[24]

国家	堆存	往海洋/河流的排放	利用情况
日本	0%	0%	接近100%利用，水泥缓凝剂30%、石膏类材料生产60%
比利时	100%	0%	少量生产石膏板、路基材料，需要在允许的地方使用
巴西	50%	0%	50%利用，农业生产40%、建筑生产10%
加拿大	100%	0%	—
芬兰	100%	0%	少量用于路基材料研究
美国	100%	少量事故排放	少量用于农业、路基材料研究
荷兰	0%	已停止	需要生产停止，排放处理需要的成本太高
摩洛哥	0%	100%	利用情况0%
印度	80%	0%	20%用于农业生产、建材生产
西班牙	100%	0%	少量用于肥料、土壤改良剂研究，需要给磷石膏发证用作肥料
英国	0%	100%	利用0%，需停产、排放处理成本太高
印尼	0%	—	水泥缓凝剂硫酸铵和石灰生产

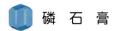

1.4.2　磷石膏综合利用产业链

在磷石膏综合利用的产业链中，上游为基础原料，即磷石膏；中游为各类经过一次处理（预处理）的磷石膏产品；下游为最终的磷石膏综合利用产品，主要涉及建材、水泥、建筑、农业领域（图1-11）。

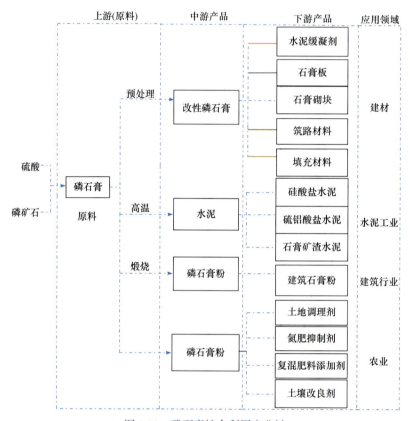

图1-11　磷石膏综合利用产业链

水泥缓凝剂占比34.6%；筑路、填充材料占比14.3%；石膏板占比11.6%；其他占比39.5%

1.4.3　磷石膏综合利用技术链

磷石膏综合利用技术链中的核心技术可分为上游技术[磷石膏（原料）生产]、中游技术（预处理）、下游技术（深度加工），如图1-12所示。而利用磷石膏的关键是找到一种工艺简单、成本低、效率高的资源化利用方法。利用磷石膏的第一个重点是有效和完全地去除磷石膏中的有害杂质，其次集中于磷石膏的综合利用。磷石膏含有大量杂质，有害杂质含量也不少，如不除去有害杂质，在资源化利用过程中，有害物质转移到产品中，产品就会因有害或者不合格而无法正常使用，石膏资源再利用更无法进行。因此，在利用磷石膏之前，必须去除这些有害杂质，即先对磷石膏进行预处理，使生产的产品能够达到相关标准，然后再进行资源化利用[10]。

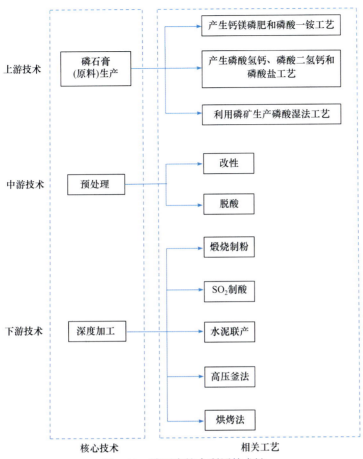

图 1-12　磷石膏综合利用技术链

　　磷石膏的预处理主要是采用物理、化学和热处理三种方式去除有害杂质，使磷石膏成为高性价比的再生资源。物理去除杂质的方法包括堆存、水洗过滤、浮选法、球磨法、筛分法、陈化法等。化学去除杂质的方法主要是酸碱中和改性法。热处理去除杂质的方法主要是煅烧法[25]。

　　磷石膏经过堆存、水洗、浮选、筛分、球磨、自然陈化、石灰改性、煅烧等预处理方法清除或减少磷石膏中水溶性磷、氟等杂质后，可应用于建材、水泥以及建筑领域等。其中在建材领域可用于水泥缓凝剂、石膏板、石膏砌块、筑路材料、填充材料；水泥工业可用于硅酸盐水泥、硫铝酸盐水泥、石膏矿渣水泥。除以上利用领域以外，还有化学工业（如制硫酸）、建筑行业（制作建筑石膏粉）等[26]。

参 考 文 献

[1] 熊家林, 刘钊杰, 贡长生. 磷化工概论[M]. 北京: 化学工业出版社, 1994.

[2] 胡厚美, 郭举, 胡宏. 等. 一种利用硝酸萃取磷矿联产石膏晶须的方法[P]. ZL201110295464.6, 2013-09-11.

[3] 字春光, 苏友波, 包立, 等. 我国磷石膏资源化利用现状及对策建议[J]. 安徽农业科学, 2018, 46（5）: 73-76, 80.

[4] 蒋建亚, 张苏花, 付旭东.等. 磷化工废渣磷石膏的特性及其资源化利用[J]. 山西建筑, 2021, 47（9）: 1-4.

[5] 马丽萍. 磷石膏资源化综合利用现状及思考[J]. 磷肥与复肥, 2019, 34（7）: 5-9.

[6] 杜明霞, 王进明, 董发勤. 等. 磷石膏资源化利用研究进展[J]. 矿产保护与利用, 2020, 40（3）: 121-126.

[7] 李铭, 梁欢, 随婕斐, 等. 我国磷石膏资源化利用进展及前景展望[J]. 磷肥与复肥, 2020, 35（7）: 30-36.

[8] 候姣姣. 磷石膏基材料的微观反应机理及强度规律研究[D]. 北京: 中国地质大学, 2014.

[9] 闫贝. 磷石膏低温催化分解及过程物相迁移研究[D]. 昆明: 昆明理工大学, 2014.

[10] 潘伟, 吴帅, 曾庆友. 磷石膏的资源化利用进展[J]. 云南化工, 2019（4）: 16-20.

[11] 张超, 杨春和, 余克井, 等. 磷石膏物理力学特性初探[J]. 岩土力学, 2007, 28（3）: 461-466.

[12] 庞英, 杨林, 杨敏, 等. 磷石膏中杂质的存在形态及其分布情况研究[J]. 贵州大学学报（自然科学版）, 2009, 26（3）: 95-99.

[13] 吴红. 磷石膏轻质墙体砖的制备研究[D]. 贵阳: 贵州大学, 2006.

[14] 张一敏. 二次资源利用[M]. 长沙: 中南大学出版社, 2010.

[15] 官洪霞, 谭建红, 袁鹏, 等. 对磷石膏中各危害组分环境污染本质的分析[J]. 广州化工, 2013, 41（22）: 135-136, 145.

[16] 国亚非, 赵泽阳, 张正虎, 等. 磷石膏的综合利用探讨[J]. 中国非金属矿工业导刊, 2021,（4）: 4-7.

[17] 李纯, 薛鹏丽, 张文静, 等. 我国磷石膏处置现状及绿色发展对策[J]. 化工环保, 2021, 41（1）: 102-106.

[18] 袁鹏, 谭建红, 官洪霞, 等. 磷石膏中有害杂质对环境影响的监测与评价[J]. 广东化工, 2013, 40（22）: 124-125, 104.

[19] 赵丽. 纳米微电解陶瓷填料对反渗透出水脱氮效果中试研究[J]. 低碳世界, 2017,（4）: 8-9.

[20] Chernysh Y, Yakhnenko O, Chubur V, et al. Phosphogypsum recycling: a review of environmental issues, current trends, and prospects[J]. Applied Sciences, 2021, 11（4）: 1575.

[21] 叶学东. 2019 年我国磷石膏利用现状及形势分析[J].磷肥与复肥, 2020, 35（7）: 1-3.

[22] 石小敏. 磷石膏处理技术及资源化研究进展与展望[J]. 自然科学, 2016, 4（3）: 243-252.

[23] 李光明, 李霞, 贾磊, 等.国内外磷石膏处理和处置概况[J]. 无机盐工业, 2012, 44（10）: 11-13.

[24] 欧志兵, 杨文娟, 何宾宾. 国内外磷石膏综合利用现状[J]. 云南化工, 2021, 48（11）: 6-9.

[25] 童俊. "十三五" 磷石膏处理处置现状及展望[J]. 建材发展导向, 2018, 16（16）: 6-11.

[26] 余军, 王磊, 贺华明, 等. 湖北省磷石膏综合利用与对策[J]. 资源环境与工程, 2018, 32（1）: 150-154.

第 2 章
磷石膏利用基础理论

2.1 磷石膏晶型调控

磷石膏是在磷酸生产过程中用硫酸处理磷矿时产生的工业固体废渣，主要成分为 $CaSO_4 \cdot 2H_2O$。将磷石膏加热至 125℃，脱除大部分结晶水，转变为半水石膏（$CaSO_4 \cdot 0.5H_2O$）。根据加热的方式不同，半水石膏又分为α型及β型两种晶型。加热至 163℃以上，二水石膏失去全部结晶水，形成无水石膏 $CaSO_4$。因加热条件不同，工艺矿物学上分别把半水石膏及无水石膏分为两个系列（α型及β型）的几种过渡型矿物相，具体如图 2-1 所示。

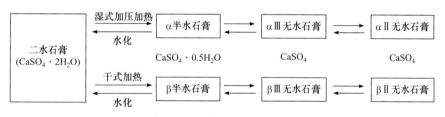

图 2-1　二水石膏与半水石膏、无水石膏之间的转化示意图

石膏是一种应用历史悠久的材料，早在公元前 9000 年，人类已经可以把二水石膏加热煅烧成半水石膏，又称烧石膏或建筑石膏，反应方程如下：

$$CaSO_4 \cdot 2H_2O == CaSO_4 \cdot 0.5H_2O + 1.5H_2O \qquad (2\text{-}1)$$

根据脱水方式的不同，二水石膏转化为半水石膏又分为α型及β型（图 2-1）。通常α型半水石膏比β型半水石膏的标准稠度需水量小，水化硬化体强度高。α型半水石膏的胶凝性能还取决于晶体形态以及颗粒大小。白杨等研究脱硫石膏制备高强石膏粉的转晶剂，发现要提高α型半水石膏的强度，则要求其晶体形态为长径比（2～4）:1 的短柱状，这种晶体形态有利于降低标准稠度需水量，提高石膏浆水化硬化体的强度[1,2]。

半水石膏的化学组成主要是半水硫酸钙，半水硫酸钙与水反应将转变为二水石膏，反应方程见式（2-2）。

$$CaSO_4 \cdot 0.5H_2O + 1.5H_2O == CaSO_4 \cdot 2H_2O \qquad (2\text{-}2)$$

水化产物二水石膏晶体相互连接，构成了网状骨架结构（图 2-2），可以使半水石膏浆体凝结硬化而产生强度[3]，使得半水石膏表现出胶凝性能。研究者对水化机理中的水化热、水化速度、水化动力学等进行了较深入的研究。牟国栋等指出半水石膏的结晶度和结晶粒度会影响其溶解度，进而影响半水石膏水化[4, 5]。Taplin 认为水化产物二水石膏晶体生长过程受到过饱和度、温度、外来离子等的影响，并提出半水石膏水化动力学方程中用一个经验速率常数或两个有固定比例的参数进行描述[6]。随后，Fujii 与 Kondo 对上述动力学方程进行修订，提出了半水石膏在不同时间段的水化过程对应着不同的速率方程[7]。半水石膏水化机理有两种理论[4, 8]：一种是溶解析晶理论；另一种是胶体理论。溶解析晶理论认为：在常温下，半水石膏的饱和溶解度远大于二水石膏的平衡溶解度。半水石膏颗粒在水中溶解出的 Ca^{2+} 与 SO_4^{2-} 容易达到二水石膏的过饱和度，因此在半水石膏/水体系中二水石膏的晶核会自发地形成和长大。二水石膏析出，破坏了原有半水石膏的溶解平衡，液相中 Ca^{2+} 与 SO_4^{2-} 含量减少，根据溶解平衡理论，半水石膏颗粒将进一步溶解，释放出 Ca^{2+} 与 SO_4^{2-}，以补偿二水石膏析晶引起的 Ca^{2+} 与 SO_4^{2-} 浓度下降，如此不断进行，直至半水石膏颗粒完全水化为止[4]。胶体理论认为：在半水石膏水化过程中，半水石膏首先与水生成某种吸附络合物（即形成某种水溶胶），水溶胶凝聚形成胶凝体，然后这些胶凝体再进一步转化为结晶态二水石膏[9]。目前在胶凝材料学领域，溶解析晶机理被广泛认可。

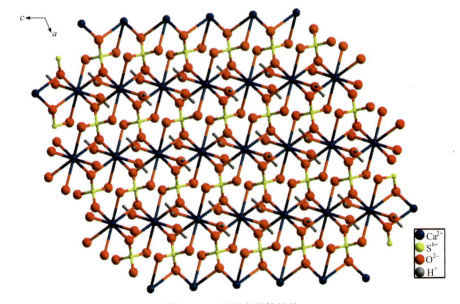

图 2-2　二水石膏晶体结构

石膏制品的力学强度与半水石膏水化形成二水石膏晶体相互连接形成的结晶结构网有关。结晶结构网的形成和发展取决于水化产物二水石膏的生成量。研究表明，半水磷石膏胶凝性是影响硬化石膏材料力学性能的最重要因素之一，与其晶体形态和水化反应活性有关[10]，而低长径比的 α 半水石膏颗粒具有更好的加工性能和机械强度。目前制备 α 半水石膏的方法主要分为湿法磷酸直接副产 α 半水石膏和二水磷石膏转化为 α 半水石膏。

2.1.1 湿法磷酸直接副产α半水磷石膏晶型调控

目前，我国湿法磷酸生产企业主要以排放二水磷石膏为主，排放半水磷石膏的厂家较少，如广东湛化股份有限公司、山东鲁北化工股份有限公司、贵州川恒化工股份有限公司。专利 ZL 201510595096.5[11]公布了一种湿法磷酸副产α半水石膏晶须的生产方法，通过在转晶槽中加入稀硫酸，控制脱钙后液相磷酸中液固比以及 P_2O_5 和 H_2SO_4 的含量，得到混合后料浆 A，然后加入转晶剂，维持转晶槽温度在 40~130℃条件下进行转晶反应2~9h，得到混酸料浆 D；将得到的混酸料浆 D 进行固液分离，得到固体 E 和滤液 F，用热水洗涤固体 E，得到洗液 H 和固体 G，将固体 G 干燥后即得α半水石膏晶须（图 2-3）。以贵州川恒化工股份有限公司半水磷石膏为例，半水磷石膏化学成分分析结果如表 2-1所示。

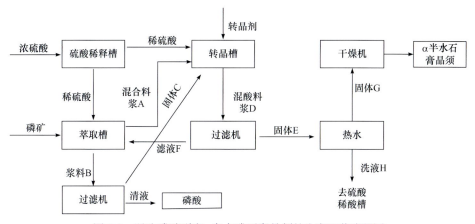

图 2-3 湿法磷酸副产α半水磷石膏晶须的生产工艺流程图

表 2-1 半水磷石膏常量化学组成及质量分数（%）

化学组成	贵州川恒化工股份有限公司[10]	文献[12]	文献[12]	云南磷化集团海口磷业有限公司[13]
非水溶性磷	0.98	1.93	2.08	0.11
水溶性磷	0.56	0.89	1.04	0.083
F	0.27	0.51	0.72	0.08
SO_3	47.85	46.47	46.56	37.51
CaO	34.62	34.12	34.17	31.77
MgO	0.12	0.03	微量	0.02
Fe_2O_3	0.04	0.30	0.28	0.03
Al_2O_3	0.40	0.36	0.46	0.05
酸不溶物	6.98	8.15	8.79	—
结晶水	8.12	7.06	6.60	4.83

注：云南磷化集团海口磷业有限公司半水磷石膏由二水-半水法制得。

将湿法磷酸直接排放半水磷石膏与文献值对比（表 2-1），结合文献报道半水磷石膏的化学成分分析结果，可见湿法磷酸直接排放的半水磷石膏化学组成的特征如下：半水磷石膏的主要组成元素为钙和硫。湿法磷酸直接排放半水磷石膏中含有一定量的结晶水，但偏离半水石膏理论结晶水含量 6.60%，这是由于半水磷石膏在分离洗涤或结晶过程中发生了相转变。例如，半水磷石膏与浓磷酸分离洗涤过程中，部分半水磷石膏与水反应生成了二水石膏晶体，使得半水磷石膏的结晶水往往高于半水石膏的理论值。而采用二步法制备半水磷石膏时，半水磷石膏在浓磷酸中脱水形成了少量的无水石膏，造成了半水磷石膏结晶水含量低于理论值。由于湿法磷酸生产所采用原料磷矿石的种类不同，半水磷石膏中酸不溶物（SiO_2）有差异，但其含量均小于 9%。直接排放的半水磷石膏含有少量的非水溶性磷及水溶性磷。但是相比于二步法制备的半水磷石膏，直接排放的半水磷石膏非水溶性及水溶性磷含量相对较高，不利于其作为建筑材料使用。

将直接排放的半水磷石膏的 X 射线衍射（XRD）图谱（图 2-4）分别与半水石膏、二水石膏以及石英的衍射峰对比，结果表明半水磷石膏中半水石膏为单斜晶系，空间群 $I2$，含量约为 89%；二水石膏为单斜晶系，空间群 $I2/a$，含量约为 9%；石英为六方晶系，空间群 $P3_221$，含量约为 2%。这表明，半水磷石膏主要矿物组成是半水石膏。

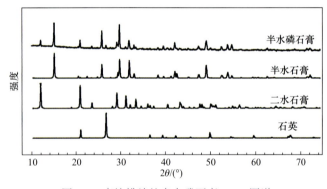

图 2-4　直接排放的半水磷石膏 XRD 图谱

对半水磷石膏的热性能进行分析（图 2-5），半水磷石膏样品在 159.8℃左右有一个吸热峰，并伴随着一个较大的失重，质量减少 8.18%，这是由于半水磷石膏失去结晶水。另外，在 206.8℃左右有一个平缓的放热峰（无水石膏相发生晶格重组）。通常半水石膏的结构特征与其工艺性能有着密切的关系。根据二水石膏脱水环境的不同，半水石膏可分为α型及β型两种。这两种半水石膏的差热曲线差异较大[9]。如图 2-6 所示，α半水石膏的差热曲线在 200℃之前有一个较大的吸热峰，即半水石膏脱水形成可溶性硬石膏，在 230℃左右有一个放热峰，为可溶性硬石膏向不溶性硬石膏转变。β型半水石膏的差热曲线除了 200℃之前的热效应与α型半水石膏相同外，由可溶性硬石膏向不溶性硬石膏转变过程中放热峰的温度提高到 370℃[5]。而半水磷石膏在 206.8℃左右出现平缓的放热峰，与图 2-6 中α型半水石膏形成尖锐的放热峰存在较大差异。这是由于热分析方法原理是测定物质变化过程中的能量变化，物质结晶程度不同，其内能也不同，在热分析过程中吸收或释放的热量的大小及温度也不同，当物质结晶有较多缺陷时，内能较高，在热分析过程中放热效应减小。结合半水磷石膏的热性能分析结果可知，半水磷石膏中所含有的半水石膏相属于α型，但α型半水石膏存在较大晶体结构缺陷，内能较高。

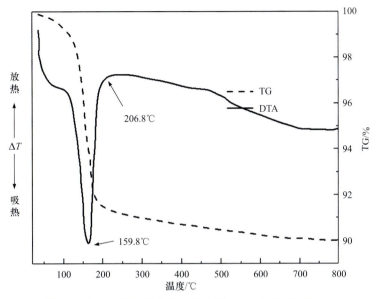

图 2-5　半水磷石膏的差热分析曲线(DTA)和热重曲线(TG)

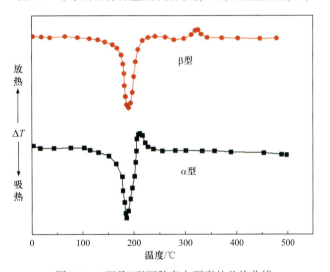

图 2-6　α型及β型两种半水石膏的差热曲线

图 2-7 为半水磷石膏的扫描电子显微镜图。半水磷石膏晶体形态以片状晶体相互聚集成"球状"晶形为主。这种"球状"晶形有利于半水磷石膏与浓稠的磷酸液体产生固液分离。"球状"晶形是由许多不同取向的片状晶体构成，这与二水石膏水热法制备的六方短柱状α型半水石膏晶体存在差异[14]。从图 2-7（c）中可以发现有许多细小的六方柱状及六方片状α型半水石膏晶体黏附在片状晶体的表面。从图 2-7（d）可见，半水磷石膏中存在平行四边形板状的二水石膏晶体。从半水磷石膏扫描电子显微镜图可见，工业排

放的半水磷石膏中α型半水石膏存在不同的晶体形态。不同晶形的α型半水石膏晶体在应用性能上有较大的差异，如长针状α型半水石膏制成的石膏制品力学强度低，而短柱状晶形制成的石膏制品力学强度高[15]。工业排放的半水磷石膏基本上没有胶凝性能，在水膏比为 0.45 时，抗压强度仅为 0.38 MPa[10]。这是由于半水磷石膏中α型半水石膏在较短的时间内没有与水发生水化反应生成二水石膏新晶相，半水磷石膏浆体烘干后，颗粒之间就只能依靠范德瓦耳斯力相连接，硬化体强度较低。至于α型半水石膏没有快速水化的原因，主要是半水磷石膏中α型半水石膏的结晶形貌与六方短柱状的α型半水石膏存在较大的差异，水化速度较慢。半水石膏是一种广泛应用于生产石膏建筑装饰材料的原料，它占石膏总市场用量的 90%以上。可见，半水磷石膏有着广阔的应用前景。因此，深入研究半水法湿法磷酸生产反应条件对半水磷石膏晶体形态的影响，进一步探究半水法湿法磷酸生产反应条件与半水磷石膏矿物学特征及胶凝性能的关系，可为更好地利用半水磷石膏这一人工矿物资源提供理论指导。

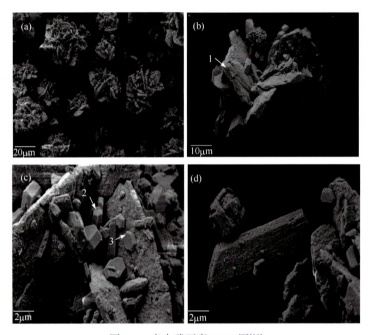

图 2-7　半水磷石膏 SEM 图[10]

1. 半水法湿法磷酸生产工艺参数对半水磷石膏晶型的影响

研究表明，半水法湿法磷酸生产工艺参数如液相 SO_4^{2-} 浓度、反应温度、磷酸浓度、磷矿粉掺量以及搅拌速度对半水磷石膏晶型及形貌均有影响，进而对半水磷石膏的胶凝性能产生较大影响。杨林通过研究工艺参数对半水磷石膏晶型的影响规律，对工艺参数进行优化，使副产的半水磷石膏直接用作胶凝材料[10]。

（1）SO_4^{2-}浓度

随着液相 SO_4^{2-} 浓度的增加，半水磷石膏中α型半水石膏组成含量逐渐减小。通常在半水磷石膏的制备过程中，前期工艺与二水磷石膏工艺基本相似，首先磷矿粉与磷酸反应分解成磷酸二氢钙及 HF 气体。由于磷酸二氢钙在磷酸溶液中具有一定的溶解度，Ca^{2+} 从磷矿颗粒表面扩散到溶液中，同时溶液中硫酸电离的 SO_4^{2-} 向磷矿颗粒表面扩散。当液相 SO_4^{2-} 浓度较低时（20mg/mL），SO_4^{2-} 扩散距离较小，与 Ca^{2+} 反应结晶生成 α 型半水石膏的区域远离磷矿石颗粒。当提高液相 SO_4^{2-} 浓度（50mg/mL）时，SO_4^{2-} 扩散距离增大，Ca^{2+} 反应的结晶区域将向磷矿石颗粒表面靠拢，形成的 α 型半水石膏易包裹未分解完全的磷矿石颗粒，即发生"钝化"现象[12]，阻碍了磷矿石继续分解，降低了液相中 Ca^{2+} 浓度，这不仅使得半水磷石膏中含有氟磷灰石相，还使得半水磷石膏中 α 型半水石膏相含量降低。

（2）反应温度

根据图 2-8，当反应温度分别为 80℃ 及 85℃ 时，半水磷石膏的矿物组成主要是 α 型半水石膏和二水石膏。当反应温度为 90℃ 时，半水磷石膏的矿物组成主要是 α 型半水石膏。当反应温度为 100℃ 时，半水磷石膏的矿物组成除了 α 型半水石膏，还有无水石膏。

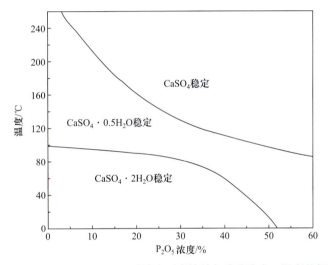

图 2-8　$CaSO_4$-H_3PO_4-H_2O 系统中石膏结晶与磷酸浓度、温度的相图

（3）磷酸浓度

当温度为 100℃，磷酸浓度低于 42% P_2O_5 时，半水磷石膏的矿物组成主要是 α 型半水石膏。当磷酸浓度为 44% P_2O_5 时，半水磷石膏的矿物组成除了 α 型半水石膏，还出现了无水石膏。当磷酸浓度为 38% P_2O_5 时，半水磷石膏中 α 型半水石膏含量约为 97%。当磷酸浓度为 40% P_2O_5 时，半水磷石膏中 α 型半水石膏含量约为 98%。而当磷酸浓度为 44% P_2O_5 时，半水磷石膏中 α 型半水石膏含量约为 86%，无水石膏相含量约为 13%。这是由于在 $CaSO_4$-H_3PO_4-H_2O 平衡系统中（图 2-8），α 型半水石膏稳定性还受到磷酸浓度的影响。当磷酸浓度为 44% P_2O_5 时，α 型半水石膏将发生脱水转化，生成无水石膏相，因而半水磷石膏中含有无水石膏[16]。

2. 半水法湿法磷酸生产工艺参数对半水磷石膏晶体形貌的影响

（1）SO_4^{2-} 浓度

SO_4^{2-} 浓度对晶体形貌产生较大影响，随着液相 SO_4^{2-} 浓度的增大，半水磷石膏晶体形态由短柱状聚晶体向片状聚晶体转变。图 2-9 为不同 SO_4^{2-} 浓度下制得的半水磷石膏 SEM 图。当液相 SO_4^{2-} 浓度较小时，半水磷石膏颗粒是由不同取向六方短柱状 α 型半水石膏晶体聚集在一起形成的聚晶体，晶体长度为 8～12μm，直径为 3～6μm，长径比为（1～2）∶1。随着液相 SO_4^{2-} 浓度的增大，α 型半水石膏晶体长度变小。当液相 SO_4^{2-} 浓度为 40mg/mL 时，α 型半水石膏晶体长径比小于 1，形成片状。然而，当液相 SO_4^{2-} 浓度为 50mg/mL 时，半水磷石膏颗粒由许多细小的晶体聚结而成。

图 2-9　不同液相 SO_4^{2-} 浓度下制备的半水磷石膏样品的 SEM 图[10]
（a）20mg/mL；（b）30mg/mL；（c）40mg/mL；（d）50mg/mL

（2）反应温度

在半水磷石膏工艺中，温度一般控制在 80～120℃。当反应温度较低时，得到的半水磷石膏晶体呈细长棒状，如图 2-10（a）所示，α 型半水石膏晶体长度 5～11μm，直径 1～3μm，在实际中难以进行过滤和洗涤，结晶稳定性也较差，且混有二水磷石膏。随着温度的升高，α 型半水磷石膏晶体的长度减小，直径变大。这主要是因为提高温度后，磷酸溶液的黏度大幅降低，有利于离子扩散，利于结晶的成长[12]。当温度≥100℃时，半水磷石膏颗粒中还会出现由立方状无水石膏晶体组成的聚晶体，半水磷石膏晶体形态中逐渐混杂立方状无水石膏聚晶体。

（3）磷酸浓度

在液相硫酸不足的条件下，半水磷石膏结晶能稳定存在的磷酸浓度范围较宽（图 2-8）：当温度为 120℃，磷酸浓度高达 53.3% P_2O_5，仍能得到半水磷石膏，结晶水含量为 6.4%。当磷酸含量较低时，低于 40% P_2O_5 视为半水磷石膏工艺的浓度下限，此时半水磷石膏结晶趋于细小，结晶稳定性变差。浓度低于 30% P_2O_5，为二水磷石膏工艺范围。当磷酸中 P_2O_5 含量超过 44% 时，半水磷石膏颗粒中可出现由立方状无水石膏晶体组成的聚晶体。

图 2-10　不同反应温度下制备的半水磷石膏样品的 SEM 图[10]
（a）80℃；（b）85℃；（c）90℃；（d）100℃

（4）搅拌速度

搅拌速度较低时，组成聚晶体的α型半水磷石膏晶体的长度为 2～8μm，直径 3～7μm（图 2-11）。增大搅拌速度，α型半水石膏晶体长度减小，直径增大。当搅拌速度超过 195 r/min 时，α型半水石膏晶体显露出二次结晶片状体包裹层，呈"玫瑰花"状。由此可见，随着搅拌速度的增大，半水磷石膏晶体形态逐渐显露出二次结晶包裹层。

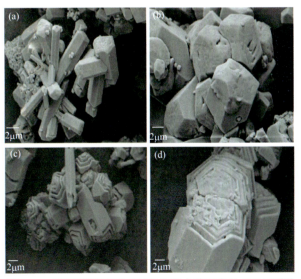

图 2-11　不同搅拌速度下制备的半水磷石膏的 SEM 图[10]
（a）105 r/min；（b）165 r/min；（c）195 r/min；（d）225 r/min

在半水磷石膏湿法磷酸工艺中，影响半水磷石膏矿物组成变化的反应条件是液相 SO_4^{2-} 浓度、反应温度以及磷酸浓度，当控制液相 SO_4^{2-} 浓度 20～40mg/mL，反应温度 90～95℃，磷酸浓度 40%～42%，可以获得稳定的α型半水磷石膏晶相。

晶体形态主要受液相 SO_4^{2-} 浓度、反应温度、磷酸浓度及搅拌速度影响，其中影响半水磷石膏晶体形态变化最大的是液相 SO_4^{2-} 浓度。

3. 金属离子 Mg^{2+}、Al^{3+} 和 Fe^{3+} 对α型半水磷石膏晶型的影响

磷矿石常含有一定数量的脉石矿物，如方解石、白云石、石英、海绿石、黏土等。在湿法磷酸生产中，虽然对磷矿石进行了浮选形成磷精矿，但是还有少量的 MgO、Al_2O_3 以及 Fe_2O_3 等金属氧化物存在于磷精矿中（表 2-1）。这些金属氧化物随磷精矿粉引入至磷酸与硫酸的溶液中。湿法磷酸生产过程都是在强酸性环境下进行的，因此这些金属氧化物将不断地被溶解出，形成 Mg^{2+}、Al^{3+}、Fe^{3+} 等金属离子。这些金属离子可选择性吸附在α型半水石膏晶体不同的晶面上，影响晶体各生长面的生长速率，从而改变α型半水磷石膏晶体的生长习性[17, 18]。因此，开展 Mg^{2+}、Al^{3+} 和 Fe^{3+} 对α型半水磷石膏结晶过程及生长习性的影响研究具有重要的应用价值。

根据图 2-12 中α型半水磷石膏晶体平衡形态生长晶面结构可知，晶体的柱面（101）、（10$\overline{1}$）及锥面（110）显露 Ca^{2+}，而晶体的柱面（002），以及锥面（011）、（0$\overline{1}$1）、（1$\overline{1}$0）除了显露 Ca^{2+} 外，还存在强极性的 SO_4^{2-} 基团。因此在α型半水磷石膏晶体生长的过程中，晶体的柱面（002）以及锥面（011）、（0$\overline{1}$1）、（1$\overline{1}$0）径向延伸过程中，对金属阳离子有一定的吸附作用。

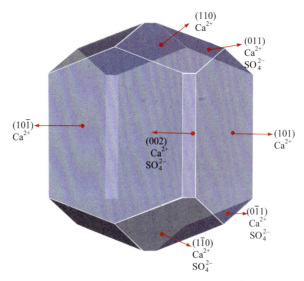

图 2-12 α型半水磷石膏晶体形态的离子组成

晶面簇（1$\overline{1}$0）极性最强，其次是（002）、（011），晶面簇（0$\overline{1}$1）极性较弱。当α型半水磷石膏过饱和溶液中存在 Mg^{2+}、Al^{3+}、Fe^{3+} 时，金属阳离子容易首先吸附在晶体锥面（1$\overline{1}$0）上，降低其生长速率，使得晶体锥面（1$\overline{1}$0）易于显露，导致 α型半水磷

石膏晶体呈楔子状（图 2-13）。随着金属离子 Mg^{2+}、Al^{3+}、Fe^{3+} 浓度的增加，这种作用效果增大，晶体的端面变得平缓，这是由于金属离子 Mg^{2+}、Al^{3+}、Fe^{3+} 与 SO_4^{2-} 反应速率不同。Fe^{3+} 与 SO_4^{2-} 反应速率最快，其次是 Mg^{2+} 与 SO_4^{2-} 的反应速率，因此 Mg^{2+}、Fe^{3+} 较 Al^{3+} 更容易与晶体锥面 $(1\bar{1}0)$ 上 SO_4^{2-} 发生吸附作用。晶体锥面 $(1\bar{1}0)$ 生长缓慢，晶体向 (010) 方向生长缓慢，从而导致 α 型半水石膏晶体长度减小，直径变大。同时，金属离子吸附在 (002) 晶面簇上，导致晶面簇 (002) 生长速率降低，柱面显露，晶体呈六方柱状。

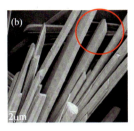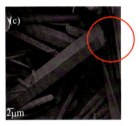

图 2-13　相同离子浓度（1%）情况下，半水磷石膏湿法磷酸工艺中半水磷石膏 SEM 形貌[10]
（a）Mg^{2+} 1%；（b）Al^{3+} 1%；（c）Fe^{3+} 1%

通过改变 α 型半水磷石膏晶体生长环境中离子种类和浓度，比较 α 型半水磷石膏晶体形貌（图 2-13），Mg^{2+}、Al^{3+}、Fe^{3+} 使得 α 型半水磷石膏的长度减小，直径变粗，长径比减小[10]。其原因是：Mg^{2+}、Al^{3+}、Fe^{3+} 增大了 α 型半水磷石膏过饱和溶液的固液界面能以及临界晶核半径，使得成核速率减小，即单位时间单位体积内晶核数减少，晶体生长效率降低，生长基元只能在较少的晶核数的晶面上缓慢生长，使得 α 型半水石膏晶体沿 (010) 晶向生长速率减小，从而导致晶体长度减小，直径变大。比较不同金属氧化物对 α 型半水磷石膏晶体长径比的影响，还可以发现：Fe_2O_3 对降低 α 型半水磷石膏长径比的效果最大，其次是 MgO，影响最小的是 Al_2O_3。这是由于 Fe_2O_3 可延长结晶诱导时间，增大固液界面能及临界晶核半径，降低生长效率以及成核速率的作用效果最大。过饱和度及 MgO、Al_2O_3、Fe_2O_3 浓度都相同的条件下，还可发现 Fe_2O_3 降低 α 型半水磷石膏晶体生长效率的效果最大，其次是 MgO，而 Al_2O_3 降低 α 型半水磷石膏晶体生长效率的效果最小。

4. 湿法磷酸半水磷石膏工艺条件对半水磷石膏胶凝性能的影响

湿法磷酸半水磷石膏工艺条件对半水磷石膏晶型、形貌、粒径产生相应影响，进而将影响半水磷石膏胶凝性能。通过改变合成条件，制备不同形貌的半水磷石膏 HPG1 和 HPG2（图 2-14）。HPG1 是具有六方短柱状的 α 型半水磷石膏晶体，晶体柱面长度为 5～15μm，长径比为（3～5）：1；HPG2 柱面长度减小，且长径比<1。从晶体暴露程度来看，HPG1 柱面充分暴露，而 HPG2 仅有少数柱面暴露出来。半水磷石膏 HPG1 的水化反应活性远高于 HPG2，表明水分子通道主要分布在 α 型半水磷石膏晶体的柱面上，与理论分析相一致[10]。不同晶体形态的半水磷石膏表现出不同的胶凝行为，其实质是不同晶体形态的 α 型半水石膏晶体具有不同的水化反应活性。因此，可以通过改变反应条件及晶种形态调控 α 型半水石膏晶体柱面的显露程度，从而实现在半水磷石膏湿法磷酸工艺中副产具有

一定胶凝强度的半水磷石膏。

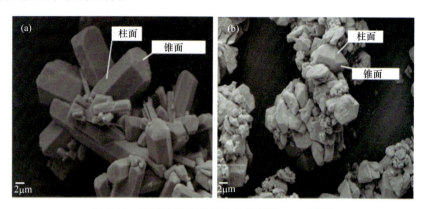

图 2-14　不同结晶形貌的半水磷石膏 SEM 图[10]

半水磷石膏形成条件：反应温度 95℃，磷酸浓度 36% P_2O_5，磷矿粉掺量 15.3%，搅拌速度 135 r/min，硫酸滴加速度 4.5 g/min；（a）HPG1：SO_4^{2-} 浓度为 20mg/mL；（b）HPG2：SO_4^{2-} 浓度为 40mg/mL

　　从半水磷石膏 HPG1 及 HPG2 硬化浆体 SEM 图（图 2-15）可见：半水磷石膏 HPG1 硬化浆体是由 α 型半水磷石膏水化生成的片状二水磷石膏晶体相互搭接构成，结构较紧密，生成的二水磷石膏晶体表面光滑，晶形完整，有许多结晶接触点；半水磷石膏 HPG2 的硬化浆体结构疏松，有较多的孔洞，生成的二水磷石膏晶形不完整，呈现出不规则的

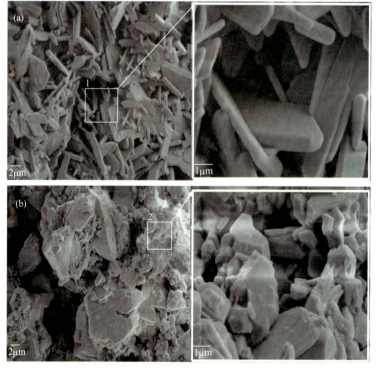

图 2-15　不同结晶形貌对应的半水磷石膏硬化浆体的 SEM 图[10]

（a）HPG1；（b）HPG2

板状。半水磷石膏 HPG1 标准稠度需水比为 0.67，初凝时间 9min，终凝时间 14min，抗折强度 2.82 MPa，抗压强度 5.46 MPa，而半水磷石膏 HPG2 的标准稠度需水比增加，初凝及终凝时间延长，抗折强度与抗压强度降低。这表明呈短柱状晶体形态的半水磷石膏的胶凝强度远高于呈板状或片状晶体形态的半水磷石膏。

不同湿法磷酸半水磷石膏工艺条件下制得的半水磷石膏胶凝性能见表 2-2。当液相 SO_4^{2-} 浓度为 20mg/mL 时，半水磷石膏标准稠度需水比 0.67，初凝时间 10min，终凝时间 15min，抗折强度 2.75 MPa，抗压强度 5.28 MPa。随着液相 SO_4^{2-} 浓度的增加，半水磷石膏标准稠度需水比逐渐增加，凝结时间延长，抗压强度降低，抗压强度变化值达到 4.16 MPa。结合图 2-9 晶体形貌可知，随着液相 SO_4^{2-} 浓度的增加，半水磷石膏晶体形貌由长径比（1～2）：1 的六方短柱状转变为长径比小于 1 的片状晶体。且随着液相 SO_4^{2-} 浓度的增加，半水磷石膏颗粒粒径减小，比表面积增大。因此，随着液相 SO_4^{2-} 浓度增加，比表面积增大，导致半水磷石膏标准稠度需水比增大。由此可见，半水磷石膏晶体形态的变化使半水磷石膏水化凝结时间延长，胶凝强度下降。

表 2-2　半水磷石膏湿法磷酸制得的半水磷石膏的胶凝性能[10]

反应条件		需水比	凝结时间/min		抗折强度/MPa	抗压强度/MPa	抗压强度变化值/MPa
			初凝	终凝			
液相 SO_4^{2-} 浓度	20mg/mL	0.67	10	15	2.75	5.28	4.16
	30mg/mL	0.75	13	18	2.17	4.64	
	40mg/mL	0.80	16	22	0.78	1.53	
	50mg/mL	0.85	33	54	0.46	1.12	
反应温度	80℃	0.80	9	13	0.52	1.35	2.88
	85℃	0.75	11	17	1.60	3.21	
	90℃	0.72	15	23	2.11	4.23	
	100℃	0.85	35	51	1.32	2.71	
磷酸中 P_2O_5 浓度	38%	0.75	8	14	1.46	3.15	1.67
	40%	0.80	13	17	1.25	3.02	
	42%	0.83	16	25	1.18	2.31	
	44%	0.85	23	42	0.61	1.48	
搅拌速度	105r/min	0.80	26	38	1.27	2.53	2.08
	165r/min	0.78	23	30	2.34	4.61	
	195r/min	0.82	11	16	1.79	3.36	
	225r/min	0.85	7	12	1.61	3.12	

注：抗压强度变化值=最大值-最小值。

反应温度对半水磷石膏胶凝性能的影响规律：从表 2-2 可见，当反应温度为 80℃时，半水磷石膏标准稠度需水比为 0.80，初凝时间为 9min，终凝时间为 13min，抗折强度为 0.52 MPa，抗压强度为 1.35 MPa。随着反应温度的增加，半水磷石膏标准稠度需水比先降低后增加，凝结时间延长，抗压强度呈先增加后降低的趋势，抗压强度变化值为 2.88 MPa。结合图 2-10 分析结果可知，反应温度较低时，半水磷石膏中含有二水石膏，而α型半水磷石膏则相应减少，因此半水磷石膏的胶凝强度降低；当温度较高时，半水磷石膏中出现硬石膏相,相应的α型半水石膏减少,从而导致凝结时间延长,胶凝强度降低。

磷酸浓度对半水磷石膏胶凝性能的影响规律:当磷酸中 P_2O_5 浓度为38%时,半水磷石膏标准稠度需水比为 0.75,初凝时间为 8min,终凝时间为 14min,抗折强度为 1.46 MPa,抗压强度为 3.15 MPa。随着磷酸中 P_2O_5 浓度的增加,半水磷石膏标准稠度需水比逐渐增加,凝结时间延长,抗压强度下降。抗压强度变化值为 1.67 MPa。当 P_2O_5 浓度增大时,半水磷石膏中含有无水石膏相,而α型半水磷石膏减少,且随着磷酸中 P_2O_5 浓度增大,半水磷石膏颗粒平均粒径逐渐减小。因此,随着磷酸中 P_2O_5 浓度增大,半水磷石膏的标准稠度需水比增大,凝结时间延长,胶凝强度降低。

搅拌速度对半水磷石膏胶凝性能的影响规律:当搅拌速度为 105 r/min 时,半水磷石膏标准稠度需水比为 0.80,初凝时间为 26min,终凝时间为 38min,抗折强度为 1.27 MPa,抗压强度为 2.53 MPa。随着搅拌速度增大,半水磷石膏标准稠度需水比先降低后增大,凝结时间缩短,而胶凝强度先增大后降低,抗压强度变化值为 2.08 MPa。结合图 2-11 分析结果可知,当搅拌速度在 105~195 r/min 时,随着搅拌速度的增加,半水磷石膏颗粒平均粒径逐渐增大,因此标准稠度需水比减小,胶凝强度增加,而当搅拌速度为 225 r/min 时,半水磷石膏颗粒平均粒径减小,标准稠度需水比增加,从而胶凝强度降低。

由此可见,SO_4^{2-} 浓度、反应温度、磷酸浓度及搅拌速度影响半水磷石膏形貌及尺寸,进而影响其胶凝性能,其中使半水磷石膏抗压强度变化值最大的是液相 SO_4^{2-} 浓度,即最大的影响因素为 SO_4^{2-} 浓度。半水磷石膏矿物学特征中晶体形态指标是影响其胶凝性能的重要因素。当控制反应条件液相 SO_4^{2-} 浓度 20mg/mL,反应温度 95℃,磷酸溶液中 P_2O_5 含量36%,磷矿粉掺量 15.3%,搅拌速度 135 r/min 时,可得到晶体形态完整,且长径比为(2~4):1 的六方短柱状半水磷石膏晶体,这有利于提高半水磷石膏的胶凝强度,其性能指标均满足《建筑石膏》(GB/T 9776—2022)2.0 等级 2h 湿强度的要求[10]。

2.1.2 二水磷石膏转化为α半水磷石膏晶型调控

以二水磷石膏为原料,制备α半水磷石膏的工艺有蒸压法、水热法、常压盐溶液法等。磷石膏在没有转晶剂下制备的α半水磷石膏由于其生长习性通常呈长柱状或者针状,水化需水量高,导致硬化体中存在很多的孔洞结构,致使硬化体强度下降。晶体粗大、分布均匀的短柱状形貌的α型 $CaSO_4 \cdot 0.5H_2O$ 水化时的用水量很小,因此水化后硬化体的机械强度就比较高。研究发现,制备结晶无缺陷、较短长径比的α型 $CaSO_4 \cdot 0.5H_2O$ 晶体是制备高强度石膏的关键。根据结晶动力学理论,在不同条件下晶体各个晶面的相对生长速率不同,晶面的相对生长速率发生变化,晶体的形貌将会发生改变。在反应溶液中添加一定量的转晶剂,使反应体系的条件发生改变,进而影响各个晶面的生长速率,使α型 $CaSO_4 \cdot 0.5H_2O$ 晶体形貌向着短柱状方向生长。加入晶体改性剂可以有效地调节α半水磷石膏的形貌。常用的晶体转晶剂主要有无机盐、有机酸、表面活性剂等[19, 20]。

1. 无机盐

盐溶液法制备α型 $CaSO_4 \cdot 0.5H_2O$ 晶体中一价金属离子(K^+、Na^+等)、二价金属离子(Ca^{2+}等)可看作盐介质。不同的盐介质对α型 $CaSO_4 \cdot 0.5H_2O$ 晶体的形貌有影响。Liu

等[21]研究了 Na^+、Mg^{2+}、Al^{3+} 和 Fe^{3+} 浓度对水热法制备的半水硫酸钙晶须晶体形态的影响。当 Al^{3+} 浓度大于 1×10^{-3} mol/L 时，晶须明显变短变厚，而 Mg^{2+} 和 Fe^{3+} 的存在则导致晶须变短。Na^+ 的存在不影响晶须的形态。元素分析表明，Mg^{2+} 和 Al^{3+} 选择性吸附在晶体表面，Fe^{3+} 水解形成棕色沉淀，使溶液中的离子浓度降低。这些结果表明，一价无机盐离子对晶体形貌基本没有影响，但二价、三价无机盐离子对晶体形貌有较大影响。汪浩[22]在研究中发现随着 $Ca(NO_3)_2$ 盐溶液浓度的增大，脱硫石膏转化为 α 型 $CaSO_4 \cdot 0.5H_2O$ 的速率加快。$Ca(NO_3)_2$ 体系中加入 K_2SO_4，K_2SO_4 的浓度增加，会使转化速率增加和晶体形貌改良，但是高浓度的 K_2SO_4 会生成含钾的 $CaSO_4$ 复盐。随着 K_2SO_4 的浓度增大，转化得到的 α 型 $CaSO_4 \cdot 0.5H_2O$ 水化后硬化体机械强度性能降低。

2. 有机酸

有机酸通过与 Ca^{2+} 发生络合作用，在 α 半水磷石膏晶体表面形成环状有机酸钙络合物，阻碍离子扩散与晶面叠合，使 α 半水磷石膏晶体生长速率降低，晶体发育更充分，晶体尺寸更大；有机酸优先选择吸附在 α 半水磷石膏晶体（111）面，抑制其 c 轴方向生长，使晶面沿 c 轴生长速率的优势被削弱，导致 α 半水磷石膏晶体生长习性和晶体形状发生改变。有机酸转晶剂有琥珀酸（丁二酸）、马来酸、乙二胺四乙酸（EDTA）、丙二酸、草酸（乙二酸）等有机酸[23]。彭家惠等[24]以脱硫石膏为原料，采用常压盐溶液法制备 α 型 $CaSO_4 \cdot 0.5H_2O$，发现丁二酸质量分数为 0.01 % 时可得到长径比为 5 : 1 的 α 型 $CaSO_4 \cdot 0.5H_2O$；丁二酸质量分数为 0.03 % 时长径比为 2 : 1；添加丁二酸质量分数为 0.05 % 可制得长径比为 1 : 1 的短柱状 α 型 $CaSO_4 \cdot 0.5H_2O$，由此可见 α 型 $CaSO_4 \cdot 0.5H_2O$ 长轴生长被抑制，晶形由长棒状转变为短柱状，且晶粒尺寸增大；控制 pH 和有机酸掺量，可制备长径比 1 : 1 的短柱状 α 半水石膏晶体。

3. 表面活性剂

表面活性剂对晶体性质的影响是它对晶体的成核和生长动力学影响的结果。十六烷基三甲基溴化铵、十二烷基苯磺酸钠、聚乙烯吡咯烷酮和十二烷基磺酸钠等表面活性剂在研究中作为转晶剂调控半水石膏晶体形貌[25, 26]。

目前对于转晶剂的作用机理依旧没有形成成熟的理论，最近提出的几种理论分别为双电层理论、杂质吸附理论和缓冲薄膜理论。

转晶剂对半水硫酸钙晶体形貌的影响途径可能通过以下三种方式进行：①改变晶体的比表面自由能；②选择性吸附在晶体的某个晶面上；③进入晶体的晶格结构。前两种方式是现在较认同的转晶剂作用机制。实验证明，半水硫酸钙的（111）晶面是由钙离子组成的，负离子可以与其相结合，（110）晶面则是由钙离子和硫酸根组成的，所以正负离子都可以吸附在该晶面上，但是相比较而言，正离子与硫酸根的吸附作用更加强烈。金属阳离子被引入结晶体系中，它们与（110）晶面上的硫酸根相互作用，（110）晶面比表面自由能会发生改变。金属阳离子与该晶面上的硫酸根结合，阻碍了硫酸根在该晶面上的持续性结合，因而降低了晶体在该晶面方向上的生长速率；但对应于长轴方向的（111）面不受影响，所以金属阳离子起不到形貌控制作用，结晶产物最终的形貌依然为针状或棒状。当向溶液中添加有机酸类的转晶剂时，有机酸会在溶液中发生电离，电离出的羧酸根与（111）晶面上的钙离子发生络合作用，从而阻碍钙离子进一步在该晶面的结合，将明显降低晶体沿 c 轴方向的生长速率，晶体的形貌便会朝着短长径比方向发展，即会形成短柱状的半水硫酸钙。但是当有机酸的添加量过大时，晶体的生长速率就会受到很大的抑制，逐渐变成片状晶体。

2.2　杂质的定向迁移

磷石膏中主要成分二水硫酸钙的含量为 80% 以上，磷石膏中的杂质如二氧化硅、酸不溶物、磷、氟和金属离子等约占到了 25%。这些杂质的存在导致目前磷石膏综合利用率不高。磷石膏主要化学成分如表 2-3 所示。

表 2-3　磷石膏主要化学成分[27]

成分	含量	成分	含量
总 SO_3/%	40.86	Al_2O_3/%	0.236
CaO/%	29.82	MgO/%	0.03
SiO_2/%	9.43	Na_2O/%	0.043
总磷/%	1.17	K_2O/%	0.086
水溶磷/%	0.87	MnO/%	0.002
总氟/%	0.52	游离 H_2O/%	5.38
水溶氟/%	0.12	结晶 H_2O/%	4.27
浸出性氟/（mg/L）	119.48	酸不溶物/%	8.42
Fe_2O_3/%	0.132	pH	3.11

磷石膏是磷酸生产过程中采用硫酸处理磷矿时产生的副产物，磷石膏含有的多种杂质主要来源于磷矿固有杂质，还有一部分是由磷酸生产过程中不同工艺过程中添加剂残留产生的。

2.2.1　磷类杂质

磷是磷石膏中主要的有害杂质，在磷石膏中主要以可溶磷、共晶磷、难溶磷 3 种形式存在[28]。为了防止磷矿粉与浓硫酸反应过于激烈而使生成的硫酸钙覆盖于磷矿粉表面阻碍磷矿进一步分解，工业上湿法磷酸工艺中首先使磷矿和循环浆料（或返回系统的磷酸）进行预分解反应。循环浆料中含有大量的磷酸，磷矿溶解在过量的磷酸溶液中，生成磷酸一钙。

$$Ca_5F(PO_4)_3 + 7 H_3PO_4 == 5 Ca(H_2PO_4)_2 + HF\uparrow \qquad （2-3）$$

然后将上述的磷酸一钙浆料与稍微过量的硫酸反应生产硫酸钙结晶和磷酸溶液。

$$10Ca(H_2PO_4)_2 + 10H_2SO_4 + mH_2O \Longrightarrow 10CaSO_4 \cdot nH_2O + 20H_3PO_4 + (m-10n)H_2O$$

$$(2-4)$$

反应得到的混合浆料经萃取、过滤，将得到的清液经进一步精制成磷酸，将固液分离得到的滤饼固体物经洗涤、干燥后作为磷石膏进入堆场。由于萃取、洗涤不充分，部分磷以 H_3PO_4、$H_2PO_4^-$、HPO_4^{2-}、PO_4^{3-} 的形式附着在磷石膏表面或者形成共晶磷与不溶性磷[29]。

可溶磷主要以 H_3PO_4、$H_2PO_4^-$、HPO_4^{2-}、PO_4^{3-} 四种形式存在。当磷石膏水化时，可溶磷会与 Ca^{2+} 反应生成难溶物 $Ca_3(PO_4)_2$，覆盖在磷石膏表面，阻碍磷石膏继续溶出和水化，降低磷石膏制品的强度。共晶磷主要是由 HPO_4^{2-} 取代石膏晶格中的 SO_4^{2-}，形成 $CaSO_4 \cdot 2H_2O$ 与 $CaHPO_4 \cdot 2H_2O$ 的固溶体。当石膏水化时，共晶磷从晶格中析出，生成 $Ca_3(PO_4)_2$，使水化产物晶体变粗、结构疏松，进而降低石膏制品强度。$Ca_3(PO_4)_2$ 是难溶磷的主要存在形式，难溶磷对磷石膏制品质量基本不产生影响。另外，磷石膏中还存在少量未反应的磷灰石粉[30]。磷石膏中磷元素还会导致其制品易生青苔。

2.2.2 氟类杂质

磷矿先后与磷酸、硫酸作用的总反应方程式如下：

$$Ca_5F(PO_4)_3 + 5H_2SO_4 + 10H_2O \Longrightarrow 5CaSO_4 \cdot 2H_2O + 3H_3PO_4 + HF\uparrow \qquad (2-5)$$

磷矿石成分中的 $Ca_5F(PO_4)_3$，经磷酸分解时，一部分氟以 HF 排出反应体系，同时 HF 还与磷矿石中其他杂质如 SiO_2、K_2O、Na_2O 反应，生成含氟杂质，残留在磷石膏中，其存在形式有可溶氟（NaF）和难溶氟（CaF_2、AlF_3、Na_2SiF_6、Na_3AlF_6）两种[30]。

磷矿石中还含有 SiO_2、Fe_2O_3、Al_2O_3、Na_2O、K_2O、$CaCO_3$、$MgCO_3$ 等杂质，在磷酸生产过程中会与 H_2SO_4、H_3PO_4、HF 反应生成 $FePO_4$、$AlPO_4$、H_2SiF_6、Na_2SiF_6、K_2SiF_6、$MgSO_4$、SiF_4 等有害物质并残留在浆液中，其方程式为

$$6HF + SiO_2 \Longrightarrow H_2SiF_6 + 2H_2O \qquad (2-6)$$

$$H_2SiF_6 \Longrightarrow SiF_4\uparrow + 2HF\uparrow \qquad (2-7)$$

有 SiO_2 存在时，氟硅酸分解加剧，如下所示：

$$2H_2SiF_6 + SiO_2 \Longrightarrow 3SiF_4\uparrow + 2H_2O \qquad (2-8)$$

四氟化硅水解成氟硅酸，并析出硅胶 $SiO_2 \cdot nH_2O$，且硅胶容易堵塞管道和设备，其反应方程式如下所示：

$$3SiF_4 + (n+2)H_2O \Longrightarrow 2H_2SiF_6 + SiO_2 \cdot nH_2O\downarrow \qquad (2-9)$$

可溶氟对磷石膏有促凝作用，当 w（可溶氟）低于 0.3%时，对胶结材料强度影响较小；w（可溶氟）超过 0.3%时，可溶氟可加快建筑石膏的凝结速度，导致水化产物二水石膏的晶体粗化，使胶结材料强度显著降低。难溶氟为惰性杂质，对磷石膏基本不产生影响。磷石膏中的氟还会对环境造成不利影响，进而危害人的身体健康。

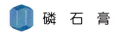

2.2.3 有机杂质

湿法磷酸含有较多杂质，有机杂质是湿法磷酸中的杂质之一，主要来源于磷矿石和磷酸生产过程中的添加剂。一方面我国磷矿为中低品位，在浮选中会引入浮选剂等有机杂质。湿法磷酸生产中，当磷矿粉中碳酸盐和有机物（如残留的表面活性剂，如脂肪酸盐、树脂酸）含量较高时，与酸发生化学反应产生大量 CO_2 气体。随着酸解过程的激烈进行，CO_2 连续分散在含有有机物成分的反应液中，会在料浆表面形成一个稳定的泡沫层，其体积通常可达反应液体积的 5%～10%，严重时泡沫会被大量带至尾气吸收系统甚至漫槽，造成 P_2O_5 损失及环境污染。通常在生产中会加入消泡剂消除泡沫。另一方面，为了进一步净化磷酸，萃取剂如脂肪醇类、磷酸酯类、醚类、酮类和酯类会引入到湿法磷酸生产系统中，导致在磷石膏中引入相应有机杂质。有机杂质主要为乙二醇甲醚乙酸酯、异硫氰甲烷、3-甲氧基正戊烷、絮凝剂等。有机杂质使磷石膏标准稠度需水量增加，凝结硬化减慢；同时也会使二水石膏晶体间的相互作用削弱，导致硬化体结构疏松，强度降低。

2.2.4 其他杂质

磷石膏中还含有 Fe、Mg、Al、Si、Na 等杂质。磷矿中还伴有铁、铝、钠、钾、钙、镁等矿物，会发生如下化学反应：

$$Fe_2O_3 + 2H_3PO_4 == 2FePO_4\downarrow + 3H_2O \tag{2-10}$$

$$Al_2O_3 + 2H_3PO_4 == 2AlPO_4\downarrow + 3H_2O \tag{2-11}$$

$$Na_2O + H_2SiF_6 == Na_2SiF_6\downarrow + H_2O \tag{2-12}$$

$$K_2O + H_2SiF_6 == K_2SiF_6\downarrow + H_2O \tag{2-13}$$

$$CaCO_3 + H_2SO_4 + H_2O == CaSO_4 \cdot 2H_2O + CO_2\uparrow \tag{2-14}$$

$$CaCO_3 \cdot MgCO_3 + 2H_2SO_4 == CaSO_4 \cdot 2H_2O + MgSO_4 + 2CO_2\uparrow \tag{2-15}$$

对于残留在磷石膏制品中的碱金属盐类杂质，在制品受潮和干燥循环过程中，碱金属离子会沿着硬化体孔隙迁移至表面，待水分蒸发后在表面析晶，产生粉化、泛霜和长毛等现象[31]。

另外，多数磷矿中还含有少量的放射性元素，磷矿酸解制酸时铀化合物溶解在酸中的比例较高；但是铀的自然衰变物镭以硫酸镭的形态与硫酸钙一起沉淀。镭-226、钍-232、钾-40 等放射性元素会释放出 γ 射线，镭-226 和钍-232 衰变中也会放出放射性气体氡，这些放射性物质一旦超出标准将对人体产生极大的危害，由于磷石膏主要应用在建筑行业，因此磷石膏中放射性物质的含量需要监测，放射性比活度超标的磷石膏不宜利用[32]。对川西磷石膏（1#和 2#样品）以及河沙的放射性进行测定，其放射性数据列于表 2-4。

表 2-4　磷石膏以及河沙的放射性数据[32]

材料	放射性比活度/（Bq/kg）			内照射指数 i_{Ra}	外照射指数 i_r
	Ra	Th	K		
1#磷石膏	170.69	21.12	170.32	0.853	0.583
2#磷石膏	102.53	90.38	613.79	0.513	0.771
河沙	19.27	14.75	265.50	0.074	0.177
A 类建材（GB 6566—2010）				≤1.0	≤1.3

1#和 2#磷石膏、河沙的内照射指数都低于国标 1.0，它们的外照射指数也都低于国标 1.3。由此可见磷石膏的放射性指标未超过国家 A 类建材标准，可应用于建材。

2.3　有价离子的回收

研究表明，磷矿中主要物相是氟磷灰石（胶磷矿）、白云石、石英、海绿石，伴生矿物为云母、黄铁矿及黏土矿物等。磷矿石中 P_2O_5 平均含量为 25%左右，稀土元素平均含量为 0.02%，杂质含量高，伴生元素丰富。伴生稀土元素主要集中在磷矿石与碳质砂页岩之中。以贵州织金磷矿为例，将原矿经配矿、破碎、球磨、浮选后得到的磷精矿进行元素检测，磷精矿主要化学成分如下：P_2O_5 为 33.81%、CaO 为 49.62%、SiO_2 为 4.48%、MgO 为 1.38%、Fe_2O_3 为 1.03%，稀土成分如表 2-5 所示，稀土氧化物总量（ΣREO）0.1734%[33]。

表 2-5　磷精矿中稀土金属含量（%）

稀土成分	Y_2O_3	La_2O_3	Nd_2O_3	CeO_2	Pr_6O_{11}	Gd_2O_3	Dy_2O_3	Sm_2O_3
含量	0.053	0.039	0.029	0.027	0.0067	0.0051	0.0042	0.0026
稀土成分	Er_2O_3	Yb_2O_3	Ho_2O_3	Tb_4O_7	Eu_2O_3	Tm_2O_3	Lu_2O_3	—
含量	0.0020	0.0014	0.0012	0.0009	0.0008	0.0004	0.0001	—

从上表可见，磷矿石中稀土以钇、镧、钕、铈和镨为主，其次是钆、镝、钐和铒，其他稀土的含量较低。研究表明，磷精矿经硫酸分解、浸出，稀土总浸出率比较低，约30%，大部分进入磷石膏中[33]。磷石膏中稀土主要以三种形态赋存，分别为同晶取代（60%～80%）、磷酸盐和硫酸复盐，前者可在稀酸条件下浸出，而以磷酸盐和硫酸复盐形式存在的稀土则难以溶出[34]。

磷矿中伴生氟含量为 3%～4%，磷矿伴生氟资源有 $5.25×10^5$～$7.35×10^5$ kt，储量巨大。综合利用磷矿中的氟资源可有效填补我国萤石（CaF_2）资源量 348.35 万 t 的资源短板，可为发展氟化工以及新能源锂电材料（六氟磷酸锂电解液）产业提供资源保障。

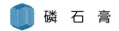 磷　石　膏

2.3.1　磷石膏中稀土元素回收

稀土元素已成为地球上最具战略意义的材料之一。许多高科技产业，如太阳能、风能、电动汽车、电子产品（智能手机、医疗设备）乃至军事器材对钕和镝等稀土元素都有着高度依赖性。冶金工业信息标准研究院报道，2021 年全球稀土产量达 27.7 万 t；通常，稀土元素在磷矿石中的平均含量约为 0.05%，世界上磷矿的商业产量约为每年 2.5 亿 t，这意味着每年随磷石膏废弃物产生的稀土元素约为 12.5 万 t，相当于全球稀土氧化物年产量的 45%[35]。

目前，硫酸法仍是湿法磷酸生产的主要方法。在硫酸酸解磷矿的过程中，稀土一部分进入硫酸浸出液中，一部分进入磷石膏中，其比例受浸出条件的影响。梅吟等[36, 37]在不同条件下采用硫酸分解磷精矿浸出磷和稀土，然后通过过滤使固液分离，分析浸出液及浸出渣中稀土及磷的走向，考察了不同分解条件对磷精矿中磷和稀土浸出率的影响，研究了二水法制磷酸过程稀土的走向规律。研究结果表明，在 75℃，酸过量系数 1.25，液固比 4∶1，反应时间 4 h 的条件下，稀土的浸出率最高为 53.45%。若综合考虑磷和稀土的浸出率，则最佳的工艺条件为：温度 75℃，酸过量系数 1.25，液固比 3∶1，反应时间 4 h，此时含稀土磷精矿中 P_2O_5 的浸出率为 96.85%，稀土的浸出率为 52.26%。

因此，在现有的二水磷石膏湿法磷酸工艺中回收稀土有两条途径：一是从磷石膏中回收稀土；二是从磷酸液相中回收稀土。采用传统的二水法工艺，通过硫酸分解磷精矿制磷酸，虽然 P_2O_5 浸出率较高，可以达到 96.85%，但稀土的浸出率较低，通常是对半分配在磷酸和磷石膏中。磷石膏中的稀土，主要是钇、镧、钕、铈和镨，这五种稀土累计占稀土总量的 86.06%。采用硫酸分解浮选磷精矿，稀土之所以难浸出，除了稀土容易通过共晶吸附或生成难溶硫酸复盐沉淀进入磷石膏外，稀土包裹在难溶硅酸盐等矿物中，无法与浸出剂接触反应也是一个至关重要的因素。这部分稀土占稀土总量的 30%左右，只有通过磨矿破坏难溶矿物的晶体结构，增大稀土与浸出剂的接触概率，才能改善其溶解性能[36]。

从磷石膏中回收稀土元素极具潜力，其难点在于如何减少回收过程中的环境污染。通常的方法中，从矿物中提取稀土元素会产生可观的有毒酸性污染物。Antonick 等研究了生物酸和无机酸从磷石膏中提取稀土的工艺，采用不同浸出剂对六种稀土元素（钇、铈、钕、钐、镨、镱）掺杂的合成磷石膏样品进行了浸出实验。该研究对比了磷酸、硫酸、葡萄糖酸和一种生物浸出剂对稀土元素的浸出率，其中该生物浸出剂由含氧化葡萄糖杆菌在葡萄糖上生长产生的有机酸的废培养基组成。结果表明，在当量摩尔浓度为 220mmol/L 时，生物浸出剂对稀土元素的萃取效率高十葡萄糖酸和磷酸，但低于硫酸。由于络合作用和动力学效应不同，无机酸在 pH 为 2.1 时不能提取稀土元素。在相同的 pH（2.1）条件下，生物酸比纯葡萄糖酸具有更好的稀土元素提取效果。除钇外，其余元素均以硫酸浸出量最大，磷酸浸出量最小。与有机酸相比，在同等酸度条件下无机酸（硫酸和磷酸）无法提取任何稀土元素，但在同等浓度下，只有硫酸的提取效果优于生物酸，但是不具备环保优势[35]。

专利 202110302077.4 公布了一种从含稀土磷石膏中综合回收稀土元素与石膏资源的方法，其工艺路线图如图 2-16 所示。首先采用稀硫酸二级逆流浸出含稀土磷石膏，过滤

洗涤，得到含稀土浸出液和净化磷石膏；取部分体积稀土浸出液并补加部分稀硫酸继续二级逆流浸出新鲜含稀土磷石膏，过滤洗涤，得到含稀土浸出液和净化磷石膏；将净化磷石膏进行重选/筛分处理，得到稀土富集物和产品石膏；调节含稀土浸出液的 pH，加入沉淀剂沉淀稀土，得到稀土盐和沉淀余液，沉淀余液进入磷矿处理车间。该方法在浸出过程中避免了浸出液酸度高，后续碱耗大的情况，低含量的稀土能够循环富集；常温常压下难浸出的稀土通过筛分重选得到回收，总体稀土的回收率高；沉淀余液循环进入磷矿处理工艺，实现水循环[38]。

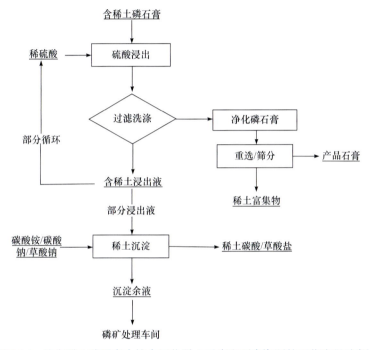

图 2-16　从含稀土磷石膏中综合回收稀土元素和石膏资源的工艺流程示意图

由于共晶和吸附作用，大部分稀土元素在湿法磷酸工艺过程中以共晶取代方式在磷石膏中富集[39]、小部分进入到磷酸浸滤液中，其可能的转移化学反应式为：$Ca_nREE_m(PO_4)_3F + H_2SO_4 + H_2O \longrightarrow H_3PO_4 + REE_xPO_4 + Ca_nREE_ySO_4 \cdot 2H_2O + HF\uparrow$，其中 REE 代表稀土元素。湿法磷酸工艺过程中，采用二水法时约 70%的镧系稀土元素进入磷石膏，因此从磷石膏中回收稀土是磷石膏一种主要的利用途径。稀土中镧、铈、钕约占其总量的 80%，磷石膏中镧系元素的含量约为 0.4%[39]，由于镧系元素大多以共晶方式存在于磷石膏中，因此要想定量萃取镧系元素，必须破坏磷石膏的晶格。通常在常温下，采用浓度为 0.5～1.0 mol/L 的 H_2SO_4，采用 1∶10 固液比浸出磷石膏，可以回收约 50%的镧系元素。在磷石膏的综合利用过程中，经过浸出和洗涤后的磷石膏通过碳酸氢铵和氯化铵等转化过程可以实现磷石膏中镧系元素的回收利用，反应式为

$$2CaSO_4 \cdot 2H_2O+3NH_4HCO_3+NH_3 \cdot H_2O = 2(NH_4)_2SO_4+2CaCO_3\downarrow+CO_2\uparrow+6H_2O$$

（2-16）

$$CaCO_3 + 2NH_4Cl == CaCl_2 + (NH_4)_2CO_3 \qquad （2-17）$$

在 25℃时，$CaCO_3$ 的溶度积（$8.7×10^{-9}$）远小于 $CaSO_4$ 的溶度积（$2.45×10^{-6}$），因此在 20℃条件下 $CaSO_4$ 的转化率可达到 99.93%，在此反应过程中磷石膏中的镧系元素经碳化进入到碳酸钙中，然后经过第二个化学反应，在氯化铵的转化作用下，碳酸钙中的稀土进入到氯化钙中，通过对氯化钙溶液进行分馏萃取可以回收镧系元素。分馏萃取采用 40～60 级萃取方式，萃取剂为 P_{507}-磷化煤油，萃取体系为 $RECl_3$-HCl，最终可以获得 $RECl_3$（镧系元素氯化物）产物，回收率达到 98.5%，从而回收磷石膏中稀土。

另外，采用 $(NH_4)_2CO_3$ 分解磷石膏，生成硫氨化肥，其反应式为

$$(NH_4)_2CO_3 + CaSO_4 == (NH_4)_2SO_4 + CaCO_3 \qquad （2-18）$$

在此反应过程中，磷石膏中的镧系元素同样进入到碳酸钙中，因此采用 HNO_3 溶解 $CaCO_3$，然后采用磷酸三丁酯（TBP）萃取的方法回收共存于 $CaCO_3$ 中的镧系元素，也可将 $CaCO_3$ 灼烧为 CaO，然后用 NH_4Cl 溶液浸出，选择性地溶解 CaO，回收其中的镧系元素氧化物。

高纯单一稀土元素的分离与提纯一般采用萃取的方式分离回收得到的稀土元素氯化物。常用的分离方式主要有液液萃取、固相萃取、色谱分离、萃淋树脂色层、离子交换和氧化还原等。此外，采用某些稀土元素在不同氧化还原条件下的变价性质进行分离，采用锌粉还原-碱度法从 Sm、Eu、Gd 富集物中可以一次提取超高纯 Eu_2O_3，纯度大于99.9999%，产品回收率大于 95%。利用高效离子交换色层工艺也可从稀土元素的富集物中提纯出 La、Ce、Pr、Nd、Pm、Sm、Eu、Gd、Tb、Dy、Ho、Er、Tm、Yb、Lu 15 种单一稀土元素[40]。

从磷石膏中提取镧系元素的流程较为复杂，需要对磷石膏进行专门浸出操作，存在成本较高、经济性较差等缺陷，但这是从磷石膏中回收稀土的一种重要途径。

2.3.2　氟元素的综合利用

氟化工作为黄金产业，是目前国内外各大企业研究和发展的重要目标，因此生产氟化工产品的氟资源是我国现代工业和经济发展必不可少的重要资源，氟资源有 88% 来自萤石，只有 12% 来自磷肥的副产品氟硅酸。萤石作为一种重要的战略资源，因蕴藏量有限，特别是酸级萤石已面临枯竭。因此，世界各国都非常重视萤石资源保护，甚至采用大量进口萤石的政策进行储备。我国的萤石资源丰富，但贫矿多富矿少，为减少氟资源流失，采用提高关税等办法限制萤石出口，并对萤石加工产品氢氟酸实行出口限制，同时积极寻找新的氟资源。据统计，世界上 90% 以上的磷矿都伴生有氟资源[氟磷酸钙 $Ca_5F(PO_4)_3$]，磷矿石中氟含量为 3%～4%[41]；我国云南、贵州、四川和湖北四个省拥有丰富的磷矿资源，磷矿伴生氟资源储量相当于国内已探明萤石储量的 13.67～16.71倍，每年开采的磷矿石量达 5000 万 t 以上，伴生氟约 150 万 t。因此，磷矿是最有利用价值的氟资源，充分对磷矿中的氟资源加以综合利用，具有减少环境污染和缓解萤石资源的双重效益[42, 43]。

以贵州某企业两套磷酸装置的氟平衡跟踪和统计[42]，湿法磷酸生产体系中氟元素的

平衡分布图如图 2-17 所示。

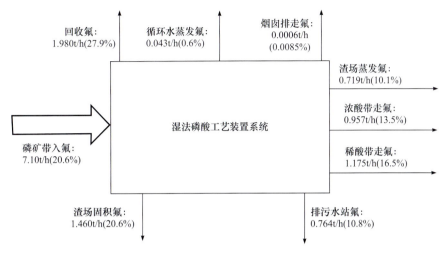

图 2-17　湿法磷酸生产体系中氟元素的平衡分布图

由此可见，氟在湿法磷酸生产体系中综合利用率较低，只占磷矿中氟资源的 27.9%；在磷石膏（渣场）中还含有 20.6%的氟元素。氟也是磷石膏中常见的有害杂质，磷石膏中氟含量为 0.12%~0.76%[44,45]，以可溶氟的 NaF 及难溶氟的 CaF_2、Na_2SiF_6 两种形式存在，且大量研究证明可溶氟对磷石膏综合利用具有不利影响。

目前磷石膏中的氟主要采用水洗净化、酸洗净化、酸洗耦合溶剂萃取净化等方式从磷石膏中去除，氟在萃取物中含量达 4.34%（表 2-6），可以通过进一步浓缩实现其资源化利用。

表 2-6　磷石膏、三种除杂方法所得净化磷石膏以及分离出杂质的组成分析（%）[46]

组成	磷石膏原料		水洗净化		酸洗净化		酸洗耦合溶剂萃取		萃取杂质	
	氧化物	元素	氧化物	元素	氧化物	元素	氧化物	元素	氧化物	元素
MgO	0.09	0.036	nd	nd	nd	nd	nd	nd	0.27	0.16
Al_2O_3	0.66	0.35	0.59	0.31	0.25	0.13	0.02	0.01	4.35	2.30
SiO_2	5.82	2.72	5.21	2.43	3.15	1.47	0.12	0.056	74.15	34.60
P_2O_5	0.79	0.34	0.46	0.20	0.02	0.009	0.01	0.004	0.11	0.048
SO_3	55.95	22.38	57.30	22.92	60.43	24.17	63.11	25.24	10.50	4.20
K_2O	0.14	0.12	0.12	0.10	0.04	0.033	nd	nd	0.90	0.75
CaO	34.46	24.61	34.36	24.54	34.62	24.73	36.24	25.88	2.07	1.48
TiO_2	0.17	0.10	0.11	0.066	0.10	0.06	0.05	0.03	0.31	0.19
Fe_2O_3	0.51	0.36	0.46	0.32	0.29	0.20	0.02	0.014	2.76	1.93
SrO	0.07	0.059	0.07	0.059	0.06	0.051	0.05	0.042	0.01	0.08
BaO	0.04	0.036	0.09	0.08	0.08	0.072	0.04	0.036	nd	nd
F	0.87	0.87	0.61	0.61	0.27	0.27	nd	nd	4.34	4.34

注：nd 表示没有检出。

虽然可以通过多种除杂方法对磷石膏中氟进行回收利用，氟去除率高，但是不具有很好的经济性，磷矿中氟资源利用还需从湿法磷酸工艺源头改进氟回收技术。据报道，云南云天化红磷化工有限公司 2017 年每吨浓磷酸副产氟硅酸 51.42 kg，回收的氟约占磷矿石氟总量的 45.20%，仍有约 55% 的氟未得到资源化利用。通过分析磷酸生产中各控制环节氟含量发现，萃取氟洗涤及闪冷循环水置换水未有效回收氟，导致氟排入磷石膏库中。该企业为提高氟资源回收利用率，降低磷石膏中氟含量，通过以下改进举措提高氟资源回收率：萃取槽逸出的含氟气体经管道洗涤，再进入第一氟洗涤塔；管道洗涤下增设洗液分离槽，将管道洗涤液用泵取出并对气体进行循环洗涤，分离槽上安装液位计，其补水由第一氟洗涤泵供给。管道洗涤泵出口增配一条置换水管，将洗涤液供至低位闪冷系统作为闪冷氟洗涤的补充水。低位闪蒸蒸发气体在进入大气冷凝器前，增设氟洗涤器及洗涤喷头，气体经洗涤回收氟及热量后再进入大气冷凝器，回收得到的氟洗涤液作为过滤机滤饼洗涤水，如图 2-18 所示。通过以上改进措施，改进工艺运行稳定，2019 年每吨浓磷酸副产氟硅酸连续两个月达到 56 kg 以上，累计平均值为 54.99 kg，较实施前的 51.42 kg 上升 3.57 kg，每年增加收益约 45 万元[41]。随着氟化工行业逐渐崛起，以及新材料和新能源等战略性新兴行业快速发展，受限于萤石开采过度以及政策监管加码，而国内磷矿石中伴生的氟资源量占氟资源总量的 97.7% 以上，回收磷矿石伴生的氟资源成为氟化工行业原料的重要来源，也是磷化工行业治理环境污染的重要途径。2023 年云南磷化集团有限公司磷化工事业部通过深入探索氟在工艺流程中的"逃跑"路径，经过进一步的技改突破磷化工行业中氟资源回收率约"60kg/t P_2O_5"难以越过的坎，更好地将氟资源收回来。首先是在萃取工艺流程中建立了一套尾气氟回收装置，在解决环保问题的同时防止氟资源从该工艺环节"逃跑"。其次就是在浓缩装置进行喷淋系统优化改造，降低洗涤后气相中的氟含量，进一步降低带入循环水中的氟，提高氟的回收率；通过浓缩氟硅酸产酸技改，进一步优化氟硅酸出酸方式，确保了浓度和液位控制平稳，为下游产品生产高质量原料。最后通过建立、完善日常工艺巡回检查制度，推行周期性运行、计划

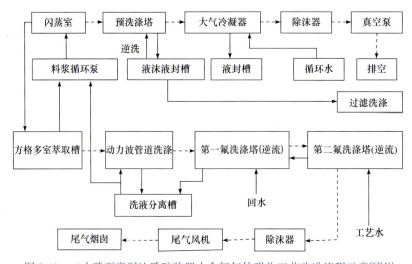

图 2-18　二水磷石膏湿法磷酸装置中含氟气体吸收工艺改进流程示意图[41]

性管理，强化生产操作管理，解决氟硅酸易分解的工艺难题，实现氟硅酸回收率逐年提升。从云天化磷化集团磷化工事业部近年氟资源回收数据对比来看，2019 年为 57.75 kg/t P_2O_5；2020 年突破行业 60kg/t P_2O_5 大关达到 61.57kg/t P_2O_5；从 2022 年回收率一路高升，2023 年达到了 78kg/t P_2O_5，创造了同行业同类装置的氟资源回收率的世界纪录。

参 考 文 献

[1] 白杨, 李东旭. 活性掺合料对脱硫基粉刷石膏制品性能的影响[J]. 材料科学与工程学报, 2009, 27: 447-450.

[2] 白杨, 李东旭. 用脱硫石膏制备高强石膏粉的转晶剂[J]. 硅酸盐学报, 2009, 37: 1142-1146.

[3] 胡成, 向玮衡, 陈平, 等. 丁二酸对水热合成α-半水脱硫石膏微晶形貌及力学强度的影响[J]. 无机盐工业, 2021, 53: 76-80.

[4] 牟国栋. 半水石膏水化过程中的物相变化研究[J]. 硅酸盐学报, 2002, 30（4）: 532-536.

[5] 牟国栋, 马喆生, 施倪承. 两种半水石膏形态特征的电子显微镜研究及其形成机理的探讨[J]. 矿物岩石, 2000, 20（3）: 9-13.

[6] Taplin J H. Hydration kinetics of calcium sulphate hemihydrate[J]. Nature, 1965, 205: 864-866.

[7] Fujii K, Kondo W. Kinetics of hydration of calcium sulphate hemihydrate[J]. Journal of the Chemical Society, Dalton Transactions, 1986, 4: 729-731.

[8] 李显波. 高强α半水磷石膏晶形调控及水化硬化性能研究[D]. 贵阳: 贵州大学, 2019.

[9] 袁润章. 胶凝材料学[M]. 武汉: 武汉工业大学出版社, 1989.

[10] 杨林. 半水磷石膏矿物学特征及胶凝性能变化行为[D]. 贵阳: 贵州大学, 2016.

[11] 陈宏坤, 姚华龙, 胡兆平, 等. 一种湿法磷酸副产α半水石膏晶须的生产方法[P]: 中国, ZL201510595096.5. 2018-02-06.

[12] 吴佩芝. 湿法磷酸[M]. 北京: 化学工业出版社, 1987.

[13] 倪双林, 陈洪来, 查坐统. 海口磷矿二水-半水法萃取磷酸试验[J]. 云南化工, 2014, 41: 11-14.

[14] 岳文海, 王志. α半水石膏晶形转化剂作用机理的探讨[J]. 武汉工业大学学报, 1996(2): 1-4.

[15] 罗众艳. 磷石膏制备α-半水石膏的研究[D]. 贵阳: 贵州大学, 2021.

[16] 杨林, 曹建新, 刘亚明. 半水磷石膏的晶型、形貌及胶凝性能的影响因素研究[J]. 人工晶体学报, 2015, 44: 2460-2467.

[17] Sangwal K. Effects of impurities on crystal growth processes[J]. Progress in Crystal Growth and Characterazation, 1996, 32: 3-43.

[18] Wang B, Yang L, Cao J. The influence of impurities on the dehydration and conversion process of calcium sulfate dihydrate to α-calcium sulfate hemihydrate in the two-step wet-process phosphoric acid production[J]. ACS Sustainable Chemistry & Engineering, 2021, 9: 14365-14374.

[19] 丁峰. 磷石膏常压盐溶液-转晶法制备α-$CaSO_4 \cdot 2H_2O$ 的研究[D]. 合肥: 合肥工业大学, 2019.

[20] 孙祥斌. 基于磷石膏二水硫酸钙制备结构形貌可控半水硫酸钙的研究[D]. 合肥: 合肥工业大学, 2020.

[21] Liu T, Fan H, Xu Y, et al. Effects of metal ions on the morphology of calcium sulfate hemihydrate whiskers by hydrothermal method[J]. Frontiers of Chemical Science and Engineering, 2017, 11: 545-553.

[22] 汪浩. 硝酸钙溶液中脱硫石膏制备α-半水石膏及硫酸钾的作用[D]. 杭州: 浙江大学, 2015.

[23] 曾映. 磷石膏基高强石膏的转晶制备及杂质影响研究[D]. 贵阳: 贵州民族大学, 2022.

[24] 彭家惠, 张建新, 瞿金东, 等. 有机酸对α半水脱硫石膏晶体生长习性的影响与调晶机理[J]. 硅酸盐学报, 2011, 39: 1711-1718.

[25] Chen J, Gao J, Yin H, et al. Size-controlled preparation of α-calcium sulphate hemihydrate starting from

calcium sulphate dihydrate in the presence of modifiers and the dissolution rate in simulated body fluid[J]. Materials Science and Engineering: C, 2013, 33: 3256-3262.

[26] Kong B, Yu J, Savino K, et al. Synthesis of α-calcium sulfate hemihydrate submicron-rods in water/n-hexanol/CTAB reverse microemulsion[J]. Colloids and Surfaces A: Physicochemical and Engineering Aspects, 2012, 409: 88-93.

[27] 马俊. 磷石膏直接制备高纯度碳酸钙研究[D]. 昆明: 昆明理工大学, 2014.

[28] 覃意. 磷石膏中磷氟杂质对α半水石膏性能的影响[D].宜昌: 三峡大学, 2022.

[29] 李展, 陈江, 张覃, 等. 磷石膏中磷、氟杂质的脱除研究[J]. 矿物学报, 2020, 40: 639-646.

[30] 杨敏. 杂质对不同相磷石膏性能的影响[D]. 重庆: 重庆大学, 2008.

[31] 李鉴明, 王国鑫, 周孝义. 磷石膏预处理的工艺选择与关键设备选型[J]. 磷肥与复肥, 2019, 34: 23-25.

[32] 杨瑞, 邓跃全, 张强, 等. 川西磷石膏成分以及氡和放射性分析研究[J]. 非金属矿, 2008, 31（2）: 17-20.

[33] 陈朝梅, 李军旗, 金会心, 等. 稀土磷精矿的硫酸循环浸出[J]. 有色金属（冶炼部分）, 2011,（12）: 39-42.

[34] 赵大鹏, 巫圣喜, 周亮, 等. 磷石膏中稀土与石膏资源的综合回收[C]//中国稀土学会. 中国稀土学会 2020 学术年会暨稀土资源绿色开发与高效利用大会论文集, 赣州, 2020.

[35] (a) Antonick P J, Hu Z, Fujita Y, et al. Bio- andmineral acid leaching of rare earth elements from synthetic phosphogypsum[J]. Journal of Chemical Thermodynamics, 2019, 132: 491-496.

(b) 覃莉. 全球稀土储量现状分析及我国的应对建议 [EB/OL]. [2022-07-24][2023-10-30]. http://www.cmisi.com.cn/default/index/newsDetails?newsId=1569.

[36] 梅吟. 织金磷矿综合利用研究[D]. 武汉: 武汉工程大学, 2011.

[37] 梅吟, 张泽强, 张文胜, 等. 含稀土磷精矿湿法制磷酸过程稀土的浸出规律[J]. 武汉工程大学学报, 2011, 33: 9-11.

[38] 巫圣喜, 赵大鹏, 卿家林, 等. 从含稀土磷石膏中综合回收稀土元素与石膏资源的方法: 中国, 202110302077. 4[P]. 2022-06-24.

[39] 伍沅. 磷矿综合利用提取稀土述评[J]. 武汉化工学院学报, 1983,（z1）: 1-13.

[40] 舒敦涛, 杨月红. 湿法磷酸工艺中镧系元素的富集与提取技术研究进展[J]. 材料导报, 2012, 26: 123-127.

[41] 周华波. 二水法磷酸含氟气体中氟的回收探索与实践[J]. 磷肥与复肥, 2020, 35: 36-37.

[42] 周修玉. 浅谈磷矿中氟资源的综合利用[J]. 当代化工研究, 2017,（1）: 137-138.

[43] 朱建国, 袁浩. 磷矿伴生氟将是我国氟化工的重要原料[J]. 贵州化工, 2008, 33（2）: 1-2.

[44] 袁鹏, 谭建红, 官洪霞, 等. 磷石膏中有害杂质对环境影响的监测与评价[J]. 广东化工, 2013, 40: 124-125.

[45] 张利珍, 张永兴, 吴照洋, 等. 脱除磷石膏中水溶磷、水溶氟的实验研究[J]. 无机盐工业, 2022, 54: 40-45.

[46] 赵红涛, 包炜军, 孙振华, 等. 磷石膏中杂质深度脱除技术[J]. 化工进展, 2017, 36: 1240-1246.

第 3 章
磷石膏源头减量

3.1 磷矿预富集提质

磷石膏主要来源于生产磷酸时产生的固体废弃物[1]。它包含磷精矿硫酸酸解过程中形成的含磷石膏、未被分解的酸不溶物及未分解的磷矿粉[2]。因此，可通过提高磷精矿中P_2O_5含量（精料政策）降低其杂质含量，从源头减少酸解过程中磷石膏的产量。

中国磷矿资源量虽然较大，但富矿少、贫矿多，全国磷矿平均品位仅 17%左右。磷矿资源以难分选沉积型磷块岩为主，占全国资源总量的 80%，此外还包括少量变质岩和岩浆岩型[3]。磷矿石中的主要杂质矿物包括白云石、方解石、石英、硅铝酸盐矿物等。磷矿分选富集方法主要包括擦洗脱泥、重选、焙烧-消化、干式电选、浮选、重选-浮选联合工艺及光电选-浮选联合工艺[4]。不同类型矿石适用不同分选工艺。

3.1.1 擦洗脱泥

对于风化程度较高的矿石，国内外常采用擦洗脱泥洗选工艺对磷矿物进行富集。碳酸盐矿物在风化作用下大量流失，使得磷酸盐和硅酸盐相对富集。擦洗脱泥工艺简单，易于操作。滇池地区已建成多套擦洗装置，生产能力估计为 500 万 t/a，但同时产生的尾矿量约 100 万 t/a。生产实践表明，磷矿的擦洗脱泥工艺提高磷精矿中P_2O_5的品位的作用有限，且产生了大量的擦洗尾矿，其没有得到综合利用[5]。针对该工艺这一特点，风化型磷矿石多采用浮选工艺处理擦洗脱泥尾矿，回收其中的磷[4]。

3.1.2 重选

不同矿物间密度差异较大时适用重选法。由于磷矿石中的主要脉石矿物如方解石、白云石、石英的密度与磷灰石的密度相近，工业实践中主要采用重介质分选的方法（图 3-1）[4]。1986 年"宜昌磷矿重介质选矿联合流程试验研究"被列为"七五"期间攻关项目，初步研究了磷矿重介质分选工艺。1990 年宜昌花果树磷矿投资 3118.42 万元，建设 20 万 t/a 重介质分选厂，工艺流程为一次粗选、一次精选的重介质旋流器分选流程，通过 72 h 考察，取得了较好的选别指标：原矿P_2O_5含量为 23.8%，MgO 含量为 3.87%，精矿

P_2O_5 含量为 31.88%，MgO 含量为 1.48%，精矿回收率为 76.44%，对原矿的总回收率为 73.86%。2004 年，将原设计的二段选别改为一段选别重介质旋流器选矿工艺流程，大大简化了工艺[6]。但重介质选矿方法对细粒级部分的磷无法回收，还需辅以浮选法回收富集。李冬莲等对宜昌丁东磷矿进行重介质选矿试验，当分离密度为 2.96g/cm³ 时，可得到 P_2O_5 品位 30.86%，回收率 55.61%，MgO 含量 0.95% 的合格磷精矿；当分离密度为 2.7g/cm³ 时，可抛除 17.35% 左右的尾矿，此时重介质选矿可作为中低品位胶磷矿的预分选作业，若结合浮选则可获得优质磷精矿[7]。

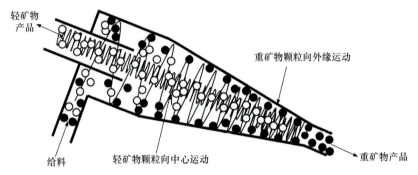

图 3-1 重介质旋流器中矿物重选分离[8]

3.1.3 焙烧-消化

焙烧法是工业上用于从磷块岩矿石（特别是有大量含钙脉石的磷矿石）中完全除去碳酸盐的相当成熟和可靠的方法，其实质是使碳酸盐产生热分解，释放 CO_2 生成 CaO 和 MgO 的固体产物，并通过消化和脱泥分级排出碳酸盐矿物的热分解产物来提高矿石 P_2O_5 含量[9]。焙烧-消化工艺如图 3-2 所示，焙烧过程的化学反应见反应式（3-1）和反应式（3-2）。在能源价格便宜和水资源有限的地区，磷矿石焙烧消化处理工艺已经实现了工业化生产。沙特阿拉伯 Al-Jalamid 的磷矿石含 40%～50% 碳酸盐、8%～10% 有机物和 16%～25% P_2O_5。矿石先在 850℃ 下焙烧 1 h，然后消化以除去 CaO 和 MgO。贵州瓮福磷矿扩大试验经焙烧、消化、脱除杂质后获得了 P_2O_5 品位 37.43%、MgO 含量 1.27%、回收率 86.89% 的磷精矿，MgO 的去除率为 72.1%[10]。焙烧-消化工艺虽然过程简单，但存在操作技术要求高，焙烧所需能源成本较高，脱除的石灰乳处理困难等问题，所以难以大规模推广应用[11]。

$$MgCa(CO_3)_2 = CO_2\uparrow + MgO + CaCO_3 \qquad (3-1)$$

$$MgO + CaCO_3 = CO_2\uparrow + MgO + CaO \qquad (3-2)$$

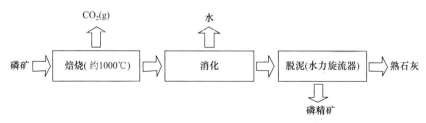

图 3-2 焙烧-消化工艺图[8]

3.1.4 干式电选

电选是利用各种物料电性质不同而进行分选的一种物理选矿方法。电选为干式作业，不产生废水和环境污染，设备结构简单，易操作维护，生产成本低，分选效果好，国外已经成功将电选法用于磷矿生产中。阿尔及利亚 Diebelonk 磷矿采用电选法分离，当原矿 P_2O_5 品位为 24.9%时，经一粗两精一扫分选流程，可得到 P_2O_5 含量为 29.4%、回收率为 83.4%的磷精矿[10]。美国佛罗里达州含 P_2O_5 15.50%的磷矿石尾矿经过电选，P_2O_5 品位提高到 34%，回收率达 80%[12]。吴彩斌等采用干式电选法分选富集中低品位磷矿，试验结果表明，在最佳分选流程下，入选品位大于 20%的中品位磷矿经过电选可获得满足湿法磷酸用料要求的磷精矿，而分选入选品位为 14.75%的低品位磷矿获得的磷精矿可满足磷肥或钙镁磷肥的用料要求[13]。

3.1.5 浮选

浮选利用物料的表面物理化学性质进行分选。浮选一直是磷矿分选的主要方法，对复杂难选矿石适用性强。根据磷矿资源特征，可将我国磷矿石类型划分为硅钙（镁）质磷块岩、钙（镁）质磷块岩、硅质磷块岩、钙质磷块岩、磷灰石等几种类型[14]。不同的矿石类型适用不同的浮选工艺流程。

1. 浮选工艺流程

对于不同类型矿石，至今已开发出多种工艺流程，如正浮选、反浮选、正-反（反-正）浮选和双反浮选法[15]。硅质磷矿采用 Na_2SiO_3 等抑制硅酸盐矿物而用阴离子捕收剂正浮磷酸盐矿物的正浮选工艺，分选效果较好，如宁夏贺兰山矿，工艺流程如图 3-3 所示[16]。

沉积钙质磷块岩采用 H_2SO_4 或 H_3PO_4 等抑制磷酸盐矿物，阴离子捕收剂浮选白云石、方解石等碳酸盐矿物的单一反浮选工艺，工艺流程如图 3-4 所示。对于含 P_2O_5 27.0%、MgO 4.47%、SiO_2 7.87%的原矿，用此单一反浮选工艺可以获得磷精矿 P_2O_5 含量 32.89%、MgO 含量 1.01%、磷回收率 95.32%的良好分选指标[16]。如想进一步提高品位，可采用正-反浮选工艺，即加 Na_2CO_3、Na_2SiO_3 等抑制硅酸盐，阴离子捕收剂浮选磷酸盐及含钙镁等

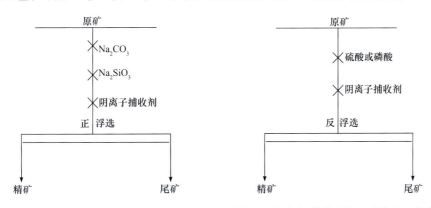

图 3-3　硅质磷矿正浮选工艺流程　　图 3-4　沉积钙质磷矿单一反浮选工艺流程

碳酸盐矿物，然后再用 H_2SO_4 或 H_3PO_4 将 pH 调至 5.5～6.0 以抑制磷酸盐矿物，阴离子捕收剂反浮选碳酸盐矿物，这样可得到磷精矿 P_2O_5 含量 35.17%，MgO 降至 0.78%，磷回收率 91.98% 的良好分选指标，如贵州瓮福磷矿，工艺流程如图 3-5 所示[16]。

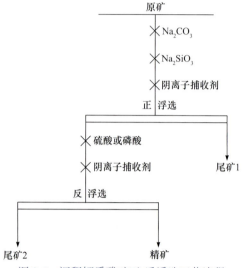

图 3-5　沉积钙质磷矿正-反浮选工艺流程

沉积变质型硅-钙质磷灰岩属易浮磷灰石型磷块岩，采用 Na_2CO_3、Na_2SiO_3 等抑制硅、钙矿物，阴离子捕收剂正浮选磷灰石的直接浮选工艺，对含 P_2O_5 8.0% 的原矿，经此工艺可以获得磷精矿 P_2O_5 品位大于 35%，磷回收率 83% 的良好指标，如湖北大悟县黄麦岭选矿厂[16]。

沉积硅-钙质磷块岩类磷矿石即胶磷矿是磷矿石中最难分选的一种。它的储量很大，占全国磷矿总储量的 85% 以上。胶磷矿是一种结晶微细的且与硅酸盐、碳酸盐胶结在一起的细晶磷灰石，这种磷灰石嵌布粒度很细，因此需要磨矿细度较细才能与脉石矿物单体解离。同时，脉石矿物不仅含有硅酸盐矿物，还含有白云石、方解石等与磷灰石可浮性相近的碳酸盐矿物，增加了分选难度。该类型磷矿可采用正-反浮选（图 3-5）、反-正浮选（先用 H_2SO_4 或 H_3PO_4 抑制磷矿物，阴离子捕收剂反浮选白云石等碳酸盐矿物，然后用石灰、Na_2CO_3、Na_2SiO_3 等抑制硅酸盐矿物，而用阴离子捕收剂正浮选磷酸盐矿物，工艺流程见图 3-6）或双反浮选（先用 H_2SO_4 或 H_3PO_4 抑制磷矿物，阴离子捕收剂反浮选白云石等碳酸盐矿物，然后矿浆经脱泥后再用阳离子捕收剂反浮选硅酸盐矿物，工艺流程见图 3-7）的选矿工艺进行分选，前两种工艺都不易获得良好的分离效果[16]。双反浮选的分选效果较好，但对选择性好的高效阳离子捕收剂及分选工艺尚需做进一步的研究，如湖北宜昌磷矿、荆襄磷矿等。

2. 浮选药剂

（1）捕收剂

目前磷矿浮选工艺的研究已基本趋于完善，国内外工作者已经把研究重心转向浮选药剂。在浮选药剂中，捕收剂是影响浮选指标的关键。磷矿浮选捕收剂主要包括脂肪酸

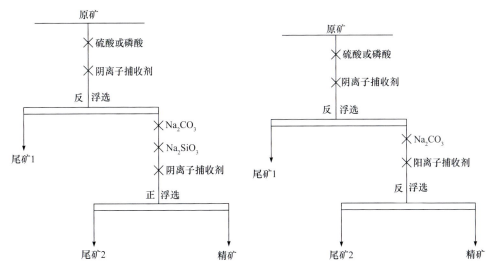

图 3-6　胶磷矿反-正浮选工艺流程　　图 3-7　胶磷矿双反浮选工艺流程

类捕收剂、胺类捕收剂、两性捕收剂、中性油捕收剂四类。近几年，磷矿浮选药剂主要向着多官能团化、官能团中心原子多样化、聚氧乙烯基化、异极性即两性化、弱解离或非离子化以及混合协同化的趋势发展[17]。

1）脂肪酸类捕收剂。

脂肪酸类捕收剂是由极性基（—COOH）和非极性基（—R）两部分组成的一种异极性捕收剂，其作用机理主要是羧酸根离子与矿石表面的钙离子作用而使目的矿物疏水。脂肪酸类捕收剂的来源主要包括三个方面：动植物油脂经水解得到的饱和及不饱和脂肪酸；工业副产品（塔尔油）；有机合成产品（氧化石蜡皂）[18]。但传统脂肪酸类捕收剂存在溶解度小、不耐硬水、分散性差、不耐低温、选择性差等问题[19]。为了解决这些问题，近年来磷矿捕收剂研究主要集中在以下两个方面[20]：一是开发改性脂肪酸类捕收剂以提高其对目的矿物的选择性和捕收能力；二是研究混合捕收剂以降低浮选所需温度，提高浮选效果，从而节约分选成本。

周贤等[21]等通过对油酸进行酯化、磺化及中和一系列处理制得脂肪酸甲酯磺酸钠（MES）。在以其为磷矿捕收剂的浮选实验中发现，MES 的捕收性能虽然与油酸钠基本相当，但 MES 具有更好的选择性和更强的抗硬水能力。

对 α 位上的亚甲基进行改性处理有两种方式：一是根据其反应性引入不同的官能团（如磺酸基）；二是改变羧酸分子的极性，从而提高捕收剂的水溶性和适应性；或以脂肪酸为官能团，使其与磷酸反应合成脂肪酸磷酸酯[20]。引入极性较大的基团（如卤素、硝基、磺酸基等），得到不同的功能化衍生物。这些极性基团可以改变羧基的电荷分布，提高羧酸负离子的稳定性，增强捕收剂亲水基与矿物表面的作用，进而改善捕收剂的水溶性，实现低温浮选[20]。脂肪酸氯代改性反应见反应式（3-3），经过氯代改性，脂肪酸类捕收剂溶剂性增加，捕收能力增强。

$$RCH_2COOH + Cl_2 \rightleftharpoons R—CHCl—COOH + HCl \tag{3-3}$$

近几十年来，由于药剂原料来源、成本等方面的原因及提高药剂浮选性能的迫切需求，捕收剂混合使用已成为科研重点和未来磷矿选矿药剂的发展趋势。相比使用单一捕收剂，混合用药的浮选效果往往更好。混合用药主要包括两方面：一是将两种或多种脂肪酸与其衍生物或其他同电性药剂按一定比例组合，使其能够共同作用于目的矿物，进而实现改善捕收性能、提高选择性的最终目的；二是在脂肪酸类捕收剂中加入少量其他种类的表面活性剂，从而产生协同效应、提高捕收剂的浮选性能[22]。混合药剂协同效应主要包括促进脂肪酸溶解分散、增加药剂吸附密度、提高捕收能力、降低药剂用量、改善泡沫性能（表 3-1），相应作用机理如图 3-8 所示。

表 3-1　组合用药的协同效应

混合类型		协同效应
同电性表面活性剂		促进脂肪酸溶解分散、提高捕收能力、改善泡沫性能
不同电性表面活性剂	离子和非离子表面活性剂	促进脂肪酸溶解分散、提高捕收能力、增加吸附密度、降低脂肪酸捕收剂用量、改善泡沫性能
	相反电性的表面活性剂	促进溶解分散、提高捕收能力、增加吸附密度、降低捕收剂用量

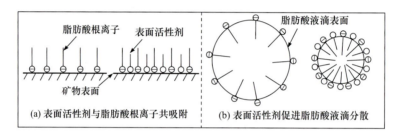

图 3-8　表面活性剂与脂肪酸作用示意图

2）胺类捕收剂。

胺类捕收剂是指分子结构中含有负三价氮原子的一些有机异极性化合物，可以看作是无机氨（NH_3）中的 H 被烃基 R 取代而形成的有机衍生物，主要包括脂肪胺、多胺、酰胺、醚胺及缩合胺等类型[23]。其作用机理主要是通过静电相互作用吸附在带负电矿物的表面，使矿物表面疏水。胺类捕收剂在水中容易水解生成铵根，因此显示出较强的亲水性。同时，由于铵根上的烃基部分具有疏水性，整个分子具有表面活性剂的功能。胺类捕收剂一般用于反浮选脱硅，即对磷矿石中石英、长石等硅质脉石矿物进行浮选，使得磷矿石富集。尤其是针对硅质和硅钙质磷矿，采用胺类捕收剂的反浮选性能较好。但是，胺类捕收剂存在泡沫多且黏、消泡难等问题，制约了胺类捕收剂的应用[24]。表 3-2 为常用的胺类捕收剂[25]。

表 3-2　常见胺类捕收剂

种类	结构式	碳链长度	存在形式
脂肪胺	$R—NH_2$	12~24 碳	固体/黏稠状
脂肪二胺	$R—NH—CH_2—CH_2—CH_2—NH_2$	12~24 碳	固体/黏稠状

续表

种类	结构式	碳链长度	存在形式
醚胺	R—O—CH$_2$—CH$_2$—CH$_2$—NH$_2$	6～13碳	液体
醚二胺	R—O—CH$_2$—CH$_2$—CH$_2$—NH—CH$_2$—CH$_2$—CH$_2$—NH$_2$	8～13碳	液体
缩合胺	R—CO—NH—CH$_2$—CH$_2$—NH—CH$_2$—CH$_2$—NH—CO—R	18碳	固体/黏稠状

3）两性捕收剂。

两性捕收剂是指分子中同时带有阴离子和阳离子的异极性有机化合物。两性捕收剂具有水溶性好、耐低温、抗硬水能力强等优点，其在矿物表面的吸附作用主要有物理吸附和化学吸附，并且可以与矿物表面的金属离子产生螯合作用[26]。其特点是随介质条件的变化而变化，在酸性溶液中显阳离子性质，在碱性溶液中显阴离子性质，在等电点时分子呈电中性[27]。两性捕收剂主要有氨基羧酸型、氨基磺酸型、氨基膦酸型、氨基硫酸型等四大类型[28]，其中前两类常用作磷矿捕收剂，相应的药剂分子式和结构式如表3-3所示[25]。两性捕收剂对磷矿常温甚至低温浮选、降低选矿成本等具有重大的意义，因此两性捕收剂在磷矿浮选应用上有较大的推广价值。

表3-3　常见两性捕收剂

名称	分子式	结构式
十六烷基氨基乙酸	C$_{16}$H$_{33}$NHCH$_2$COOH	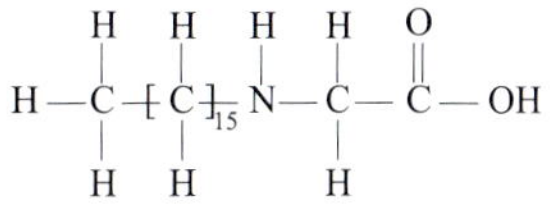
N-十二烷基氨基乙酸	C$_{12}$H$_{25}$NHCH$_2$COOH	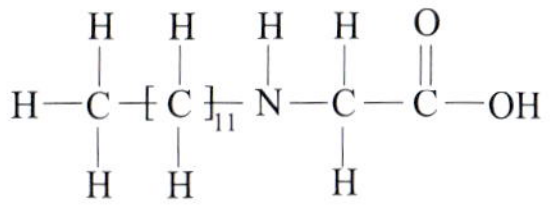
N-十二烷基亚氨基二丙酸	C$_{12}$H$_{25}$N(CH$_2$CH$_2$COOH)$_2$	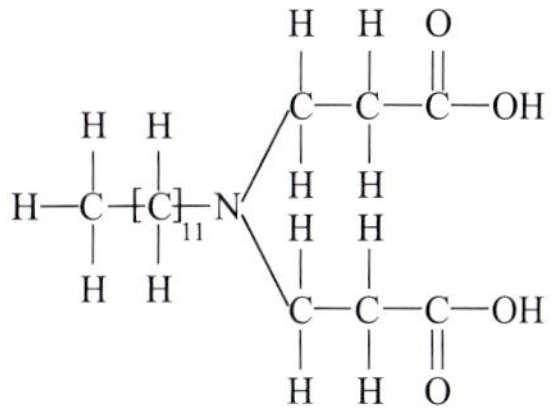
N-十四烷基氨基乙磺酸	C$_{14}$H$_{29}$NHCH$_2$CH$_2$SO$_3$H	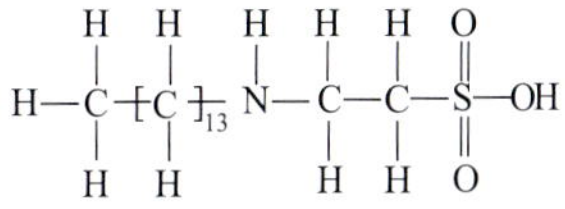
N-十二烷基-β-氨基丁酸	C$_{12}$H$_{25}$NHCH(CH$_3$)CH$_2$COOH	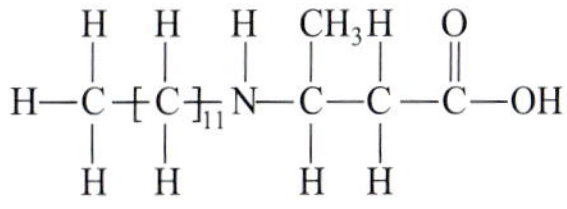

续表

名称	分子式	结构式
羟乙基十二烷基氨基乙酸钠	$C_{12}H_{25}N(C_2H_4OH)(CH_2COONa)$	
十二烷基氨基二乙酸钠	$C_{12}H_{25}N(CH_2COONa)_2$	

4）中性油捕收剂。

中性油系碳氢化合物分子内不存在亲固基，靠分子间作用力与矿物表面或表面活性剂的非极性基发生作用。因此，中性油只能吸附于具有疏水性的矿物表面，且它一旦吸附于矿物表面，就会使矿物表面表现出强烈的疏水性[29]。

在处理极性矿物时，常常遇到这样一对矛盾，一方面为了保证回收率需要加大极性捕收剂用量或使用捕收能力强的捕收剂，以使矿物表面足够疏水；另一方面，为了保证产品的质量，需减少极性捕收剂用量或用捕收能力弱的捕收剂，以提高浮选选择性。为了解决这一矛盾，可采用"极性捕收剂-中性油"工艺，即先用极性捕收剂使极性矿物表面转化为非极性矿物表面，矿物表面略微疏水，再添加中性油，中性油通过与极性捕收剂疏水基发生缔合作用而共吸附于矿物表面，在一定意义上相当于延长了极性捕收剂的非极性基的烃链，从而使矿物表面的疏水性增大[30]。其作用机理如图 3-9 所示。中性油的这种作用即辅助捕收剂的作用已经证明，极性捕收剂和中性油的联合使

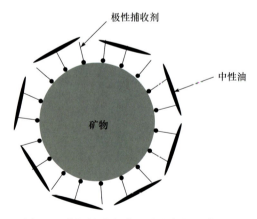

图 3-9　非极性油在磷矿浮选中的吸附机理

用可降低药耗、改善浮选指标特别是提高粗颗粒和中间颗粒的回收率，该工艺在美国及其他许多国家的浮选厂得到广泛应用[31]。常用的中性油捕收剂包括煤油、柴油、机油等。

（2）抑制剂

抑制剂可以提高目的矿物的亲水性并阻止脉石矿物与捕收剂作用，从而抑制脉石矿物上浮，提高浮选分选效果。国内外所使用磷矿浮选抑制剂见表 3-4，其按脉石矿物种类的不同可分为硅酸盐抑制剂、碳酸盐抑制剂及磷酸盐抑制剂 3 种[32]。

表 3-4　磷矿石浮选所用抑制剂

抑制的矿物	抑制剂名称
磷灰石/磷酸盐矿物	硫酸铝与酒石酸钠的混合物、酒石酸钾、氟硅酸、碳酸钠、碳酸氢钠、硫酸、磷酸、双膦酸、三聚磷酸钠、磷酸氢二钾、淀粉
碳酸盐矿物	水玻璃、氢氟酸、阿拉伯胶、淀粉、多聚糖、芳基磺化聚合物、柠檬酸
石英/硅酸盐矿物	水玻璃

1）硅酸盐抑制剂。

水玻璃是最常用的硅酸盐矿物抑制剂，它是一种强碱弱酸盐。水玻璃经水解可以生成 SiO_3^{2-}、$nHSiO_3^-$ 和 $H_2SiO_3(aq)$ 等。水解过程按照反应式（3-4）~反应式（3-7）进行[33]。

$$[Na_2O \cdot mSiO_2]_x \Longrightarrow Na^+ + SiO_3^{2-} + [mSiO_3 \cdot nSiO_2]^{2m-} + [nSiO_2] + [Na_2O \cdot SiO_2]_y$$

$$\tag{3-4}$$

$$[mSiO_3 \cdot nSiO_2]^{2m-} \Longrightarrow mSiO_3^{2-} + [nSiO_2] \tag{3-5}$$

$$[nSiO_2] + nH_2O \Longrightarrow nH_2SiO_3(aq) \tag{3-6}$$

$$[nSiO_2] + nH_2O \Longrightarrow nHSiO_3^- + nH^+ \tag{3-7}$$

水玻璃对硅酸盐的抑制作用主要体现在两方面：一方面是带负电荷的硅酸胶粒以及 $HSiO_3^-$ 在矿物表面吸附后，使矿物亲水性增强；另一方面是因为硅酸胶粒和硅酸氢根离子与硅酸盐矿物具有相同的酸根，容易牢固吸附在矿物表面[34]。而且水玻璃模数和用量的不同在浮选过程中对石英的抑制作用有明显的差别[35]。除此之外，水玻璃常与碳酸钠组合使用，从而达到改善水玻璃的抑制作用和提高分选效果的作用。这是因为碳酸钠在溶液中可以水解产生 HCO_3^- 和 CO_3^{2-}，两种离子可以优先吸附在磷灰石表面，抑制了硅酸胶粒和 $HSiO_3^-$ 在磷酸盐矿物表面的吸附，从而减轻了其对磷酸盐矿物的抑制作用；同时，硅酸胶粒和 $HSiO_3^-$ 可以优先吸附在石英及其他硅酸盐矿物表面，导致硅酸盐矿物强烈亲水，于是便可用脂肪酸类捕收剂将磷灰石浮出[34]。研究表明，酸性水玻璃和柠檬酸能够抑制被 Ca^{2+}、Mg^{2+} 活化的硅酸盐矿物[32,36]。

2）碳酸盐抑制剂。

磷矿中碳酸盐型脉石矿物以白云石和方解石为主。由于白云石和磷灰石在水中的溶解度较大，溶解时生成的晶格离子在另一矿物表面发生吸附，引起矿物表面电性与成分相互转化，最终造成矿物表面性质相似而难以使二者分离，因此碳酸盐型磷矿浮选过程中面临的最大难题是如何将磷灰石与白云石有效分离[35]。为了有效分离白云石和磷灰石，需要选择高效的药剂来抑制白云石等碳酸盐矿物浮选。国内外早已开始采用柠檬酸、阿拉伯胶、羧甲基纤维素、腐殖酸钠和木质素磺酸钙等对碳酸盐矿物进行抑制[36]。合成单宁的类似物是国内碳酸盐矿物的常用抑制剂，它是通过羟基苯磺酸或萘磺酸与甲醛或其他醛类进行缩合反应制得，目前使用较多的有 S-808、S-711、S-214、S-217、S-804、S-721 等。其中，S-808 是目前公认的效果较佳的抑制剂，已成功地用于沉积岩型磷矿的浮选[37]。但 S-808 毒性大，导致废水处理难度较大且费用较高，现已逐渐被 S-711 取代。同时，PAMS 和腐殖酸钠也被证明是白云石的有效抑制剂[38]。

3）磷酸盐抑制剂。

磷酸盐矿物的浮选抑制剂主要包括无机酸及盐类抑制剂（如磷酸、硫酸、氟硅酸等）和有机物类抑制剂（如双膦酸、羟乙叉二膦酸等）两种类型。硫酸、磷酸或硫磷混酸是最常用的磷酸盐矿物抑制剂。这些无机酸的加入使得磷酸盐矿物表面反应生成亲水物质，阻止捕收剂吸附。

Hsieh 等在处理佛罗里达风化白云质磷酸盐矿石时，在从磷精矿中浮选白云石的过程中，以双膦酸作磷酸盐矿物的抑制剂，获得了含 P_2O_5 29.5%～30.6%、回收率 82.6%的精矿；MgO 的含量从原矿的 2%降至 0.7%～1.0%[39]。

双膦酸对胶磷矿有强烈的抑制作用，而对白云石抑制作用很弱，表现出良好的选择性抑制效果。在弱酸性介质中对胶磷矿与白云石的混合矿也有相同的分选效果，双膦酸的浓度只需磷酸的 1/200，且在中性及碱性介质中分选效果也很好。开阳磷矿矿石浮选试验以羟乙叉二膦酸为磷矿物抑制剂，松油为起泡剂，硬脂酸作碳酸盐矿物的捕收剂，获得的精矿品位达 35.2%，回收率为 77.29%[40]。

3.1.6 重选-浮选联合工艺

昆明冶金研究院对云南省滇池地区磷矿进行了重选-浮选相关研究。根据原矿性质以及重选、浮选试验研究结果推荐的最终工艺流程：复合旋流器粗选、螺旋溜槽精选、重选中矿再磨与重选尾矿合并入正反浮选的重选-浮选联合工艺流程（图 3-10）。重浮总精矿指标：产率 62.34%，P_2O_5 品位 29.56%，MgO 含量 1.65%，P_2O_5 回收率 83.3%[41]。罗惠华等对宜昌杉树垭矿采用重选-浮选联合工艺进行分选。在分选密度为 2.85g/cm^3 时，重液分选精矿 P_2O_5 品位为 32.96%，回收率仅为 57.36%。对筛下细粒级和重液分选的尾矿合并进行浮选回收，获得的精矿品位为 30.76%，回收率为 31.69%，最终精矿的品位达到 32.14%，回收率达到 89.05%，比只采用重选回收率提高了 31.69%，提高了磷资源的利用率[42]。

3.1.7 光电选-浮选联合工艺

根据矿石表面的颜色、纹理结构及对光反射率的差异进行有用矿物与脉石矿物分离的方法称为光电选矿技术。根据对矿石扫描和检测方式的不同，可将光电分选技术分为色选法和光选法。其中，色选法主要是通过高清相机或探测器的单双面图像分析和矿物表面分析，精确探测矿石表面颜色、光泽和纹理等差异，实现矿石的预选抛废。而光选法主要是通过光的反射和透射来勘测矿石颗粒中密度、厚度和相关化学组分的差异进行预选抛废[43]，两种方法相辅相成。对矿物进行预选抛废的一系列流程称为光电选矿智能分选系统。该系统通常由给料系统、运输系统、扫描检测系统和分选执行系统四个部分组成[44]。入料矿石颗粒通过特殊给矿槽，将矿石颗粒整齐平铺在皮带上，颗粒表面经过光照扫描后或者高清摄像机拍照和探测器扫描后判断是否需要剔除。脉石矿物通过分选执行机构时被打入尾矿槽，有用矿物则由皮带运输自由下落至精矿槽，其结构如图 3-11 所示。

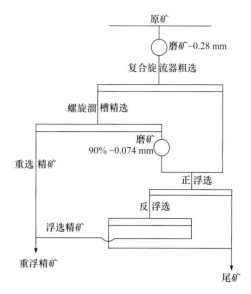

图 3-10　重选-浮选联合工艺流程图

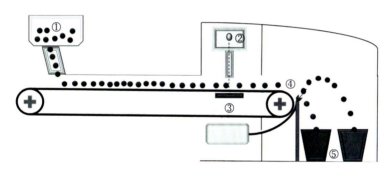

图 3-11　光电分选装置示意图
① 给矿槽；② 光线发射器；③ 光线传感器；④ 剔除装置；⑤ 矿仓

目前国内外采用的大多是高能射线透射技术的光选机和高质量图像处理技术的色选机。奥地利 REDWAVE 公司研发的 XRF 光学分选机是利用 X 射线荧光技术测定矿石中的元素成分的不同来达到分选的目的，该技术的优点是不会因为矿石的湿度和少量污染而影响分选精度。而德国 Mogensen 公司研制的 Msort 系列色选机采用双摄像头探测，分选精度更高，尤其是在建筑废料回收和矿山开采方面应用效果更好。现阶段，国内外不同公司所研发的光电分选设备均有其独立的特点和核心技术，特别是国内公司所研发的光电分选设备在设备性能和参数方面均取得了较大的突破。例如，北京霍里思特科技有限公司研发的 XNDT 系列光电分选机是在 XRT 技术的基础上，采用高速探测器、高精度 AI 算法和高速精准吹喷等核心技术，其设备广泛应用于矿石预抛废、废石提精、块煤排矸等方面。天津美腾科技股份有限公司自主研发的 TDS 系列智能干选机主要结合 X 射线技术和图像识别技术，运用深度学习算法等先进技术，精准地对煤和矸进行识别，实现了对块煤的快速分选。为较大程度实现全粒级干选，该公司所研发的 TGS 系列智能梯流干选机也已于 2021 年成功实现了工业应用。合肥名德光电科技股份有限公司与韩国泰明株式会社一样，其所研发的色选机均采用高分辨 CCD 图像采集系统，有分选精度高、寿命长、能耗低、适用于恶劣环境的特点。国内外光电分选理论与技术的快速发展，有效促进了传统矿石分选工艺的革新，推动着全球矿业智能分选技术的进步。

目前磷矿石贫化严重，磷矿石开采伴随着大量废石和难分离的脉石矿物。在磷矿选矿前进行光电预选抛废，不仅工艺流程简单、场地要求不高，而且能去除大量的脉石矿物。与其他选矿方法相比，全程无水作业，可大量节省水资源，无须增加污水处理系统。光电分选技术为后续磷矿石选矿工艺降低能耗、提高矿石处理量、减少环境污染等提供了保障。至今，已有大量国内外研究者采用不同光电分选设备对不同地区磷矿石选矿效果进行了研究，结果表明，光电分选技术在磷矿预选抛废处置中均获得了较好的试验效果，为进一步的工业应用提供了数据支撑。

对哈萨克斯坦卡拉套磷矿进行了光电分选试验研究，研究指出卡拉套磷矿中的 P_2O_5 品位与岩矿的颜色有很大关系：第一种是深色磷块岩，磷矿的贫化率仅 11% 左右，第二种是灰色磷块矿，磷矿的贫化率在 20%～22%，第三种则呈白色，贫化率高达 40%[45]。试验结果表明，针对 P_2O_5 品位为 20%～25% 的磷矿石，采用两种光电分选机处理后，精矿产品中 P_2O_5 品位提升至 30% 以上，P_2O_5 回收率达到 93%。

湖北某磷矿平均 P_2O_5 品位在 19% 左右，脉石矿物主要有白云石、石英和方解石等[46]。对该磷矿进行光电分选试验研究，结果表明，采用光电分选机处理后，光电分选后精矿产品中 P_2O_5 品位提升至 22%，P_2O_5 回收率高达 93%，尾矿中 P_2O_5 品位和回收率均不到 7%，取得了较好的分选提纯效果。

3.2 半水–二水法制备磷酸

3.2.1 二水磷石膏的再结晶

湿法磷酸生产中，工业上普遍采用的都是二水法流程。这个流程虽然在不断地实践、改革，使工艺及运行各方面都已达到比较完善的程度，但是有两个根本性的问题仍然无法得到解决。其一，因为石膏晶间 P_2O_5 损失，以及磷矿钝化现象的存在，磷矿中 P_2O_5 的得率总是不高，同时也使磷石膏不纯，使磷石膏的综合利用有困难；其二，磷酸浓度不高，局限在 30% P_2O_5 上下，当磷酸进一步加工利用时，首先要经过磷酸浓缩[47]。

但是在 20 世纪 60 年代以后，湿法磷酸工艺出现了一系列再结晶流程。在这类流程中，硫酸钙先以一种水合物的形式沉淀，而后改变工艺条件再使它转化为另一种水合物形式，其中水合物从一种形式变化为另一种形式就是再结晶过程[48]。

1. 硫酸钙的结晶形态与相平衡热力学

再结晶过程之所以发生主要是由于硫酸钙有不同的水合物结晶，在特定条件下的含不同结晶水的硫酸钙溶解度有所不同，即溶解度大的结晶必然转化为溶解度小的结晶，两者的溶解度之差是再结晶过程的推动力，改变后的工艺条件（即转化过程的条件）必然要有利于这一再结晶过程的定向进行。

二水硫酸钙有一种晶型，半水硫酸钙有 α 和 β 两种晶型；无水硫酸钙有三种晶型（Ⅰ、Ⅱ、Ⅲ）。但是与湿法磷酸生产相关的只有二水硫酸钙、α-半水硫酸钙和无水硫酸钙（Ⅱ）三种晶型，它们的理论化学组成列于表 3-5。

表 3-5　硫酸钙结晶物的理论化学组成[49]

结晶物	习惯名称	密度/（g/cm³）	理论化学组成/%		
			SO_3	CaO	H_2O
$CaSO_4 \cdot 2H_2O$	石膏	2.32	46.6	32.5	20.9
α-$CaSO_4 \cdot 0.5H_2O$	熟石膏	2.73	55.2	38.6	6.2
$CaSO_4$（Ⅱ）	硬石膏	2.99	58.8	41.2	0

图 3-12 是 $CaSO_4$-H_3PO_4-H_2O 体系三元平衡相图，其中 AB 线是无水物和二水物的热力学平衡曲线，在此线上无水物和二水物都呈稳定状态，在溶液中能同时存在，并处于平衡。CD 线则是二水物和半水物的亚稳平衡曲线，线上二水物和半水物都呈亚稳态，而呈热力学稳定状态的是无水物。因此，AB 和 CD 曲线在相图中分割出三个区域（Ⅰ、Ⅱ、Ⅲ），而硫酸钙在体系中只有二水物（区域Ⅰ）和无水物（区域Ⅱ、Ⅲ）两种稳定晶型，硫酸钙晶体在这三个区域内的转化顺序已在图上标出。从图 3-12 也可看出，在 80℃下，二水物磷酸的理论最高浓度约为 33%P_2O_5，因此，当磷酸浓度高于 33%P_2O_5 时，溶液中首先析出的半水物将直接转化为无水物，得不到二水物结晶，故不能实现二水法流程。图 3-12 清楚地揭示了在不同温度、不同磷酸浓度的条件下，各种硫酸钙晶体的稳定程度，从而为湿法磷酸工艺流程的确定和具体操作条件的选择提供了重要的理论依据。

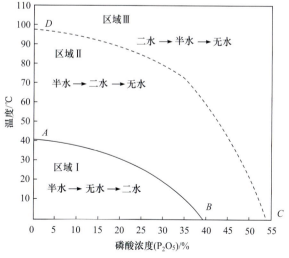

图 3-12　$CaSO_4$-H_3PO_4-H_2O 体系平衡相图[49]

硫酸钙水合结晶形态不仅受反应过程的温度和 P_2O_5 浓度的影响，也受溶液中剩余硫酸浓度和杂质的影响。图 3-12 的结果只有当反应料浆液相中的钙离子和硫酸根离子以等物质的量存在时才有意义。但在实际的酸解磷矿粉反应体系中，硫酸总是过量的，这些硫酸的存在会影响三元相图中的平衡状态，显然应用三元相图进行分析就会产生较大的偏差，因此研究四元相图可以更接近生产过程的实际情况。图 3-13 为 $CaSO_4$-H_3PO_4-H_2SO_4-H_2O 四元体系相图。它仅表示半水物与二水物相互转化物过程的一部分。图中曲线是在给定的 H_2SO_4 浓度[以 SO_3 浓度表示，$w(SO_3)$]下平衡点的移动轨迹。线以上为半水物的介稳定区，线以下为二水物的稳定区，当 SO_3 浓度为 0 时，即三元体系的相平衡图。

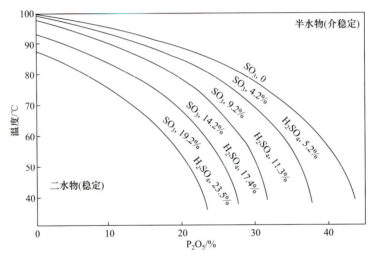

图 3-13　$CaSO_4$-H_3PO_4-H_2SO_4-H_2O 四元体系相图

图 3-13 表明[50]，增大 H_2SO_4 浓度，半水物与二水物的平衡点将向降低磷酸浓度和温度的方向移动。根据此图的数据得出，当温度一定时，四元体系中的半水物与二水物转化平衡的轨迹是一条线性很好的直线，可用下面的直线方程式表示：

$$w(SO_3) = A \cdot w(P_2O_5) + B \qquad (3\text{-}8)$$

式中，$w(P_2O_5)$ 为磷酸浓度；A 及 B 为直线的斜率和截距，其值随体系的温度而改变，不同温度时的 A 值及 B 值如表 3-6 所示。应用式（3-8）与表 3-6 可以更确切地解释和说明生产中的实际问题。如采用二水法流程生产 28% P_2O_5 的磷酸时，在反应温度为 75℃下，计算得到的二水物与半水物转化过程平衡点的极限硫酸浓度应为 $w(SO_3) = -0.891 × 28\%$ $+ 28.2\% = 3.25\%$。因此，若平衡点的硫酸浓度超过此值，则会进入半水物的介稳区域而得不到二水物结晶。但是，如果降低温度，则平衡点的 SO_3 浓度将相应提高，这就是在较低温度下可以允许有较高 SO_3 浓度的原因。

表 3-6　不同温度下式（3-8）中的 A 和 B 值

温度/℃	A	B
50	−0.944	38.0
55	−0.928	36.4
60	−0.925	34.7

续表

温度/℃	A	B
65	−0.915	32.9
70	−0.901	30.2
75	−0.891	28.2
80	−0.885	25.4

实际的二水法生产中，液相硫酸浓度均远低于式（3-8）的计算值，即使采用含杂质较高的中品位磷矿，在磷酸浓度为 28% P_2O_5、温度为 75℃条件下，液相硫酸浓度的高限控制范围实际上大多在 2.2% SO_3 左右，该值显著低于上式计算值，因此生成稳定的二水物结晶并顺利实现二水法的生产是没有问题的。此外，四元体系的研究结果还可以根据硫酸与磷酸混酸中不同的硫酸浓度来解释再结晶流程中的半水物向二水物的转化过程。

2. 再结晶流程的原理[51]

上面已经对 $CaSO_4$-H_3PO_4-H_2O 及 $CaSO_4$-H_3PO_4-H_2SO_4-H_2O 平衡系统做了详细叙述，再结晶流程也是以上相图所涉及的工艺流程。在磷酸溶液中，硫酸钙不同的水合结晶是根据所处条件决定的，如磷酸浓度、硫酸浓度及温度等条件不同，会导致不同含水量的硫酸钙溶解度不同，也就确定了该条件下的硫酸钙水合结晶的转化顺序。

再结晶流程的基本原理是根据晶体结晶-溶解-再结晶而设计出来的，溶解度大的水合结晶首先溶解，而后转化（再结晶）成为溶解度较小的水合结晶形式，该过程会一直持续到旧相全部溶解，新相全部形成为止。由此可见，两者水合结晶溶解度之差将是再结晶过程的推动力，差值越大，推动力越大，转化过程进行得越快，反之，则越慢。在稀的磷酸溶液以及低的温度条件下，半水物的溶解度要比二水物大得多，所以，吸水转化过程：$CaSO_4 \cdot 0.5 H_2O + 1.5 H_2O \longrightarrow CaSO_4 \cdot 2H_2O$ 进行得非常快。提高磷酸浓度及温度以后，两者的溶解度差缩小，再结晶过程也就变得缓慢；到达平衡点时，两个结晶物的溶解度相同，再结晶过程就不再发生，此时两种结晶物可以同时存在于溶液并处于热力学平衡。进一步提高磷酸浓度及温度以后，就出现相反的现象，即二水物的溶解度反而比半水物大，再结晶过程向相反方向进行。这些趋势可以从 $CaSO_4$-H_3PO_4-H_2O 三元系统的等温线或等磷酸浓度线中清楚地看出来。

图 3-14 表示 60℃时 $CaSO_4$-H_3PO_4-H_2O 系统中半水物及二水物等温溶解度线。从图中可以看出 60℃（通常选用的再结晶温度）时，半水硫酸钙与二水硫酸钙的溶解度等温线相交于 A 点，A 点称为 60℃时 $CaSO_4 \cdot 0.5 H_2O + 1.5 H_2O \longrightarrow CaSO_4 \cdot 2H_2O$ 转化过程的平衡点，该点的磷酸浓度为 40% P_2O_5。根据等温线的趋势会出现如下三种不同的情况。

1）在平衡点 A 的条件时，半水物与二水物的溶解度相等，两个结晶具有相同的稳定性，可以在溶液中同时存在，与溶液同时处于平衡：$CaSO_4 \cdot 0.5 H_2O + 1.5 H_2O \longrightarrow CaSO_4 \cdot 2H_2O$，再结晶过程也无从发生。因此，不论是半水-二水再结晶流程，还是二水-半水再结晶流程都不可能在此条件下进行再结晶过程。

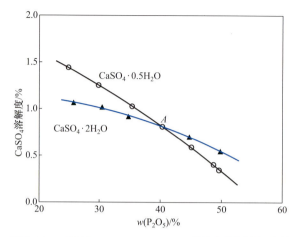

图 3-14　60℃时 $CaSO_4$-H_3PO_4-H_2O 系统中等温溶解度线

2）在图中 A 点左面的区域中，半水物的溶解度都不同程度地比二水物大，水合结晶的转化趋势是由半水物向二水物的吸水转化，即：$CaSO_4 \cdot 0.5H_2O + 1.5H_2O \longrightarrow CaSO_4 \cdot 2H_2O$。显然，这是半水-二水再结晶流程中再结晶过程的控制区域。从图中还可以看到，从 A 点起，磷酸浓度越低，这两者水合结晶的溶解度的差值也越大，对这一区域内的任意一个晶核来说，该半水物的饱和溶液对二水物来说都是过饱和溶液，因此在该区域内，更利于二水硫酸钙析出。同理，两种结晶溶解度的差值越大，说明二水物转晶的饱和度也越大，结晶转化过程则越快。这也说明了为什么磷酸浓度越稀，半水物再结晶成二水物的转化速率越快，这一现象对半水-二水流程再结晶过程的控制是非常重要的。但是，溶液的过饱和度太大时，会使生成的晶核数目过多，就会使形成的晶体过于细小；同时也由于结晶的成长速度太快，形成晶体的晶形不规则，甚至形成晶簇或聚合结晶。由此可见，溶液的过饱和度太大对结晶过程来说，并不总是有利的。为了获得粗大均匀的二水物晶体，选择转化过程条件时，溶液对二水物的过饱和度必须控制适当。

3）A 点右面是一个与上述过程相反的区域。在此区域中，二水物的溶解度要比半水物的溶解度大，结晶转化顺序为由二水物向半水物的脱水转化，即：$CaSO_4 \cdot 2H_2O \longrightarrow CaSO_4 \cdot 0.5H_2O + 1.5H_2O$，可见这是二水-半水再结晶流程中再结晶过程的控制区域。

与前述相反，在给定温度下，从 A 点开始，溶液的磷酸浓度越大，二水物与半水物溶解度的差值也越大，二水物结晶的脱水转化过程也进行得越快。显然这与磷酸的脱水作用有关。

图 3-15 表示磷酸浓度为 30% P_2O_5 时 $CaSO_4$-H_3PO_4-H_2O 系统的等浓度线。由图可知，两条曲线相交于 A_1 点，A_1 点为 $CaSO_4 \cdot 0.5H_2O + 1.5H_2O \longrightarrow CaSO_4 \cdot 2H_2O$ 的平衡点。0% P_2O_5 时温度为 72℃。

A_1 点以左是半水-二水流程中再结晶过程的控制区域。温度越低，两个水合结晶的溶解度差值越大，半水物的吸水转化过程进行得也越快。

A_1 点以右是二水-半水流程中再结晶过程的控制区。在给定的磷酸浓度下，温度越高，两个水合结晶的溶解度差值越大，二水物的脱水转化过程也越快，这说明提高温度将促进二水物的脱水过程。在二水-半水再结晶流程中，磷酸浓度一定时，提高温度，会加快二水物向半水物结晶的脱水转化过程。

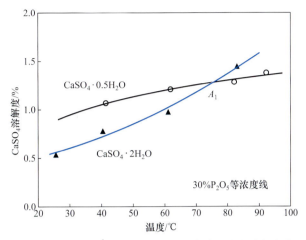

图 3-15　$CaSO_4-H_3PO_4-H_2O$ 系统的等磷酸浓度溶解度线

溶液中游离硫酸浓度对 $CaSO_4 \cdot 0.5\ H_2O + 1.5\ H_2O \longrightarrow CaSO_4 \cdot 2H_2O$ 的再结晶过程显然是有影响的，这一点在 $CaSO_4-H_3PO_4-H_2O$ 三元系统中是无法反映出来的。上面已经详细地讨论了在 $CaSO_4-H_3PO_4-H_2SO_4-H_2O$ 四元系统中的平衡点。提高溶液中游离硫酸浓度，上述平衡点将向降低磷酸浓度、降低温度的方向移动，从而改变了系统的平衡。

设转化过程的温度为 65℃，溶液的磷酸浓度为 $10\%P_2O_5$，平衡点的有效磷酸浓度可按式（3-8）计算为 23.75% SO_3，按平衡点的含义可知：液相游离硫酸浓度小于 23.75% SO_3 时，水合结晶的转化顺序为：半水物吸水向二水物转化，是半水-二水再结晶流程的控制区。硫酸浓度越低，离平衡点越远，再结晶过程进行得越快。反之，游离硫酸浓度大于 23.75% SO_3 时，二水物结晶将脱水转化成半水物，因而是二水-半水再结晶流程的控制区。

提高溶液的磷酸浓度，则相应地降低了平衡点的硫酸浓度。例如，$20\%P_2O_5$-14.6% SO_3；$30\%P_2O_5$-5.45% SO_3。这些结果表明，当磷酸浓度提高到 $30\%P_2O_5$ 时，要在 65℃进行 $CaSO_4 \cdot 0.5\ H_2O + 1.5\ H_2O \longrightarrow CaSO_4 \cdot 2H_2O$ 再结晶过程，必须把溶液的硫酸浓度控制在 5.45% SO_3 以下，同时，为了推动结晶的转化，还必须适当地离开平衡点，也就是溶液中的 SO_3 浓度还要控制得更低一些。

与此相反，65℃磷酸浓度为 $30\%P_2O_5$ 的条件下，要进行 $CaSO_4 \cdot 0.5\ H_2O + 1.5\ H_2O \longrightarrow CaSO_4 \cdot 2H_2O$ 再结晶过程，可以借助于提高液相游离硫酸浓度（大于 5.45% SO_3）推动二水物结晶的脱水转化。通常二水-半水再结晶流程都是用提高硫酸（或温度）的办法来实现的。

75℃时，平衡点的组成可以按式（3-8）计算如下：$10\%P_2O_5$-19.29% SO_3；$20\%P_2O_5$-10.38% SO_3；$30\%P_2O_5$-1.47% SO_3。可以看出：提高温度以后，平衡点的相应游离硫酸浓度更低了。当磷酸浓度为 $30\%P_2O_5$ 时，平衡点的硫酸浓度只有 1.47% SO_3，在此条件进行 $CaSO_4 \cdot 0.5\ H_2O + 1.5\ H_2O \longrightarrow CaSO_4 \cdot 2H_2O$ 吸水转化过程，必须把硫酸控制在 1.47% SO_3

以下，实际上已无可能。但是，在75℃时，对于 $CaSO_4 \cdot 2H_2O \longrightarrow CaSO_4 \cdot 0.5H_2O + 1.5H_2O$ 脱水转化过程则更为有利。

综合上述结果，提高系统的温度、磷酸浓度以及游离硫酸浓度都将有助于二水物脱水转化过程的进行，但是，也将延缓半水物的吸收转化过程，这些趋势对再结晶流程的控制都是非常重要的。游离硫酸的影响是四元系统的研究结果，应该认为更能符合生产中的实际情况，也更能解释实际现象。

再结晶过程中除了注意结晶的转化速率以外，还必须重视形成晶体的晶形及颗粒大小，因为这些都是影响过滤、洗涤工段经济指标的主要因素（如果不需要过滤，对晶体大小要求可以低些）。概括地说，溶液的过饱和程度是晶核生成以及晶体长成的决定因素。在合适而恒定的过饱和溶液中，可以使生成的晶核数控制在最低程度，从而获得粗大、均匀的晶体。

在磷矿分解过程中，一般溶液的过饱和度受加料速度控制。生产上，为了得到粗大的结晶，通常是尽量延长反应时间，减少单位时间的加料数量。但是，再结晶过程的情况下就有明显的不同，溶液的过饱和度在较大程度上是由过程的条件决定的，而与加料速度无关。以半水-二水再结晶流程为例，二水物的过饱和溶液就是半水物的饱和溶液。当过程的条件（如温度、磷酸浓度、硫酸浓度等）一定时，半水物的溶解度是个定值，则二水物的过饱和度也就一定了，而半水物的加料速度并不影响上述转化平衡。只要在转化槽有剩余的半水物结晶存在，就能保持它的饱和溶液浓度。这种现象显然是再结晶过程所特有的。这种具有恒定过饱和度的溶液（当转化条件恒定时）将为新相的结晶过程创造良好的条件，可以获得粗大、均匀的结晶。

在再结晶过程中，所选用的转化条件与平衡点的距离将是影响新相结晶过饱和度的决定因素。在一定范围内，转化条件与平衡点的距离越远时，两个结晶物的溶解度差值越大，转化过程的进行也越快。然而，溶解度曲线一般不是直线，而是弯曲的，且变化趋势很大，上述的结论也就不能一概而论。在某些情况下，离开平衡点越远的条件，但两个结晶物的溶解度差值反而越小。因此，对再结晶条件的选取，必须用实验的方法来确定。

3. 硫酸钙晶体相变与结晶过程[52]

图3-12和图3-13清楚地表示了硫酸钙晶体不同形态的转化与体系中硫酸浓度、磷酸浓度以及温度的关系。但这里只从热力学角度考虑，只涉及转化的可能性而不考虑转化的速度。实际上硫酸钙不同晶体间的相变有的很快，有的则很慢，要长达几天、十几天甚至几个月。湿法磷酸的生产过程一般只持续数小时，因此这种很慢的相变可以不予考虑。在图3-12区域Ⅱ中，硫酸钙晶体的转化顺序为半水物→二水物→无水物。若反应体系的条件在此区域内，则新生态的硫酸钙是半水物，然后逐步转化为二水物，再转化为无水物。在这两个转化过程中，半水物转化成二水物完成很快，而二水物进一步转化成无水物则很慢，需要十几天甚至几十天才能完成转化过程。这里的二水物虽然是亚稳态，但在整个生产的工艺过程中，它是稳定的，不会发生相变，这就是实现二水物湿法磷酸生产的理论基础。

由于硫酸钙的结晶过程在湿法磷酸生产中至关重要，因此酸解料浆中硫酸钙晶体生长的好坏将直接影响其液固相分离。若晶体生长得好，则料浆过滤及滤饼洗涤的速度快，P_2O_5 的收率高，反之则生产效果差。对于 75℃下的湿法磷酸生产条件，其溶度积 K_{SP} = $9.1×10^{-6}$。实际生产中往往要超过上述数值才能沉积，这是由于硫酸钙的过饱和现象。晶体学认为过饱和度是结晶过程的动力，要想得到有利于过滤和洗涤的晶体，必须严格控制过饱和度。在恒定的过饱和溶液中实现均相结晶，是形成粗大、均匀硫酸钙晶体的前提条件，如何保证硫酸钙结晶成长的条件，是磷酸萃取工艺的核心。

图 3-16 是 Ca^{2+}/SO_4^{2-} 的饱和度和过饱和度曲线[50]。i 线是饱和度曲线，ii 线是过饱和度曲线。ii 线以上的区域Ⅲ是自发成核区，反应体系若落入此区，会有大量晶核生成，晶核生成速度大大超过了晶体生长速度，于是生成了大量细小的磷石膏晶体，显然这是我们所不希望的。因为晶体越细，在抽滤时滤饼中的过滤孔道越小，料浆的过滤和滤饼的洗涤就越困难，造成过滤强度下降、磷损增加。区域Ⅰ是无结晶区，在此区域内二水石膏不能结晶出来，Ca^{2+} 和 SO_4^{2-} 都在溶液中，区域Ⅱ是晶体的正常生长区，在此区域内二水硫酸钙晶体的生长速度大于晶体的成核速度，在这一区域内操作有利于得到整齐、粗大的二水磷石膏晶体，从而便于料浆液固相分离。在Ⅱ区域里越靠近 i 线，结晶的动力越小，结晶的速度越慢；越靠近 ii 线，结晶的动力越大，速度越快。在选择操作点时，除要考虑为晶体生长创造条件外，还必须考虑结晶速度不能太慢。结晶速度慢意味着料浆在酸解槽内停留的时间长，生产效率低。在生产中可以通过调节加料速度、搅拌强度、回浆量、液相硫酸浓度等方法来控制体系的过饱和度。

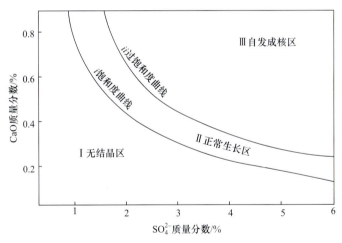

图 3-16　Ca^{2+}/SO_4^{2-} 的饱和度和过饱和度曲线[50]

4. 再结晶流程的特点[47,48]

一般再结晶流程分为磷矿分解过程和再结晶过程（或称结晶转化过程）两个过程。磷矿在进行分解过程的同时进行硫酸钙的结晶过程。按照流程的目的不同，控制硫酸钙结晶形成需要的水合结晶形式，但不能允许生成另一种不需要的结晶形式。例如，在采用二水-半水再结晶流程的过程中，分解过程的条件必须以生成二水物结晶为目的。但是，如果由于工艺条件控制不当，在分解过程中形成少量的半水物结晶，这些半水物结晶就不能在以后的再结晶过程中进行结晶的转化。同时，因为在二水-半水再结晶流程的磷矿分解过程中，没有为半水物结晶的成长提供适宜的结晶条件，所成长的半水物结晶往往是极为细小的，晶格中 P_2O_5 的损失也偏高，所有这些都将对全过程的操作控制造成困难，并产生不利的影响。

在通常的湿法磷酸生产流程中，磷矿分解过程必须尽可能地达到高的 P_2O_5 转化率，以及形成均匀粗大的固相结晶，便于过滤和洗涤。但是，在再结晶流程中，由于磷矿分解槽的后面还有结晶转化槽，对分解槽的要求可以低一点，两者不一定要兼而得之，根据实际需要可以偏重其中的一个。例如，在半水-二水浓酸流程中分解槽料浆是要经过过滤或部分洗涤的，因此，对分解槽的操作控制的首要任务是形成粗大、易过滤的半水物结晶，而对 P_2O_5 转化率就不需要苛求，石膏中损失的 P_2O_5 可以在结晶转化槽中获得进一步的分解。为此，在再结晶流程中，分解过程后面增设一个转化过程，将对分解槽的操作控制带来很多的好处。这在单一的半水法流程中是不可能实现的。反之，像半水-二水稀酸流程那样，分解槽料浆不经过过滤就直接进入结晶转化槽，显然不需要对分解带形成的结晶提出太多的要求，而 P_2O_5 转化率则尽可能要提高一些。

根据不同流程的要求以及核定的工艺条件，必须对磷矿分解过程进行认真、细致的操作，分解槽的磷酸浓度、反应温度以及液相剩余硫酸浓度等的任何波动都会影响全系统的正常操作和技术经济指标。在再结晶流程中，磷矿分解过程仍然是一个极为重要的环节，不能因为有了结晶转化过程而放松对分解槽的控制。

结晶转化过程是再结晶流程所独有的，它弥补磷矿分解过程的不足，对提高全系统的技术经济指标起了很好的作用。不论是哪一种流程，通过结晶转化以后，石膏中 P_2O_5 的损失显然是减少了，石膏的晶体粗大而整齐，石膏的质量显著提高。所有这些都是再结晶流程受到重视的结果。

在一步法的再结晶流程中，磷矿分解过程与结晶转化过程的磷酸浓度是基本相同的。在这种情况下要实现结晶的转化——使硫酸钙由一种水合形式转化成另一种水合形式，最简单而有效的办法是改变转化过程的温度和液相剩余硫酸的浓度，同时，要求结晶转化过程必须在严格的控制条件下进行。在恒定的磷酸浓度下，温度及剩余硫酸浓度的任何波动都可能引起两个相互转化的结晶的溶解度差值的变化，从而影响形成结晶的颗粒大小。

硫酸钙结晶转化动力学的研究指出：提高系统温度、磷酸浓度以及剩余硫酸浓度都将有利于促进二水物脱水转化过程的进行，但对半水物吸水转化过程来说，将起延缓过程进程的作用。在实际采用的再结晶流程中，有的是进行脱水转化的，也有的是吸水转化过程，工艺条件的变化是错综复杂的，为此对转化条件的确定必须经过认真、细致的研究。在脱水转化过程中还必须防止过度脱水。例如，二水-半水再结晶流程中只要求二水物脱水到半水物，如果操作条件选取不当，或者控制不慎，形成的半水物还会继续脱水到无水物，这会引起很大的麻烦，必须及时防止。

再结晶流程的物料流量也是封闭的，任何中间产品都不得任意外流，因此，加入结晶转化槽的硫酸，除了少量消耗于继续分解磷矿外，绝大部分仍将随淡磷酸回到分解槽，不会导致任何损失。为此，当提高转化槽液相的硫酸浓度能有助于结晶的转化时，通常都乐于这样做，因为这种措施最方便，只要调整一下硫酸的分配比即可，而如果通过提高温度来促进结晶转化时，总是要消耗热能的。提高液相硫酸浓度时，利用硫酸的稀释热也能适当地升高液相的温度。

据此，再结晶流程具有以下优点。

1）再结晶流程所得到的晶体比较粗大，易于过滤，这是因为溶液的过饱和度是由过程控制的条件所决定的，而与加料速度无关，当转化过程的条件——磷酸浓度、硫酸浓度及系统温度一定时，新相结晶的过饱和度就为一个定值，在这种情况下，只要做到系统中旧相结晶物过量存在，就能维持该转化平衡，使新相结晶物能够源源不断地恒定生长。

2）通过再结晶过程后，磷矿中 P_2O_5 转化率要比单一的二水法流程或半水法流程高得多。因为在二水法流程分解中，晶间 P_2O_5 的损失几乎不可避免；半水法流程分解中，P_2O_5 损失主要来自钝化现象，而在结晶以后，上述所有的 P_2O_5 损失均可在不同程度上获得释放，从而提高了 P_2O_5 转化率。

3）最终获得的硫酸钙晶体很纯，从而为副产石膏的综合利用创造了有利条件。经过再结晶过程，结晶中损失的 P_2O_5 获得进一步释放，使石膏中的 P_2O_5 含量进一步降低，石膏中的氟的含量也大大降低了。

然而，再结晶过程也有不足之处，不少论述提到再结晶过程存在着杂质累积的问题，这里的杂质累积，是指那些在磷酸溶液中会形成沉淀的杂质，如铁、铝等倍半氧化物。采用二水法流程或半水法流程时，当磷矿中铁、铝的含量超过磷酸溶液所能溶解的限度时，就会形成铁、铝的磷酸盐沉淀，随石膏排出系统，在此种情况下，杂质离子在液、固相之间是处于平衡状态的，不会出现杂质累积。此外，氟硅酸的钾、钠盐在磷酸溶液中的溶解度很小，如引入过多，所形成的沉淀也随石膏一起排出。

在再结晶流程中，由于再结晶过程溶液条件改变，把这些已经与石膏一起沉淀了的磷酸铁、磷酸铝等杂质再次溶解，又被送回到磷矿分解过程，就造成了杂质累积。杂质累积严重到排不出系统时生产会被迫停车。

至于氟硅酸盐的累积现象，实际上是不存在的，因为在分解过程中存在气液相平衡限制，增大液相硅酸盐的浓度，必然会增大蒸气压，增加气相中氟的逸出率。由此可见，为了避免难溶性杂质的累积现象，再结晶流程对于磷矿中那些要造成累积的杂质如铁、铝等的含量须有一定的限度，要求这些杂质的含量至少不会在磷矿分解过程中形成沉淀，从而也就防止了杂质的累积现象。

镁的存在不会产生累积现象，因为在磷酸溶液中镁盐的溶解度很大，不可能发生沉淀。

3.2.2 半水-二水法工艺原理

从理论上来说，硫酸钙的再结晶流程可以分为二水-半水再结晶流程、半水-二水再结晶流程以及半水-无水再结晶流程。硫酸钙结晶先以半水物形式沉淀，而后再转化成为二水物的流程称为半水-二水再结晶流程。根据工艺不同，可分为两类，即稀酸一步法和浓酸二步法[53]。

磷 石 膏

稀酸一步法中半水物结晶是在稀磷酸的条件下形成的，反应后的半水物料浆不经过滤，直接进入结晶转化槽进行吸水转化为二水物，转化后的料浆最后需要过滤及洗涤。因为流程中只经一次过滤，所以称为"一步法"流程，主要工艺有日本的日产 H 法、钢管公司流程、三菱流程，以及比利时的中央-普莱昂工艺等。由于流程只采用最后的一次过滤，前、后两个过程的磷酸浓度相同或基本相同。因此，在确定选用磷酸浓度时，既要考虑分解过程中半水物结晶的形成，又要注意后阶段半水物吸水转化的顺利进行。磷酸浓度低，温度低，有利于半水物结晶的吸水转化过程，而不利于半水物的成长。反之，提高磷酸浓度和温度，有助于半水物成长，却不利于半水物的吸水转化过程。当前稀酸一步法流程选用的磷酸浓度为 30%～32%P_2O_5，在常温下，这一浓度已接近半水物吸水转化过程的极限浓度。在磷矿分解过程，要在 30%～32%P_2O_5 的磷酸溶液下形成半水物，只能借助于提高反应温度，一般流程所选用反应温度为 80～110℃，过高的温度要防止半水物进一步脱水成为无水物，唯一能采用的措施是缩短反应时间。反之，反应温度过低，可能生成二水物，这一现象出现后，生成的二水物就达不到再结晶流程的最终目的。结晶转化过程再结晶是稀酸一步法流程的困难，这是由磷酸浓度过高所引起的，补救的措施是降低转化槽的温度，一般控制在 50～60℃。浓酸二步法是以半水法流程为基础的再结晶流程，是半水法流程的发展。它保留了半水法流程的所有优点，同时又克服了半水法流程存在的困难。20 世纪 70 年代初，它一出现就受到世界范围的重视。与上述一步法不同，半水物结晶是在浓磷酸的条件下形成的，半水物料浆首先经过滤，或再进行不同程度的洗涤，半水物滤渣而后进入结晶转化槽吸水转化成为二水物料浆，最后进行第二次过滤，并被充分洗涤，所以称为"二步法"流程，或称半水-二水再结晶浓酸流程。

半水-二水法湿法磷酸技术的原理如下[54]。

硫酸分解磷矿生成磷酸溶液和难溶性的半水石膏（$CaSO_4 \cdot 0.5H_2O$），半水石膏再转化成二水石膏（$CaSO_4 \cdot 2H_2O$）。其基本化学反应式如下：

$$Ca_5F(PO_4)_3+5H_2SO_4+2H_2O \Longrightarrow 3H_3PO_4+5CaSO_4 \cdot 2H_2O \downarrow +HF \uparrow \qquad （3-9）$$

实际上反应分两步进行，第一步是磷矿和循环料浆（或返回系统的磷酸）的磷酸进行预分解反应，磷矿首先溶解在过量的磷酸溶液中，生成磷酸一钙：

$$Ca_5F(PO_4)_3+7H_3PO_4 \Longrightarrow 5Ca(H_2PO_4)_2+HF \uparrow \qquad （3-10）$$

预分解的目的主要是防止磷矿与浓硫酸直接反应，避免在磷矿粒子表面生成硫酸钙薄膜而阻止磷矿进一步分解。同时也有利于硫酸钙过饱和度的降低。

第二步即以上述磷酸一钙料浆与稍过量的硫酸反应生成半水石膏结晶与磷酸溶液：

$$10Ca(H_2PO_4)_2+10H_2SO_4+5H_2O \Longrightarrow 10CaSO_4 \cdot 0.5H_2O \downarrow +20H_3PO_4 \qquad （3-11）$$

然后在相对低的磷酸浓度和低的温度下，半水石膏吸水转化成二水石膏：

$$2CaSO_4 \cdot 0.5H_2O+3H_2O \Longrightarrow 2CaSO_4 \cdot 2H_2O \qquad （3-12）$$

反应中生成的 HF 与磷矿中带入的活性 SiO_2 反应生成 H_2SiF_6，少量的 H_2SiF_6 将与 SiO_2 反应生成 SiF_4，因此气相中的 F 主要以 SiF_4 形式逸出，用水吸收后生成 H_2SiF_6 水溶液，并析出硅胶沉淀 $SiO_2 \cdot nH_2O$。

磷矿中的 Fe、Al、Mg 等主要杂质将发生下述反应：

$$(Fe, Al)_2O_3 + 2H_3PO_4 = 2(Fe, Al)PO_4\downarrow + 3H_2O \qquad （3-13）$$

$$MgCO_3 + H_2SO_4 = MgSO_4 + H_2O + CO_2\uparrow \qquad （3-14）$$

生成的镁盐几乎全部进入磷酸溶液中，对磷酸质量、后加工过程及产品质量均带来不利影响。

二步法流程是唯一能生产浓磷酸的流程，磷酸浓度一般为 40%～50%。显然，通常的温度范围无法实现半水物再结晶过程，而解决的办法是先将半水物料浆过滤或不完全地洗涤，减少半水物滤饼中的 P_2O_5 含量，从而降低转化槽的磷酸浓度。与所有湿法磷酸的流程相比，它具有下列明显的优点：能耗低，可直接制取 40% P_2O_5 以上的磷酸，总能耗是二水法工艺的 50%；成品磷酸质量好，杂质及固含量相对较低，通常在 1%以下；原材料单位消耗相对较低，P_2O_5 转化率高，总磷回收率在 98%以上；副产的磷石膏磷、氟含量较低，w（残磷）可低于 0.2%，w（氟）低于 0.2%，便于后续利用。半水-二水法工艺缺点如下：受半水结晶及系统水平衡控制，操作范围狭窄，操作难度大；从系统水平衡分析，半水-二水工艺不能直接采用磷矿浆生产，否则会导致生产系统水不平衡；开工率较二水法低；流程中物料浓度均较高，杂质在磷酸中溶解度相对较小，容易析出固相物而形成结垢，停车清洗较二水法频繁；投资较二水法高 20%。

3.2.3 半水-二水法工艺流程

典型的半水-二水法是以磷矿为原料先进行半水反应及过滤工序得到产品磷酸和半水石膏，再将半水石膏进行二水反应及过滤工序得到二水石膏。产品磷酸浓度为 38%～45%。主要工艺有英国费森斯（Fisons）（后来为 Norsk-Hydro，现属于 Yara 公司）和日产 C 法。

Norsk-Hydro 于 1970 年在荷兰建成 240t/d P_2O_5 半水法磷酸装置，因共晶磷损失达 4%～5%，后开发了半水-二水法磷酸工艺。1993 年红河州磷肥厂建成了第一套引进 Norsk-Hydro 技术半水-二水法磷酸装置（210t/d P_2O_5）。磷酸浓度为 44%～45% P_2O_5，过滤机为带式真空过滤机。该工艺比半水物法湿法磷酸多了一道二水物再结晶系统，解决了因磷矿杂质高和形成共晶磷而引起的萃取率降低（低到 90%）问题，从而提高了磷收率工艺指标：磷矿 w（P_2O_5）>30%、作业率 88%、磷收率 96%、磷酸 w（P_2O_5）45%。其控制指标范围比二水物法小，对磷矿质量要求高[54]。

自 20 世纪 60 年代开始，我国依托国内有关化工研究院、高校、设计院等开发自己的湿法磷酸生产技术。但受当时工业基础能力限制，关键的设备及其材料不能满足大型化湿法磷酸装置的技术要求。随着我国工业生产能力的提升，以及国产化战略的实施，绝大部分磷酸装置设备及其材料都已能在国内生产和制造，这促使我国磷酸及磷肥工业飞速发展。中国五环工程有限公司经过多年实践，自主研发出半水-二水法工艺，突破了相关技术难题，包括磷矿适应性、磷矿加料流程、关键设备、材料和选型、滤布洗水流程及尾气洗涤等，具有能耗低、磷收率高、成品磷酸质量好、石膏品质好的优势，2023 年 3 月，中国石油和化学工业联合会正式发布了《石化绿色工艺名录（2023 年版）》，其中列入了半水-二水法/半水法湿法磷酸工艺，明确了湿法磷酸生产转型升级的方向。截至2023 年，半水-二水法已投产的单系列最大装置生产能力为 1500 t/d。

半水-二水法磷酸工艺流程如图 3-17 所示[55]，主要工序包括半水反应、半水过滤、二水转化、二水过滤、尾气洗涤、氟吸收、浓缩及原料储存、产品储存等。半水反应装置主要分为溶解槽、结晶槽和熟化槽，溶解槽中控制硫酸含量不足，同时在结晶槽中控制硫酸含量过量。磷矿经称量后经皮带送至溶解槽，循环料浆经熟化槽返回溶解槽。溶解槽反应温度控制在 95℃左右，结晶槽温度为 90℃，反应热通过高位闪蒸冷却系统移除。闪冷循环料浆从结晶槽用泵送入闪蒸冷却器，冷却后料浆从闪蒸冷却器借重力经过滤给料槽回到结晶槽，冷却后的料浆温度在 75～80℃。过滤给料槽的冷却料浆经过滤给料泵送至半水过滤机。半水料浆经半水过滤后进入中间酸储罐，中间酸中 w（P_2O_5）在 40%左右。过滤磷酸经一级浓缩至 w（P_2O_5）52%后进入成品磷酸储罐。半水石膏经一级洗涤后与滤布洗水一并倾入二水转化槽，在转化槽中加入过量硫酸及活性硅胶，使半水石膏转化为二水石膏，再将二水石膏送至二水过滤机。二水石膏经多段洗涤后烘干排送至石膏净化装置或被送至造粒装置。半水反应、两段过滤及二水转化工序的反应尾气经两级尾气洗涤塔洗涤后排放。半水反应和浓缩的闪蒸真空气体分别经各自的氟洗涤塔循环洗涤，所产氟硅酸经转鼓过滤机过滤出固体硅胶后进入储罐。

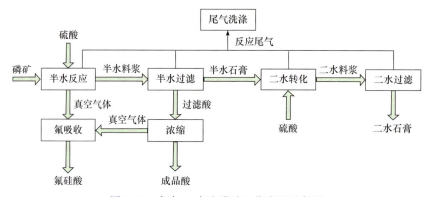

图 3-17 半水-二水法磷酸工艺流程示意图

3.2.4 半水-二水法工艺生产控制

湿法磷酸生产主要是控制酸解反应与过滤的工艺指标，以求得最大的 P_2O_5 回收率和最低的硫酸消耗量。这就要求在酸解时硫酸耗量低、磷矿分解率高，并尽量减少 P_2O_5 的损失，同时还要求反应生成的硫酸钙晶体粗大、均匀和稳定。在过滤时则要求过滤强度与洗涤效率高，尽量减少水溶性 P_2O_5 的损失。这些技术要求归结到经济上即要求生产成本低，以求得最大的经济效益。以上技术和经济要求无论是二水法，还是半水法或半水-二水法均是一致的[54]。

以 Norsk-Hydro 半水-二水物再结晶工艺为例，工艺控制指标：磷矿 w（P_2O_5）>30%，开车率 88%，磷收率 96%；溶解槽中磷酸 w（P_2O_5）42%，w（CaO）2.1%～2.4%，液相 w（SO_3）0.02%～0.6%，反应温度 94～98℃；结晶槽中磷酸 w（P_2O_5）44%～45%，液相 w（SO_3）2.3%～2.4%，反应温度 100～103℃，料浆 w（固）27%～29%；转化槽中磷酸 w

（P_2O_5）10%～15%，液相 w（SO_3）9%～10%，反应温度 60～70℃，料浆 w（固）28%～32%。

3.2.5 半水-二水法在节能降耗方面的优势

1. 原材料消耗

采用二水法磷酸工艺的装置，磷矿分解后生成的磷石膏经过一次过滤后即排放至渣场堆存，磷矿石中 P_2O_5 的总回收率一般为 94%～96%。而半水-二水法磷酸工艺由于采用了磷石膏再结晶流程，经过二次反应，二次过滤，解析出石膏中包裹的残磷以及晶间夹带的残磷，使得磷矿石中 P_2O_5 的总回收率较高，一般在 97%～98%或以上。磷总回收率越高，意味着原材料的消耗越低，成本相应也越低。表 3-7 给出了二水法磷酸工艺及半水-二水法磷酸工艺原料利用率对比。对于用于湿法磷酸生产的典型磷矿（30%P_2O_5，45%CaO）而言，二水法和半水-二水法消耗磷矿和硫酸指标如表 3-8 所示。由表可知，半水-二水法原料消耗低，相比于二水法可节约 0.08t 磷矿/t P_2O_5 和 0.10t 硫酸/t P_2O_5。

表 3-7　二水法磷酸工艺及半水-二水法磷酸工艺原料利用率对比表[56]

序号	指标	单位	采用的磷酸技术	
			二水法磷酸	半水-二水法磷酸
1	石膏总磷	%	0.73	0.25
2	石膏水溶磷	%	0.15	0.1
3	洗涤率	%	99.12	99.52
4	转化率	%	96.93	99.25
5	总磷回收率	%	96.08	98.77

表 3-8　二水法磷酸及半水-二水法磷酸磷矿和硫酸消耗对比表[56]

序号	消耗指标	单位	采用的磷酸技术	
			二水法磷酸	半水-二水法磷酸
1	磷矿 w（P_2O_5）= 30%	t 磷矿/t P_2O_5	3.48	3.40
2	硫酸[w（H_2SO_4）= 100%]	t 硫酸/t P_2O_5	2.75	2.65

2. 能耗

从流程上来看，典型半水-二水法为两次反应，两次过滤。较典型二水法流程（一次反应和一次过滤）流程长，用电设备多。以过滤为例，其中典型半水-二水法所需过滤面积约为典型二水法流程的 1.65 倍[57]，因此典型半水-二水法比典型二水法流程多一套过滤工序的用电设备，如过滤机、过滤机真空泵以及过滤机的滤液泵等。二水法磷酸工艺反应后滤出的磷酸酸浓只有 25%～28%，而半水-二水法半水酸浓可达到 40%～45%，因此两种工艺都以浓缩到 54% P_2O_5 来统计，半水-二水法的浓缩电耗较二水法的浓缩工序电耗少得多，而典型二水法需要循环水量比典型半水-二法磷酸装置需要循环水量多，因此典型二水法配套循环水站耗电量高，其比较列于表 3-9。综合比较而言，半水-二水法磷酸技术增加的动力电消耗并不多。

表 3-9　二水法磷酸工艺及半水-二水法磷酸工艺电消耗对比表[57]

序号	工序	单位	采用的磷酸工艺	
			二水法磷酸	半水-二水法磷酸
1	矿浆处理*	kW·h/t P_2O_5	6	36
2	反应	kW·h/t P_2O_5	36	77
3	过滤	kW·h/t P_2O_5	33	46
4	尾气洗涤	kW·h/t P_2O_5	9	17
5	浓缩	kW·h/t P_2O_5	74	20
6	酸性循环水站	kW·h/t P_2O_5	47	24
	合计	kW·h/t P_2O_5	205	220
	折标煤	kgce/t P_2O_5	25.1925	27.2838

注：1.以进装置矿浆浓度 50% 计，矿浆处理在典型二水法中称为矿浆浓密工序，即将 50% 矿浆浓密到含固量≥65%；矿浆处理在典型半水-二水法中称为矿浆过滤工序，即将 50% 矿浆浓密过滤到含固量≥85%。

2. 能耗统计范围包括磷酸装置和酸性循环水站，不包括罐区。

3. 半水-二水法能耗以 40% P_2O_5 浓缩到 54% P_2O_5 计；二水法能耗以 25% P_2O_5 浓缩到 54% P_2O_5 计。

从表 3-9 中看出，按照成品磷酸都以 54% P_2O_5 计，半水-二水法磷酸工艺增加的动力电消耗不多，但蒸汽消耗（浓缩过程）大幅度下降，相比于二水法反应后滤出的磷酸汇总 P_2O_5 浓度只有 25%～28%，半水-二水法反应后滤出的磷酸 P_2O_5 浓度可以达到 40%～45%，每生产 1t P_2O_5 可节约 1.42t 蒸汽；如果磷酸装置的下游是生产磷酸二铵（DAP），成品磷酸浓缩到 42% P_2O_5 即可，可将半水过滤的滤液直接加入到 DAP 装置的管式反应器或者预中和器中而不需要浓缩，因此相比二水法工艺，每生产 1t P_2O_5 可节约 1.6t 蒸汽。

3. 公用工程

半水反应生成的磷酸浓度为 38%～45% P_2O_5，同时石膏值低，石膏中结晶水和游离水含量也低，因此在采用干磷矿粉生产时，半水物料反应中磷石膏洗涤水用量仅为 4.0m³/t P_2O_5。从系统水平衡分析，相比二水法工艺的磷石膏洗涤水量为 5.7m³/t P_2O_5[58]，否则会导致系统水不平衡。因此受水平衡影响，相比于二水法磷酸工艺，半水-二水法磷酸工艺不能采用矿浆进料，并且对进入半水反应的磷矿含水率有严格限制，否则会导致系统水不平衡。一般认为进入半水反应的磷矿含水率最大不应该超过 15%。表 3-10 给出了半水物与二水物工艺条件和物耗。表 3-11 给出了半水物与二水物磷酸工艺水平衡比较表。从表 3-11 中可看出，半水-二水法石膏洗涤水量（4045.45kg/t P_2O_5）比二水法（5685.74kg/t P_2O_5）少约 30%。

表 3-10 半水物与二水物湿法磷酸工艺条件和物耗

	物料名称		典型二水法[58]	典型半水-二水法
工艺条件	原料磷矿成分/ %	P_2O_5	31.9	31.89
		CaO	45.3	46.44
		H_2O	8	2
	P_2O_5 收率/ %		96	98
	产品酸浓度/ %		28	42
原材料消耗及磷石膏量	干矿量/（kg/t P_2O_5）		3265	3167
	硫酸量/（kg/t P_2O_5）		2649	2812
	石膏值		1.5	1.500
	干石膏量/（kg/t P_2O_5）		4898	4751

表 3-11 半水法与二水法磷酸工艺水平衡比较表（kg/t P_2O_5）

序号	项目	典型二水法[3]		典型半水-二水法	
		干法	湿法（矿浆）	干法	湿法（矿浆）
1	带入水量				
	磷矿	283.94	2001.38	68.53	513.98
	硫酸	52.98	52.98	56.12	56.12
	石膏洗涤水	5685.74	3968.3	4045.45	3600
	小计	6022.66	6022.66	4170.1	4170.1
2	带出水量				
	气相		1191.87		791.75
	石膏结晶水		916.6		516.48
	石膏游离水		2099.19		1800
	成品酸含水		1815		1061.87
	小计		6022.66		4170.1

为便于比较，将两种工艺的各工序酸性循环水消耗做了比较，详见表 3-12。可以看出，以 30 万 t P_2O_5/a 装置为基础，典型二水法装置需要循环水量为 7590m³/h，典型半水-二水法装置需要循环水量为 5500m³/h。半水-二水法相比二水法在反应和过滤工序消耗循环水较多，而若两种工艺都以浓缩到 54% P_2O_5 来统计，半水-二水法相比二水法消耗循环水要少得多。综合比较而言，典型半水-二水法磷酸工艺所需要的循环水量大约是典型二水法磷酸工艺所需要的循环水量的 70%。

表 3-12 二水法磷酸及半水-二水法磷酸各工序酸性循环水消耗对比表

序号	工序	单位	采用的磷酸技术		备注
			二水法磷酸	半水-二水法磷酸	
1	反应	t/t P_2O_5	1300	2373	半水反应
		t/t P_2O_5		762	二水反应
2	过滤	t/t P_2O_5	290	425	
3	浓缩	t/t P_2O_5	6000	1940	
	合计		7590	5500	

注：1. 以 30 万 t P_2O_5/a 为统一基准计算。

2. 半水-二水法能耗以 40% P_2O_5 浓缩到 54% P_2O_5 计；二水法能耗以 25% P_2O_5 浓缩到 54% P_2O_5 计。

3.2.6 半水-二水法在磷石膏提质方面的优势

无论是二水法磷酸，还是半水-二水法磷酸，都会产生副产品磷石膏，二水法副产的磷石膏纯度一般在 84%～87%，磷石膏含有的有机物及矿泥使得磷石膏的白度很低，含有的可溶磷、可溶氟会增加水泥初凝时间，而制成的建材中磷和氟会导致建材吸水、结霜，因而无法大规模利用，只能露天堆存。而磷石膏的堆放带来了许多环境和安全隐患，经雨水淋洗，其中水溶性磷、氟和重金属等有害杂质易溶出形成渗滤液，造成不可逆转的水体、土壤、植被污染。

半水-二水法磷酸技术中配置了磷石膏的再结晶流程，使得磷石膏的杂质如可溶磷和氟充分析出，因而磷石膏的纯度较二水法磷酸显著提高，一般在 91% 以上，这使得半水-二水法磷酸装置副产的磷石膏简单处理就能够被其他行业大规模利用，如水泥行业、建材行业等，使资源能够循环利用，加大了资源的再利用率，大幅减少了磷石膏的露天堆存，从而实现了磷石膏的减量。表 3-13 列出了以摩洛哥磷矿为原料采用不同工艺流程制得的磷石膏的组成情况对比[59]，可见半水-二水法流程获得的石膏品质较优。

表 3-13 不同工艺流程制得的磷石膏组成（原料为 33.4%～34.32% P_2O_5 摩洛哥矿）

成分	滤饼组成（干基）		
	二水法流程（石膏）	半水法流程（半水物）	半水-二水法流程（石膏）
P_2O_5	0.7	1.4	最大 0.2
CaO	32.5	37	32
SO_4^{2-}	52.8	60.1	55.8
F	1.5	0.8	0.5
SiO_2	0.5	0.7	0.4
Fe_2O_3	最大 0.1	最大 0.1	最大 0.1
Al_2O_3	最大 0.1	最大 0.3	最大 0.3
MgO	最大 0.1	最大 0.1	最大 0.1
游离水	25（湿基）	20（湿基）	25（湿基）

注：表中数值均为质量分数。

表 3-14 给出了采用半水-二水法和二水法工艺生产的石膏数据比较。半水-二水法工艺制得的石膏中磷、氟指标较低，有利于磷石膏堆存和综合再利用。

表 3-14　半水-二水法和二水法工艺副产二水石膏比较表

序号	装置	石膏总磷/%	F/%
1	半水-二水磷酸	0.25	0.15
2	二水磷酸	1.23	0.29

3.3　二水–半水法制备磷酸

3.3.1　二水-半水法工艺原理

二水-半水再结晶流程是一个以二水法流程为基础的再结晶流程。全系统还可分为磷矿分解过程和再结晶过程。磷矿在可分解过程中通常按二水法流程的工艺条件进行控制，使固相硫酸钙以二水物结晶形成沉淀，但对晶体颗粒形状和大小没有严格的要求。从分解槽料浆中分离出滤体，一部分作为成品磷酸取出，其余料浆均直接进入结晶转化槽，使二水物结晶全部转化，呈半水物结晶。转化槽出来的料浆则要进行过滤和洗涤，使液、固相获得充分的分离，滤液和洗液混合后进入分解槽，作为分解槽的淡磷酸进行二次利用。

这类再结晶流程的特点如下[60]。

1）只能得到稀的磷酸，磷酸浓度与二水法流程接近。

2）结晶转化过程是由二水物转化为半水物的脱水转化过程。这种从溶液中形成的半水物是α型。

鉴于磷矿分解过程中不要求获得粗大的二水物晶体颗粒，以及对 P_2O_5 转化率没有严格的要求，二水-半水法通常比二水法流程的磷酸浓度适当高一些，如 34%～35%P_2O_5。但是，提高磷酸浓度后也会产生许多问题，如成品磷酸的分离，料浆变得黏稠等。

二水-半水工艺流程所能达到的磷酸浓度比二水物结晶的脱水转化过程的磷酸浓度要低很多。因此，为了促进二水物结晶脱水，还需要提高转化过程的温度及液相游离的硫酸浓度。

提高游离的硫酸浓度以后，二水结晶脱水过程的平衡点将向降低磷酸浓度及温度的方向移动。也就是说，硫酸的存在有利于脱水过程的进行。但是过分提高温度及硫酸浓度，还可能引起半水物进一步脱水成为无水物的过度脱水现象，这是过程所不能允许的。因此，适当控制反应条件是十分必要的。

3.3.2　二水–半水法工艺流程

上面讨论过了二水-半水法工艺流程的原理，根据原理可知，二水-半水法主要是二水石膏经再结晶过程变为半水石膏，工艺流程示意图如图 3-18 所示[61]。

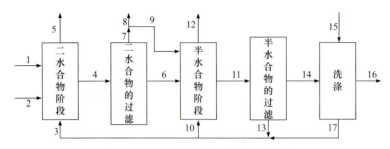

图 3-18 二水-半水法工艺流程示意图

1-磷矿；2-硫酸（Ⅰ）；3-稀释溶液；4-二水料浆；5-废气（Ⅰ）；6-磷石膏；7-制备磷酸；8-产品磷酸；9-回收的返酸；10-硫酸（Ⅱ）；11-半水料浆；12-废气；13-滤液；14-亚磷酸盐；15-洗涤用水；16-洗涤过的磷酸半水合物；17-洗涤水

在实际生产过程中，不同厂家往往根据磷矿来源、磷矿特性以及实际条件的不同，设计出不同的装置。下面将具体分析中央-普莱昂流程（Central-Prayon）、鲁北化工流程以及六国化工中试装置工艺流程这三种典型二水-半水流程。

1. 中央-普莱昂流程

中央-普莱昂流程是世界上第一套二水-半水法生产半水石膏的工艺（图 3-19），由日本中央玻璃公司和比利时普莱昂公司合作设计[62]。Central-Prayon 流程提高了 P_2O_5 回收率和副产磷石膏的质量。

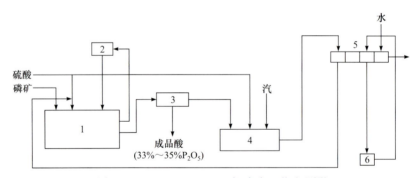

图 3-19 Central-Prayon 二水-半水工艺流程[62]

1-磷矿分解槽；2-真空冷却器；3-离心机；4-结晶转化槽；5-过滤机；6-液封槽

首先将处理过的磷矿粉与硫酸、淡磷酸加入磷矿分解槽中，按一般的二水法流程条件控制，反应温度用真空冷却方式控制，使硫酸钙固体以二水物形式沉淀，料浆含固体量为 30%。然后将料浆用离心机分离出含 P_2O_5 为 33%～35% 和含硫酸小于 1.5% 的成品磷酸。然后将稠厚的二水物料浆输送进入结晶转化槽，同时加入一定数量的浓硫酸，使转化槽液相的磷酸浓度为 20%～30%P_2O_5。转化温度及液相硫酸浓度根据所用磷矿的性质而有所差别，一般为 85℃及 10%～15%H_2SO_4。在此条件下，石膏可以顺利地脱水转化成半水物，并获得粗大、易过滤的半水物晶体。最后将半水物料浆用普莱昂倾覆盘式过滤机进行过滤及洗涤。半水物滤渣中含总 P_2O_5 小于 0.2%，游离水分含量大约为 5%。其中结晶转化槽所需的热能一部分靠硫酸的稀释热，一部分靠低压蒸气加热。

通过表 3-15 可知，与二水法流程比较，中央-普莱昂流程具有 P_2O_5 回收率高、硫酸消耗比二水法流程低 4%、石膏的质量好等优点。之后出现的"普莱昂可变换"流程实际上是一个二水法流程。但在配置上留有余地，增加一些装备之后即可变为中央-普莱昂装置。这也为二水法流程改装为二水-半水法流程提供了参考案例。

表 3-15　中央-普莱昂流程与二水法流程对比

流程	成品磷酸			副产石膏	
	P_2O_5/%	H_2SO_4/%	固体/%	总 P_2O_5/%	$CaSO_4$/%
中央-普莱昂流程	33～39	≤1.5	≤1	0.1～0.25	约 97
二水法流程	28～30	2.5～3.0	≤1	0.8～0.25	约 95

2. 鲁北化工流程

2010 年，山东鲁北企业集团总公司（简称鲁北化工）在原有的二水磷酸装置上进行改造，利用原有的原料及制浆系统，将原先的两个萃取槽作为反应槽，原来的氟吸收装置用于氟吸收，原来的滤洗液中间槽和真空泵用于新增的带式过滤机的过滤与洗涤，从而改造成了二水-半水磷酸装置[63]。这也是中国第一台二水-半水装置。

鲁北化工二水-半水法流程（图 3-20）与中央-普莱昂工艺流程相似。首先将 80% 投料量的磷矿浆和硫酸与从带式过滤机返回的滤洗液混合，一起进入第 1 反应槽进行分解反应，反应 1.5～2h 后将反应液输送进入第 2 反应槽中，并在第 2 反应槽中补加剩余 20% 投料量的磷矿浆与硫酸，在 80～93℃下反应 1.5～2h。然后将第二次反应完全后的料浆，分流一部分到转化槽，其余部分料浆进入离心机分离，得到 P_2O_5 浓度为 33%～39% 的成品磷酸。最后将从离心机分离出来的二水石膏输送进入转化槽，与分流的第二次反应后的料浆混合、补加适量硫酸后，在 105～108℃下反应 40～60min，此时二水石膏转化为半水石膏。转化后的料浆转入带式过滤机过滤，滤液和洗涤液返回第 1 反应槽，滤饼烘干游离水后得到半水石膏，工艺指标见表 3-16。

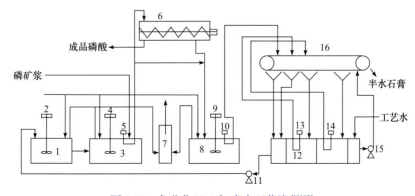

图 3-20　鲁北化工二水-半水工艺流程[63]

1-第一反应槽；2、4、9-搅拌浆；3-第二反应槽；5-反应槽料浆泵；6-离心机；7-氟吸收塔；8-转化槽；10-转化槽料浆泵；11-滤液泵；12-中间槽；13、14-洗液泵；15-冲洗泵；16-带式过滤泵

表 3-16　鲁北化工装置工艺指标[63]

装置 工艺指标	反应槽	转化槽
料浆温度/℃	80～93	105～108
停留时间/h	1.5～2	1.5～2
液固质量比	（2.3～2.8）：1	（2.5～3）：1
SO₃质量浓度/（g/L）	0.04～0.07	0.07～0.1
P₂O₅浓度/%	35	25
晶体粒径/μm	40～80	80～110
过滤装置	离心机	带式过滤机

3. 六国化工中试装置工艺流程

2012 年，安徽六国化工股份有限公司（简称六国化工）为了提高湿法磷酸磷收率并提高磷石膏质量，以利于其综合利用，提出开发二水-半水湿法磷酸生产工艺，经过多方考察并在实验室小试研究的基础上建设了一套二水-半水湿法磷酸中试装置[64]。

该装置包括脱水、二水反应、二水过滤、半水转化、半水过滤 5 个工序。首先，从磨矿车间来的磷矿矿浆经计量后进入矿浆过滤机进行脱水，将过滤后的磷矿粉先后输送进入 1#反应槽、2#反应槽，同时在 1#反应槽中加入浓硫酸。为保持反应槽温度，在1#反应槽、2#反应槽设置了鼓风冷却系统。然后，在 1#反应槽、2#反应槽反应后的料浆一部分由料浆泵送到过滤机上进行过滤，滤液为成品磷酸，送往成品磷酸储槽；剩余部分直接送至 3#反应槽，同时在 3#反应槽中加入浓硫酸，并通入蒸汽加热进行转化反应。转化槽料浆用料浆泵输送到半水过滤机上进行料浆洗涤、过滤，滤液磷酸返至1#反应槽，洗涤液送至 3#反应槽，洗涤后的滤渣（半水石膏）通过胶带输送机送往磷石膏堆场。具体流程如图 3-21 所示。

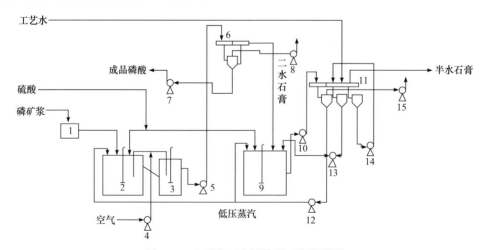

图 3-21　六国化工中试装置工艺流程[64]

1-陶瓷过滤机；2-反应槽；3-2#反应槽；4-鼓风机；5-二水料浆泵；6-二水过滤机；7-成品酸泵；8-真空泵；9-3#反应槽；10-半水料浆泵；11-半水过滤机；12-滤液泵；13-第一次洗涤液泵；14-第二次洗涤液泵；15-真空泵

3.3.3 二水-半水法与其他方法的对比

湿法磷酸的生产从 1870 年以后就已经工业化了，目前常用的工艺有二水物法、半水法、二水-半水法和半水-二水法。每种工艺流程都有自身的优点与不足，表 3-17 总结了它们的优缺点[65-67]。

表 3-17 不同湿法磷酸工艺的优缺点

湿法磷酸工艺	优点	缺点
二水法	（1）二水物结晶在稀磷酸溶液中具有很好的稳定性，不会在生产过程中发生水合物形态的改变。 （2）工艺技术成熟，操作稳定可靠，单系列规模大，在国内外建厂数多。在设计、设备制造、生产操作等方面经验丰富。 （3）对设备材料的腐蚀相对比较小，对磷矿的适应性强，操作灵活。 （4）磷矿可采用湿磨、矿浆加料，能耗低，投资省，计量容易	（1）磷矿中 P_2O_5 的得率总是不高，这是因为磷矿存在钝化现象，这一现象也使得所生产的磷石膏不纯，综合利用困难。 （2）磷酸的浓度不高，需要进一步加工利用时，首先要进行磷酸浓缩。 （3）对磷矿的品质要求较高，不符合我国的中低品位磷矿
半水法	（1）能耗低，可直接生产 P_2O_5 浓度为 40%左右的浓磷酸。 （2）成品磷酸质量好，杂质及固含量比较低，通常在 1%以下。 （3）操作相对较简单。 （4）磷矿可采用干粉，能耗低，投资低	（1）P_2O_5 回收率较低，由于半水法流程中 SO_4^{2-} 不足，反应不完全，同时增大了 HPO_4^{2-} 在石膏中的晶格取代，因此磷石膏中不溶性磷及水溶性磷含量较高。 （2）开工率较低，半水法流程中物料浓度均较高，杂质在磷酸中溶解度相对较小，因此容易析出固相物而形成结垢，停车清洗较二水法频繁。 （3）受系统水平衡控制，操作范围狭窄，控制难度大。 （4）国内大型化半水法装置较少，企业对半水流程控制操作经验不足
半水-二水法	（1）能耗低，总能耗是二水法工艺的 50%。 （2）成品磷酸质量好，P_2O_5 浓度为 40%左右，杂质及固含量相对较低，通常在 1%以下。 （3）原材料单位消耗相对较低，总磷回收率在 98%以上。 （4）副产的磷石膏磷、氟含量较低，残磷低于 0.5%，氟低于 0.2%，便于后续利用	（1）受半水结晶及系统水平衡控制，操作范围狭窄，操作难度大。 （2）从系统水平衡分析，半水-二水工艺不能直接采用磷矿浆生产，否则会导致生产系统水不平衡。 （3）开工率较二水法低。 （4）流程中物料浓度均较高，杂质在磷酸中溶解度相对较小，容易析出固相物而形成结垢，停车清洗较二水法频繁。 （4）投资较二水法高 20%
二水-半水法	（1）磷酸中 P_2O_5 可达 30%~35%，使前段石膏中损失的 P_2O_5 得到回收，流程的磷收率可达 99%以上。 （2）可以获得较纯的半水石膏，提高了它的利用价值	（1）成品磷酸的浓度太低，加工成磷肥产品时要经过浓缩。 （2）在生产操作过程中，半水物不稳定，易吸水形成二水物，又容易受操作影响，转化为无水物。 （3）该流程的热过程不合理，在二水法流程需要移走反应所产生的大量反应热，而在半水流程中，又需要提高反应温度

3.4 盐酸法湿法磷酸

3.4.1 盐酸法湿法磷酸生产原理及发展史

湿法磷酸的生产方法主要有硫酸法磷酸、硝酸法磷酸、盐酸法磷酸等[68]。目前绝大部分的湿法磷酸是采用硫酸法生产，硫酸法磷酸是用大量的硫酸资源代替磷资源的开发利用，中国硫资源缺乏，需从国外进口大量硫磺，这使得磷酸生产的成本大大提高。同时，硫酸法生产磷酸时会产生废渣磷石膏而导致其大量堆积，从而引起严重的环境污染，磷石膏的开发利用也是亟须解决的问题。硝酸法分解磷矿后形成的硝酸钙与磷酸不易分离，其最终得到的产品并非磷酸。磷酸与硝酸钙分离过程工艺复杂、带来新的杂质、增加新的能耗，因其有经济性争议，所以现在未见有大规模工业化生产。在缺乏硫资源且可以得到廉价盐酸的场合，采用盐酸分解磷矿制磷酸具有一定的经济意义。盐酸分解磷矿形成的物料基本不含易结垢的组分，这便于物料的输送和处理。盐酸法制成的磷酸纯度高于硫酸法，可直接用于对纯度要求较高的场合，如工业磷酸盐或饲料级磷酸盐的制取[69]。相比而言，盐酸法具有原料盐酸来源广泛、成本低、可使用低品位磷矿、不产生固体废渣等优点而具有良好的发展前景[70]。

1. 盐酸法分解磷矿的原理

1935 年盐酸法生产磷酸的专利发表。由于盐酸法会产生大量的 $CaCl_2$ 废液，且难以与磷酸分离，直到 20 世纪 60 年代，以色列矿业公司开发出了 IMI 法，成功将磷酸与氯化钙分离，才使得盐酸法实现工业化。IMI 法的工艺流程如下：先将磷矿与 32% 的盐酸进行溶解，反应温度为 80℃，并且为防止泡沫产生，加入了消泡剂，反应完毕后，用倾析器将固体残渣和清液分离，固体残渣水洗，清液用正戊醇和异戊醇作为萃取剂，经五组混合沉降器，萃取出纯净的磷酸，稀磷酸在真空条件下于蒸发器中蒸发，得到 85% 磷酸。

盐酸法是指用盐酸分解磷矿制备磷酸的方法。盐酸原料来源广泛，是很多工艺流程的副产物，且对磷矿品位要求不高；盐酸分解磷矿副产的氯化钙具有众多用途，且由于盐酸溶解性好而有利于磷矿伴生稀土元素回收。总的来说，盐酸法对环境的污染相对较小，并且适用于中低品位磷矿，适合中国国情，所以盐酸法具有一定的发展优势。磷矿与盐酸反应的化学反应式如下[71]：

$$Ca_5F(PO_4)_3 + 10HCl \Longrightarrow 3H_3PO_4 + 5CaCl_2 + HF\uparrow \qquad (3-15)$$

该方法的一般工艺流程如下。

1）将磷矿与盐酸以一定的反应比进行反应，反应完毕后，将酸解液与不溶物分离。

2）酸解液中除含有磷酸外，磷矿中的其他杂质，如钙、硫、铁、铝、镁、氟等也会溶解于盐酸中，所以需要对湿法磷酸进行净化。

3）净化完毕后，根据产品需要进一步提纯除杂浓缩得到高纯度磷酸。

磷矿与盐酸进行反应，在盐酸足量的情况下，反应生成 H_3PO_4、$CaCl_2$ 和 HF，见反应（3-16）。若盐酸用量较少，不能使磷矿粉完全分解，则会生成 $CaClH_2PO_4$（氯化磷酸二氢钙）：

$$Ca_5F(PO_4)_3+7HCl+3H_2O=\!=\!=3CaClH_2PO_4 \cdot H_2O\downarrow+2CaCl_2+HF\uparrow \qquad （3-16）$$

由于该反应生成的 $CaClH_2PO_4 \cdot H_2O$ 晶体颗粒非常小，通常会堵塞滤纸孔隙，使滤液过滤十分困难，因此在实际生产中通常使盐酸的加入比例稍大，避免生成 $CaClH_2PO_4 \cdot H_2O$。因此在萃取阶段首先需确定适宜的盐酸用量，然后再确定萃取条件，使萃取阶段能够获得较大的 P_2O_5 萃取量。

盐酸与磷矿反应的同时磷矿中的杂质也和盐酸进行反应，反应式如下：

$$CaCO_3 \cdot MgCO_3+4HCl=\!=\!= CaCl_2+MgCl_2+2H_2O+2CO_2 \qquad （3-17）$$

$$Al_2O_3+6HCl=\!=\!=2AlCl_3+3H_2O \qquad （3-18）$$

$$Fe_2O_3+6HCl=\!=\!= 2FeCl_3+3H_2O \qquad （3-19）$$

2. 盐酸法制湿法磷酸的发展史

关于盐酸法生产磷酸的专利最早发表于 1935 年。20 世纪 60 年代，以色列矿业公司开发出著名的 IMI 法，实现了用盐酸制取磷酸的工业化。这是近代磷酸生产和磷肥工业的一种新工艺，它是将磷矿与盐酸反应生成磷酸和水溶性氯化钙，再用有机溶剂（如脂肪酸、丙酮、三烷基磷酸酯、胺或酰胺等）萃取分离出磷酸。该方法有其不足之处：副产品氯化钙是水溶性的，所得磷酸难与盐酸和氯化钙分离，使工艺流程复杂化；对设备腐蚀严重，对材质要求高。但它的优点显而易见[3]：可以使用中低品位磷矿，对其中的氧化镁、氯离子含量无严格要求；可分别制取肥料级、工业级和食品级磷酸，而热法工艺以生产工业级磷酸为主，硫酸法仅能生产出肥料级磷酸；能耗较低，改进后的盐酸法与硫酸法、热法工艺的能耗之比为 1∶1.8∶29.6；开阔了副产物盐酸的利用途径；三废比硫酸法和热法易于处理，符合环境保护的要求。

国外在溶剂萃取工艺方面的应用已较为成熟。美国圣戈班（Saint-Gobain）公司和中央玻璃公司（Central Glass Co.,Ltd.）开发了磷酸三丁酯（TBP）萃取净化法，在萃取前后增大化学净化和离子交换的处理容量，最终也可以制得 85%的工业级磷酸。日本东洋的 Toyoprocess 法使用的萃取剂为正丁醇。英国的 Aibright-Wilson 法使用的萃取剂为甲基异丁基酮（MIBK），但该法对萃取剂的浓度有过高的要求。Irani 通过含有 5～8 个碳原子的醇如 2-甲基-1-丁醇、辛醇等，或它们的异构体、混合物对浓度 40%～64%的湿法磷酸进行萃取，最终可制得食品级的湿法磷酸。Gradl 用戊醇作为萃取剂，将萃取剂以大于 4∶1 的比例与粗磷酸混合萃取，将分离的有机磷酸溶液用相当于磷酸溶液体积的 5%的洗涤液洗涤，最终制得高纯度磷酸。

我国的科研单位在 20 世纪 60 年代也对盐酸法进行了一系列的研究[72]。在中国，盐酸分解磷矿制磷酸的研究工作始于 1965 年。早期的化工部太原化工研究院[现山西省化工研究所(有限公司)]、自贡市经济和信息化委员会（现自贡市化工研究设计院）、大连理工大学等均开展过小规模的实验室试验。湖北省化学研究所对盐酸分解磷矿的封闭循环工艺流程进行了研究。大连理工大学在小试的基础上进行过扩大型试验。1971 年上海跃荣骨明胶厂（现上海双凤骨明胶有限公司）与上海化工研究院有限公司协作，对盐酸分解骨炭和磷矿，液-液溶剂萃取制磷酸进行了连续扩大型试验，并在此基础上于 1973 年设计投产了一个年产 500t 58% P_2O_5 的磷酸生产车间。

国内相关研究人员也做了大量研究工作，清华大学的骆广生对不同萃取剂的萃取效果进行了实验对比。他选择了正丁醇、异丁醇、异戊醇和 30% TBP-煤油 4 种萃取剂。在不同的磷酸浓度下，发现这 4 种萃取剂的分配系数（D）从大到小依次为：正丁醇>异丁醇>异戊醇>30%TBP-煤油，他选择了正丁醇作为实验的萃取剂进一步探索磷酸萃取的机理以及影响因素。

张志强以磷酸三丁酯（TBP）和二异丙醚为萃取剂，研究了萃取剂中 TBP 体积分数、相比、萃取时间、搅拌速度、反萃取剂加入量对湿法磷酸净化效果的影响，确定了 TBP 和二异丙醚混合溶剂体系净化湿法磷酸的工艺条件：萃取剂组成为 TBP 与二异丙醚的体积比为 1：1，有机相与水相的体积比为 4：1，萃取时间为 25min，搅拌转速 300 r /min，反萃取剂加入量为萃取相体积的 20%。他还以甲基异丁基酮为溶剂萃取净化湿法磷酸。研究了相比、萃取时间、搅拌转速、反萃取剂加入量对萃取效果的影响。结果表明，相比为 4：1，萃取时间为 10min，搅拌转速为 200 r/min，反萃取剂加入量为萃取后萃取剂体积的 15%时，获得较好的实验结果。

钟本和对贵州翁福磷矿所制湿法磷酸进行了溶剂萃取的中间试验，对磷酸三丁酯作萃取剂净化湿法磷酸的工艺流程和相关技术进行了研究，完成了 3000t/aP_2O_5 湿法磷酸净化中试试验。结果表明：①所采用的流程合理，经济效益好，是我国首次开发成功的湿法磷酸净化工艺，拥有自主知识产权；②所得产品达到工业级热法磷酸的质量标准，且成本大大低于热法磷酸；③净化磷酸收率为 75%～80%，萃余酸可以制肥，粗磷酸利用率可达 98%，经济损耗小。

3.4.2 盐酸法湿法磷酸的下游产品

盐酸法湿法磷酸工艺的关键在于酸解液中 H_3PO_4 和 $CaCl_2$ 的分离，主要工艺为溶剂萃取工艺和中和沉淀工艺。萃取工艺采用 C_4 醇类、二异丙醚或者磷酸三丁酯萃取 H_3PO_4，经净化、浓缩制备工业级 H_3PO_4 或者食品级 H_3PO_4；中和工艺通过向酸解液中加入石灰乳或氨，调节 pH，使 H_3PO_4 以磷酸盐的形式沉淀下来，制备 $CaHPO_4$ 或磷酸铵盐[73]。

1. 制备工业级 H_3PO_4

由湿法磷酸经有机溶剂萃取净化制取工业级磷酸，一直是人们努力追求的目标。这方面国内外均有不小的进展，但都还没有能在大生产中大量推广应用。而这方面的工作绝大多数都是以硫酸湿法磷酸为原料，极少数以盐酸湿法磷酸为原料。在国外只有以色列 L.M.L.公司在 20 世纪 60 年代以盐酸分解磷矿，采用 C4 或 C5 醇，经九级萃取制得净化磷酸。日本东洋曹业公司采用与 L.M.I.公司相似的工艺流程：在粗磷酸中加入氯化钙溶液制取净化磷酸。国内上海化工研究院曾经在该院重复过上文提到的 IMI 公司的工作内容，华东理工大学曾与九江化工厂联合研究了盐酸酸解法-S34E 萃取磷酸取得小试成果。华中师范大学在盐酸湿法磷酸萃取净化工作中，也有他们自己的特色，他们从石油副产物筛选出一种萃取剂对磷酸萃取的分配系数很高，但后来也转为以硫酸湿法磷酸为原料进行萃取研究。武汉化工学院(现武汉工程大学)也做过以异戊醇及磷酸三丁酯从氯化物-磷酸体系中萃取磷酸的研究。综上所述，只有以色列建了三个大厂利用盐酸湿法净化磷酸技术，但这些大厂要向环境排放大量含氯化钙的废液。

姚鼎文等[73,74]提出用 HCl 分解磷矿，先制备出氯化磷酸二氢钙晶体（$CaClH_2PO_4 \cdot H_2O$，简称 P-01），然后加稀磷酸打浆、过滤净化 P-01，净化后的 P-01 加盐酸溶解，酸解液经磷酸三丁酯萃取、纯水反萃取后制得稀 H_3PO_4，将稀 H_3PO_4 浓缩至含 P_2O_5 66%，然后加入活性炭和 H_2O_2 脱色及易氧化物，经调酸后制得工业级 H_3PO_4；制备过程中的母液和 HCl 封闭循环，氯化物与硅渣转化为硅肥，含氟废气吸收制成氟产品，基本上不再出现三废。盐酸分解中低品位磷矿制造工业级磷酸的工艺流程如图 3-22 所示。

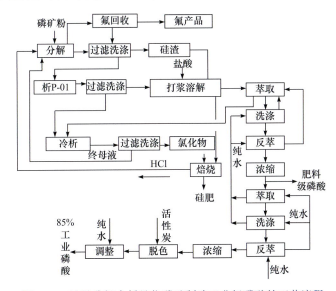

图 3-22　盐酸分解中低品位磷矿制造工业级磷酸的工艺流程

鄂笑非等[75]利用中低品位磷矿制取工业级 H_3PO_4，用盐酸分解矿石得到氯化磷酸二氢钙，通过调节 pH 得到杂质含量较少的固体 $CaHPO_4$，利用硫酸分解 $CaHPO_4$ 得到粗 H_3PO_4；用磷酸三丁酯作为有机相萃取粗磷酸中的 H_3PO_4，萃取相（有机相∶水相）质量比为 3∶1，用 19%的 H_3PO_4 循环洗涤有机相 3 次，再用清水反萃有机相中 H_3PO_4，反萃相（水相∶有机相）质量比为 1∶3，从而得到净化 H_3PO_4；最后采用两段间接加热的强制循环真空浓缩工艺进行稀磷酸浓缩，所制备的湿法磷酸达到工业级标准，是一条适合工业化利用中低品位磷矿生产工业级 H_3PO_4 的工艺路线。

2. 制备食品级磷酸

食品级磷酸的制备可以采用热法磷酸为原料，也可以采用湿法磷酸为原料。由于热法磷酸生产对磷矿品位要求高，能耗高，因而以湿法磷酸来生产食品级磷酸越来越受到人们的关注。以硫酸法湿法磷酸为原料制备食品级磷酸存在的问题是：产生大量的磷石膏堆积，回收利用较为困难。此外我国的硫磺资源不足，硫酸供应紧张，而我国中低品位磷矿资源较多，且有很多企业副产盐酸，盐酸富余，价格低廉。因此，用盐酸代替硫酸分解中低品位磷矿，采用溶剂萃取法净化制备食品级磷酸具有现实意义。盐酸分解中低品位磷矿制备食品级磷酸的方法工艺流程如图 3-23 所示。

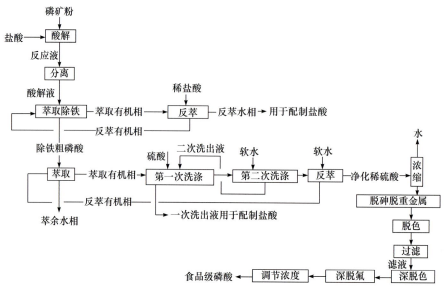

图 3-23　盐酸分解中低品位磷矿制备食品级磷酸的工艺流程

李军等[76]用盐酸分解磷矿粉，酸解液经萃取除铁，制得 H_3PO_4。一种盐酸分解中低品位磷矿制备食品级磷酸的方法工艺步骤如图 3-23 所示。粗 H_3PO_4 经磷酸三丁酯和正辛醇的混合物逆流萃取、洗涤得到净化的稀磷酸；将净化的稀磷酸浓缩至 P_2O_5 为 61%～66%，然后加 P_2O_5 脱砷和重金属，再加入活性炭和 H_2O_2 脱色及易氧化物，经调酸后制得工业级 H_3PO_4；在制备工业级 H_3PO_4 基础上，在真空度 0.075～0.090MPa，温度 95～110℃的条件下，采用真空蒸汽汽提法对 H_3PO_4 进行深脱氟，制得食品级 H_3PO_4；该方法制备的工业级 H_3PO_4 符合 GB/T 2091—2008 规定的优等品标准或一等品标准，食品级 H_3PO_4 符合《食品安全国家标准 食品添加剂 磷酸》（GB 1886.15—2015）规定的标准。

一些文献中提供用盐酸分解磷矿，然后加入 Na_2S 进行预除杂，再用 N235（三烷基叔胺）和异辛醇的混合物萃取除铁；然后用磷酸三丁酯在 15～45℃，相比 O/A（体积比，下同）为 3∶1 下进行 10 级萃取，萃取相用 10% 的稀 H_3PO_4，在相比 O/A 为 20∶1 下进行 5 级洗涤，再用稀 HCl 在 O/A 为 10∶1 下进行 5 级反萃取，制得稀 H_3PO_4；稀 H_3PO_4 再用 Na_2S 进行二次除杂，然后经活性炭和 H_2O_2 脱色及易氧化物，再经浓缩制得 H_3PO_4 质量分数达到 75% 以上的食品级 H_3PO_4，H_3PO_4 品质好，无须净化即可用于食品工业，该工艺对贫磷矿或富磷矿均适用。

3. 制备饲料级 $CaHPO_4$

（1）饲料级磷酸氢钙简介

饲料级磷酸氢钙富含磷、钙两种易被动物吸收的矿物元素，是一种很好的饲料添加剂，少量掺加到饲料中，在进入动物体后能全部溶解于胃酸中，同时促使饲料完全消化，在新陈代谢过程中促进机体所需各种酶和维生素的生成；使动物骨骼保持健康，同时可促使动物体重增加，使畜牧产品产量增加；同时还可以治疗动物因骨骼中钙含量较少引起的疾病，因而磷酸氢钙被广泛用作饲料添加剂。近年来，随着我国农牧业的迅速发展，饲养业规模也逐渐变大，在此基础上，饲料加工业也以惊人的速度迅猛发展，国内市场对饲料级磷酸氢钙的需求量逐年增大，市场上的产销总量增长速度较快，仅从 20 世纪末到 21 世纪初近十年时间需求量就增长了两倍多。我国 2010 年、2011 年的总产量已达到 300 万 t，关于磷酸氢钙的研究与应用越来越得到人们的重视。盐酸法制备饲料级磷酸氢钙工艺由于具有磷收率高、可使用低品位磷矿、可使用市场上的副产盐酸及能耗低等优点，具有广阔的应用前景。

作为动物饲料添加剂使用的磷酸氢钙主要是含有两个结晶水的磷酸氢钙，它在水中的溶解度很小，在乙醇中不溶，可以溶于常见的各种酸中，当温度大于 100℃时，二水磷酸氢钙脱去结晶水生成磷酸氢钙，当温度超过 175℃时生成焦磷酸钙。

（2）饲料级磷酸氢钙生产现状

磷酸氢钙在工业生产中是由中和剂（氢氧化钙等）与磷酸发生反应，控制反应条件，生成的沉淀物即为磷酸氢钙，经过滤、干燥可得磷酸氢钙产品。饲料级磷酸氢钙的起源可以追溯到 1867 年，磷酸氢钙最先作为肥料使用，后来人们把较纯的磷酸氢钙添加到动物饲料中，到 1935 年，美国用热法磷酸为原料生产饲料级磷酸氢钙，但是由于脱氟技术上的欠缺，没有进行工业化生产，直到 1945 年脱氟技术得到了一定的发展，脱氟钙磷酸盐逐渐开始工业化生产，1952 年，美国开始用湿法磷酸生产饲料级磷酸氢钙。相比来说，钙磷酸盐类添加剂在中国的发展较晚，1960 年左右，中国开始将磷酸氢钙作为牙膏中的添加剂使用。饲料级磷酸氢钙已经发展了近百年，尤其是 1950 年以后，随着工业化的发展和产品质量的逐渐提高，饲料级磷酸氢钙逐渐占据了饲料添加剂中的主导地位。

从 1990 年开始我国饲料级磷酸氢钙产量增长速度一直较快。1990 年全国的生产能力只有不到 10 万 t，到 1995 年增加到 25 万 t，1997 年产量有了更大的飞跃，达到 70 万 t，这一年大型饲料级磷酸氢钙生产基地四川龙蟒集团有限责任公司建成，之后一批不同规模的工厂逐渐建成，2011 年饲料级磷酸氢钙的产量更是达到了 300 万 t。近年来，国内对肉、蛋、奶等农牧产品的需求量大幅增长，带动了畜牧养殖业的迅速发展，而饲料级磷酸氢钙作为非常重要的饲料添加剂，其需求量也随之水涨船高。据统计，2022 年全球磷酸盐市场规模大约为 2191 亿元（人民币），预计 2029 年将达到 2854 亿元，2023～2029 年期间年复合增长率（CAGR）为 3.8%。

（3）饲料级磷酸氢钙生产工艺

目前生产饲料级磷酸氢钙的方法主要有盐酸法、硫酸法、普钙法、热硫酸法等，由于我国化工企业副产大量盐酸，盐酸法制备饲料级磷酸氢钙在生产过程中可以使用市场上价格很低的副产盐酸，众多研究者也对盐酸法进行了大量的研究，发现盐酸浸取磷矿的选择性较好，制备过程简单（图 3-24），生产成本低，近年来得到了较大的发展，所以盐酸法备受欢迎。

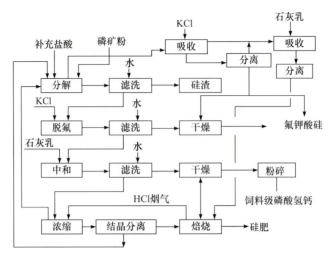

图 3-24　盐酸法饲料级磷酸氢钙生产工艺

姚鼎文等[77]用 HCl 分解中低品位磷矿，采用 KCl 或 NaCl 脱氟，再用石灰乳中和制得饲料 CaHPO₄，中和母液经浓缩制得 CaCl₂；CaCl₂返回分解磷矿工序，硅渣与 CaCl₂经 800~900℃焙烧，制得硅肥，含 HCl 热烟气用于浓缩饲料 CaHPO₄母液和分解磷矿，形成母液和 HCl 封闭循环流程，整个系统不出现三废。段利中等[78]通过对盐酸法湿法磷酸工艺参数的调整，得出一种不添加脱氟剂制备氟含量较低的饲钙产品的方法，探讨了各个反应条件对产品中氟含量的影响，结果表明，在盐酸与磷矿发生反应的过程中，要尽量减少氟溶出，并且通过对其他参数的控制，可以制得氟含量低于 0.18% 的产品；另外四川大学的赵明等的研究表明，当溶液 pH 为 2~3 时，溶液中的氟会生成极难溶的 CaF₂，可通过过滤除去，从而使溶液中的氟含量迅速降低。

4. 制备磷酸铵盐

（1）盐酸法磷酸铵盐的制备

目前国内外生产湿法磷酸和多种磷酸盐的方法，均是硫酸分解的磷矿先制成粗磷酸，其中制磷铵是经浓缩氨化或氨中和再浓缩造粒成产品，此法工艺设备成熟。随着我国磷矿几十年来大量取富弃贫的开采，磷矿的品位不断下降，国家已将磷矿列为 10 年后无富矿可采的矿种。然而，目前大量中低品位磷矿和一些含磷矿物还无法利用。其实以盐酸分解这些矿物也可制得高品位的磷酸和磷酸盐，磷铵就是其中之一。

姚鼎文等[79]用 HCl 分解磷矿，先以石灰乳中和分解液至 pH 为 6，得 CaHPO₄沉淀，进而加 HCl 回溶，回溶酸解液用磷酸三丁酯通过萃取分离 H₃PO₄和 CaCl₂，有机相经纯水洗涤和反萃从而制得较纯 H₃PO₄，H₃PO₄继而氨化制得磷酸铵盐，中和过滤的母液和有机溶剂萃取的萃余水相，经浓缩回收 CaCl₂，将其与硅渣或硅砂混合，经中温焙烧制得硅肥，产生的含 HCl 烟气以水吸收制成稀 HCl 返回系统使用。

陈芳菲等[80, 81]用 HCl 浸取含 15.84% P₂O₅的浏阳贫磷矿制取粗 H₃PO₄，以三聚氰胺为 H₃PO₄沉淀剂，制得难溶性磷酸三聚氰胺中间产物，从盐酸法粗 H₃PO₄中分离出 H₃PO₄；在 25~30℃、三聚氰胺与 H₃PO₄摩尔比为 2:1、三聚氰胺分成两份进行两步沉淀、分别搅拌 60min 的条件下，磷酸沉淀率大于 99%；磷酸三聚氰胺沉淀中夹带的 $CaCl_2$ 可溶物在固液比 1∶5、温度 40℃和用水洗涤 3 次后可以完全去除，将净化后的磷酸三聚氰胺与 $NH_3 \cdot H_2O$ 反应成功制备出符合磷酸一铵和磷酸二铵产品；该工艺以氯化钙副产品替代磷石膏的产出，避免硫酸根共沉淀，中间媒质三聚氰胺可循环使用，特别适合于贫磷矿浸出的低浓度 H_3PO_4 的处理。

（2）盐酸法制备磷酸一铵和磷酸二铵[80]

磷酸一铵和磷酸二铵是磷的第一大化工产品。传统方法制备磷酸二铵中，硫酸法会产生大量的磷石膏，消耗大量的硫资源，生产 1t 磷酸会产生 4～6t 磷石膏，不符合绿色化学发展要求。硝酸法使用硫酸铵固钙，可获得优质的硝态氮二元复合肥，但受硝酸价格等因素影响当前生产中应用不多。盐酸法可以利用工业副产盐酸，来源广泛，且对磷矿品位要求不高，以色列的 IMI 公司早在 20 世纪 60 年代初就已通过盐酸法工业化制备磷酸。该方法通过用盐酸浸取贫磷矿制备湿法磷酸，研究三聚氰胺沉淀剂分离湿法磷酸生产磷酸一铵和磷酸二铵的工艺路线。系统研究中间产物磷酸三聚氰胺的沉淀和洗涤条件，避免了硫酸根共沉淀，对贫磷矿资源的利用和产品开发具有重要意义。

三聚氰胺又称密胺，学名为 2,4,6-三氨基均三嗪，结构稳定，六元环上存在离域大 π 键，N 原子上的电子云密度较低，孤原子对呈现弱碱性，pK_{b1}=9.0。它能与磷酸发生固液界面沉淀反应，生成难溶磷酸三聚氰胺沉淀，反应方程式为

$$C_3N_6H_6(s) + H_3PO_4 \Longrightarrow C_3N_6H_6 \cdot H_3PO_4 \downarrow \qquad （3\text{-}20）$$

生成的磷酸三聚氰胺沉淀经洗涤后再进一步与氨水反应分别生成磷酸一铵、磷酸二铵和三聚氰胺不溶物，反应式如下：

$$C_3N_6H_6 \cdot H_3PO_4(s) + NH_3 \cdot H_2O \Longrightarrow NH_4H_2PO_4 + C_3N_6H_6(s) + H_2O \qquad （3\text{-}21）$$

$$C_3N_6H_6 \cdot H_3PO_4(s) + 2NH_3 \cdot H_2O \Longrightarrow (NH_4)_2HPO_4 + C_3N_6H_6(s) + 2H_2O \qquad （3\text{-}22）$$

三聚氰胺与粗磷酸反应时，磷酸中的金属离子不会与三聚氰胺发生反应。当有盐酸存在时，三聚氰胺优先与磷酸作用生成沉淀，而不会与盐酸首先生成可溶性的盐酸三聚氰胺。但采用盐酸法制得的粗磷酸中含有大量的氯化钙，磷酸三聚氰胺沉淀时氯化钙会被包裹夹带到沉淀中，因此，该沉淀需要经过反复洗涤、过滤除去可溶性盐，从而实现粗磷酸中的磷酸与氯化钙分离。贫磷矿盐酸法制备磷酸一铵和磷酸二铵的工艺流程如图 3-25 所示。

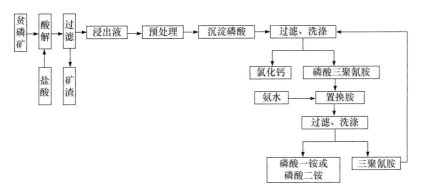

图 3-25 盐酸法制备磷酸一铵和磷酸二铵的工艺流程

该工艺过程对磷矿石的品位要求不高，反应条件温和，能耗低，固液分离顺利，中间媒质三聚氰胺可循环使用，适合于贫磷矿资源的开发利用，可同时生产氯化钙副产品，不会产生大量的磷石膏，减缓了硫资源的消耗。

（3）湿法磷酸制工业磷酸二氢铵

湿法磷酸制工业磷酸二氢铵的几种工艺包括传统化学法工艺、改进化学法工艺、化学净化与溶剂萃取联合除杂质工艺、湿法磷酸净化工艺、化学净化与溶剂萃取相结合工艺、萃取盐酸法工艺。

萃取盐酸法制工业磷酸二氢铵工艺与前面几种工艺稍有不同，湿法磷酸首先经脱氟脱硫后与氢铵反应，然后用萃取剂萃取盐酸，得到磷酸二氢铵溶液，萃取有机相经洗涤后用气氨反萃，反萃后的萃取剂循环使用，反萃得到的氯化铵溶液再返回与预处理后的湿法磷酸反应，工艺流程如图 3-26 所示[82]。

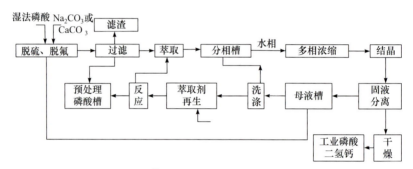

图 3-26 萃取盐酸法制取工业磷酸二氢铵

优点：产品质量好，原料磷酸中 P_2O_5 利用率比其他工艺都要高。缺点：目前研究结果表明萃取剂损耗稍大了一些，尚未经过工业化验证。

3.4.3 CaCl₂ 废液的综合利用

传统盐酸法生产饲料级 $CaHPO_4$ 工艺，生产 1t 饲料级 $CaHPO_4$ 要产生 7～8t 10%～15%的 $CaCl_2$ 母液，盐酸法无论是生产净化磷酸还是制备饲料级 $CaHPO_4$ 会产生大量 $CaCl_2$ 母液，少数企业将母液浓缩、冷却、结晶、干燥后回收 $CaCl_2 \cdot 2H_2O$ 制成工业氯化钙产品。但是由于氯化钙产品市场容量有限，价格低，多数企业因回收氯化钙过程能源消耗高、成本高，产品销售季节性强，采取母液直接外排，造成二次污染[83]。因此，回收处理 $CaCl_2$ 废液非常重要。

1. 氯化钙的去除进展

盐酸法粗磷酸中主要成分是磷酸和氯化钙，氯化钙的去除技术和综合利用是影响盐酸法大规模工业应用的关键。为了得到磷酸产品，需要将氯化钙从磷酸中分离、去除，经济、高效的去除方法以及氯化钙的利用是盐酸法磷酸的难点。下面主要介绍 3 种去除氯化钙技术：溶剂萃取法、三聚氰胺沉淀法、离子交换法。

（1）溶剂萃取法

经过多年的发展，溶剂萃取法已成为湿法磷酸净化较为常用的方法。加入难溶或不溶于水的有机物为萃取剂，杂质不溶于有机物，而磷酸可以溶于有机物，因此可达到和湿法磷酸分离的目的。萃取剂的选择通常应满足在特定条件下磷酸在其中有很好的溶解度、两相分离效果好、性能稳定、传质速度快、价格合理等指标要求。常被用作萃取剂的有机溶剂有脂肪醇类，如正丁醇、异丁醇、异戊醇等；磷酸酯类，主要为磷酸三丁酯；酮醚，主要为甲基异丁基酮、丙酮、二异丙醚和二丁基醚。不同萃取剂萃取性能差异明显。

（2）三聚氰胺沉淀法

三聚氰胺又称密胺，学名为 2,4,6-三氨基-1,3,5-三氮杂环苯，有 6 个可置换的氢原子结合在三氮杂环上，结构高度稳定，可生成大量衍生物。三聚氰胺具有 3 个活泼氨基，从而使三聚氰胺呈弱碱性，能与酸发生反应，磷酸三聚氰胺复盐结晶法正是利用了此性质。首先使三聚氰胺与磷酸反应，生成磷酸三聚氰胺，磷酸三聚氰胺在碱性物质作用下，能生成相应的盐及三聚氰胺：

$$C_3H_6N_6+H_3PO_4 =\!\!=\!\!= C_3H_6N_6 \cdot H_3PO_4 \downarrow \qquad （3-23）$$

$$C_3H_6N_6 \cdot H_3PO_4+NH_3 \cdot H_2O =\!\!=\!\!= C_3H_6N_6+NH_4H_2PO_4+H_2O \qquad （3-24）$$

三聚氰胺沉淀法对磷酸的沉淀效果好，且能够循环使用。但是三聚氰胺溶解性差、密度比水小，与盐酸法粗酸混合反应效率低，且会有部分三聚氰胺溶于萃余酸中，对萃余酸中氯化钙的品质造成了影响；需要用碱液使三聚氰胺与磷酸分离，从而造成磷酸发生中和反应，只能得到磷酸盐，要得到磷酸还需将磷酸盐做酸化处理。

（3）离子交换法[84,85]

由于 Ca^{2+} 容易通过沉淀、离子交换等方法去除，研究者考虑先将 Ca^{2+} 去除、再通过汽提等方法去除 Cl^-。离子交换树脂是带有官能团（有交换离子的活性基团）、具有网状结构、不溶性的高分子化合物，通常是球形颗粒物；含有无数孔道，在孔道上分布着可提供交换离子的交换基团。文献报道采用 732 强酸型离子树脂，Ca^{2+} 去除率达到了 93.2%。理论上通过增加离子交换树脂用量、合理设计交换树脂高度，能将钙、镁等离子的去除率提高到 99% 以上。但是由于离子交换树脂对于粗磷酸具有黏附性，需要用纯水将粗磷酸从树脂层置换出来，从而降低了磷酸浓度，后续浓缩成本高。

2. 制备 $CaCO_3$

针对盐酸湿法磷酸工艺中氯化钙废液无法有效回收利用的问题，研究人员郭玉川、李怀然开发了盐酸法制备饲料 $CaHPO_4$ 副产 $CaCO_3$ 及 NH_4Cl 的新工艺，磷矿经 HCl 分解、脱氟，然后加入中和剂调节 pH 至 4~5，反应生成 $CaHPO_4 \cdot 2H_2O$，经离心干燥得产品饲料级 $CaHPO_4$；母液为 10%~15% 的 $CaCl_2$ 废液，向母液中通入 NH_3 至 pH 为 7.5，然后加入碳化剂 NH_4HCO_3 或者通入 CO_2，直至将溶液中 Ca^{2+} 全部反应生成 $CaCO_3$ 为止，经离心分离、洗涤、干燥得 $CaCO_3$ 副产品；副产品轻质 $CaCO_3$ 经分离后，母液为 15% 的 NH_4Cl 溶液，采用四效降膜蒸发浓缩技术，经冷却、结晶、干燥可制得工业级氯化铵产品。该工艺既消除了 $CaCl_2$ 母液排放的环境污染物，又提高了企业的经济效益和社

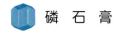

会效益。

3. 制备 $CaSO_4$

盐酸分解磷矿，采用有机溶剂将 H_3PO_4 萃取后，萃余液的主要成分为 $CaCl_2$[86]。文献报道了向萃余液中加入工业废 H_2SO_4 或芒硝，使 Ca^{2+} 通过复分解反应以 $CaSO_4$ 沉淀析出，研究了用萃余液合成 $CaSO_4 \cdot 2H_2O$ 的温度范围、反应压力、时间，以及 $CaSO_4 \cdot 2H_2O$ 转化为 $CaSO_4 \cdot 0.5H_2O$ 的最宜转晶温度、压力、脱水周期、催化剂的种类和用量；结果表明：在 75℃、1bar（1bar=10^5Pa）下反应 1.5～2h，1L 萃取液可制备出 160 g $CaSO_4 \cdot 2H_2O$，$CaSO_4 \cdot 2H_2O$ 的产率达 95% 以上；$CaSO_4 \cdot 2H_2O$ 在 138℃、2.5 bar 下脱水 1 h，并加入丁二酸作为结晶催化剂，制备出有较高强度和密实度的 $CaSO_4 \cdot 2H_2O$ 晶体，可用作建筑材料。该工艺在制备湿法磷酸的同时，实现了 $CaCl_2$ 萃余液的充分利用，避免了环境污染。

唐湘等[87]用 HCl 分解磷矿制备 H_3PO_4 和硫酸钙晶须，将磷矿粉用 HCl 分解过滤得含 $CaCl_2$ 的酸解液，然后向酸解液中加入 H_2SO_4，使 $CaCl_2$ 以 $CaSO_4$ 沉淀的形式析出，通过控制反应条件制备硫酸钙晶须；在温度为 60℃，硫酸质量分数为 90%，加料时间为 15min，搅拌速度为 200 r/min 的条件下，制备出的硫酸钙晶须颜色洁白，直径为 10～20μm，长为 800～1200μm，长径比可达到 78；该方法用盐酸分解磷矿，可利用低品位的磷矿，获得不同规格的硫酸钙晶须和湿法磷酸，并实现无污染物排放，提高资源利用率，是一种环保、节约型工艺。

3.4.4　盐酸法工艺存在的问题

我国主要是通过硫酸法生产磷酸，磷石膏堆存已造成严重的环境负担。随着国家对生态环境的日益重视，国家对硫酸法的限制越来越大。企业要么把磷石膏转化消耗，要么只能将工艺改为硝酸法或盐酸法。因为硝酸法成本太高，所以盐酸法具有明显优势。盐酸是氯碱工业、硫酸钾工业、氟化工业等行业的主要副产品，盐酸的销售与转化使用限制着这些产业的发展。因此，盐酸的成本相对于硫酸和硝酸非常低廉。现在盐酸法面临的主要问题是磷酸净化和氯化钙副产物的资源化利用和转化。溶剂萃取净化磷酸已是较为成熟的技术，对氯化钙的产品化或转化主要是看经济性，从处理难度和成本看应低于磷石膏处置。此外，盐酸法对于低品位磷矿使用更具优势，并且有利于磷矿中伴生的稀土等元素的回收。综上所述，盐酸法湿法磷酸兼具成本低、对磷矿品位要求低、副产物氯化钙易于资源化利用等优点，随着环保要求日趋严格，将会迅速受到重视和推广应用。

盐酸法湿法磷酸的难点与关键技术是酸解液 $CaCl_2$ 的经济去除及综合利用。存在的问题是酸解液 H_3PO_4 含量相对较低（质量分数为 12% 左右），而 $CaCl_2$ 的浓度约为 H_3PO_4 的 2 倍，目前常用的萃取剂对浓度较低的磷酸萃取效果有所降低，多级萃取后进入有机相中的氯化钙明显增多，对后续进一步处理不利。在以色列 $CaCl_2$ 废液可以直接排入死海或盐湖中，无处理废液成本压力，但在中国尚不具备这些条件。因此，如何低成本分离与利用 $CaCl_2$ 对中国发展盐酸法湿法磷酸工艺尤为重要[87]。

1. 盐酸法湿法磷酸技术难点分析

虽然对盐酸法湿法磷酸技术已研究了 80 多年，但是仅有以色列矿业公司等少数几个公司实现工业化生产，说明该方法存在一些不易攻克的难点[88]。

（1）副产物氯化钙的利用

在磷矿中钙元素含量较高，以氧化钙计占磷矿质量的 20%～50% 。因此，盐酸分解磷矿将副产大量的氯化钙。在以色列，$CaCl_2$ 废液可以直接排至死海或盐湖中，但在中国没有这样的条件。因此，如何加工利用 $CaCl_2$ 废液对我国开展盐酸法湿法磷酸的生产十分重要。氯化钙在工业上有众多用途，可用作干燥剂，如用于工业气体干燥；用作醇类、酯类、醚类等生产的脱水剂；用作港口消雾剂、路面集尘剂和织物防火剂。此外，在食品工业中还可用作钙质强化剂、固化剂、螯合剂和干燥剂。因此，对盐酸法湿法磷酸副产的氯化钙，一方面可以按照相关标准要求制备为产品出售，另一方面，在氯化钙量过大，作为产品难以消耗时需要进行转化，利用钙及实现氯元素的循环使用。一些文献报道郭玉川等[89]往氯化钙溶液中通入 CO_2 和 NH_3，分离得到优质的碳酸钙和氯化铵产品。与之类似，朱明燕等[90]往氯化钙溶液中加入 CO_2 和 NaOH，分离得到碳酸钙和氯化钠，氯化钠可作为氯碱的原料电解制氢氧化钠和盐酸，从而实现氯元素的循环利用。

（2）设备腐蚀

设备腐蚀也阻碍了盐酸法实现工业化发展的步伐。在盐酸法湿法磷酸的生产过程中，盐酸和磷矿发生一系列化学反应，设备直接接触酸、碱、盐等介质，使设备腐蚀，而且 Cl^- 的大量存在会加剧介质对设备的腐蚀。同时，磷矿中还存在一些难以溶解的固体颗粒，这些固体颗粒会对设备产生磨损，加快设备腐蚀的速度。而且盐酸法湿法磷酸生产时要求设备在一定温度、一定压力下连续不断地运行，根据生产磷酸的浓度、温度、含固量、生产工艺的不同，生产设备的腐蚀程度也不相同，所以面对纷繁复杂的腐蚀问题，还需要广大科研人员认真学习研究腐蚀科学，发展腐蚀科学，开发出更有效的防腐蚀技术，从而带来更大的经济效益。

2. 国内尚无盐酸法磷酸工业应用的原因分析

相比于硫酸法和硝酸法，盐酸法的优点还是相当突出的，但为什么至今盐酸法仍没有实现大规模的工业化生产呢？主要有以下几点原因：①设备腐蚀，Cl^- 的大量存在会加剧介质对设备的腐蚀；②磷酸萃取工艺复杂，氯化钙不易分离；③获得的粗磷酸浓度低，高浓度的盐酸会将磷矿中的金属氧化物溶解，给分离萃取带来困难，同时还会加剧设备腐蚀，目前一般使用 15%～30%的盐酸溶解磷矿。要想提高磷酸浓度，工业上一般采用浓缩的方法，但能耗太高，经济效益不理想。

3.4.5 国内外盐酸法萃取净化技术研究状况

湿法磷酸的净化技术有结晶法、离子交换法、渗析法、浓缩法、化学沉淀法和溶剂萃取法，目前以化学沉淀法和溶剂萃取法为主[91]。溶剂萃取法主要是指通过脂类、胺类、酮类和醇类等有机溶剂对酸解液进行萃取从而得到高纯度磷酸的方法；沉淀工艺

是指向酸解液中加入石灰乳或氨等,通过调节 pH 或其他方式,使磷酸以磷酸盐的形式沉淀下来。

1. 溶剂萃取法

在湿法粗磷酸净化方法中,已得到广泛应用的只有溶剂萃取法[92]。溶剂萃取也称液-液萃取或抽提,是分离和提纯物质的重要单元操作。它是借助有机溶剂通过物理或化学作用,把原先溶于水相的被萃取物,部分(或几乎全部)地转入与之不相混溶(或基本不相混溶)的有机相中,而提取与分离的方法。从本质上讲,溶剂萃取过程是将被萃取物由亲水性转化为亲油性的过程。1914 年,Fox 用脂肪醇从 H_2SO_4 分解的粗磷酸中获得 H_3PO_4,1933 年后 Milligin 研究了正丁醇五级萃取得到纯磷酸的方法。但是直到 1985 年,Baniel 首次使用溶剂萃取法从氯化钙含量高的溶液中分离出磷酸,并在以色列成功地开发 IMI 流程后,才使该法受到了重视。IMI 法净化工艺主要由盐酸分解磷矿和残渣分离、溶剂萃取分离磷酸、净化稀磷酸的浓缩、萃余液中萃取剂的回收等 4 个部分组成,如图 3-27 所示。

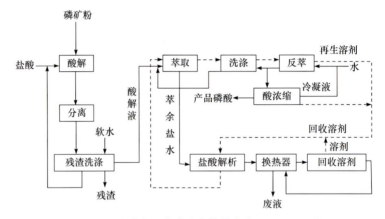

图 3-27 盐酸法湿法磷酸净化技术流程——IMI 法

石油危机以后,以磷酸为研究对象开展溶剂萃取净化湿法磷酸工艺异常活跃,特别是近年来在许多国家(如罗马尼亚、法国、以色列、比利时、日本、美国、印度、巴西、德国等)对此法的研究与开发应用都有相当快的进展。我国相关研究人员也获得了大量的成果,赵廷任等研究环己醇、环己酮对磷酸、盐酸混酸液中磷酸的萃取,发现当水相酸度较低时以溶剂化中性配合方式被萃取,酸度较高时是离子缔合萃取机理;王星棠探讨了伯胺 N1923 萃取磷酸的行为,发现在不同的萃取剂浓度和磷酸浓度下,萃取剂由 $(RH)_2HPO_4$、$(RE) \cdot H_2PO_4 \cdot 2H_3PO_4$、$(RH) \cdot H_2PO_4 \cdot H_3PO_4$、$(RH) \cdot H_2PO_4$ 等 4 种萃合物组成。吕中研究了不同温度下 $TBP-H_3PO_4-H_2O$ 三元体系的相平衡,以及氯化钙含量对该平衡的影响。

溶液萃取法的原理是将磷酸与一种或多种溶剂混合放置在同一个装置中,待其发生反应后,杂质因不溶于有机溶剂很容易被萃取出来,使得溶液与杂质分离,磷酸溶液在经过萃取之后再经水洗和反萃取,便可以获得浓度为 40% 的净化磷酸。若将获得的浓度为 40% 的净化磷酸再经过蒸馏处理,就能获得食品级和工业级标注浓度的净化磷酸。该方法是目前湿法磷酸净化提纯中研究最广泛的方法，其主要有三个特点：①磷酸溶液和掺杂在其中的杂质离子在各种萃取剂中有着不同的溶解度；②互相接触的两相均为液相；③以相平衡作为过程的极限。溶液萃取法的本质是将萃取物变成了亲油性，该方法能否呈现出好的净化效果，不仅取决于萃取设备的研发，更重要的是取决于萃取剂种类的选择，萃取剂种类的选择和配比是该方法的核心点，其选择应满足以下要求：第一是选择性好，第二是分配比高。为了更好地去除掺杂在磷酸溶液中的杂质离子，萃取剂还应该在混合的有机溶剂中做到溶解最大化；挥发性小，没有毒性，容易操作；拥有较高的燃点和沸点；在分离萃取的过程中，液体的状态稳定；价格成本低且方便购买。

溶剂萃取法对萃取的设备要求比较严格，磷酸是酸性溶液，会对设备造成一定程度的腐蚀且在整个过程中产生的沉淀物很容易破坏设备。这两个问题使得该方法的生产率较低。就目前而言，溶剂萃取法主要分为五大类[93]，第一类是脂肪醇溶剂萃取法，主要的萃取剂是正丁醇、异丁醇、异戊醇等；第二类是磷酸酯萃取法，主要的萃取剂是磷酸三丁酯；第三类是醚溶剂萃取法，主要的萃取剂是二异丙醚、二正丙醚、正丁醚等；第四类是酮及酯溶剂萃取法，主要的萃取剂是甲基异丁基酮、醋酸丙酯、醋酸丁酯等；第五类是胺及酰胺溶剂萃取法，主要的萃取剂是烷基酰亚胺等。

溶剂萃取法优缺参半，优点是工艺的操作简单，能耗和原材料损失小，经萃取得到的磷酸浓度高，相比于其他的净化方法，其操作过程中需要的装置简单，且废溶液的回收率比较高，有助于循环使用，对环境造成的影响较小；缺点是操作过程中参与反应的萃取剂中含有磷元素，直接排放到环境水体会造成水体富营养化，有机溶液相比其他溶液而言，燃点比较低，易发生爆炸且挥发严重，因此该方法对于操作装置要求很严格，成本也就比较高。虽然溶剂萃取法的缺点比较明显，但它是实际生产中最可行的方法，能够投入大规模生产，目前国外很多技术发达的国家已用其来制备食品医药级和工业级的净化磷酸。

目前，溶剂萃取法已成为国外用来精制湿法磷酸的最有效方法之一，许多工业化国家已正式用溶剂萃取法生产工业级和食品级磷酸。已工业化的净化湿法磷酸的技术如表 3-18 所示。

表 3-18　湿法磷酸的萃取技术

技术方法	开发公司	萃取剂
IMI 法	以色列矿业工程公司	DIPI 或 85%DIPE+BuOH
Iprochim/Icechim 法	罗马尼亚化学工业工程公司和化工研究院	BuOH
Prayon 法	比利时普瑞年(Prayon)集团公司	DiPE（50%～95%）+TBP（5%～45%）
Plone-Poulenc 法	法国罗纳-普朗克公司	TBP
Budenhelm 法	德国巴登哈姆公司	异丙醇
Albright&Wilson 法	英国阿尔布赖特-威尔逊公司	MIBK
Toyo 法	日本东曹株式会社	

2. 化学净化法

1）化学沉淀法。

化学沉淀法的原理是在装置内加入一定剂量的可以使稀磷酸中的铁、镁、铝、氟等离子杂质发生化学反应而生成固体或者气体的沉淀剂，再经过分离提纯的操作得到纯度较高的磷酸，它是湿法磷酸在进行深度提纯前的必经之法，得到了行业广泛的关注。化学沉淀法操作工艺的流程简单，其生产成本低，不需要借助特殊的装置就可以完成，因此投资也较低。缺点是操作工艺困难，操作过程中需要根据粗磷酸中所掺杂的杂质离子，配制专门种类和剂量精确的化学剂溶液，因加入了化学沉淀剂，粗磷酸杂质离子较多，化学沉淀并不能对粗磷酸完全净化提纯，还需要结合其他方法再进行净化提纯。因此化学沉淀法一般用在净化提纯操作的前半部分，净化提纯的后半部分还要结合其他净化效果好的方法，进一步除去杂质金属离子。

2）溶剂沉淀法。

溶剂沉淀法的原理是在装置内加入可以使磷酸杂质离子充分反应的氨或可与水完全互溶的甲醇、乙醇、丙醇、异丙醇等有机溶剂，反应完全后，杂质离子变成了金属磷酸铵络合物和氟化物的固体结晶，然后进行过滤除杂，最后进行蒸馏除去多余的溶液而得到净化的酸。溶剂沉淀法操作工艺简单，在经过简单的溶解操作后就能获得很好的收率，且最后得到的废溶液少，用到的有机溶剂便宜易得；缺点是最后的净化提纯需要液剂分离，蒸馏的能耗损失比较高，而且杂质的滤除效率较小，溶剂和磷酸的回收率受到损失。

3）结晶法。

结晶法的原理是将粗磷酸的溶液加热后再降温，从而析出固体结晶。结晶法主要有三大类，主要区别在于固体结晶是如何析出的。①$H_3PO_4 \cdot 0.5H_2O$（熔点 29.32℃）从磷酸中析出。该法在湿法磷酸净化提纯方法中比较有效，将粗磷酸溶液加热后降温时加入晶种，使其与 $H_3PO_4 \cdot 0.5H_2O$ 反应生成固体，与磷酸溶液分离，该法主要应用在 P_2O_5 含量很高的矿石制得的粗磷酸的净化提纯，很少被采用，尚未有工业化的报道。②生成磷酸及其复盐。将尿素和磷酸放置在温度为 50～70℃的装置内，两者发生化学反应，等到反应充分完成后，再缓慢降温 20℃，复盐晶体与溶液分离，因杂质离子与酸发生化学反应，所以得到的复盐晶体纯度较高。将复盐晶体洗涤，然后用浓硝酸与其发生反应，析出硝酸尿素复盐晶体，过滤后便是磷酸溶液。该方法也可以用三聚氰胺代替尿素。③结晶析出磷酸盐。该方法是将析出的磷酸钙或者磷酸铵晶体转化为磷酸，其核心是结晶条件的确定。因为单进行一次简单的结晶并不能获得浓度较高的磷酸，要想获得浓度较高的磷酸需反复多次结晶提纯，操作过程中还要时刻注意使纯度高的固体结晶与母液分开，关于母液的循环利用也是需要研究探索的。当然它的优点是操作的工艺流程简单且周期短，成本低，需要投资的费用也少。国内外有很多学者对结晶次数进行研究摸索，他们发现在多次结晶后能够得到电子级的磷酸，由于它的操作过程非常烦琐且要求严格，没能在现实中大量生产。结晶法一般适用于 P_2O_5 浓度比较高的磷酸，而且 P_2O_5 浓度对最后净化提纯的结果影响非常显著。

通常用水溶性溶剂（碱金属或铵离子）与粗磷酸混合除去磷酸中可溶性杂质，但只能对每一种杂质分别进行净化处理。

3. 离子交换法

离子交换法的原理是将树脂内阳离子和阴离子分别替换成粗磷酸中铁、镁、铝等金属杂质离子的阳离子和溶液中其他杂质离子的阴离子，从而获得净化的磷酸。目前，磷酸中钙、镁、铁等金属阳离子的滤除就是用离子交换法，其将磷酸或者磷盐酸溶液与树脂放置在同一容器中使其反应，然后将溶液中的杂质阳离子和树脂中的阳离子发生反应相互交换。参与交换的树脂的温度、交换时装置的温度、反应过程中搅拌的速度和时间及树脂的使用剂量都影响离子交换法中杂质离子的去除。其优点是用于交换的树脂是可再生资源且净化快，操作过程容易控制，能够分离出磷酸中大部分的杂质，磷酸的纯度非常高，对环境造成的影响也非常小；缺点是树脂交换的溶液是磷酸的稀溶液，在完成净化提纯后还需要进一步浓缩，交换磷酸中的杂质阳离子需要消耗大量的树脂，且交换的金属阳离子到达一定的数量时，其交换能力减弱，所用树脂需再生处理，当脱附效果较差时，树脂再生较为困难，并且树脂的再生过程容易产生新的废液，还消耗大量化学药剂。粗磷酸中的杂质种类非常多，而由于整个过程中只使用一种交换剂，所以不能替换掉全部的杂质离子。离子交换法与化学沉淀法一样，在湿法磷酸的净化提纯中是一种起辅助作用的方法，要和溶剂萃取或者结晶法一起使用相互配合达到最佳的效果。尽管学者已经对离子交换法进行了大量的研究探索，目前仍然有很多难关没有攻克，还处于早期的研究摸索时期。

本法仅限于粗磷酸中 Ca^{2+}、Mg^{2+}、Fe^{3+}、Al^{3+}、As^{3+}、Mn^{2+} 等阳离子的脱除，要想只用一种离子交换剂除去粗磷酸中的杂质是难以办到的，必须同时采用其他方法，并且须将磷酸稀释。目前离子交换法粗制粗磷酸尚有很多技术问题难以解决，所以至今工业化者甚少。

4. 膜分离法

膜分离法是利用膜的选择性渗透原理将多种相互混溶的组分通过液膜进行分离，从而实现物质提纯。它涉及多种膜分离技术，主要有超滤技术、微滤技术、纳滤技术和反渗透技术，是在分子的水平上进行杂质的去除。膜分离法的传递面积比较大、膜的渗透性高且选择渗透的能力也很好，但要使该方法达到最佳的效果，必须严格选择膜材料和膜组件，严格控制膜污染。目前美国等技术发达的国家采用膜分离法与其他湿法磷酸的净化提纯法的集成获得更高纯度的电子级磷酸，在我国相关技术还处于研发阶段。

5. 电渗析法

电渗析法是湿法磷酸净化法中想法比较新颖的一种方法，它的原理是用电化学法将离子分离。磷酸根在强碱性阴离子交换膜上具有超强的吸附能力，而且它的吸附速度也远远超过其他阴离子，因此可利用阴离子交换膜，将磷酸中掺杂的杂质离子过滤掉。在通过化学法将硫酸根反应掉后，电渗析法可以通过提供工业磷酸在低电流密度和低浓度原料的前提下获得浓度较高的磷酸，由于过程中电流效率的问题还未得到处理，因此，目前该方法只能用于净化稀磷酸且还处在早期的研究摸索时期。

综上所述，湿法磷酸的净化提纯方法种类较多，但都存在着较为明显的优缺点，只使用一种净化提纯的方法不能满足生产工艺的要求，一般要采用多种净化工艺相结合，才能满足生产需要。基于各种方法的优缺点，一般采用溶液萃取法为主，其他方法为辅实现湿法磷酸的净化，从而生产出浓度不同的净化磷酸。

我国磷酸生产与发达国家相比还有一定差距，工艺相对落后，环境污染大，后续产品品种少，档次低。并且我国大多数磷矿品位低，硫资源缺乏，副产盐酸来源丰富，因此大力开发盐酸法工艺，开发磷酸溶剂萃取新技术，寻找高效萃取剂，进行萃取动力学的研究，对今后我国的磷酸生产具有重大意义。

3.4.6　盐酸法湿法磷酸小结

1. 盐酸分解磷矿制磷酸的优点

1）盐酸分解磷矿具有反应迅速、P_2O_5 收率高、磷矿适用范围广、生产成本低等特点。

2）盐酸分解磷矿制磷酸技术十分成熟，生产的磷酸品质高，可以进一步加工成精细磷酸盐产品，提高后端产品的附加值。以色列、巴西、印度等国家已经实现工业化生产，我国也有相关专利技术支撑并已在国外建厂。

3）随着氯碱工业和有机化学工业的发展，将会产生大量过剩盐酸或废盐酸，可以廉价甚至免费获得，这对于盐酸分解磷矿制磷酸的经济性是一个有利因素。

4）盐酸分解磷矿制磷酸没有结垢物生成，磷酸组分及质量与磷矿组成无关，易于生产高纯度的磷酸。

5）无磷石膏产生，减少了磷石膏堆存的相关费用，环保压力也大大减轻。

2. 盐酸分解磷矿制磷酸的难点

1）我国在盐酸分解磷矿制磷酸方面的研究较少，虽然由凯恩德利(北京)科贸有限公司自主研发、设计的 10 kt／a 盐酸法食品级磷酸项目在埃及试车成功，武汉市化学工业研究所以及湖北的一些企业先后完成有关中试并取得了相应的成果，但目前国内还没有盐酸分解磷矿制磷酸的工业化装置。

2）盐酸分解磷矿后生成的 $CaCl_2$ 是无用成分，而且含大量 $CaCl_2$ 废液的处理是一个难题。

3）由于盐酸浓度低，单位产品需处理的物量大，对产品磷酸浓度影响较大。

4）盐酸法工艺流程复杂，而且需要采用大量耐酸、耐溶剂腐蚀以及橡胶衬里设备，因此装置投资较大。

虽然目前世界上采用盐酸分解磷矿制磷酸的企业不多，装置规模也不大，但由于其具有对磷矿的质量要求不高、可利用副产盐酸、三废治理和环境污染问题较易解决、产品磷酸质量较高等特点，在特定的条件下仍可考虑采用。如果在生产装置周边有廉价盐酸可以利用或因副产盐酸造成公害的地区，采用盐酸直接分解中低品位磷矿制磷酸，可降低洗选成本以及洗选造成的磷损失，同时发展下游精细磷化工产品，不但能产生较好的经济效益，而且可以使盐酸资源得到充分利用，实现变废为宝、环境友好的目标。

3.5 硝酸法湿法磷酸

3.5.1 工艺原理及发展历程

1. 硝酸法湿法磷酸工艺原理

硝酸法主要通过硝酸和磷矿反应，生成磷酸和可溶于水的硝酸钙，之后采用溶剂冷冻、离子交换等方法把硝酸钙分离出来，最后获得磷酸[94]，其主要反应为

$$Ca_5F(PO_4)_3 + 10HNO_3 = 5Ca(NO_3)_2 + 3H_3PO_4 + HF \qquad (3-25)$$

若硝酸用量不足，则产物为磷酸一钙或者磷酸二钙、氟化氢和硝酸钙，反应式为

$$14HNO_3 + 2Ca_5F(PO_4)_3 = 7Ca(NO_3)_2 + 3Ca(H_2PO_4)_2 + 2HF \qquad (3-26)$$

$$4HNO_3 + Ca_5F(PO_4)_3 = 2Ca(NO_3)_2 + 3CaHPO_4 + HF \qquad (3-27)$$

磷矿被硫酸分解的反应过程是一个液、固相反应，其反应速率主要与反应温度、氢离子浓度、矿粒的有效表面积和固液膜扩散等因素有关。因此，提高反应温度与氢离子浓度、提高矿粉细度以增大矿粒的有效表面积、提高搅拌强度以增大矿粒表面的扩散速度，均可以强化反应过程并提高磷矿的分解速度。

关于酸分解磷矿的动力学，国内外进行过许多研究。硫酸、磷酸、硝酸、盐酸等分解磷矿的化学反应都是在磷矿颗粒表面进行的。在磷矿颗粒表面通常存在一个不流动的界面半水物层，反应物 H^+ 必须扩散并通过界面层，到达磷矿颗粒表面才能起反应。当采用硫酸或磷酸分解磷矿时，由于生成了固态产物硫酸钙或磷酸钙盐，在磷矿颗粒表面上可能沉积形成固态二水物产物膜，固态膜的可透性程度对酸分解磷矿反应速率影响甚大。在形成了固态膜如硫酸钙膜的情况下，液-固相反应过程可能包括下面七个步骤。①反应物向磷矿颗粒扩散。②反应物扩散透过固体表面附近的液态膜。③反应物进一步扩散通过固态膜。④反应物与磷矿发生化学反应。⑤生成的不溶性产物界面层有浓度差。⑥生成的可溶性产物扩散通过液态膜。⑦生成的可溶性产物扩散到溶液主体中。

若反应只生成可溶性产物而无固态产物时（如用 HCl、HNO_3 分解磷矿时），则反应过程只包括：①反应物向磷矿颗粒扩散。②反应物扩散透过固体表面附近的液态膜。④反应物与磷矿发生化学反应。⑥生成的可溶性产物扩散通过液态膜。⑦生成的可溶性产物扩散到溶液主体中五个步骤。

液固相反应过程中，各个步骤进行的速率是不相同的，而总反应速率取决于最慢步骤的速率。当扩散是最慢的步骤时，反应属于扩散控制类型；当化学反应是最慢的步骤时，反应属于化学反应控制类型；当扩散速度与化学反应速率相近时，称为中间控制类型。

2. 硝酸法湿法磷酸生产工艺发展历程

（1）国外硝酸法湿法磷酸工艺的发展

硝酸法湿法磷酸工艺最先由挪威奥达冶炼公司于 1928 年开发，在 1936 年挪威海德鲁公司实现工业化生产，1938 年发展为 NorskHydro 工艺，该流程由于原料中断而停产 4 年，随后在 1950 年该流程的硝酸磷肥产量达到 4 万 t/a，接着提出采用氨和二氧化碳中和母液的技术路线，但该法得到的产品水溶率较低，一般低于 40%。20 世纪 50 年代荷兰国营矿井公司将产品产量扩大至日产 300t，60 年代发明了氮肥和硝酸磷钾肥的塔式粒化法，该法产品的水溶率为 50%，但由于采用的除钙方法为冷冻法，极易在管壁上结垢，因此需要定期用 70℃的硝酸钙溶液进行加热溶解才能有效恢复传热效率[95]。60 年代国外的硝酸法湿法磷酸工艺以冷冻法为主，并在这一时期得到了很大的发展。70 年代，捷克布拉格化工设计院和德国巴马格工程公司对冷冻法工艺进行部分改造，将冷冻工段由间接冷却转变为以汽油、煤油等为冷却介质的直接接触冷却，该法相较于最早的奥达法解决了因结垢而引起的传热系数低的问题，降低了周期停车而产生的操作费用。90 年代美国田纳西流域管理局 TVA 开发了尿素硝酸磷肥工艺，得到的产品不含有可溶性磷，且吸湿性很低，使得硝酸磷肥产品的临界相对湿度得以提高。

国外硝酸法湿法磷酸工艺早期以碳化法和混酸法为主，至 1967 年以后，挪威 NorskHydro 公司和捷克 SCHZ 厂分别发明了"深度冷冻"、塔式造粒和直接冷冻的新技术，并且成功投入生产，产品水溶性可达到 85%。这些研究使得冷冻法成为后续主流硝酸法湿法磷酸技术。

（2）国内硝酸法湿法磷酸工艺的发展

我国的硝酸法湿法磷酸工艺于 20 世纪 50 年代开始研究，上海化工研究院进行了多种生产方法的研究，在 1964 年与南化公司[现中国石化集团南京化学工业有限公司（南化集团）]合作完成年产 3000t 的碳化法中间试验，1969 年将该装置改建为年产 5000t 混酸法试验装置，随后建成年产 2 万 t 的烟草专用肥装置，产品销量良好。1977 年上海化工研究院和化工部化肥工业研究所完成了年产 500t 直接冷冻法流程的中间试验。1978 年南化公司采用间接冷冻法制得规格为 18-23-0 的复肥产品。1987 年山西化肥厂引进 NorskHydro 工艺，并成功建厂，随后因我国在技术、设备以及原料的限制，硝酸磷肥技术在我国发展缓慢。2012 年贵州芭田生态工程有限公司开始研究硝酸磷肥技术，并在 2015 年成功采用冷冻法生产出合格的硝酸磷肥产品，标志着我国冷冻法硝酸磷肥技术实现国产化。

3.5.2 磷酸与硝酸钙的分离

1. 冷冻法

（1）冷冻法工艺原理

冷冻法除钙的原理是当降低磷矿-硝酸分解液的温度时，溶液会形成含有 $Ca(NO_3)_2 \cdot 4H_2O$ 结晶的悬浮液，通过固液分离，从而达到除钙的目的[96]。在采用低温结晶的方法使硝酸钙结晶析出的过程中，不需要加入化学品，且能够有效控制母液中的钙磷比。

（2）冷冻法具体流程

冷冻法对原料要求较高，硝酸浓度一般不低于 53%，磷矿中 $P_2O_5>30\%$。酸解反应温度一般控制在 50～60℃，时间控制在 15～60min，搅拌速度为 400r/min，硝酸用量为理论用量的 105%～110%。反应结束后经过沉降槽，随后过滤除去酸不溶物，母液进入结晶器，将冷冻温度控制在 5℃，使四水硝酸钙析出，每吨产品可副产 0.8～1.0t 硝酸钙，大部分除钙率可达到 75% 以上。过滤后的低钙母液通入氨气中和后可生产水溶性较高的硝酸磷肥产品。

（3）冷冻法的影响因素

1）萃取液温度。

反应条件：原始硝酸 w（HNO_3）50%；分解液初始温度 50℃；冷冻剂初始温度 -10℃；结晶持续时间 300min，结晶终点温度 -5℃。

如图 3-28 所示，在冷冻结晶过程中，随着冷冻温度的降低，$Ca(NO_3)_2 \cdot 4H_2O$ 结晶逐渐从溶液中析出，在结晶形成瞬间放出大量的结晶热，导致溶液温度有所回升，从而在降温曲线上出现一个拐点，但很快温度又继续恢复下降。

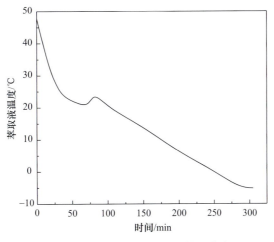

图 3-28　硝酸萃取液的典型结晶曲线

2）初始硝酸质量分数。

由图 3-29 可见，在同等结晶条件下，初始硝酸质量分数越高，其除钙率越高。

3）硝酸过量率。

由图 3-30 看出，硝酸过量率对除钙率影响不大。

冷冻法应用较为广泛，除钙率最高能达到 85%，在许多工业中已经达到产品要求，但冷冻法对原料要求高，与我国磷矿品位不相符。冷冻法副产的硝酸钙可作为多种硝酸磷肥的原料，从而增加该流程的经济效益[97]。

4）结晶终点温度。

通过对 w（HNO_3）50% 硝酸分解液的结晶实验，其结晶终点温度与除钙率的关系曲线见图 3-31。

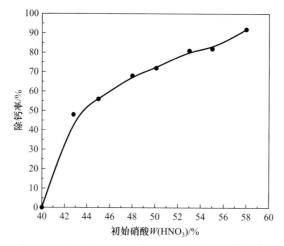

图 3-29　初始硝酸质量分数对除钙率的影响曲线

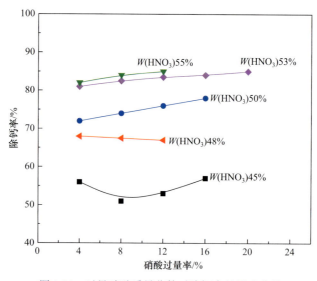

图 3-30　过量硝酸质量分数对除钙率的影响曲线

随着分解液结晶终点温度的降低，$Ca(NO_3)_2 \cdot 4H_2O$ 结晶析出率增加，除钙率增加。当终点温度达0℃时，除钙率已达到75%以上；终点温度达-10℃时，则可达到80%；继续降低结晶温度，除钙率变化不大。随着冷冻温度的降低，溶液的黏度与能耗均相应增加，分离设备的强度却因黏度增加而降低。因此，在生产中应考虑经济合理性和工艺可行性，合理确定结晶终点温度。对选用 w（HNO_3）50%硝酸分解磷矿的分解液，结晶终点温度选取0℃即满足除钙率75%的要求。

5）结晶持续时间。

结晶持续时间对除钙率的影响见图 3-32。采用的初始硝酸浓度高，可以有效地缩短结晶时间，达到良好的除钙率。因此对 w（HNO_3）50%硝酸的萃取液，结晶持续时间以240～270min 为宜。

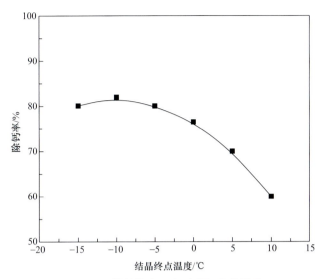

图 3-31　结晶终点温度对除钙率的影响

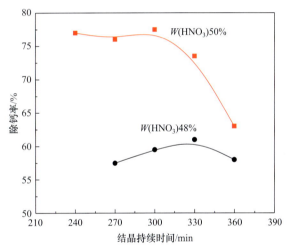

图 3-32　结晶持续时间对除钙率的影响

2. 碳化法

（1）碳化法工艺原理

碳化法工艺原理是在分解反应后，不经冷冻过程直接在母液中加入二氧化碳和氨生产磷酸二钙、碳酸钙和硝酸铵的过程[98]。

$$6H_3PO_4+10Ca(NO_3)_2+2HF+20NH_3+3CO_2+3H_2O \Longrightarrow 6CaHPO_4+20NH_4NO_3+CaF_2+3CaCO_3$$

（3-28）

（2）碳化法工艺流程

碳化法工艺分解反应时对硝酸浓度要求低，一般在 40%～45%，对磷矿品位要求不高，适合含镁偏高的磷矿，在加入二氧化碳前增加预中和器有利于调节分解液的 pH 在 4～6 之间，减少碳铵损失。碳化法在氨中和过程中，容易发生磷退化的情况，这在一定

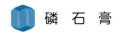

程度上限制了碳化法后期在我国的发展。

3.5.3 混酸法

混酸法[99]是指在分解时采用两种酸分解磷矿的过程。添加磷酸是为了控制酸解液中钙磷比，使进行氨中和反应时可以得到更多的水溶性磷。添加硫酸是为了增加硝酸过滤时的架桥作用，增加过滤强度，同时硫酸钙可带走部分钙离子，从而调节母液中的钙磷比，生产更多有效磷的产品。混酸法对硝酸的浓度与磷矿品位要求较低，流程简单。硝酸硫酸混酸法工艺因硫酸根的存在，在体系中产生磷石膏，对于不分离磷石膏流程，酸解液直接进入中和槽，随后通过喷浆造粒干燥得到产品。不分离流程得到的产品品位低，水溶率为50%，总品位为24%。过滤流程在一次酸解后过滤硫酸钙结晶，得到的母液再次进行二次酸解，随后进入中和槽进行氨中和，最后通过双轴造粒机和干燥窑干燥得到产品。过滤流程得到的产品总品位为40%，干燥器数量较少，设备费用比较低。硝酸硫酸盐工艺法采用硝酸和硫酸铵或硫酸钾生产硝酸磷肥，产品水溶性可达到50%。流程大致与硝酸硫酸混酸法工艺相同，但干燥费用较高。硝酸磷酸混酸法工艺通过加入磷酸控制母液中的钙磷比，使氨中和过程中磷退化现象减少。硝酸磷酸混酸法具有流程简单、成本低、生产灵活等优点，适合我国的硝酸铵厂转化生产氮磷钾复合肥。

3.5.4 硝酸法磷酸脱氟工艺

1. 溶剂萃取除氟

该法将粗磷酸在分离器中与非水溶性有机溶剂（萃取剂）逆流接触，磷酸溶解于有机相，而杂质则留在水相[100]。然后用水将有机相的磷酸反萃出来，即为提纯后的稀磷酸，经浓缩、脱色后即得精制磷酸。常用的萃取剂有杂醇油384、正丁醇、异戊醇、二丁基亚砜、胺类等。溶剂萃取法制得的产品纯度较高，在以色列首先实现了大规模工业化。但该法存在溶剂回收困难、工艺流程复杂等缺点。

2. 蒸发浓缩除氟

（1）浓缩湿法磷酸空气汽提法脱氟的原理

氟在浓缩后的湿法磷酸中主要以 H_2SiF_6 和 HF 形式存在[101]。脱氟过程中，氟硅酸受热分解生成 HF 和 SiF_4，在汽提脱氟过程中，高压过饱和蒸汽进入容器后与磷酸产生强烈碰撞，将酸加热，酸中的氟很快被气化，并随水蒸气一起被真空泵抽走，同时也有少量HF 进入气相，从而实现脱氟。反应方程式为

$$H_2SiF_6 = SiF_4\uparrow + 2HF \qquad (3-29)$$

$$SiO_2 + 4HF = SiF_4\uparrow + 2H_2O \qquad (3-30)$$

在汽提法深度脱氟过程中，有时会向酸中加入活性二氧化硅，这是考虑到在湿法磷酸中 SiF_4 比 HF 具有较大蒸气压，添加二氧化硅后可使 HF 转化成更具挥发性的 SiF_4，从而提高氟的逸出率。

黄平等采用汽提法脱氟净化湿法磷酸，研究了真空度、脱氟时间、原料酸浓度对真

空汽提脱氟效果的影响和汽提中磷损失的情况。实验结果表明，在 0.065～0.07MPa 真空度下，汽提过程中脱氟效率几乎不受原料磷酸浓度的影响，汽提原料酸 $w(P_2O_5)$ 为 52% 时最为节省能耗和时间。这主要是由于汽提原料酸浓度越低，产品产率越低；浓度越高，产率越高，但汽提磷损失率越高，但均在 1% 以下，当汽提原料酸 $w(P_2O_5)$ 为 52% 时，磷损失率在 0.6% 以下。有关实验对脱氟时间和真空度的影响进行了研究，通过实验分析可得出，在不同真空度下汽提时，磷酸中氟含量随汽提时间的增加而逐渐降低，开始时下降速度较快，随后趋于稳定。而随着真空度的增加，汽提效果越来越好，最后酸中的氟含量可以达到食品级的要求。研究还分析了汽提过程中脱氟率随酸质量增加率的变化，当真空泵抽气功率和容器内温度一定时，进入容器内蒸汽量越大，其真空度越低，容器内水蒸气气压越高，蒸汽与酸换热后液化率越高，这样会使得容器内酸质量越来越大。酸被不断稀释，酸中的氟也越来越难逸出。

（2）工艺流程

此法是将磷酸直接或间接加热，浓缩至 50%～54%，除去 70%～80% 的氟化物，然后加入活性二氧化硅和氯化钠等除氟剂，并通蒸汽或热空气将氟以 SiF_4 的形式吹出，同时液相中残余的氟以 Na_2SiF_6 沉淀的形式析出。或将稀磷酸反复蒸发、反复稀释直至氟含量符合要求。采用该方法除能耗大外，还需要加入除氟剂。此外，该工艺必须使用优质磷矿或精选矿，并要分离出浓缩磷酸的淤渣，否则产品纯度过低。

3. 化学沉淀除氟[102, 103]

（1）工艺原理

湿法磷酸化学沉淀法脱氟是指用碱金属盐（如钠盐、钾盐等）为脱氟剂，使其与磷酸中的氟反应生成（氟硅酸钠或氟硅酸钾）沉淀，将沉淀过滤、分离，从而脱除氟离子，有时为了强化脱除效果，还需加入一些辅助添加剂。其反应如下：

$$4HF + SiO_2 \Longrightarrow SiF_4\uparrow + 2H_2O \qquad (3\text{-}31)$$

$$3SiF_4 + 2H_2O \Longrightarrow 2H_2SiF_6 + SiO_2 \qquad (3\text{-}32)$$

$$2Na^+/K^+ + SiF_6^{2-} \Longrightarrow Na_2SiF_6/K_2SiF_6\downarrow \qquad (3\text{-}33)$$

$$Ca^{2+} + SiF_6^{2-} \Longrightarrow CaSiF_6\downarrow \qquad (3\text{-}34)$$

湿法磷酸化学沉淀法脱氟是基于氟的存在形态和氟硅酸盐在磷酸中的溶解度规律来进行的。从湿法磷酸中氟的存在形态可知，湿法磷酸中氟化物多以氢氟酸和氟硅酸形式存在。若磷矿中活性二氧化硅含量较高，则氟硅酸就是氟化物最主要的存在形式，在有倍半氧化物存在时，还可能存在氟铝酸和氟铁酸。一般采用钠钾盐与 SiF_6^{2-} 反应形成氟硅酸盐沉淀，达到脱氟的目的。但当湿法磷酸中有 Fe^{3+}、Al^{3+}、SiO_3^{2-} 等离子存在时，钠钾盐沉淀脱氟会受到影响。如 Al^{3+} 存在时，发生如下反应：

$$Al^{3+} + SiF_6^{2-} + 2H_2O \Longleftrightarrow AlF_6^{3-} + SiO_2 + 4H^+ \qquad (3\text{-}35)$$

如果 Al^{3+} 含量增加，平衡向右移动，则 SiF_6^{2-} 含量减少，向生成 AlF_6^{3-} 转化，这就使得反应 $2Na^+ + SiF_6^{2-} \Longleftrightarrow Na_2SiF_6$ 解离平衡向左移动，Na_2SiF_6 溶解，从而脱氟率降低。所

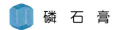

以，Al^{3+} 含量增加会使 AlF_6^{3-} 含量增大，此时采用钠盐脱氟率明显下降，这是因为钠盐难以脱除 AlF_6^{3-}。

图 3-33 是氟硅酸盐在磷酸中的溶解度曲线，氟硅酸钠、氟硅酸钾在湿法磷酸中的溶解度随温度的下降而降低，即沉淀法脱氟时磷酸浓度和温度是影响脱氟率的主要因素。此外，在一定温度下，当磷酸中 $w(P_2O_5)$ 低于 35% 时，氟硅酸钾的溶解度比氟硅酸钠低，而当 $w(P_2O_5)$ 高于 35% 时，氟硅酸钾的溶解度比氟硅酸钠高；而在一定磷酸浓度下，随着温度升高，氟硅酸盐的溶解度提高，通过上述分析，鉴于原料因素，湿法磷酸脱氟最常见的是以氟硅酸钠作副产品。另外，沉淀法脱氟过程中总是希望获得粗大均匀的结晶，这样既有利于沉淀分离，又有利于沉淀洗涤、干燥。因此，从影响沉淀晶体粒度的因素方面（如反应温度、反应时间、搅拌强度及脱氟剂的加料方式等）来探究对脱氟速率的影响，在实验过程中也具有一定的意义。

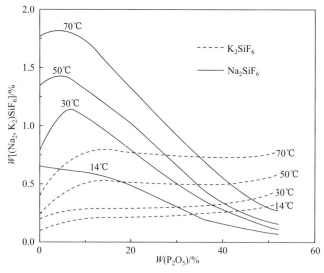

图 3-33　氟硅酸盐在磷酸中的溶解度曲线

（2）操作流程

该法是在粗磷酸中加入活性 SiO_2 或 $MgSiO_3$、$CaSiO_3$ 和钠盐或钾盐、钙盐等脱氟剂脱氟。这些化学反应一般只能脱除湿法磷酸中 70% 左右的氟，尚不能达到脱氟磷酸的要求，故多用于预脱氟工序。该法工艺路线成熟，除氟效果明显。但需要加入一定量的除氟剂，这增加了工业废渣和原料成本。

4. 两段中和法除氟

该方法是将粗磷酸用石灰乳或氨水中和至 pH=2～3，这时溶液中的氟大部分以 MgF_2/CaF_2 以及 $Fe(NH_4)HF_2PO_4$、$Al(NH_4)HF_2PO_4$、$Mg(NH_4)HFPO_4$ 等沉淀形式析出，同时还析出一部分磷酸氢钙，过滤后再将溶液中和至 pH=4～5，得到饲料级磷酸氢钙。我国大多数企业采用两段中和法除氟。由于工序较多，且有 20%～40% 的磷酸氢钙只能当作肥料用，技术经济指标不高。

5. 结晶法除氟

根据磷酸析出方式的差异，结晶法分为：高浓度磷酸溶液中结晶析出和结晶形成复盐。前一种方法可得到高纯度磷酸，但由于湿法磷酸杂质含量较多，直接结晶相当困难，容易形成混晶，所以往往需进行多次结晶，工艺复杂，尚未有工业化的报道。后者用粗磷酸与尿素在 50～70℃下反应，冷却到 20℃得到尿素磷酸盐晶体，然后采用 50%～72%硝酸使结晶分解而得到较纯净的磷酸，脱除率达 96.8%。也可以采用三聚氰胺替代尿素，但氟脱除率仅 71.1%

6. 真空浓缩脱氟[104]

（1）工艺原理

真空浓缩脱氟过程中氟盐的行为比较复杂。在湿法磷酸中一般含有质量分数为 2%～4%的 SO_4^{2-}，质量分数为 2%的 F，以及 CaO、Fe_2O_3、Al_2O_3、MgO 等杂质，这些杂质在湿法磷酸中处于饱和或过饱和状态。在浓缩时，随着 P_2O_5 浓度的提高，钙、镁、铁、铝的化合物将沉淀析出，湿法磷酸中所含的氟可能以 F^-、SiF_6^{2-}、AlF_x^{3-x}、FeF_x^{3-x} 等形态存在，其可与 Ca^{2+}、Mg^{2+}、Na^+、K^+ 等发生下述沉淀反应。

$$Ca^{2+}+H_2SiF_6 \Longrightarrow CaSiF_6\downarrow+2H^+ \qquad (3-36)$$

$$Ca^{2+}+2HF \Longrightarrow CaF_2\downarrow+2H^+ \qquad (3-37)$$

$$Mg^{2+}+H_2SiF_6+6H_2O \Longrightarrow MgSiF_6 \cdot 6H_2O\downarrow+2H^+ \qquad (3-38)$$

$$2Na^++H_2SiF_6 \Longrightarrow Na_2SiF_6\downarrow+2H^+ \qquad (3-39)$$

$$3Na^++H_3AlF_6 \Longrightarrow Na_3AlF_6\downarrow+3H^+ \qquad (3-40)$$

$$2K^++H_2SiF_6 \Longrightarrow K_2SiF_6\downarrow+2H^+ \qquad (3-41)$$

$$3K^++H_3AlF_6 \Longrightarrow K_3AlF_6\downarrow+3H^+ \qquad (3-42)$$

除了上述反应外，在 Na^+、Mg^{2+}、Al^{3+} 含量高的酸中还可能形成氟钠镁铝石型的络合物盐，组成可用通式 $Na_xMg_xAl_{2-x}(F,OH) \cdot 6H_2O$ 表示，其中 x 为 0.2～1，F 和 OH^- 的物质的量比为 1～3。在碱金属浓度低时，也可能沉淀出组成为 $Ca_4SO_4(AlF_6)(Si_6)(OH) \cdot 12H_2O$ 的络合盐。在湿法磷酸浓缩过程中，上述含氟盐类的析出均能降低浓缩磷酸的含氟量。

磷酸中未与金属离子 Al^{3+} 结合的氟，在真空浓缩过程中主要以 H_2SiF_6 形式存在，加热后则以 SiF_4 状态存在。

从磷酸溶液中逸出的氟化氢及四氟化硅随着酸的浓度和温度不同而异，则气相中两者的数量并不是严格按照上式逸出。程德富对湿法磷酸在真空浓缩过程中氟的逸出进行了实验研究，结果表明氟逸出率和气相中氟化物的组成主要与磷酸的浓度有关。在逸出的含氟气体中，HF 和 SiF_4 的比例主要取决于磷酸中 $w(P_2O_5)$：当磷酸浓度较低即 $w(P_2O_5)\leqslant40\%$ 时，氟逸出量较小，主要是 SiF_4；当磷酸浓度提高时，氟逸出量也增加，此时 HF 的含量逐步增加；当 P_2O_5 质量分数达到 50% 以上，HF 和 SiF_4 物质的量比接近 2，则较容易逸出。用水吸收，反应如下：

$$SiF_4+2HF+nH_2O \Longrightarrow H_2SiF_6+nH_2O \qquad (3-43)$$

$$3\ SiF_4 + (n+2)\ H_2O === 2\ H_2SiF_6 + SiO_2 \cdot nH_2O \qquad (3\text{-}44)$$

$$6HF + SiO_2 \cdot nH_2O === H_2SiF_6 + (n+2)H_2O \qquad (3\text{-}45)$$

从上述反应式中可以看出，当含氟气体中 HF 含量比例过低，HF 和 SiF_4 的物质的量比小于 2 时，主要产物除了 H_2SiF_6 外，还会有硅胶析出，这会对氟吸收系统产生障碍。因此，浓缩时最好把磷酸的终点浓度控制在 P_2O_5 质量分数为 50%以上，同时鉴于逸出的含氟气体 SiF_4 蒸气压比 HF 高，向酸中加入活性 SiO_2 可促使 HF 转化成 SiF_4，以提高氟的逸出速率。这样，酸中有约 60%的氟会随蒸气逸出，约 40%的氟则留在酸中。

（2）工艺流程

真空浓缩脱氟是指在湿法磷酸中加入过量的含活性 SiO_2 的物质将氟元素全部转化为 H_2SiF_6，通过加热浓缩提高磷酸浓度和温度，氟大部分呈气态氟化物（如 SiF_4、HF）逸出，HF 和 SiO_2 再次反应，生成的 H_2SiF_6 再次分解，每次分解后产生的 SiF_4 气体逸出后即可实现脱氟；杂质多以焦磷酸盐或偏磷酸盐形式沉淀，过滤即可除去。

3.5.5 硝酸钙的利用

硝酸磷肥是指用硝酸分解磷矿所生产的含有氮与 P_2O_5 的肥料的一种统称，它是国际上复合肥料的主要品种之一[105]。它的主要特点在于硝酸分解磷矿时，硝酸既作为酸解剂，把磷矿中的 P_2O_5 转变为可被作物吸收的形式，其本身也作为氮肥而留在产品中，硝酸的费用可以计入氮肥的生产成本中；副产品的再加工利用比磷石膏容易，因此，在经济上具有一定的优越性。硝酸磷肥是一种高浓度的氮磷复合肥料，我国已经做了大量肥效试验工作，平均每千克硝酸磷肥可增产水稻 2.5 千克，增产玉米 4.0 千克，增产小麦 3.2 千克，与等养分氮肥和磷肥相当。

硝酸磷肥是利用硝酸来分解磷矿，因为不需要消耗硫酸或耗硫酸少，所以在硫资源缺乏的地区得到了广泛的发展，是欧洲最重要的复合肥品种。硝酸磷肥产品中主要组分有水溶性的硝酸铵、磷酸一铵、磷酸二铵、磷酸二氢钙，枸溶性的磷酸氢钙等，它既具有速效的 $NO_3^- \text{-} N$ 与水溶性的 P_2O_5，又具有肥效较持久的 $NH_4^+ \text{-} N$ 与可溶性 P_2O_5。$m(N)/m(P_2O_5)$ 为 2∶1，符合大多数农作物对 N、P 的需求；$NH_4^+ \text{-} N$ 和 $NO_3^- \text{-} N$ 各半，优于其他复合肥。磷矿中的 S、Ca、Mg、Fe、Mn、Cu、Zn、B、Mo 等中微量元素及稀土元素被活化为可被作物吸收的水溶性状态，如 CaS_x、$CaNa_2 \cdot 2H_2O$、$Mg(NO_3)_2$、$FeSO_4$ 等。其增产作用略高于等养分的复（混）肥而且肥效稳定，还可提高经济作物的品质。

氨化硝酸钙又称为硝酸铵钙，是一种含氮和速效钙的新型高效复合肥料，有快速补氮的特点；其生理酸性小，对酸性土壤有改良作用。施入土壤后，可使土壤变得疏松；同时能降低活性铝的浓度，减少活性磷的固定，且提供的水溶性钙可提高植物对病害的抵抗力；能促使土壤中有益微生物的活动；在种植花卉、水果、蔬菜等农作物时，该肥可延长花期，促使根、茎、叶正常生长，保证果实颜色鲜艳，增加果实糖分。硝酸磷中含有可溶性磷酸二钙，其对肥料的颗粒起到网状框架以及结构作用，使得每一种有效的成分都能在颗粒当中得到均匀分配，因此硝酸磷肥向土壤当中释放养分的速度快于农作物从土壤当中吸收土壤养分的速度。由于硝酸肥类当中的铵态氮可以与土壤中的胶体进行交换与结合，肥料保持长久稳定的状态，是缓效性氮的一种。硝酸磷肥料当中的磷可以直接被植物吸收，属于速效性磷的一种，总而言之，硝酸磷肥当中的氮和磷呈现出一缓一速的效果，使其产生效果的时间得到不断延长。相关实验证明，使用铵盐对生长在酸性土壤的嫌钙植物的生长更有优势、使用硝酸盐对于生长在石灰性 pH 较高土壤当中的嗜钙植物生长比较有优势，而大部分的农作物，生长过程当中所需要的磷与氮的比例呈现出高氮低磷的现象，因此硝酸磷肥的比例更适合绝大多数的农作物生长，氮磷的配比更加科学。硝酸磷肥是由天然的磷矿通过化学加工而形成的，磷矿当中含有丰富的钙、镁、锌等微量元素。在硝酸磷肥加工过程中，还会注意对这些中微量元素进行活性化，生成更加适合农作物生长的硝酸盐，可以有效地对土地当中的微量元素进行补充，增强农作物抗灾、抗旱、抗病等性质，提高农作物的数量。大量的研究表明，硝酸磷肥由于在生产当中会将富含稀土元素的河北矾山磷矿作为原材料，因此在硝酸磷肥的成品当中往往会富含硝酸稀土，硝酸稀土可以促进农作物的种子萌发和根部的发育，对农作物的生长具有不可替代的促进作用，继而使得富含硝酸稀土的硝酸磷肥能够进一步地提高农作物的产量以及品质。

国内采用间接冷冻法硝酸磷肥工艺的国内代表企业有天脊煤化工集团股份有限公司（简称天脊集团）和贵州芭田生态工程有限公司（简称贵州芭田）。天脊集团的硝酸磷肥装置是国内唯一一套成套引进的 900kt/a 冷冻法装置，副产品 $Ca(NO_3)_2 \cdot 4H_2O$ 转化为硝酸铵和碳酸钙，硝酸铵返回中和工序调整产品 $n（N）/n（P）$，碳酸钙作为生产水泥的原料。因引进装置设计上的缺陷，废气、废水方面存在很多问题，天脊集团采取"从源头控制，分级治理""废水分级重复利用"的原则，通过长期努力，取得了实质性的突破，目前，已实现了达标排放。但碳酸钙生产水泥时，因夹带的硝酸铵分解造成尾气冒"黄烟"（NO_x），被迫停车。为消化碳酸钙，又开发了许多产品，如生产石灰硝铵、硝酸铵钙、土壤调理剂等产品，基本解决了固废问题[106]。

贵州芭田硝酸磷肥装置因建设较晚，总结了天脊集团装置的优缺点，也针对引进装置的问题进行了多项重大创新，使冷冻法硝酸磷肥的技术瓶颈得到解决。开车后废气达标排放，废水实现零排放；副产品 $Ca(NO_3)_2 \cdot 4H_2O$ 生产硝酸铵钙的关键技术 $Ca(NO_3)_2 \cdot 4H_2O$ 精制、滚筒流化床造粒技术开发得都非常成功，生产实现了大型化，解决了国内通用的盘式造粒技术产量低、环保方面的难题。总之，冷冻法硝酸磷肥工艺技术实现了磷资源综合高效利用，无磷石膏排放，无废渣产生，污水实现零排放，是绿色发展的典范[107]。

3.5.6　硝酸法湿法磷酸发展与建议

硝酸法湿法磷酸的发展有利于我国肥料从单一的低效肥向高效的复合肥转化[108]。随着硝酸磷肥工艺研究的深入，硝酸法湿法磷酸工艺复产高效硝酸磷肥的工艺路线愈呈多元化。冷冻法工艺的产品的水溶性可达到 50%～70%，肥效良好，土壤适用性较强，对北方的旱作物效果更好。但流程较长，能耗较高。碳化法工艺的流程简单，成本低，但产品大部分为可溶磷，对酸性土壤的适用性更好。混酸法工艺流程简单，容易操作，生产工艺具有灵活性，产品水溶性一般为 30%～50%，副产的少量磷石膏可用于改良盐碱土。冷冻法和碳化法适用于小氨厂的改造，混酸法适用于中型氨厂的改造。在未来的湿法磷酸工业中，硝酸法具有很大的优势，为生产更符合作物需求的产品，必须考虑在硝酸磷肥产品中加入不同作物需求的微量元素，同时单一的除钙方法难以满足要求，故应将冷冻法、碳化法和混酸法根据工厂原有的特点结合起来，从而生产水溶性更高的硝酸磷肥产品。

磷矿中氟等伴生资源经济价值较高，是我国短缺且不可再生的资源，存在于肥料中，对绿色肥料影响较大，因此，需加强对其分布的研究与开发利用。

参 考 文 献

[1] 黄照昊, 罗康碧, 李沪萍. 磷石膏中杂质种类及除杂方法研究综述[J]. 硅酸盐通报, 2016, 35（5）：1504-1508.

[2] 孟品品, 方进, 李菊, 等. 磷矿富集与冷冻法硝酸磷肥技术研究[J]. 磷肥与复肥, 2021, 36（3）：10-12.

[3] 张亚明, 李文超, 王海军. 我国磷矿资源开发利用现状[J]. 化工矿物与加工, 2020, 49（6）：43-46.

[4] 谭明, 魏明安. 磷矿选矿技术进展[J]. 矿冶, 2010, 19（4）：1-6.

[5] 刘丽芬. 滇池地区磷矿擦洗尾矿回收利用探讨[J]. 化工矿物与加工, 2005,（5）：26-27.

[6] 凌仲惠. 宜昌低品位磷矿重介质旋流器选矿的应用前景[J]. 武汉工程大学学报, 2011, 33（3）：61-64.

[7] 李冬莲, 张央, 牛芳银. 中低品位磷矿重介质选矿试验[J]. 武汉工程大学学报, 2007,（4）：29-32.

[8] Kawatra S K, Carlson J T. Beneficiation of Phosphate Ore[M]. New York: Society for Mining, Metallurgy and Exploration, 1988.

[9] 周飞. 中低品位磷矿焙烧-消化-酸解过程及碘迁移分布研究[D]. 贵阳：贵州大学, 2019.

[10] 李成秀, 文书明. 我国磷矿选矿现状及其进展[J]. 矿产综合利用, 2010,（2）：22-25.

[11] 西斯 H, 李长根, 崔洪山. 磷酸盐矿石浮选药剂评述[J]. 国外金属矿选矿, 2003,（10）：8-13.

[12] 克拉辛 B W. 化学原料选矿[M]. 郑飞, 顾丽兰, 译. 北京：化学工业出版社, 1984.

[13] 吴彩斌, 段希祥, 戴惠新, 等. 中低品位磷矿富集的新方法——干式电选法[J]. 化工矿物与加工, 2003,（9）：7-9.

[14] 王海平, 吕凤翔. 我国主要磷矿床类型地质特征及资源战略分析[J]. 矿床地质, 2002, 21（S1）：921-924.

[15] 瞿军, 葛英勇. 胶磷矿选矿工艺和药剂研究进展[J]. 化工矿物与加工, 2014, 43（10）：1-6, 17.

[16] 余永富, 葛英勇, 潘昌林. 磷矿选矿进展及存在的问题[J]. 矿冶工程, 2008,（1）：29-33.

[17] 周杰强, 陈建华, 穆枭, 等. 磷矿浮选药剂的进展（上）[J]. 矿产保护与利用, 2008,（2）：47-51.

[18] 朱建光, 朱一民. 2011 年浮选药剂进展[J]. 有色金属（选矿部分）, 2012,（3）：64-72.

[19] 李冬莲, 冷霞, 秦芳. 宜昌磷矿低温捕收剂研究[J]. 化工矿物与加工, 2010, 39（11）：1-4, 22.

[20] 刘树永, 韩百岁, 赵通林, 等. 中低品位磷矿浮选药剂研究现状与展望[J]. 矿产综合利用, 2021,（6）：91-100.

[21] 周贤, 张泽强, 池汝安. 脂肪酸甲酯磺酸钠的合成及其磷矿浮选性能评价[J]. 化工矿物与加工, 2010, 39（1）：1-3.

[22] 徐伟. 脂肪酸类捕收剂在磷矿浮选中的应用进展[J]. 广州化工, 2012, 40（1）：9-11, 15.

[23] 余俊. 胶磷矿醚胺反浮选脱硅过稳定泡沫形成机理及调控研究[D]. 武汉：武汉理工大学, 2017.

[24] 李亮, 陈慧, 李成秀, 等. 不同组成脂肪胺捕收剂浮选石英性能研究[J]. 化工矿物与加工, 2014, 43（4）：6-9, 11.

[25] Bulatovic S M. Handbook of Flotation Reagents: Chemistry, Theory and Practice Flotation of Industrialminerals. Vol 3[M]. New York：Elsevier, 2015.

[26] 田建利, 肖国光, 黄光耀, 等. 两性浮选捕收剂合成研究进展[J]. 湖南有色金属, 2012, 28（1）：13-16, 60.

[27] 杨稳权, 张华, 何海涛, 等. 磷矿浮选药剂研究进展[J]. 化工矿物与加工, 2021, 50（11）: 29-36.

[28] 杨婕, 罗惠华, 饶欢欢, 等. 一种新型两性捕收剂的制备及其浮选性能[J]. 武汉工程大学学报, 2016, 38（1）: 68-73.

[29] 刘建军, 吉干芳, 王淀佐. 中性油在浮选中的应用前景[J]. 国外金属矿选矿, 1988,（1）: 20-21.

[30] 刘建军. 试论中性油在浮选工艺中的作用[J]. 矿产综合利用, 1992,（3）: 39-45.

[31] Snow R, Miller J D. Froth modification for reduced fuel oil usage in phosphate flotation[J]. International Journal of Mineral Processing, 2004, 74（1-4）: 91-99.

[32] 周杰强, 陈建华, 穆枭, 等. 磷矿浮选药剂的进展（下）[J]. 矿产保护与利用, 2008,（3）: 55-58.

[33] 张泽强. 酸性水玻璃在磷矿浮选中的作用[J]. 中国非金属矿工业导刊, 2003,（2）: 39-41.

[34] 彭儒, 罗廉明. 磷矿选矿[M]. 武汉: 武汉测绘科技大学出版社, 1992.

[35] 汤佩徽. 磷灰石和硅质脉石浮选分离的研究[D]. 长沙: 中南大学, 2011.

[36] Wang Y, Khoso S A, Luo X, et al. Understanding the depression mechanism of citric acid in sodium oleate flotation of Ca^{2+}-activated quartz: Experimental and DFT study[J].Minerals Engineering, 2019, 140: 105878.

[37] Yang B, Zhu Z, Sun H, et al. Improving flotation separation of apatite from dolomite using PAMS as a novel eco-friendly depressant[J].Minerals Engineering, 2020, 156: 106492.

[38] 刘长森, 吕子虎, 马驰, 等. 甘肃某低品位磷矿选矿试验研究[J]. 化工矿物与加工, 2014, 43（3）: 1-8.

[39] Hsieh S S. Beneficiation of a dolomitic phosphate pebble from Florida[J]. Industrial & Engineering Chemistry Research, 1988, 27（4）: 594-596.

[40] 钟康年, 沈静. 胶磷矿的新型抑制剂 W-10[J]. 化工矿山技术, 1991,（4）: 24-26.

[41] 杨茂椿. 海口中低品位胶磷矿重浮联合流程试验研究[J]. 云南冶金, 1998,（1）: 26-28, 57.

[42] 罗惠华, 舒超, 童义隆, 等. 重液分选—浮选联合工艺回收宜昌磷矿[J]. 化工矿物与加工, 2016, 45（7）: 6-8.

[43] 第旺平, 吴志虎. 智能光电选矿预选抛废技术研究及应用[J]. 有色金属（选矿部分）, 2021,（1）: 117-121.

[44] 范阿永. X 射线分选机在某钨矿选矿厂的分选试验[J]. 有色矿冶, 2021, 37（3）: 23-26.

[45] 杨庆福. 国外光电选矿及其进展[J]. 化工矿山技术, 1986,（4）: 48-52.

[46] 何东升, 刘星, 彭灿, 等. 湖北某胶磷矿双反浮选试验研究[J]. 化工矿物与加工, 2017, 46（1）: 1-3.

[47] 吴佩芝. 第六讲 再结晶流程和二水-半水再结晶流程[J]. 磷肥与复肥, 1994, 9（3）: 16-20, 42.

[48] 吴佩芝. 第七讲 半水-二水再结晶流程[J]. 磷肥与复肥, 1994, 9（4）: 28-33.

[49] 化学工业部化肥司, 中国磷肥工业协会编写组. 磷酸磷铵的生产工艺[M]. 成都: 成都科技大学出版社, 1991.

[50] 吴密. 化肥生产核心技术工艺流程与质量检测标准实施手册[M]. 北京: 电子工业出版社, 2003.

[51] 张允湘. 磷肥及复合肥料工艺学[M]. 北京: 化学工业出版社, 2008.

[52] 吴佩芝. $CaSO_4$-H_3PO_4-H_2SO_4-H_2O 四元系统及其应用（上）[J]. 磷肥与复肥, 1997, 12（5）: 7.

[53] 吴佩芝. 湿法磷酸[M]. 北京: 化学工业出版社, 1987.

[54] 霍云飞, 陈俊. 二水物法、半水物法、半水和二水物再结晶法湿法磷酸工艺的应用比较[J]. 磷肥与复肥, 2013, 28（4）: 32-36.

[55] 邹文敏, 陈志华, 李志刚, 等. 新型半水-二水法磷酸工艺的技术优势[J]. 磷肥与复肥, 2016, 31（8）: 5.

[56] 杨培发, 陈军民, 陈志华. 我国湿法磷酸生产技术对比[J]. 磷肥与复肥, 2020, 35（1）: 24-26.

[57] 皮埃尔·贝凯. 磷矿和磷酸湿法磷酸的原料、工艺和经济[M]. 北京: 化学工业出版社, 1988.

[58] 化学工业部建设协调司, 化工部硫酸和磷肥设计技术中心. 磷酸、磷铵、重钙计算与设计手册[M]. 北京: 化学工业出版社, 1997.

[59] John W. 半水法湿法磷酸工艺技术的节能优点[J]. 陈靖宇, 译. 化肥设计, 2009, 47（4）: 56-59.

[60] 李正. 二水-半水湿法磷酸工艺制备 CaSO₄·0.5H₂O 及其稳定性研究[D]. 合肥: 合肥工业大学, 2021.

[61] Petropavlovskii I A, Pochitalkina I A, Ryashko A I. Graphic study of the dihydrate-hemihydrate process for the synthesis of phosphoric acid according to the diagram of the CaO-P₂O₅-SO₃-H₂O system[J]. Theoretical Foundations of Chemical Engineering, 2019, 53（3）: 364-369.

[62] 钟文卓. 比利时普莱昂厂二水-半水磷酸技术及磷石膏直接利用介绍[J]. 硫磷设计, 1999, （4）: 36-38.

[63] 吕天宝. 二水法改二水-半水法生产湿法磷酸的技术改造[J]. 磷肥与复肥, 2010, 25（2）: 31-32.

[64] 郑之银. 二水-半水湿法磷酸工艺中试研究与经济性分析[J]. 磷肥与复肥, 2012, 27（1）: 20-23.

[65] 斯科特 W C, 帕特森 G G, 霍奇 C A. 近代湿法磷酸工艺技术概况[J]. 云南化工技术, 1976, （Z2）: 67-77.

[66] 马思全, 李成伟, 蒲中云. 半水-二水稀磷酸工艺流程探讨[J]. 磷肥与复肥, 2021, 36（7）: 30-33.

[67] 周华波. 半水-二水法、二水法磷酸工艺浓磷酸质量比较[J]. 磷肥与复肥, 2020, 35（4）: 21-24, 27.

[68] 傅忠德. 浅谈湿法磷酸的生产方法[J]. 化学工程与装备, 2010, （7）: 138-139.

[69] 刘潇. 盐酸法制备饲料级磷酸氢钙联产氯化铵工艺研究[D]. 石家庄: 河北科技大学, 2015.

[70] 金士威, 欧阳贻德, 包传平, 等. 磷酸生产技术及其发展方向[J]. 化工时刊, 2003, （2）: 18-20.

[71] 娄伦武, 陈铭, 赵宗尧, 等. 盐酸法分解磷矿制磷酸研究现状[J]. 化肥工业, 2017, 44（4）: 5.

[72] 王斌, 张宗凡, 罗康碧, 等. 盐酸法湿法磷酸工艺研究现状[J]. 化学工程师, 2014, （8）: 46-49.

[73] 姚鼎文, 孙勇, 姚宁. 盐酸分解中低品位磷矿制造工业磷酸的方法[P]. CN200510019049.2, 2007.

[74] 姚宁, 姚鼎文, 浦康博, 等. 盐酸法一步萃取从中低品位磷矿制造工业磷酸、工业磷铵和食品级磷酸的方法 [P]. CN102134063 A, 2011

[75] 鄢笑非, 周红, 潘志权, 等. 盐酸湿法磷酸生产工艺优化[J]. 武汉工程大学学报, 2008, 30（3）: 3-5.

[76] 李军, 金央, 罗建洪, 等. 盐酸分解中低品位磷矿制备工业级和食品级磷酸的方法[P]. CN101774556B, 2011.

[77] 姚鼎文, 姚宁, 黄华璋. 盐酸分解中低品位磷矿制造饲料磷酸氢钙的方法[P]. CN200810048974.1, 2012.

[78] 段利中, 颜家保, 范宝安. 盐酸法制备低氟含量饲料级磷酸氢钙的工艺研究[J]. 化学研究, 2010, 21（5）: 5-7.

[79] 姚鼎文, 姚宁, 黄华璋. 盐酸分解磷矿和含磷矿物制造磷酸及磷酸铵盐的方法 [P]. CN101343051 A, 2010.

[80] 陈芳菲, 杨立新. 盐酸法制备磷酸一铵和磷酸二铵[J]. 中南大学学报（自然科学版）, 2009, 40（2）: 352-356.

[81] 陈芳菲. 从贫磷矿盐酸法净铁提磷技术研究[D]. 湘潭: 湘潭大学, 2008.

[82] 李军, 金央, 罗建洪. 用湿法磷酸制工业磷酸二氢铵工艺综述[J]. 磷肥与复肥, 2016, 31（5）: 17-18, 43.

[83] 王晓雄, 张建刚, 张文静, 等. 盐酸法粗磷酸中氯化钙的去除研究现状[J]. 无机盐工业, 2020, 52（8）: 4-10.

[84] 胡宏, 解田, 薛绍秀. 一种二水-半水湿法磷酸工艺生产磷酸联产 α-半水石膏的方法[P]. CN201310044529.9, 2014.

[85] 熊家林, 刘钊杰, 贡长生. 磷化工概论[M]. 北京: 化学工业出版社, 1994.

[86] 张林锋, 熊祥祖, 魏世辕, 等. 离子交换法除去湿法磷酸中钙离子的研究[J]. 磷肥与复肥, 2009, 24（6）: 17-18.

[87] 唐湘, 李军, 金央, 等. 硫酸钙晶须的制备工艺研究[J]. 无机盐工业, 2011, 43（5）: 4-10.

[88] 张文静, 张建刚, 陈烨, 等. 盐酸法湿法磷酸工艺研究进展[J]. 应用化工, 2019, 48（1）: 4-7.

[89] 郭玉川, 钮敏, 许树琴. 氯化钙废液联产碳酸钙及氯化铵技术[J]. 河北科技大学学报, 2003, 1: 59-64.

[90] 朱明燕, 薛安, 聂登攀, 等. 磷矿盐酸法副产物氯化钙制备碳酸钙联产工业氯化钠的工艺研究[J]. 化工矿物与加工, 2016, 45（9）：16-19.

[91] 张文静. 盐酸法湿法磷酸净化工艺研究[D]. 贵阳: 贵州大学, 2019.

[92] 冉瑞泉, 金央, 刘辉, 等. 溶剂萃取法净化盐酸法湿法磷酸的研究进展[J]. 无机盐工业, 2021, 53（7）：18-22.

[93] 周霞, 刘代俊, 胡强, 等. 溶剂萃取法净化磷酸中氟的研究[J]. 应用化工, 2010, 39（12）：1799-1801, 1806.

[94] 刘永秀, 郑磊, 李树坤, 等. 硝酸分解磷矿半水-二水法脱钙工艺研究[J]. 磷肥与复肥, 2021, 36（5）：11-14.

[95] 马步真. 硝酸磷肥的生产现状与发展[J]. 河南化工, 2001, （6）：5-7.

[96] 孙志岩. 磷矿-硝酸分解液的冷冻结晶实验研究[J]. 磷肥与复肥, 2012, 27（2）：13-14, 17.

[97] 李旭光, 郑利. 冷冻法硝酸磷肥副产品制取工业品级硝酸钙的研究[J]. 无机盐工业, 1996, （4）：35-36.

[98] 刘中正, 钟辉. 碳酸盐法硝酸磷肥热力学研究[J]. 成都科技大学学报, 1988, （2）：75-81.

[99] 李朝荣, 苏殊, 杨秀山, 等. 硝酸法湿法磷酸工艺的研究进展[C]//中国环境科学学会科学技术年会论文集（第一卷）. 中国环境科学学会: 中国环境科学学会, 2020: 617-621.

[100] 王喜恒, 孙文哲. 湿法磷酸过程氟回收技术研究进展[J]. 无机盐工业, 2020, 52（8）：25-29.

[101] 左永辉. 湿法磷酸中氟离子的提取研究[D]. 贵阳: 贵州大学, 2019.

[102] 苏殊, 许德华, 李朝荣, 等. 硝酸法磷酸脱氟工艺研究[J]. 无机盐工业, 2021, 53（9）：24-29.

[103] 苏殊, 许德华, 杨秀山, 等. 硝磷酸脱氟过程中氟离子及金属离子的反应机理研究[J]. 应用化工, 51（2）：302-306.

[104] 程德富. 湿法磷酸在真空浓缩过程中氟的逸出和深度脱氟[J]. 化肥工业. 1997, 24(3): 17-20.

[105] 汪明远. 硝酸磷肥的生产与发展[J]. 磷肥与复肥, 2000, 4: 1-4.

[106] 潘沛华, 张鹏, 时忠慧. 硝酸磷肥生产的回顾与展望[J]. 化肥工业, 2000, 4: 3-8, 61.

[107] 张凌云, 赵国军. 冷冻法硝酸磷肥技术创新及国产化装置建设总结[J]. 化肥工业, 2019, 46（5）：6-11, 72.

[108] 赵国军, 冯军强. 我国硝酸磷肥发展现状与建议[J]. 磷肥与复肥, 2019, 34（10）：14-16.

第 4 章
磷石膏净化与无害化处理

　　磷石膏杂质主要包括可溶性杂质和不溶性杂质[1]。可溶性杂质包括三种：第一种是游离磷酸和硫酸；第二种是磷酸一钙[$Ca(H_2PO_4)_2$]、氟硅酸盐、F^-等；第三种是钠、钾盐。不溶性杂质大致包括两种：一种是硅砂（SiO_2）及未分解的矿物和有机质；另一种是磷酸二钙（$CaHPO_4$）、不溶性磷酸盐和氟化合物。

　　磷石膏中杂质的存在严重影响其后续附加产品石膏制品的性能及应用[2-4]。例如，游离酸会使熟石膏用作建筑材料时对结构材料产生腐蚀，或对石膏预制件的模型、设备产生腐蚀；同时游离酸使石膏强度下降。磷石膏被用来制作水泥时，其中可溶磷（包括游离磷酸、磷酸一钙等）含量大于 1.0%，会使水泥的凝结时间明显延长。磷石膏中的可溶氟对磷石膏有促凝作用，当其浓度高于 0.3%时会显著降低磷石膏的强度。因此研究磷石膏洗涤除杂工艺对磷石膏净化和无害化处理及应用具有重要意义。目前对磷石膏的处理主要有水洗法、浮选法、热解法、分级法、中和法等，其各有优缺点。

4.1　磷石膏洗涤除杂

　　水洗法是清除有害杂质最有效的方式，它是利用大量的水反复对磷石膏原料进行水洗处理的方法，此方法可以把磷石膏原料中的相对较多的杂质洗去[5,6]。水洗处理过程中，磷石膏中的可溶磷和可溶氟因易溶于水而大量进入水中；有机质因不溶于水悬浮于水面，大部分也可被除去。难溶性的硅砂等大颗粒杂质也会浮在水洗的粉料上面，再加上筛分，这部分杂质也可被去除。

　　水洗净化处理后含磷、含氟等污水必须经处理方可外排或再利用。磷石膏经过洗涤处理有三个好处：一是从磷石膏中洗涤出来的可溶磷主要是低浓度磷酸，这部分磷酸也可以加入料浆滤液进行浓缩净化，可以提高磷的回收率；二是经过洗涤的磷石膏中可溶磷和可溶氟含量大大降低，提高磷石膏的品质，有助于磷石膏开发利用；三是避免了含有较多可溶磷和氟的磷石膏在堆积过程中杂质磷元素和氟元素流失而对环境的污染。此方法处理磷石膏的关键有两点：一经水洗净化处理后须获得杂质含量达到建材要求且性能稳定的磷石膏；二是对水洗净化处理过程中含磷、含氟等污水造成二次污染的处理。

水洗法中，通常采用不同水温、液固比、水洗次数处理磷石膏，可以通过直接测量水洗后溶液 pH 来判断水洗的效果。

4.1.1　洗涤温度对可溶磷、可溶氟含量的影响

随着洗涤水温度的提高，热量的传导可以提高与水接触的磷酸的温度，使其黏度降低，洗涤水能更容易地与之接触并将其置换，而且随着温度的升高，可溶磷和可溶氟杂质的溶解度增大，使洗涤更彻底，有效减少可溶磷和可溶氟含量。磷石膏的洗涤率随着洗涤水温度的升高而逐渐提高，可溶磷和可溶氟的含量随着洗涤水温度的升高而逐渐降低。温度升高后还可以溶解一部分细小的晶体，减少滤饼的阻力，同时提高过滤速度。另外，大部分杂质在水中的溶解度都随着温度的升高而增大，提高水洗温度有利于将杂质从滤饼中洗出，从而减少杂质在磷石膏中的残留量。但也不能一味地提高洗涤水的温度，因为过高的温度可能会破坏絮凝剂的高分子结构，导致絮凝体分解，细小晶体增多，洗涤和过滤性能降低。60℃的洗涤温度能取得较好的洗涤效果，是良好的洗涤条件之一。

4.1.2　洗涤液固比对可溶磷、可溶氟含量的影响

洗涤液固比用来表示洗涤石膏的用水量，即洗涤水质量与石膏干基质量之比。理想的洗涤过程是加入的洗涤水像活塞一样将滤饼石膏中的可溶磷和氟全部置换出来而不与磷酸混合。这样所用的洗涤水的体积与石膏中的磷酸的体积相等即可，但实际上这种理想的过程很难实现，主要是因为：①在界面接触处，水和磷酸有某种程度的混合；②黏附在磷石膏固体颗粒表面上的磷酸膜层难以洗涤；③部分洗涤水会经过滤时产生的裂缝通过滤饼。因此，为了较为彻底地将可溶磷和可溶氟洗掉，用以洗涤的水体积往往远大于滤饼中残留的磷酸的体积。

洗涤液固比一般指二次或多次洗涤水与干基石膏的质量比。由于料浆液固比和液相 P_2O_5 浓度需要通过返回的洗涤稀磷酸来调节，洗涤的用水量不是固定的。但是从实验的结果来看，洗涤液固比不应低于 2：1，否则，洗涤效果将大打折扣，不利于磷石膏品质的提高。

4.1.3　洗涤次数对可溶磷、可溶氟含量的影响

洗涤工艺中的第一次洗涤用水（来自二次或多次洗涤水，含有少量的可溶磷和可溶氟）通过滤饼后（也称一次洗涤水或洗涤稀酸）将返回到反应萃取槽中，用于调节料浆液固比和液相 P_2O_5 浓度；第二次或多次洗涤用水（多为清水，不含可溶磷和氟）通过滤饼后将会被当作第一次洗涤用水再次洗涤滤饼（图 4-1）。通过这样一个循环过程，磷石膏被逐级洗涤，可溶磷和可溶氟含量逐渐减少。将洗涤次数增加到三次以上对降低可溶磷和可溶氟含量、提高磷石膏品质有一定帮助。

就消除有害杂质影响而言，水洗是最有效的方式。因为水洗可消除共晶磷、难溶磷以外的其他有害杂质的影响。且水洗后的磷石膏晶体干净清晰，轮廓分明，胶结材及其硬化体显微结构接近天然石膏。但是水洗的主要缺点是生产线一次投资大，能耗高，水洗后污水排放造成二次污染。显然，水洗工艺不符合我国磷肥厂规模小又分散的国情。

我国磷石膏建材完全依赖水洗工艺处理磷石膏是不现实、不合理的。

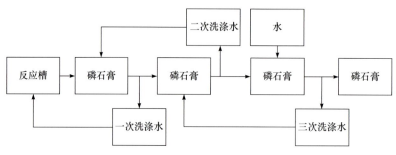

图 4-1　洗涤工艺示意图[7]

4.1.4　磷石膏水洗综合处理技术

虽然水洗法为常温物理过程，适于批量化处理磷石膏，但每吨磷石膏洗涤用水量达5t 以上，这对水资源造成了极大的浪费，同时洗涤废水的排放也会对环境造成二次污染。传统水洗法虽然大大提高了磷石膏的品位，但是洗涤废水中的杂质并未得到合理的利用。针对以上问题，张向宇提出了一种有效利用磷石膏中的有机物杂质及可溶磷、氟杂质的复合水洗方法，利用水洗过程中获得的有机漂浮物对洗涤过滤水中加碱反应后产生的磷酸钙和氟化钙起絮凝作用，使沉淀物漂浮，去除洗涤水中的磷、氟物质，实现洗涤水的循环利用。

具体步骤如下：将湿法磷酸副产的磷石膏加水搅拌静置后，得到下层石膏、上层洗涤液以及漂浮在滤液上的漂浮物，分别收集漂浮物以及上层洗涤液；在上层洗涤液中添加生石灰和有机漂浮物，并进行搅拌、静置，得到絮状漂浮物，分别收集漂浮物和下层水溶液；下层水溶液中加入酸溶液调节 pH 后，用于磷石膏的循环洗涤，其工艺流程如图 4-2 所示。

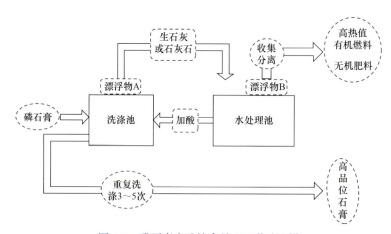

图 4-2　磷石膏水洗综合处理工艺流程[8]

经过 4 次洗涤并烘干后的磷石膏呈现弱碱性，$CaSO_4 \cdot 2H_2O$ 的质量分数大于 95%；风干后的漂浮物的主要成分为烃类有机物（质量分数为 7%~9%）、二水合磷酸氢钙（质量分数为 86%～87.5%）与氟化钙（质量分数为 3.5%～5%），此外还含有 0.5%～2%的 Mg、Fe、Al 元素。

湖北三峡实验室采用一次水洗，矿化回收水洗液中的可溶磷和氟，对水洗后的滤渣通过加入氧化钙进行无害化处置，通过无害化处置后的磷石膏达到Ⅰ类固体废物的堆存标准。《污水综合排放标准》（GB 8978—1996）规定二类污染物最高容许排放标准（一级标准）为 pH 在 6～9 之间，磷含量≤0.5mg/L，氟含量≤10mg/L。利用该方法对宜昌某企业的磷石膏进行处理且其达到了理想的效果。宜昌某企业的磷石膏的成分如表 4-1 所示，其 pH 为 1.54。

表 4-1　宜昌某企业磷石膏成分

	$CaSO_4 \cdot 2H_2O$/%	总磷/%	可溶磷/%	可溶氟/%	结晶水/%	游离水/%
含量	85.2	2.69	1.71	1.97	17.84	21.79

通过单一因素法对水洗的工艺参数进行优化，研究了搅拌速度、洗涤水用量、洗涤温度、洗涤时间对洗涤效率的影响。通过优化采用固液比 1∶0.7（质量比），洗涤温度 40℃，搅拌速度 400 r/min，搅拌 30min，可回收磷石膏中可溶磷 70%。

将水洗后的磷石膏调浆后加入氧化钙调节 pH 到<10，无害化处理磷石膏的滤渣采用《固体废物浸出毒性浸出方法　水平振荡法》（HJ 557—2010）的方法振荡浸出，测得浸出液的 pH 为 8.8，可溶磷含量为 0.34mg/L，可溶氟含量为 9.6mg/L，达到Ⅰ类固体废物的堆存标准，同时有利于磷石膏的综合利用。

洗涤液加入氧化钙矿化，调 pH 到 7，得到含磷酸钙的沉淀，干燥后测得可溶磷的回收率达到 90%，P_2O_5 含量为 27%，得到具有工业价值的矿化物。

4.2　磷石膏浮选除色

浮选法是选矿工艺中的一种高效分离富集方法，它的实质是一种湿法处理，是让水和磷石膏以一定的配比放入浮选设备，经搅拌、静置后，就可去除无色或有色的有机物和部分杂质（图 4-3）。通过浮选可以将飘浮在磷石膏矿浆上层的有机物去除，但不能去除磷和氟。浮选法不像水洗法那样效果显著，但所用水可以循环使用，如果和其他工艺配合使用，效果会很好。浮选工艺也需要引入水，只不过水可以循环使用，若实现规模处理，与水洗工艺相比除耗水较少外，过程的复杂程度差别不大，可称为半水洗工艺。当磷石膏中的有机质含量较高时，可采用浮选工艺处理。通过浮选的方式处理磷石膏，可以去除大部分的不可溶杂质，使得磷石膏的品位大幅度提高。文明书以云南磷石膏为原料，用浮选法对磷石膏进行除杂实验研究。实验表明，此法较好地除去了水溶性的 P_2O_5 和 F，并且 SiO_2 的脱除率达到 80%，同时还脱除了油质和有机物杂质，更好地优化了磷石膏。浮选法主要分为正浮选和反浮选，而在去除磷石膏有机质时常用的浮选工艺是反浮选。

图 4-3　浮选法工艺流程示意图[7]

正浮选也称直接浮选，正浮选适用性较强，首先通过烃油类浮选药剂将磷石膏中的有机质上浮分离出来，再将矿浆调节到合适的酸碱度，然后添加硅酸钠等矿物抑制剂，抑制硅质矿物，然后选用脂肪酸类浮选药剂将二水石膏矿物上浮富集于泡沫槽内，即为精石膏，而硅质矿物留在槽底，实现磷石膏的正浮选精制。该方法分选效率高，得到的二水石膏矿物产率高，纯度高；但需要分步去除杂质矿物。正浮选流程图如图 4-4 所示。

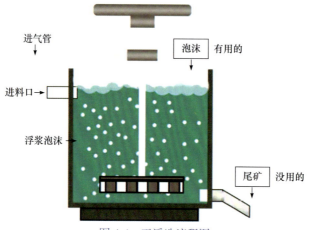

图 4-4　正浮选流程图

反浮选是将所需的矿物留在浮选槽中，杂质矿物随泡沫刮出的过程。首先将矿浆调节到合适的酸碱度，再选用胺类浮选药剂将磷石膏中的有机质和硅质等杂质同时上浮分离出来，而二水石膏矿物留于浮选槽内，即为精石膏，实现磷石膏的反浮选精制。该方法简单易行，可以将杂质矿物同时浮出，不需要分级处理；但分选效率有限，二水石膏矿物存在一定损失。反浮选流程图如图 4-5 所示。

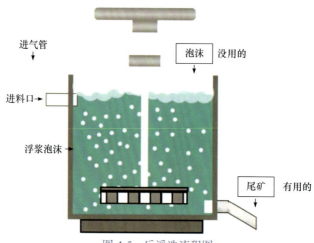

图 4-5　反浮选流程图

4.2.1 矿浆 pH 对浮选过程的影响

磷石膏是湿法磷酸中结晶的固相产物,其中所含的部分酸性物质会残留在磷石膏当中,所以磷石膏矿浆呈现弱酸性,常见的碱性 pH 调整剂为 Na_2CO_3,但因为碳酸根会被磷石膏解离出的 Ca^{2+} 中和而失去调整性,同时,使用 OH^- 将矿浆 pH 调整到弱碱时,能有效地将游离的镁、铁等有害离子变为对应的氢氧化物而沉淀,消除了金属离子在矿浆中的影响,所以选择碱性较强的 NaOH 作为 pH 调整剂。

SiO_2 含量和去除率受矿浆 pH 的影响较大;磷石膏精矿中 $CaSO_4 \cdot 2H_2O$ 的含量和回收率则随矿浆 pH 的升高而缓慢降低,但降低的幅度很小,受矿浆 pH 的影响较小。矿浆 pH 较低(pH=1.5~2.0)时,石膏和石英的分选性差异较大,二者分离效果较好;矿浆 pH 较高(pH>2.0)时,石膏和石英的分选性差异变小,二者分离效果较差。这是因为石膏的等电点为 pH=1~2,石英的等电点为 pH=2.3~3.0。当矿浆 pH>2.3 时,石膏和石英矿物表面都带负电,均可被阳离子捕收剂吸附,均表现出很好的可浮性,因此无法实现分离;当矿浆 pH≤2 时,石膏矿物表面带负电,可以被阳离子捕收剂静电吸附,而石英表面带正电或不带电,不被阳离子捕收剂吸附,从而能够实现石膏和石英的分离。综合考虑,选择 pH=2.0。

4.2.2 抑制剂用量对浮选过程的影响

磷石膏中主要杂质是石英,石英和二水硫酸钙表面均被有机质覆盖,加上磷石膏本身粒度细,易发生团聚,导致磷石膏矿浆黏度增大,因此用捕收剂浮选时,矿浆分散性能差造成捕收剂携矿能力减弱,或者将团聚的矿物捕收起来,导致分选性较差。所以在抑制剂用量过少时,二水硫酸钙含量和回收率均处在一个较低的水平。但随着工业水玻璃用量的增大,二水硫酸钙含量和回收率均大幅上升,表明浮选环境得到了显著改善,这是因为工业水玻璃中的 $HSiO_3^-$ 以及水合 SiO_2 微粒表面都具有强大的羟基结构,能有效吸附到磷石膏表面形成亲水层而达到分散矿浆的作用,此时捕收剂能有效携矿,实现对二水硫酸钙和石英的高分选。

4.2.3 捕收剂用量对浮选过程的影响

捕收剂用量也是影响矿物浮选的重要因素之一,捕收剂用量过多,最直观的就是增大了浮选成本,其次赋予了捕收剂气泡过高的携矿能力,过量捕收了矿物,回收率上升,但矿物含量会显著下降,达不到浮选要求。

随着十二胺用量的增加,磷石膏精矿中 $CaSO_4 \cdot 2H_2O$ 的质量分数和回收率均是先升后降,但变化幅度很小,而且都较高(均在 93%以上);而磷石膏精矿中 SiO_2 含量先降后升,去除率则先升后降,变化幅度较大。这是因为十二胺用量低于 300g/t 时,十二胺主要吸附石膏,而且随着十二胺用量的增加吸附的石膏增多;当十二胺用量超过 300g/t 时,过量的十二胺可能吸附石英,从而导致 SiO_2 含量升高,去除率减小。

4.2.4 磷石膏浮选脱色增白

磷石膏大量堆弃造成了非常严重的经济和环境问题。将其作为建材使用是磷石膏实

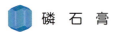

现大量消纳的重要渠道。白度、磷含量等性质是影响磷石膏作为建材使用的重要影响因素。通过反浮选除去磷石膏中大量有机物及微细矿泥，再通过正浮选浮出石膏，提高磷石膏白度，为磷石膏下游应用提供优质原料。

1. 起泡剂筛选

磷石膏中含有大量有机物及微细矿泥，这些物质吸附于磷石膏表面，降低了磷石膏的白度，并且研究发现元素磷也会在微细矿泥中富集，脱除易浮杂质不仅可以降低磷石膏中的有机物含量，而且可以脱除杂质矿泥，去除一部分元素磷，经浮选后磷石膏的白度提高，磷含量降低，石膏的品质有较大的提升。首先筛选常用的起泡、脱泥药剂，考察其对磷石膏中易浮杂质浮选行为的影响。比较 2#油、甲基异丁基甲醇(MIBC)、磷酸三丁酯、丁黄药+2#油(磷石膏中有少量硫化矿存在)、油酸钠等药剂对易浮杂质脱除的影响。浮选为反浮选，浮出为杂质，其中 2#油、甲基异丁基甲醇、磷酸三丁酯为起泡剂，这几种药剂在使用时只添加起泡剂，药剂用量都为 300g/t。丁黄药和油酸钠为捕收剂，丁黄药与起泡剂 2#油配合使用，油酸钠单独使用，不用添加起泡剂。

从表 4-2 可以看出，几种药剂都可以浮选脱除磷石膏中的易浮杂质，但经 MIBC 浮选后得到的磷石膏精矿白度和纯度最高，因此 MIBC 作为脱除磷石膏中有机物及微细矿泥的起泡剂。

表 4-2 起泡剂筛选试验结果[9]

药剂种类	精矿				尾矿			
	产率/%	纯度/%	白度/%	P_2O_5/%	产率/%	纯度/%	白度/%	P_2O_5/%
2#油	85.7	91.32	40.3	1.7	14.3	57.6	33.4	2.42
MIBC	71.3	93.5	42.1	1.45	28.9	67.7	25	2.68
磷酸三丁酯	69.7	90.3	40.5	1.72	30.3	77.8	36	2.05
丁黄药+2#油	87.4	91.41	41	1.66	12.6	52.3	29.7	2.47
油酸钠	72.2	89.93	41.2	1.58	27.8	77.6	35.5	2.53

2. 起泡剂用量

随着 MIBC 用量增大，脱除有机物及易浮杂质产率逐渐增大，并且杂质中 P_2O_5 含量逐渐增大，精矿中 P_2O_5 含量逐渐降低，石膏精矿的纯度和白度也逐渐增大，当 MIBC 用量达到 300g/t 时，继续增加 MIBC 用量时脱除易浮杂质产率不再增大，石膏精矿的白度和纯度增加幅度很低，石膏精矿中 P_2O_5 浓度也不再降低。考虑到 MIBC 用量增加的成本问题，因此在后续试验中 MIBC 用量定为 300g/t。

3. 捕收剂用量

经过脱除矿泥及有机物等易浮杂质，磷石膏中还有部分杂质矿物，主要包括一些粗粒的磷钙石，这些杂质影响磷石膏的白度，并且磷也会在这些杂质中富集，因此需要把

这部分杂质和 $CaSO_4 \cdot 2H_2O$ 分离。$CaSO_4 \cdot 2H_2O$ 在广泛的 pH 区间表面荷负电，阳离子捕收剂对其具有较好的捕收能力，因此考察常用的阳离子捕收剂 H2-Z 对 $CaSO_4 \cdot 2H_2O$ 分离提纯效果，结果如表 4-3 所示。

表 4-3 H2-Z 不同用量实验结果一览表[9]

药剂用量/（g/t）	产品	产率/%	$CaSO_4 \cdot 2H_2O$ 纯度/%	白度/%	P_2O_5/%
10	精矿	46.7	94.5	50	1.02
	尾矿 1	28.6	67.7	35	2.68
	尾矿 2	34.7	92	37.6	2.34
50	精矿	55.4	94.4	49.9	1.06
	尾矿 1	28.7	67.7	35.0	2.66
	尾矿 2	15.9	91.2	36.4	2.98
100	精矿	60.2	94.2	49.8	1.10
	尾矿 1	28.9	67.7	35.0	2.68
	尾矿 2	10.9	91.3	38.5	3.54
150	精矿	65.0	94.0	49.6	1.25
	尾矿 1	28.7	67.7	35.0	2.68
	尾矿 2	10.8	91.94	38.6	2.78
200	精矿	60.6	93.9	49.5	1.35
	尾矿 1	28.6	67.9	35.0	2.67
	尾矿 2	10.8	91.7	38.7	2.26

随着 H2-Z 用量增大，精矿产率和 P_2O_5 含量逐渐增大，当 H2-Z 用量达到 100g/t 后继续增大 H2-Z 用量，精矿产率增加很少，而 P_2O_5 含量有较大增加；与之相反的是随着 H2-Z 用量增大，$CaSO_4 \cdot 2H_2O$ 纯度和白度逐渐降低，这主要是因为药剂用量增加，导致精矿上浮量加大，容易夹杂其他杂质。其中精矿产率、$CaSO_4 \cdot 2H_2O$ 纯度和白度增大提高精矿质量指标，P_2O_5 含量增大降低精矿质量指标，综合考虑 H2-Z 的药剂成本因素，在浮选实践中选择 H2-Z 用量为 100g/t[10]。

4.2.5 酸性介质下浮选脱硅

20 世纪 90 年代我国系统开展了磷石膏制硫酸、硫酸铵和磷石膏生产建材产品等工业性试验，并取得了工业化成果，山东鲁北化工股份有限公司实施了磷石膏制硫酸联产水泥的循环经济示范工程，并进行了长周期的生产运行，发现磷石膏的纯度和杂质含量直接影响磷石膏制硫酸生产的稳定性，其中 SiO_2 含量对磷石膏热分解生产工艺和水泥产品质量影响较大，直接导致磷石膏热分解工艺难以正常运行。目前云南省磷矿原料 SiO_2 含量一般为 13%～17%，湿法磷酸副产的磷石膏 SiO_2 含量为 11%～13%，直接生产硫酸联产水泥，其磷石膏热分解生产过程中容易结圈，水泥熟料产品质量不稳定，生产装置达不到经济运行的目标；用于制取硫酸铵，其副产碳酸钙产品质量不合格，不能作为市场产品销售。SiO_2 含量较高已成为云南磷石膏加工再利用的重要影响因素，因此针对高硅磷石膏的利用问题，须寻求有效降低磷石膏 SiO_2 含量的生产方法，以提高磷石膏质量，为磷石膏资源化综合利用创造良好的技术条件[11]。

1. 矿浆 pH 的影响

在温度为 15℃、捕收剂 H2-Z 用量为 300g/t 条件下，考察了不同矿浆 pH 对石膏和石英分离效果的影响，实验结果见图 4-6。由图 4-6 可见，随着矿浆 pH 从 1.5 升高到 3.0，磷石膏精矿中 SiO_2 质量分数从 3.98% 增加到 9.42%，SiO_2 去除率从 74.89% 降低至 44.43%，SiO_2 含量和去除率受矿浆 pH 的影响较大；磷石膏精矿中 $CaSO_4 \cdot 2H_2O$ 的含量和回收率则随矿浆 pH 的升高而缓慢降低，但降低的幅度很小，受矿浆 pH 的影响较小。矿浆 pH 较低（pH=1.5～2.0）时，石膏和石英的分选性差异较大，二者分离效果较好；矿浆 pH 较高（pH>2.0）时，石膏和石英的分选性差异变小，二者分离效果较差。

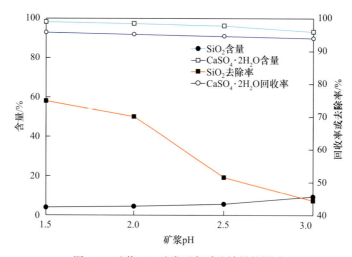

图 4-6　矿浆 pH 对磷石膏浮选效果的影响

2. 捕收剂用量的影响

在温度为 15℃、矿浆 pH=2 条件下，考察了捕收剂 H2-Z 用量对石膏和石英分离效果的影响，实验结果见图 4-7。由图 4-7 看出，随着 H2-Z 用量增加，磷石膏精矿中 $CaSO_4 \cdot 2H_2O$ 的质量分数先升后降，但变化幅度很小，而且都较高（均在 93% 以上）；而磷石膏精矿中 SiO_2 含量先降后升，去除率则先升后降，变化幅度较大。这是因为 H2-Z 用量低于 300g/t 时，H2-Z 主要吸附石膏，而且随着 H2-Z 用量增加吸附的石膏增多；当 H2-Z 用量超过 300g/t 时，过量的 H2-Z 可能吸附石英，从而导致 SiO_2 含量升高，去除率减小。在 H2-Z 用量为 300g/t 时，磷石膏精矿中 $CaSO_4 \cdot 2H_2O$ 质量分数为 95.39%，回收率达到 99.12%；SiO_2 质量分数最低（3.07%），去除率最高（79%）。综合考虑，选择 H2-Z 用量为 300g/t。

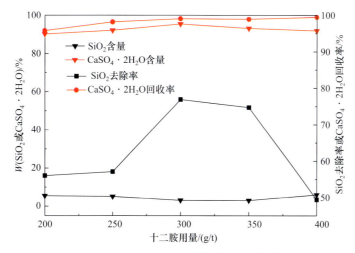

图 4-7　捕收剂用量对磷石膏浮选效果的影响

3. 浮选开路实验研究

采用"一粗二精"的浮选开路实验流程（图 4-8），在温度为 15℃、矿浆 pH=2、粗选阶段 H2-Z 用量为 300g/t 条件下进行浮选实验，磷石膏经过"一粗二精"的开路浮选实验，获得的精矿中 $CaSO_4 \cdot 2H_2O$ 质量分数达到 97.5%，杂质 SiO_2 质量分数降为 1.17%；精矿产率为 85.45%，SiO_2 去除率为 92.23%，$CaSO_4 \cdot 2H_2O$ 回收率为 98.58%。通过正浮选有效地去除了 SiO_2 杂质，提高了精矿的质量。对精矿产品按照《磷石膏》（GB/T 23456—2018）进行测试分析，结果表明，精矿中水溶性 P_2O_5 和水溶性 F⁻质量分数分别为 0.08%和 0.02%，远低于《磷石膏》（GB/T 23456—2018）一级品指标要求。这是由于在浮选过程中水溶性 P_2O_5 和水溶性 F⁻大部分进入矿浆中。精矿中的其他杂质也达到了国标一级品指标的限值要求，精矿成了一种优质石膏。

图 4-8　浮选开路实验流程图

4.2.6　碱性介质下浮选脱硅

除了酸性介质正浮选脱硅外，代典等[10]选用武汉工程大学自制捕收剂 ZQ-1 作为磷石膏捕收剂，NaOH 作为矿浆 pH 调整剂，工业水玻璃作为硅酸盐矿物的抑制剂，开展碱性介质下浮选脱硅。

1. pH 的影响

在捕收剂、抑制剂用量不变的条件下，以 NaOH 作为溶液 pH 调整剂，考察不同溶液 pH 对浮选石膏的回收率和纯度的影响，结果如图 4-9 所示。

从图 4-9 可看出，随着溶液 pH 增加，捕收剂活性增大，精矿中二水硫酸钙的回收率逐渐升高，二水硫酸钙含量变化不大。适当增加溶液 pH 对提高精矿中二水硫酸钙回收率有利，当溶液 pH 超过 9 时，精矿中二水硫酸钙回收率趋于平缓，而二水硫酸钙含量呈下降趋势。因此，考虑选矿回收率和品位，选定溶液 pH 为 9。另外，磷石膏本身溶于水后水溶液呈弱酸性，NaOH 可使矿浆中所含的镁、钙、铁等有害离子生成难溶性沉淀，消除有害影响。

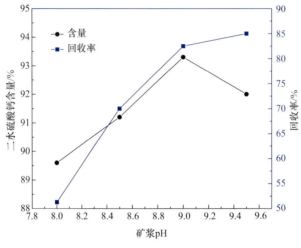

图 4-9　矿浆 pH 对浮选的影响

2. 抑制剂水玻璃用量的影响

在浮选捕收剂、溶液 pH 不变的条件下，改变抑制剂水玻璃的用量，考察水玻璃用量对浮选石膏的回收率和纯度的影响，结果见图 4-10。

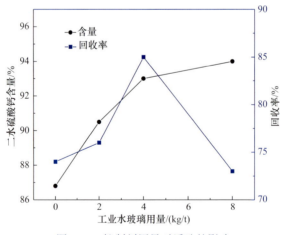

图 4-10　抑制剂用量对浮选的影响

从图 4-10 中可看出，随着水玻璃用量的增大，石膏中二水硫酸钙的回收率先升高后下降，而二水硫酸钙纯度增加。其原因是磷石膏颗粒细，许多硅酸盐等杂质容易发生凝聚，石英类杂质的存在还使矿浆黏度增加，导致矿浆混合不均匀。

水玻璃在起到抑制硅酸盐作用的同时，其中的水合 SiO_2 中的隔离羟基、相邻羟基、硅氧基等基团能有效地对矿浆进行分散。因此，在不加水玻璃时，由于矿浆凝聚的影响浮选效果很差。加入水玻璃后，矿浆浮选环境得到显著改善，浮选指标大幅上升，但进一步加大水玻璃用量，过量的水玻璃则会与硫酸钙中的钙离子发生相互作用，使二水目标矿物受到抑制，精矿中二水硫酸钙回收率降低。因此考虑精矿二水硫酸钙含量和回收率，选定水玻璃的用量为 4.0kg/t 最适宜。

3. 捕收剂用量的影响

在抑制剂、pH 不变的条件下，改变捕收剂 ZQ-1 的用量，考察 ZQ-1 用量对浮选石膏的回收率和纯度的影响，结果见图 4-11。

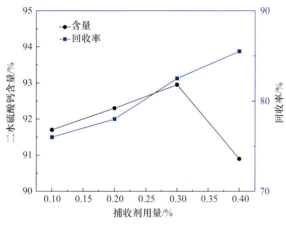

图 4-11　捕收剂用量对浮选的影响

从图 4-11 可看出，捕收剂用量过少，会使矿物得不到充分分选，导致精矿回收率过低；捕收剂用量过大，会使杂质夹杂在目标矿物中上浮，导致精矿含量不高。随着捕收剂用量的增大，二水硫酸钙回收率逐渐增高，含量则是先升高后下降。由于磷石膏中杂质和金属离子的影响，当捕收剂用量较低时，矿浆中捕收剂的浓度远低于半胶束浓度，捕收剂的携矿能力大幅降低，二水硫酸钙回收率低。当捕收剂的用量达到 0.30kg/t 时，精矿中二水硫酸钙回收率大幅提升，二水硫酸钙含量相应提高到 92.73%。继续增大药剂用量，精矿中二水硫酸钙含量降为 90.97%。因此考虑药剂成本和选矿指标，选定捕收剂用量为 0.30kg/t 较为适宜。

4. 最佳工艺条件实验

在细度为 –0.074mm 的条件下，矿浆 pH 为 9，工业水玻璃用量为 4.0kg/t，捕收剂 ZQ-1 用量为 0.30kg/t 时，进行浮选脱硅。X 射线荧光光谱分析结果显示，浮选能有效脱去 70%硅、30%含铁物质，磷石膏回收率为 83%，对降低杂质（如氟化物、磷化物）含量浮选同样有效。

4.3　化学处理法

磷石膏的化学处理是在磷石膏中加入一定的化学物质，使杂质完全转化为其他沉淀

物质或化合物的方法。其可以用来处理品质较稳定、有机质含量较低的磷石膏。常用的化学处理方法有：酸浸法、氧化法以及石灰中和法。

4.3.1 酸浸法

采用酸浸法能提高磷石膏中磷和氟的脱除率，其原因可能是酸能溶解磷石膏中的难溶磷、共晶磷和难溶氟。以硫酸为例，其可能发生如下化学反应[12]：硫酸浓度增大时，难溶磷 $Ca_3(PO_4)_2$ 在硫酸作用下可分别生成 $CaHPO_4$、$Ca(H_2PO_4)_2$ 和 H_3PO_4。硫酸作用下，难溶氟形态 CaF_2 和未反应的氟磷灰石易分解，同时酸浸还能有效去除磷石膏中的铁、铝化合物。

$$Ca_3(PO_4)_2 + H_2SO_4 = 2CaHPO_4 + CaSO_4 \tag{4-1}$$

$$Ca_3(PO_4)_2 + 2H_2SO_4 = Ca(H_2PO_4)_2 + 2CaSO_4 \tag{4-2}$$

$$Ca_3(PO_4)_2 + 3H_2SO_4 = 2H_3PO_4 + 3CaSO_4 \tag{4-3}$$

$$CaHPO_4 \cdot 2H_2O + H_2SO_4 = CaSO_4 + H_3PO_4 + 2H_2O \tag{4-4}$$

$$Ca_5F(PO_4)_3 + 5H_2SO_4 + 10H_2O = 3H_3PO_4 + 5CaSO_4 \cdot 2H_2O + HF \tag{4-5}$$

$$CaF_2 + H_2SO_4 = CaSO_4 + 2HF \tag{4-6}$$

酸浸法主要影响因素有酸的种类与浓度、固液比、酸浸时间和温度。在酸的种类选择上，通常选择硫酸、盐酸、柠檬酸等进行酸浸实验，其中以硫酸的酸浸除磷、氟效果最好[12-14]，而盐酸的除铁、铝的效果则优于硫酸。这可能是由于在相同浓度条件下，Cl^- 对 Fe^{3+} 的络合作用比 SO_4^{2-} 强[15]；随着酸的质量分数增大，盐酸等对磷石膏的净化效果明显提升，而硫酸的净化效果呈先升后降的趋势。其原因可能是硫酸的质量分数较低时，硫酸和磷石膏中的硅铁酸盐反应不充分；质量分数太高时，硫酸主要表现为氧化性，反而和磷石膏中硅铁酸盐几乎不发生反应[16]。随着固液比减小，酸浸的净化效果先显著提升后趋于平稳。刘义明等[17]在研究时发现，当固液比小于 1∶15 时，继续添加酸的用量对磷石膏的净化意义不大。酸浸的反应温度与反应时间则均是与净化效果呈正相关，即酸浸时反应温度越高、反应时间越长则净化效果越好。

在实际操作中，最终适宜酸浸工艺参数差异较大，主要因为磷石膏中本身杂质成分存在差异。孔霞等[18]以硫酸为浸取剂，对磷石膏进行热浸出，最终确定其适宜工艺参数为：温度 88℃、浸取时间 45min、硫酸质量分数 30%、固含量 0.43g/mL。经过酸浸处理后，磷石膏中杂质氟的去除率可达 84.50%，净化后磷石膏含氟仅为 0.036%，白度为 80.41%。刘义明等[17]在固液比 1∶25、反应温度 80℃、搅拌反应时间 5min、硫酸浓度 3mol/L 的条件下进行酸浸处理，磷石膏的白度由 55.3% 提升到 91.0%。代典等[14]通过使用质量分数 30% 的硫酸，酸浸时间 60min，酸浸温度控制在 50℃，液固比为 1.3 进行酸浸，再结合煅烧方法获得品位 93% 左右、白度 95% 以上石膏。谢卫苹[15]研究发现，酸浸时盐酸的除铁效果优于硫酸，即盐酸浓度为 20% 时，除铁率达 96.1%，而硫酸浓度为 20% 时，除铁率仅为 81.8%。最终确定的适宜工艺参数为 20% 盐酸酸浸，温度为 60℃，浸出时间 3.0h。

4.3.2 氧化法

针对磷石膏中的有机质以及黄铁矿等含铁杂质成分，也可以使用氧化漂白的方式进行处理。使用较多的是双氧水氧化和次氯酸钙氧化漂白。氧化剂在水介质中将深色有机质氧化成能被水洗去的无色氧化物，同时将处于还原状态的黄铁矿氧化成可溶于水的亚铁离子，从而达到除杂增白的效果[19、20]。

氧化法的影响因素包括固液比、氧化温度、氧化时间以及氧化剂用量（浓度）。随着氧化漂白时固液比的减小，磷石膏的白度先明显上升后又趋于稳定。其原因主要是固液比较大，即悬浆液浓度较大时，漂白浸出体系流动性变差，不易搅拌，浸出液与磷石膏接触不充分，在一定程度上降低了增白效果[19]。当固液比较小时，即悬浆液浓度较小，水用量增大，会造成浸出液浪费，徒增成本；随着氧化时温度的增高，氧化漂白的效果也会有所提升。但是使用双氧水漂白时，温度的升高可能会促使双氧水分解，所以使用双氧水进行氧化漂白时，温度超过 70℃ 反而会导致漂白效果下降[19]；在氧化时间方面，随着氧化时间的增加，磷石膏白度会先上升之后又趋于平稳；在氧化剂浓度方面，随着氧化剂浓度增加，磷石膏的白度会产生先上升后下降的情况。这可能是由于氧化剂用量过高，导致剩余的氧化剂将 Fe^{2+} 氧化为 Fe^{3+}，致使漂白后的磷石膏返黄严重。

田家新等[20]使用次氯酸钙对磷石膏进行氧化漂白以脱除着色物质，在浸出温度 90℃、液固比 4∶1、$Ca(ClO)_2$ 用量为 3.0%、浸出时间 3.0 h 条件下，磷石膏的白度由 51.5% 增加到了 74.5%；王现顺[19]采用双氧水氧化的方法对磷石膏中的着色物质进行脱除。当固液比为 2∶1 时，氧化温度为 70℃，双氧水的浓度为 25%，氧化时间为 100min，对磷石膏的处理效果最好，处理后磷石膏的白度从 17.6% 提升为 49.5%。

4.3.3 石灰中和法

石灰中和法是通过加入生石灰等碱性物质中和磷石膏中的酸性杂质，使其转化为惰性盐[19]，从而消除可溶磷、氟对磷石膏胶结材的不利影响，使磷石膏胶结材凝结硬化趋于正常。其主要反应式为

$$P_2O_5 + 3CaO =\!\!= Ca_3(PO_4)_2 \downarrow \tag{4-7}$$

$$2F^- + CaO + H_2O =\!\!= CaF_2 \downarrow + 2OH^- \tag{4-8}$$

随着石灰用量的增大，磷石膏中可溶磷和可溶氟的脱除率呈先上升后趋于平稳的趋势。当石灰用量从 0.1% 增加到 0.2% 时，可溶磷和可溶氟的脱除率缓慢增加；当石灰用量从 0.2% 增加到 0.4% 时，可溶磷和可溶氟的脱除率迅速增加。当石灰用量为 0.4% 时，可溶磷的脱除率达 97.31%，可溶氟的脱除率为 31.87%[12]。当石灰用量大于 0.4% 时，可溶磷和可溶氟的脱除率变化不大。

磷石膏胶结材性能对预处理的石灰掺量较敏感，偏离适宜掺量范围会使胶结材强度大幅度降低[21]。控制好石灰掺量是石灰中和预处理的关键。石灰掺量按以下方法确定：由可溶磷、氟含量计算出与之反应的等当量 CaO 量，再按石灰有效钙含量计算出石灰掺量。此时，磷石膏浆体 pH 应在 6~8[22]。

国内磷石膏品质一般波动较大，采用石灰中和预处理工艺时，必须对磷石膏进行预均化处理。石灰中和工艺简单、投资少、效果显著，是非水洗预处理磷石膏的首选工艺，特别适用于品质较稳定、有机物含量较低的磷石膏。

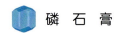

4.4 萃取法

萃取法是利用相似相溶原理，将磷石膏中的有机物和金属化合物杂质进行分离的方法。萃取法的影响因素主要有萃取剂的选择、萃取剂的用量、固液比、萃取时间以及萃取温度[10,19,23]。现阶段使用的萃取剂有乙醇、磷酸三丁酯以及正十二硫醇等，由于磷石膏中杂质的种类及其含量差异较大，在选取萃取剂时需要具体问题具体分析；在萃取剂用量方面，随着用量增加，磷石膏的白度呈现上升趋势直到平稳；在萃取固液比方面，随着固液比的减小（溶液质量增加），磷石膏的白度呈现先上升后下降的趋势，这可能是由于随着溶液质量的增加，在转速一定的情况下，整个体系萃取效果变差[21]；萃取时的反应温度与反应时间则均与净化效果呈正相关，即萃取时反应温度越高、反应时间越长则净化效果越好。

受实际磷石膏杂质成分的影响，萃取法的萃取剂选择以及最佳工艺的差异较大。王现顺[19]使用正十二硫醇作萃取剂，针对磷石膏中的 FeS_2 进行萃取，在固液比为 3∶1，萃取温度为 50℃，萃取剂用量为 10mL，萃取时间为 80min 条件下，将磷石膏的白度从 17.6% 提升到了 40.7%，萃取上层固体为黑色固体，说明正十二硫醇作为萃取剂可以有效地脱除磷石膏中的着色物质。师梦[24]通过乙醇作萃取剂，对磷石膏中的有机杂质进行萃取，取得了一定的效果。李欣霖等[22]提出了磷酸三丁酯热浸取法净化磷石膏工艺，以环己烷作为稀释剂分离有机相，可脱除有机质，降低磷石膏中磷化物、氟化物、二氧化硅和金属离子的含量，得到了高纯度的石膏。

4.5 球磨法

球磨法可以改善石膏的颗粒结构及进一步提高其力学性能。石膏中 $CaSO_4 \cdot 2H_2O$ 晶体呈板状且尺寸较均匀，球磨工艺能使磷石膏的颗粒形貌呈柱状、板状、粒状等，并使颗粒从正态分布变为漫散分布，从而影响了石膏的水化及物理性能[25]。姜继圣和蓝翔[26]对比球磨前后磷石膏性能，发现球磨提高了磷石膏所制备的熟石膏的流动性能，并降低了它的标稠需水量，进一步解决了磷石膏胶结材料孔隙率高、结构疏松等问题。

但是球磨法并不能消除磷石膏中的有害杂质，所以通常将球磨和其他工艺联合使用，如水洗+球磨法、中和+球磨法、球磨+煅烧法等[27]。

4.6 筛分法

庞英等[28]测定不同粒径的磷石膏中可溶磷、总磷、有机杂质的质量分数，发现磷石膏中上述杂质的含量分布随着粒径的变化有所不同，存在一定的变化趋势，其中有机物含量随着粒径增大而增加。正是因为杂质含量与粒径分布存在一定关系，筛分成为提纯磷石膏的一种可能的预处理方法[29]。

只有当杂质在较小范围内含量特别高时才采用筛分法，且筛分后还要针对不同粒度磷石膏的杂质含量对其分别采用相应的预处理方式或资源化方式[6]。但是化学石膏通过筛分预处理是否能得以净化主要与其杂质分布及颗粒级配有关，杂质分布越不均匀，则筛分对其净化效果越明显。相比其他工艺，筛分对石膏处理量较小且工艺复杂，投资高。

▮ 4.7 磷石膏有害杂质分析

磷石膏中杂质的赋存状态与其应用密切相关。不同产地磷矿有所差异，成分复杂，单一方法难以有效脱除磷石膏中的有害杂质。探明杂质在磷石膏中的赋存状态、嵌布特征等工艺矿物学性质是净化提纯磷石膏的关键。

4.7.1 磷石膏矿物组成

对磷石膏物相进行分析，结果见图 4-12。从图 4-12 可看出，磷石膏原料以二水硫酸钙为主，含少量二水磷酸氢钙和二氧化硅，其特征衍射峰较窄并尖锐，说明磷石膏原料具有较强的结晶性。磷石膏衍射峰与标准物质 $CaSO_4 \cdot 2H_2O$（70-0982）、$CaHPO_4 \cdot 2H_2O$（72-07133）的衍射峰基本匹配。磷石膏所含 $CaSO_4 \cdot 2H_2O$ 为单斜晶系，含量约为 71.6%；$CaHPO_4 \cdot 2H_2O$ 为单斜晶系，含量约为 26.7%；二氧化硅为六方晶系，含量约为 1.7%，说明磷石膏主要晶相为石膏，主要杂质为二水磷酸氢钙，需在后续净化中将其去除。

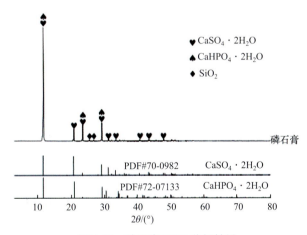

图 4-12 磷石膏 XRD 分析结果

4.7.2 磷石膏粒级分布

选用 80 目（0.18mm）、100 目（0.15mm）、200 目（0.074mm）、325 目（0.045mm）标准筛对磷石膏进行筛分分析，得到 5 个粒级分布结果，如表 4-4 所示。由表 4-4 可知，样品主要分布在 0.074～0.15mm 范围，–0.045mm 的微细粒级含量也高达 34.2%。而

0.15mm 以上粗粒级含量较少，只有 6.4%。

表 4-4　磷石膏粒级分布（%）

>0.18mm	0.15～0.18mm	0.074～0.15mm	0.045～0.074mm	−0.045mm
2.9	3.5	35.6	23.8	34.2

4.7.3　磷石膏嵌布特征

经偏光显微镜观察不同矿物在磷石膏中的嵌布关系[30、31]，结果如图 4-13 所示。从图 4-13（a）可看出，透射光下的石膏（Gy）含量约 89%，偏光下大多呈褐色，少数呈无色颗粒。形状主要为板状、菱形、条状、针状及纤维状，磷石膏主要以单体形式存在，少数被金属矿物包裹或与石英连生。其晶体尺寸主要为 0.02～0.10mm，大者约 0.20mm，小者约 0.005mm，晶体颗粒较大者，多呈板状、菱形及条状。图 4-13（b）中有机质或铁质包裹体呈黑色或黑褐色不规则颗粒状。大部分颗粒粒度细小且只具有微弱光性，因此无法精确判断其种类成分，粒径范围为 0.03～0.5mm。图 4-13（c）中燕尾状双晶内有磷灰石（Cp）、有机质及其他物质包裹体，局部颗粒边缘被溶蚀成锯齿状或港湾状，晶体颗粒较小者多呈针状、细粒状或纤维状。从图 4-13（d）可看出，磷灰石呈针状、细条状，粒径范围为 0.02～0.08mm，以包裹体形式分布在颗粒粗大的磷石膏晶体中，含量约为 4%。图 4-13（e）中石英（Qtz）呈粒状或以隐晶质集合体形式存在，粒径范围为 0.05～0.15mm，含量约 6%。从图 4-13（f）可看出，磷石膏中黄铁矿（Py）呈细粒状或细粒状集合体分布，一般以立方体、五角十二面体晶形存在，偶见四边形颗粒，粒径 0.01～0.10mm，含量约 1%。偏光显微镜分析结果表明，影响磷石膏白度的成分主要是有机质、微细矿泥及少量黄铁矿。有机质会使水化产物晶体间的结合力减弱，影响磷石膏硬化强度[12]。为获得较高

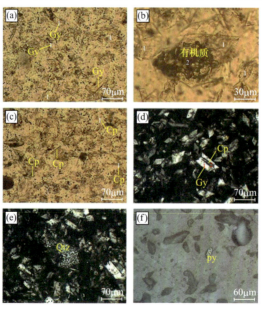

图 4-13　磷石膏偏光显微镜图

白度和硬化强度的磷石膏，可以使用起泡剂浮选脱除磷石膏中的有机质、黄铁矿和细微矿泥，由于磷和氟在微细粒级中富集，浮选脱除矿泥的同时，磷、氟也会被富集去除。部分石膏与磷灰石呈包裹状，没有物理分离，在分选前进行轻微磨矿或者打散，目的是让石膏与磷灰石包裹体分散。

4.7.4　磷石膏形貌分析

磷石膏样品的显微形貌[32]如图 4-14 所示。从图 4-14（a）和（c）可看出，磷石膏中二水石膏晶体多以平行四边形板状存在。大部分磷石膏片状晶体相互聚集成球状晶体，大量存在的球状晶体会降低磷、氟及有机质的去除率[32]，净化过程中有必要对磷石膏进行轻微磨矿或打散聚团的预处理。从图 4-14（b）和（d）可看出，磷石膏表面附着大量微细矿泥颗粒，导致磷石膏白度低，可以通过浮选脱泥去除。

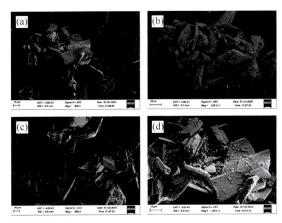

图 4-14　磷石膏 SEM 图

4.7.5　磷石膏中主要元素分析

将在各工序所取滤渣样品干燥后用无标样 X 射线荧光光谱（XRF）对其进行化学成分分析（表 4-5）。

表 4-5　磷石膏主要元素的 XRF 分析结果（%）[8]

成分	0.18mm	0.15~0.18mm	0.074~0.15mm	0.045~0.074mm	−0.045mm
SO_3	32.96	47.83	51.58	51.23	45.45
CaO	25.54	35.33	42.32	42.87	34.25
SiO_2	16.47	8.25	2.71	2.30	9.91
P_2O_5	10.03	2.87	1.39	1.49	3.40
Al_2O_3	7.63	2.63	0.99	1.05	3.57
Fe_2O_3	2.81	1.50	0.34	0.34	1.63
SrO	2.43	1.11	0.38	0.30	0.57
TiO_2	0.74	0.26	—	0.07	0.25
K_2O	0.45	0.17	0.08	0.07	0.25
F	0.41	0.16	0.09	0.11	0.26
MgO	0.16	0.04	0.02	0.03	0.10

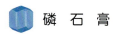

4.7.6 磷石膏中磷、氟的分析

磷石膏中的杂质主要有可溶磷、共晶磷、可溶氟、有机物和一些重金属[33,34]。可溶磷主要存在形式是磷酸，当石膏水化时这些可溶磷将会与 Ca^{2+} 反应生成难溶性的磷酸钙，覆盖在磷石膏表面，阻碍石膏继续溶出和水化，从而使得磷石膏的凝结硬化时间延长，石膏制品的强度降低。此外可溶磷还将使水化产物晶体粗化，结构疏松。共晶磷主要以 $Ca_3(PO_4)_2$ 形式存在，它的影响规律类似于可溶磷，但影响程度比可溶磷要弱，随着磷石膏粒度的增加，共晶磷含量降低，且共晶磷很难通过一般的工艺方法去除。与天然石膏相比，磷石膏的化学成分主要存在磷和氟，其中共晶磷的含量大于可溶磷的含量（表 4-6）。

表 4-6 磷石膏与天然石膏化学成分（%）[32]

试样	SiO₂	Al₂O₃	Fe₂O₃	CaO	MgO	SO₃	H₂O	w-P₂O₅	t-P₂O₅	F⁻
PG₁	3.81	0.62	1.22	31.6	0.20	45.9	18.3	0.86	1.75	0.50
PG₂	5.3	0.81	0.92	32.5	0.18	46.2	19.1	0.53	1.51	0.38
NG	4.8	1.73	1.35	31.2	1.30	41.1	16.8	—	—	—

注: w-P₂O₅ 表示水溶磷; t-P₂O₅ 表示总磷。

1. 磷的分析

磷石膏有效磷的测定，目前可参阅的磷酸二铵、复合肥、过磷酸钙等国家标准中有效磷的测定方法均为 EDTA 萃取喹钼柠酮重量法，而传统的有效磷测定则是中性柠檬酸铵萃取喹钼柠酮重量法。此外，磷石膏中磷的测定方法还有磷钼酸铵容量法和磷钒钼黄比色法[35,36]。磷钼酸铵容量法是预先将磷沉淀为磷钼酸铵，然后将沉淀溶于过量的氢氧化钠标准溶液中以酸回滴过量的氢氧化钠溶液，通过消耗氢氧化钠标准溶液用量确定磷的含量。磷钒钼黄比色法是基于正磷酸盐与钒酸铵、钼酸铵在硝酸溶液中化合生成一种可溶性的黄色磷钒钼络合物（ $P_2O_5 \cdot V_2O_5 \cdot 22MoO_3 \cdot nH_2O$ ），然后用分光光度计于 420 nm 处测定黄色络合物的颜色深度，以确定磷的含量。磷石膏中可溶磷的含量还与粒径有关，不同粒径磷石膏中可溶磷的分布见表 4-7，总体来看颗粒越大可溶磷含量越高。

表 4-7 磷石膏颗粒级配与可溶磷分布[32]

粒径/mm	>0.63	0.30～0.63	0.20～0.30	0.08～0.20	<0.08
颗粒级配/%	1.6	3.2	8.9	56.5	27.8
P₂O₅ 含量/%	1.68	1.36	0.92	0.78	0.10

可溶磷测定：GB/T 23456—2018[37]规定，磷石膏可溶磷采用《磷石膏中磷、氟的测定方法》[35]（JC/T 2073—2011）中方法测定。制样方法中采用一定量的去离子水处理样品。采用磷钼酸喹啉重量法或磷钒钼黄双波长光度法测定磷含量，然后计算样品的可溶磷含量。

共晶磷测定：将洗涤除去可溶磷的样品于 40℃烘干。称取试样 5 g，置于 pH 为 4 的邻苯二甲酸氢钾缓冲溶液（100mL）中振荡，加入质量分数 10%$Ba(NO_3)_2$ 溶液（80mL）振荡，于 500mL 容量瓶中定容，过滤，移取滤液，按照 GB/T 223.61—1988 中磷钼酸铵容量法测定滤液中共晶磷含量。

总磷测定：采用 JC/T 2073—2011[35]中总五氧化二磷的测定方法制样，用《钢铁及合金化学分析方法 磷钼酸铵容量法测定磷量》（GB/T 223.61—1988）[36]中磷钼酸铵容量法测定磷含量。

2. 氟的分析

可溶氟是影响磷石膏性能的主要形式之一，主要来源于磷矿石经硫酸分解时的残留氟。可溶氟质量分数超过 0.3%会使二水石膏晶体粗化，使得晶体间分子力削弱，结构疏松，降低磷石膏制品的强度；反之，影响较小。

现有氟的检测方法有容量法、分光光度法、极谱法、色谱法、原子光谱法和离子选择电极法等。磷石膏中总氟的测定通常采用离子选择电极法[38]。在离子强度调节缓冲溶液的存在下，以氟离子选择性电极做指示电极，饱和氯化钾甘汞电极作为参比电极，用电位计测量含氟溶液的电极电位，以工作曲线法求出氟含量。

4.7.7　磷石膏中重金属的分析

由于磷矿石来源不同，磷石膏会含有多种重金属（Cd、Pb、As、Cu、Cr），其进入土体和渗入水体可能对生态环境和食品安全具有潜在威胁[39, 40]。因此也需对磷石膏中重金属进行分析。

磷石膏堆周围土壤中重金属含量在平面上与磷石膏堆距离呈负相关，在纵向剖面上，重金属含量也基本上随着深度的增加而降低。重金属分析方法主要采用原子吸收分光光度法。由于磷石膏堆周边土壤已受到一定程度的重金属污染，为了防止重金属通过食物链危害人体健康，针对该地区磷石膏堆放区周围土壤重金属的污染现状，提出以下两点防治措施：一是控制污染源，对磷石膏堆场进行合理规划，选址时应避开农业区，地势应较低，同时在周围建隔离区，尽量避免重金属进入土壤中；二是土壤重金属污染治理。植物修复是目前最经济、有效的治理方法，前人已有研究证明[41]，印度芥菜和油菜对复合污染土壤中 Cd、Pb 的吸收富集效应很高，结合磷石膏堆场的实际情况，可在磷石膏堆周边种植芥菜和油菜，而后加以收割处理，以此降低 Cd 等重金属污染。

4.8　磷石膏有害杂质可溶磷固化

磷石膏的水洗过程操作简便，原理简单，处理效果好，是目前消除磷石膏中可溶性杂质最有效的方法。在水洗过程中不仅可以除去有机物的影响，而且对除去难溶磷、共晶磷以外的其他可溶性有害杂质的影响也是大有裨益的。但洗涤用水量非常大，能耗高，水洗后会产生大量的废水，必须对其进行妥善的处理以防止二次污染。有效的方法是对洗涤水中的可溶磷进行固化。

4.8.1 洗涤液中可溶磷固化

洗涤水中的可溶磷主要以离子形式存在，即 $H_2PO_4^-$、HPO_4^{2-}、PO_4^{3-}，各类离子的比例依据 pH 的不同而变化，去除洗涤水中磷酸离子最常用的方法为石灰固化法，就是通过在磷石膏洗涤水中掺加生石灰，与磷石膏中的可溶磷等杂质反应形成难溶的磷酸物，从而达到固化并去除杂质的目的。在适当控制 pH 条件下可以分别发生如下反应：

$$2H_2PO_4^- + H_2O + CaO \Longrightarrow Ca(H_2PO_4)_2\downarrow + 2OH^- \tag{4-9}$$

$$HPO_4^{2-} + H_2O + CaO \Longrightarrow CaHPO_4\downarrow + 2OH^- \tag{4-10}$$

$$2PO_4^{3-} + 3H_2O + 3CaO \Longrightarrow Ca_3(PO_4)_2\downarrow + 6OH^- \tag{4-11}$$

4.8.2 可溶磷焙烧固化

另外，也有不通过洗涤，直接利用生石灰焙烧固化磷石膏中的可溶磷的方法。孙红娟课题组[42]以生石灰作为改性剂，将不同生石灰/磷石膏质量比的样品在不同温度下焙烧，并检测磷石膏中可溶磷含量的变化。发现当焙烧温度为 100～200℃时，磷石膏中的石膏全部转变为烧石膏，磷石膏晶体表面发生破损，导致可溶磷含量随着焙烧温度的升高而逐渐增加；由于生石灰能促进可溶磷转化为难溶物质，在加入改性剂生石灰焙烧后，磷石膏中可溶磷得到有效降低，且随生石灰用量的增加，可溶磷含量不断降低；通过对磷石膏改性焙烧，可获得可溶磷含量极低的磷石膏。发生的反应如下：

$$P_2O_5 + 3H_2O + 3CaO \longrightarrow Ca_3(PO_4)_2\downarrow + 3H_2O \tag{4-12}$$

4.8.3 共晶磷闪烧法固化

五氧化二磷在高温煅烧条件下会升华，升华的五氧化二磷可用熟石灰吸收固化。此外，部分五氧化二磷与磷石膏中的其他活性较高的矿物结合产生稳定的、惰性的、难溶性的焦磷酸钙及其他磷酸盐类化合物，使有害物质通过高温分解或转变成惰性物质，从而将其对产品性能的危害降至最低点。

无机磷在高温条件下与钙结合形成惰性的焦磷酸钙，少量有机磷在高温条件下转变成气体放出，从而使无机磷和有机磷等杂质对石膏质量和性能的影响变小，同时还使得二水硫酸钙的脱水反应顺利进行。工艺路线见图 4-15。

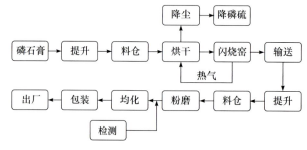

图 4-15 闪烧法工艺路线[5]

4.9 磷石膏有害杂质可溶氟固化

含氟废水的处理方法有多种，常用的方法有沉淀法[43]和吸附法，此外对膜分离法[44]、生物技术[45]、气浮[46]等方法也有研究，且对废水中氟离子的处理取得了较好的效果。在可溶氟的固化方法中，国内外常用的方法大致分为两类，即沉淀法和吸附法。目前，对于高浓度含氟工业废水，一般采用钙盐沉淀法，即向废水中投加石灰乳，使氟离子与钙离子生成 CaF_2 沉淀而除去。但该方法处理后出水难达标、泥渣沉降缓慢且脱水困难。吸附法适合处理浓度低的含氟废水。

4.9.1 化学沉淀法

化学沉淀法是通过加入钙盐等，形成氟化物沉淀，或氟化物在沉淀物上共沉淀，然后通过固液分离将氟离子去除。常用的试剂有石灰、磷酸钙盐、电石渣（主要成分为氢氧化钙）、氯化钙等。

对于高浓度含氟废水，常用钙盐沉淀法。该法简便、成本低，但一般条件下氟化钙的溶解度为 8.9mg/L，因此处理后的出水难达标、泥渣沉降慢、脱水困难。通常用石灰处理后的废水中氟含量一般在 20～30mg /L。

$$2F^- + CaO + H_2O \longrightarrow CaF_2\downarrow + 2OH^- \tag{4-13}$$

蒋为等[47]在 F^- 质量浓度1000mg/L 的模拟含氟废水中，加入$Ca(OH)_2$ 2.5kg/t，pH 约11、搅拌时间 20min、沉淀时间 60min，F^- 去除率可达97.45 %。得到的结果为$Ca(OH)_2$投加量比 pH、沉淀时间和搅拌时间对 F^- 去除率的影响都大，但单独使用消石灰沉淀法不能把高浓度含氟废水中 F^- 质量浓度降到 10mg/L 以下。

4.9.2 絮凝沉淀法

絮凝沉淀法适用于含氟较低的废水，常用铁盐、铝盐等絮凝剂，主要有改性聚铁、硫酸亚铁、氯化铁、聚合铝、硫酸铝等。絮凝沉淀法与钙盐沉淀法相比，投加量少、处理量大且一次处理后可达标。不过当含氟较高时，絮凝剂投加量多，成本较大，且产生污泥量多，所以常与中和沉淀法一起使用。

石荣等[48]用改性聚铁处理含 F^- 为 300mg/L 的酸性废水，结果表明，当改性聚铁加入量为 50mg/L 时，F^- 浓度可达标，改性聚铁加入量为 100mg/L 时，除氟效果最好，而继续增加改性聚铁，效果不明显，且影响处理后废水的感观。陈绪钰[49]认为，当 pH 较高时，水中高凝聚力的正价多核络合离子如$[Fe(H_2O)_6]^{3+}$、$[Fe_2(H_2O)_8(OH)_2]^{4+}$、$[Fe_3(H_2O)_5(OH)_4]^{5+}$的量相应减少，而最后形成 $Fe(OH)_3$ 沉淀，这样减少了对 F^- 的静电吸引以及吸附、架桥等作用；此外，絮体表面正电荷减少，吸附 F^- 减少；而且溶液中 OH^- 浓度增大，与 F^- 发生竞争吸附，造成 F^- 去除率降低。

改性聚铁对氟的去除有以下几种方式[50]。

1）Fe^{3+} 与 F^- 发生络合，反应如下：

$$Fe^{3+} + 6F^- \longrightarrow FeF_6^{3-} \tag{4-14}$$

$$Fe^{3+} + 5F^- \longrightarrow FeF_5^{2-} \tag{4-15}$$

$$Fe^{3+} + 4F^- \longrightarrow FeF_4^{-} \tag{4-16}$$

$$Fe^{3+} + 3F^- \longrightarrow FeF_3 \tag{4-17}$$

2）废水呈碱性态时，部分 Fe^{3+} 和 OH^- 会生成 $Fe(OH)_3$ 沉淀：

$$Fe^{3+} + 3OH^- \longrightarrow Fe(OH)_3 \tag{4-18}$$

$Fe(OH)_3$ 在形成沉淀时，以水中的其他细小悬浮物为晶核逐渐长大，而其颗粒的增大对沉降有利，作为晶核的物质也被除去。此外，$Fe(OH)_3$ 又是吸附剂，可以吸附氟离子，进而可以降低废水中的氟离子浓度。

3）当反应体系 pH 大于 8 时，铁基絮凝剂发生水解，会形成以下结构：

其中 Fe 为活性中心，可以吸附水中氟离子，从而达到吸附共沉淀的效果。

4）改性聚铁对 F^- 去除的另一种方式如下：

$$[Fe(OH)_n(SO_4)_{(3-n/2)}]_m + (6-n)F^- \longrightarrow [Fe(OH)_nF_{(6-n)}]_m + (3-n/2)SO_4^{2-} \tag{4-19}$$

综上所述，聚铁是利用络合原理和吸附共沉淀两种方式除氟的。

另外，卢建杭等[51]在研究铝盐混凝去除 F^- 的机理时指出，铝盐含氟絮体的红外谱图与铝盐絮体光谱图相比，在 $400\sim1200cm^{-1}$ 内，谱峰位置和形状都有很大的改变，且原先的谱峰基本消失，而在 $965cm^{-1}$ 和 $590cm^{-1}$ 处出现两个吸收峰，认为其是由絮体中铝氟络离子的振动引起的。

4.9.3 吸附法

吸附法适用于水量较小、低浓度含氟废水的处理。

吸附法是一种利用多孔性固体相物质吸着分离水中污染物的水处理过程；吸附是一种与表面能有关的表面现象；吸附常分为靠吸附剂与吸附质之间的分子作用的物理吸附、靠化学键力作用的化学吸附和靠静电引力作用的离子交换吸附三种类型。常用的吸附剂有天然高分子类、无机类、稀土类等。天然高分子类的吸附剂有壳聚糖、粉煤灰、褐煤等。无机类吸附剂有活性氧化铝、聚铝盐、活性氧化镁、活性炭等。稀土类吸附剂多是将稀土的水合物负载组分和氟离子作用，并且选择性地和氟离子发生交换。

改性活性氧化铝除氟效果较好[52]，除氟效率可达到 94.57%。但此方法产生的 Al^{3+} 会对水体造成二次污染。以毒性较低的乙二醇二缩水甘油醚(EGDE)为交联剂对壳聚糖进行交联[53]，提高壳聚糖的机械性能，然后又以 La^{3+} 螯合剂对壳聚糖进行改性，从而提高壳聚糖的吸附容量；该新型壳聚糖吸附剂在温度 30℃以上，pH 接近中性时，吸附率均高于 90%，吸附容量为 25.7mg/g。常娥对 3 种稀土金属负载的凹凸棒土的 F$^-$吸附性能进行了比较，发现锆改性的凹凸棒土吸附性能最好[54]。

4.9.4　电凝聚法

电凝聚法是近年来研究的一种新型低浓度含氟水处理技术，主要利用电解原理对水进行除氟。该法借助于直流电场的作用，使铝板电极表面溶出 Al^{3+}，然后通过水解形成不同形态的氢氧化物的中间产物，进而吸附水中的氟离子及氟络合物。该法处理低浓度含氟废水时，可使水中残余氟浓度降到 2mg/L 以下。该法操作简单，通过调节电流可以控制出水的含氟量，从而使除氟的效果趋于稳定，缺点是电极易钝化[55]。

4.9.5　反渗透法

反渗透法是借助半渗透膜使水分子通过，而氟化物不能通过，从而将氟离子去除。该法除氟效率高，能耗小，缺点是膜的价格高，阻碍了其广泛应用。

吴华雄等[56]用反渗透法处理含氟废水，研究表明处理低浓度的含氟废水时，出水中氟化物的浓度在 10mg/L 以下，但处理高浓度的含氟废水时效果较差。

4.9.6　电渗析法

电渗析法是在半渗透膜两端加直流电场，使正电离子和氟离子分别通过离子交换膜流向阴极和阳极，从而去除 F$^-$。该法在除去 F$^-$时，能同时除去矿物盐，但设备投资大，膜的种类和寿命尚待研究[57]。

4.10　磷石膏无害化处置后理化性质

磷石膏经过不同的净化除杂工艺处理后，其中有害成分均能得到不同程度的有效脱除，处理后的磷石膏能达到 I 类固体废物的堆存标准或者达到 GB/T 23456—2018 中磷石膏一级品的要求，可供后期资源化利用。

4.10.1　磷石膏水洗后理化性质

磷石膏单次洗涤后测得的 pH 约为 4.25，但是磷石膏 pH>5 时才适合使用。张利珍等采用三级逆流水洗工艺对磷石膏进行水洗处理。结果显示（表 4-8），无论液固比是 2 还是 3，磷石膏中水溶磷、水溶氟均能达到《磷石膏》（GB/T 23456—2018）中二级品杂质指标要求，而且磷石膏的 pH>5。综合考虑，选择液固比为 2 的三级逆流洗涤工艺，洗涤之后磷石膏中残存的水溶磷、水溶氟质量分数分别为 0.087%、0.018%，脱除率依次为 78.81%、89.94%，磷石膏 pH 达 5.9，满足石膏建材的使用要求。

表 4-8　三级逆流水洗实验结果[58]

项目	液固比为2						液固比为3					
	w（水溶磷）/%	水溶P_2O_5脱除率/%	w（水溶氟）/%	水溶氟脱除率/%	磷石膏pH	水洗液pH	w（水溶磷）/%	水溶P_2O_5脱除率/%	w（水溶氟）/%	水溶氟脱除率/%	磷石膏pH	水洗液pH
洗1	—	—	—	—		2.75	0.14	—	0.065	—	—	0.09
洗2	—	—	—	—		3.01	0.099	—	0.026	—	—	3.23
洗3	0.087	78.81	0.018	89.94	5.9	4.06	0.067	78.3	0.011	97.71	5.9	4.25

　　湖北三峡实验室通过水洗矿化工艺处理的磷石膏可达到Ⅰ类固体废物的堆存标准，其pH在6～9之间，可溶磷含量≤0.5mg/L，可溶氟含量≤10mg/L。

4.10.2　磷石膏浮选后理化性质

　　磷石膏经过反浮选开路脱泥、十二胺闭路正浮选处理后，可以脱除磷石膏中有机物及易浮矿泥，精矿白度可达到58%，比原矿提高了26.7%；石膏纯度达96.5%，经检测精矿中可溶磷和可溶氟含量分别为0.08%、0.02%，达到了GB/T 23456—2018中磷石膏一级品的标准（表4-9）。磷在尾矿中富集，石膏精矿中磷含量降低。

表 4-9　磷石膏浮选处置前后理化性质对照

产品	产率/%	$CaSO_4 \cdot 2H_2O$ 纯度/%	白度/%	P_2O_5/%
精矿	65.0	96.5	58	0.92
尾矿1	28.9	67.7	35	2.69
尾矿2	6.1	66.2	33.6	7.2

参 考 文 献

[1] 朱志伟, 何东升, 陈飞, 等. 磷石膏预处理与综合利用研究进展[J]. 矿产保护与利用, 2019, 39(4): 19-25.
[2] 张欢, 彭家惠, 郑云. 不同形态可溶磷对石膏性能的影响[J]. 硅酸盐通报, 2013, 32(12): 2455-2459.
[3] 李美. 磷石膏品质的影响因素及其建材资源化研究[D]. 重庆: 重庆大学, 2012.
[4] 宁廷建. 湿法磷酸工艺对磷石膏品质的影响[D]. 重庆: 重庆大学, 2011.
[5] 吴长江. 磷石膏可溶磷水洗影响因素研究[J]. 化工设计通讯, 2018, 44(9): 147-148.
[6] 徐爱叶, 李沪萍, 罗康碧. 磷石膏中杂质及除杂方法研究综述[J]. 化工科技, 2010, 18(6): 59-64.
[7] 张向宇. 一种磷石膏水洗技术的综合处理方法[P]. 2021-04-08.
[8] 蒋达波, 谭建红, 袁鹏, 等. 磷石膏中有害成分的无害化处理方法综述[J]. 吉林化工学院学报, 2014, 31(1): 33-36.
[9] 王进明, 董发勤, 王肇嘉, 等. 磷石膏浮选增白净化新工艺研究[J]. 非金属矿, 2019, 42(5): 1-5.
[10] 代典, 梁欢, 潘志权, 等. 贵州某磷矿正-反浮选试验研究[J]. 矿冶工程, 2021, 41(4): 48-51, 56.
[11] 朱鹏程, 罗鸣坤, 王国栋. 磷石膏脱硅柱浮选工艺研究[J]. 云南化工, 2016, 43(5): 1-7.

[12] 李展, 陈江, 张覃, 等. 磷石膏中磷、氟杂质的脱除研究[J]. 矿物学报, 2020, 40(5): 639-646.

[13] 冯启彪, 王军辉, 章忻, 等. 工业废弃物氟石膏综合利用研究[J]. 非金属矿, 2010, 33(3): 36-38.

[14] 代典, 余学军, 潘志权. 浮选-化学法联用处理磷石膏制备高纯石膏[J]. 非金属矿, 2020, 43(1): 44-48.

[15] 谢卫苹. 磷石膏净化增白及其制备 PVC 复合材料性能和机理研究[D]. 昆明: 昆明理工大学, 2014.

[16] 张建新, 彭家惠, 万体智. 磷石膏中有机物的测定及其对水泥性能的影响[J]. 四川大学学报(工程科学版), 2006(3): 110-113.

[17] 刘义明, 黄斌. 硫酸体系中磷石膏净化增白的实验研究[J]. 化工技术与开发, 2019, 48(11): 65-67, 76.

[18] 孔霞, 罗康碧, 李沪萍, 等. 硫酸酸浸法除磷石膏中杂质氟的研究[J]. 化学工程, 2012, 40(8): 65-68.

[19] 王现顺. 磷石膏中着色物质的鉴定与脱除[D]. 合肥: 合肥工业大学, 2021.

[20] 田家新, 彭伟军, 苗毅恒, 等. 磷石膏漂白—煅烧增白工艺研究[J]. 矿产保护与利用, 2021, 41(3): 76-80.

[21] 南鹏林, 谭建红, 蒋达波, 等. 磷石膏工业化应用的无害化处理[J]. 广州化工, 2014, 42(1): 19-20, 29.

[22] 李欣霖, 纪利俊, 陈葵, 等. 有机溶剂浸取法净化磷石膏[J]. 化工矿物与加工, 2018, 47(3): 23-27.

[23] Singh M, Garg M. Study on anhydrite plaster from waste phosphogypsum for use in polymerised flooring composition[J]. Construction and Building Materials, 2005, 19(1): 25-29.

[24] 师梦. 磷石膏综合利用工艺的关键技术研究[D]. 合肥: 合肥工业大学, 2013.

[25] 陈红霞, 冯菊莲, 王霞, 等. 粉磨对脱硫石膏性能的影响[J]. 新型建筑材料, 2008(10): 9-11.

[26] 姜继圣, 蓝翔. 磷石膏改型改性研制新型建筑材料[J]. 有色矿冶, 2005(S1): 81-82.

[27] 彭家惠, 林常青, 彭志辉, 等. 非水洗预处理磷石膏的研究[J]. 新型建筑材料, 2000(9): 6-9.

[28] 庞英, 杨林, 杨敏, 等. 磷石膏中杂质的存在形态及其分布情况研究[J]. 贵州大学学报(自然科学版), 2009, 26(3): 95-99.

[29] 马林转, 宁平, 杨月红, 等. 磷石膏预处理工艺综述[J]. 磷肥与复肥, 2007(3): 62-63.

[30] 杜明霞, 王进明, 董发勤, 等. 磷石膏工艺矿物学特征与可选性关系研究[J]. 非金属矿, 2020, 43(6): 52-55.

[31] 金翠霞, 秦军, 于杰, 等. 不同粒径磷石膏的形貌与性质特征研究[J]. 无机盐工业, 2010, 42(6): 44-46.

[32] 彭家惠, 彭志辉, 张建新, 等. 磷石膏中可溶磷形态、分布及其对性能影响机制的研究[J]. 硅酸盐学报, 2000(4): 309-313.

[33] 谢燕华, 韩学威, 王波, 等. 四川典型新旧磷石膏磷、氟浸出机制[J]. 应用化工, 2020, 49(10): 2455-2459，2464.

[34] Qin X, Cao Y, Guan H, et al. Resource utilization and development of phosphogypsum-based materials in civil engineering[J]. Journal of Cleaner Production, 2023, 387: 135858.

[35] 全国轻质与装饰装修建筑材料标准化技术委员会. 磷石膏中磷、氟的测定方法[S]. 2011.

[36] 全国钢标准化技术委员会. 钢铁及合金化学分析方法 磷钼酸铵容量法测定磷量[S]. 1988.

[37] 全国轻质与装饰装修建筑材料标准化技术委员会. 磷石膏[S]. 2018.

[38] 李红英, 王海宝, 何晓波. 离子选择电极法测定磷石膏中全氟含量[J]. 无机盐工业, 2009, 41(3): 59-61.

[39] 李佳宣, 施泽明, 唐瑞玲, 等. 磷石膏堆场对周围农田土壤重金属含量的影响[J]. 中国非金属矿工业导刊, 2010(5): 52-55.

[40] 王萍, 刘静, 朱健, 等. 岩溶山区磷石膏堆场重金属迁移对耕地质量的影响及污染风险管控[J]. 水土保持通报, 2019, 39(4): 294-299.

[41] 宁小兵, 彭远锋. 磷石膏堆放场地砷、锌和铅的污染特征分析[J]. 中国资源综合利用, 2018, 36(10): 29-34.

[42] 耿乾, 孙红娟, 彭同江, 等. 焙烧与生石灰改性对磷石膏中可溶磷含量的影响[J]. 矿产保护与利用,

2019, 39(4): 9-13, 82.

[43] 鲁俊雀, 吕志斌, 刘勇奇, 等. 用硫酸铝去除高氟硫酸盐溶液中的氟[J]. 湿法冶金, 2023, 42(2): 195-198, 218.

[44] 曾平, 王桂清, 肖鹤峰. 液膜法处理高氟废水研究[J]. 膜科学与技术, 1996(4): 18-22.

[45] 周钰明, 徐飞高, 吴敏. 含氟有机废水的生物技术处理[J]. 现代化工, 2003(6): 48-50、52.

[46] 黄大勇, 刘国胜, 何长顺, 等. 絮凝-气浮工艺处理含氟废水技术研究[J]. 江西科学, 2004(5): 373-375.

[47] 蒋为, 杨仁斌, 桂腾杰, 等. 消石灰处理含氟废水试验研究[J]. 湖南农业科学, 2009(4): 79-81.

[48] 石荣, 刘梅英. 含高氟废水处理方法的研究[J]. 环境保护科学, 2002, 109（28）: 18-20.

[49] 陈绪钰. 聚合硫酸铁去除水中氟的试验研究[J]. 中国农村水利水电, 2009(11): 95-97.

[50] 苗雨, 林星杰. 工业废水中氟离子去除研究进展[A]. 2017 中国环境科学学会科学与技术年会论文集（第二卷）. 中国环境科学学会, 2017: 1341-1344.

[51] 卢建杭, 刘维屏, 郑巍. 铝盐混凝去除氟离子的作用机理探讨[J]. 环境科学学报, 2000(6): 709-713.

[52] 王凤贺, 瞿俊, 姜炜, 等. 改性活性氧化铝除氟性能研究[J]. 化工矿物与加工, 2008(2): 23-25.

[53] 李永富, 孟范平, 杜秀萍, 等. 负载镧的 EGDE 交联壳聚糖微球对氟离子的吸附平衡与吸附动力学[J]. 中国海洋大学学报(自然科学版), 2012, 42(6): 34-39.

[54] 常娥. 金属氧化物改性凹凸棒土吸附剂除氟性能研究[D]. 西安: 陕西科技大学, 2012.

[55] 王平霞, 吕志远, 李和平. 含氟水处理技术研究进展综述[J]. 内蒙古水利, 2008(4): 90-91.

[56] 吴华雄, 孟林珍. 反渗透法处理含氟废水的试验研究[J]. 电力环境保护, 1998, 14(3): 1-5.

[57] 刘庆斌. 无机含氟废水处理的研究进展[J]. 黄石理工学院学报, 2009, 25(4): 7-10.

[58] 张利珍, 张永兴, 吴照洋, 等. 脱除磷石膏中水溶磷、水溶氟的实验研究[J]. 无机盐工业, 2022, 54(4): 40-45.

第 5 章
磷石膏的综合利用

磷石膏是工业湿法磷酸的副产物，每生产 1t 磷酸（以 P_2O_5 计）产生 4～6t 磷石膏。磷石膏的主要化学成分是 $CaSO_4 \cdot 2H_2O$ 及 0.5%～2%的 P_2O_5，磷石膏是一种重要的再生石膏资源。据统计，磷石膏全球累计排放约 60 亿 t，并以 1.5 亿 t/a 的速率增加，预估到 2025～2045 年，磷石膏堆存总量将增长至现有的两倍。

目前我国磷石膏处置的主要方法为堆存。我国磷石膏的排放量约为每年 4000 万 t，大部分磷石膏废料堆积如山，占用土地资源，形成高陡边坡，经过风化、雨淋等物理化学作用，容易造成地表水及浅层地下水污染，污染地下水源，同时也污染了土壤和大气，破坏周围生态环境，这严重阻碍了磷化工产业的可持续发展。因此，如何无害化处理磷石膏，如何低成本、高值化地利用磷石膏，从而推进磷石膏的减量化和资源化，成为亟待解决的问题。

国内外许多学者先后对磷石膏的综合利用开展研究，并取得一系列重要成果。磷石膏已经广泛应用到土壤修复、水泥缓凝剂、建筑材料等不同领域，但在这些领域磷石膏往往只是作为辅料，全球利用率也只有 15%左右。

目前我国磷石膏堆存量已超过 7 亿 t，每年新增约 8000 万 t，产量主要集中在长江经济带。在"三磷"（磷矿、磷化工、磷石膏）整治调查中发现长江沿线 97 个磷石膏库中有 53.61%存在生态环境问题，问题最为突出，磷石膏问题已成为湿法磷酸生产的一大痛点。在我国，磷石膏的利用效率不高的原因除了面临上述提到的共性问题外，还有区域分布过于集中，远离消费市场，品质不稳定，处理成本较高，缺乏关键技术等问题，因此国内目前磷石膏的利用仍停留在初级阶段，约 30%用于制作水泥缓凝剂、25%用于外售或外供，仅 14%用于制作石膏板。图 5-1 是目前我国磷石膏的利用情况。

目前，我国磷石膏主要用于农业生产、土壤改良、生物降解、化工产品、工业填料、水泥缓凝剂、石膏建材产品等。在众多利用途径中，磷石膏的建材化利用无疑是最为可行的资源化方向，它既可以消纳大量磷石膏，又不产生新污染物，给环境带来的副作用小，是最具前景的磷石膏资源化方向。

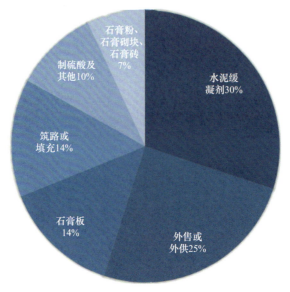

图 5-1　我国目前磷石膏的利用情况

5.1　建筑材料

磷石膏的主要成分为 $CaSO_4 \cdot 2H_2O$，含量通常为 80%～95%。但与天然石膏相比，磷石膏中还含有少量残留磷、氟、酸等不利于资源化利用的组分。在充分考虑和避免杂质影响的前提下，磷石膏可以代替天然石膏用于生产建材制品。磷石膏的建材资源化主要集中在生产石膏砌块、石膏板、石膏砖等石膏制品，其次是用作水泥缓凝剂以及生产硫铝酸盐水泥。目前，磷石膏的利用途径不断拓宽、规模不断扩大、技术水平不断提高，很多磷化工企业在磷石膏的建材资源化利用方面取得了一定的成效，但仍存在着一些问题，需要逐步解决。

5.1.1　石膏砌块

工业和信息化部印发的《工业绿色发展规划(2016—2020 年)》明确要求：到 2020 年，大宗工业固体废物综合利用量达到 21 亿 t，磷石膏利用率 40%。我国正处于建设高峰期，2019 年上半年全国完成房屋建筑施工面积 $1.075 \times 10^{10} m^2$。墙材是需求量最大的建筑材料，占房屋建设所需材料的 60%。石膏砌块是一种低碳环保的新型墙体材料[1,2]，具有防火、环保、可再生、加工性好等优点。高孔隙率、低容重石膏砌块具有更好的保温性能，是其发展方向之一[3,4]。另外，为了保护环境，由国家经济贸易委员会、国家技术监督局、住房和城乡建设部、国家建筑材料工业局共同颁布的有关文件要求从 2000 年 6 月 1 日起逐步禁止使用实心黏土砖，用新型墙材取代。目前国内标准砖主要是以黏土和页岩为原料制作。这就要求大规模发展新型墙材产品替代实心黏土砖。以磷石膏为原料制备石膏砌块既大宗资源化利用了磷石膏，又满足了大规模建设的需求，已形成一定产能[5]。例如，2019 年磷石膏利用中，石膏砌块占比 15%。

生产磷肥的主要原料是磷矿石，由于磷矿石品位的差异等原因，石膏浆体流动度、初终凝时间、强度、自由水的含量、防潮性能等物理力学性能都有较大波动，从而影响石膏砌块密度和强度指标的异动。磷石膏的二水硫酸钙质量差异很大，很难满足建筑石膏粉标准的质量要求，从而制约了磷石膏废渣应用于建材市场。因为它必须符合《磷石膏》质量标准要求，才能生产符合《石膏砌块》质量标准要求的磷石膏砌块产品，所以磷石膏的质量控制非常重要。

2016 年，张庚福等[6]总结了磷石膏砌块生产的质量控制。根据中国磷石膏的质量状况，为使磷石膏在石膏砌块新型墙材中大量应用，确保磷石膏的质量是关键，它必须符合《磷石膏》(GB 23456—2009) 质量标准要求。而它的焙烧所生成的 $CaSO_4 \cdot 0.5H_2O$ 又要符合《建筑石膏》(GB/T 9776—2008)质量标准的要求，才能生产出符合《石膏砌块》(JC/T 698—2010) 的质量标准要求的产品。所以磷石膏的焙烧工艺质量控制甚为关键。在实践生产中从三方面进行焙烧质量控制。

煅烧前：磷石膏进场后的均化。由于磷石膏的硫酸钙含量不均匀，自由水含量不均匀，pH 不均匀，在进入煅烧炉前必须进行均化处理，设立均化堆场。

焙烧工艺质量控制如下。

1）上料时一定要均匀，匀速上料。否则会焙烧不均匀，导致 $CaSO_4 \cdot 0.5H_2O$ 不均匀。

2）焙烧温度达到 750～800℃时，使可溶性 P_2O_5 和氟基本挥发，使 pH 达 6～7，才能进入下一个工艺环节，供生产使用。用喷淋石灰水中和工艺处理挥发的气体中可溶性氟和 P_2O_5，经检测，焙烧后的建筑磷石膏粉的可溶性氟和 P_2O_5 分别低于 0.5%和 0.8%，达到标准的要求，满足建材生产要求。

3）煅烧时跟踪监测物理指标和三项指标(含水率、有效磷含量和重金属含量)必须达标，确保 $CaSO_4 \cdot 0.5H_2O$ 含量最大。

4）煅烧时，跟踪监测初终凝时间。据不同检测数据，调整相应焙烧工艺参数，以满足建筑磷石膏粉的相关标准要求。

熟石膏的陈化：经过陈化，可溶性无水石膏吸收水分转变成半水石膏，残存的二水石膏继续脱水转变成半水石膏，使质量均匀，进一步使标准稠度需水量降低。由此可知，陈化是提高石膏砌块质量有力的保障。

美国迈阿密大学和伯明翰大学的研究人员向不经脱水处理的磷石膏中掺入砂、波特兰水泥等经高压制成标砖，据报道其抗压强度可达 38MPa，抗折强度为 3.4～3.8MPa，完全满足建造砖石的要求。由此可见，采用磷石膏、砂子、水泥作为配料制磷石膏砖是比较理想的，为了提高制品的抗压强度，绝大多数采用压力机高压制砖坯，采用这样的工艺虽然强度达到了标准，但能耗势必增加，成本也随之提高，经济效益不明显，不利于工业化大规模生产。

印度研制出了石灰-磷石膏的新型墙砖。将煅烧过的磷石膏、石灰按一定比例在干态下混合后，加入少量水分，充分混合后，进行研磨。这是一个预配过程。所得拌和物加入砖模具中在振动床上振动密实。成型试件低压蒸养后，再自然养护。试件抗压强度随着养护时间的变长而增加，自然养护 72d 以上，试件抗压强度能达到 10MPa 以上。这一生产工艺采用磷石膏、石灰为配料制砖的成本比用砂子和水泥为配料制砖的成本低，振动成型的能耗也比高压成型的能耗低，但采用的是煅烧过的磷石膏，投资成本变大，养护时间太长，工艺比较复杂，同样也不能投入工业化生产。

俞波[7]以磷石膏为基本原料，在不进行预处理的情况下，用磷石膏、水泥、矿渣和黄砂按一定比例混合，同时掺以少量的添加剂，搅拌均匀后，在中压或低压下采用压制工艺直接制备墙体材料。在一定条件蒸养或自然养护后，可得到抗压强度不低于 15MPa 的产品。根据胶凝材料学原理，首先采用生石灰作为碱性激发剂，可以中和磷石膏中的酸性物质，同时也可作为矿渣的有效激发剂，而选用的添加剂能够与体系中的其他成分发生化学反应生成钙矾石，这可以有效提高砌块的早期强度，同时对最终强度也有一定的增强作用。这种方法处理的磷石膏制建筑砌块是完全可行的。

主流石膏砌块制备工艺有 2 种：一种是以石膏，包括各种化学石膏为原料，通过煅烧或炒制得到半水石膏，然后加水搅拌、浇筑成型，经干燥后得到石膏砌块[8-10]。例如，何建安[9]提供了一种磷石膏重结晶发泡生产轻质砌块的方法，其特征在于：将磷石膏 99.6%～99.9%，转晶剂 0.1%～0.4%混合均匀，加水造球后，送蒸压釜中，在 110～140℃，0.13～0.16MPa 下，蒸压处理 3～5h，完成磷石膏的重结晶，干燥后研磨成粉，并在发泡剂作用下发泡成型，得到轻质砌块，充分利用磷石膏生产使用量极大的建筑轻质砌块，该磷石膏砌块的密度、强度等级均达到国家建筑材料行业 JC/T 698—2010 标准，抗压强度可达 3.5GPa，密度仅为 0.8t/m³。

中国地质大学（武汉）周俊等[11]发明了一种利用磷石膏制备高强轻质石膏砌块的方法，该方法主要包括以下步骤：将磷石膏干燥脱水，得到半水磷石膏；向半水磷石膏中掺加一定量的水，搅拌均匀后，将搅拌物压制成石膏面板；制备发泡半水磷石膏浆；将两块石膏面板相对间隔竖立，在两块石膏面板之间浇注满发泡半水磷石膏浆；待发泡半水磷石膏浆凝固后，再经自然干燥，即得到表层是致密石膏层，中间是疏松石膏层的高强轻质石膏砌块。此发明所述制备方法不需要使用模具成型，不需要等待石膏浆体凝固并产生强度后再进行卸模操作，生产连续性得到提高，且所制得的石膏砌块表层结构致密，机械强度高，而整体密度小，属于高强轻质墙体材料。

水在 100℃时的汽化热为 2257.2kJ/kg，若以含水石膏为原料，必定需要耗费大量能量先将水蒸干，然后才能进入半水石膏煅烧阶段，这会提高生产成本，含水量越高，成本越高。新排磷石膏含水率 25%～30%，用煅烧工艺制备砌块显然会增大成本。若等到磷石膏堆存干燥后再利用，这期间又存在污染风险，且需足够的堆场。对大多数利用磷石膏的企业来说，磷石膏资源化利用途径和利用量受多种因素影响，相当长的时期内还不可能做到完全处理，堆存仍是大量化处置的主要方式，而且主要采用干排干堆的方式。

另一种是用其他胶凝材料，如水泥等，将石膏黏结起来成为复合砌块[12-16]。这种工艺中，磷石膏一方面主要起填料作用，未充分利用石膏的胶凝性；另一方面，磷石膏使用量会降低，这与最大限度利用磷石膏的愿景不符；再者，掺入其他胶凝材料还增加了成本。四川、云南和贵州等地曾试制了磷石膏砖，大都是以磷石膏作为惰性填充剂，以水泥等物质作为黏结剂，标准砖的强度只能达到 7.5 级(抗压 7.5MPa)或低于 7.5 级，由于强度和成本等诸多方面的问题均未能实现工业化。

高强度磷石膏型材的制备适当添加了化学复合物质[17]。因为磷石膏晶粒间隙中总有大量的空洞，影响了其强度，所以为了充分发挥磷石膏本身的增强作用，实验中添加了适当的化学复合物质。这种复合材料的硬化机理主要有 3 个方面：外加的增强黏合剂本身对复合材料强度的贡献；添加物与磷石膏间生成的新物质形成强度较高的新物相；磷石膏本身发生转化形成强度较高的新物相。在这三者作用下，材料内部形成了网状结构，形成高强度型材的磷石膏，其强度可达到 15MPa 以上。它的工艺简介如下：促进剂与添加剂混合后再与磷石膏搅拌混合，在固定床反应器中进行第一次反应，同时消除磷石膏中的有害成分。然后经强力搅拌机均化处理，加上一部分复合凝胶材料与磷石膏强力搅拌混合后压制成型进行第二次反应，经养护后即成产品。试验生产线的成型部分是专门为磷石膏类物料研制开发的新型设备，采用多工位是目前最大的国产液压砖坯成型装置。多孔砌块和更大规模产量的主机可在此基础上制造。整条试验生产线具有年产 500 万块标砖的生产能力，经扩产能力可达 2500 万块。产品达到 MU10 级以上，主要生产流程如图 5-2 所示。

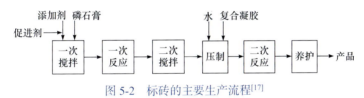

图 5-2　标砖的主要生产流程[17]

马保国等[18]发明了一种双氧水发泡磷石膏轻质砌块及其制备方法，其组分包括：磷高强石膏 60～80 份，粉煤灰 10～30 份，生石灰 1～5 份，双氧水 1～5 份，轻集料 2～8 份，纤维 2～8 份，硬脂酸钙 0.5～2 份，激发剂 0.1～0.5 份，缓凝剂 0.05～0.25 份，保水剂 0.05～0.15 份。本发明的石膏轻质砌块的特点是：①轻质保温，干密度 300～600kg/m³，导热系数均为 0.1 W/(m·K)；②凝结时间快，早期强度高，初凝时间小于 100min，2h 抗压强度可达 80%以上；③软化系数高，软化系数可达 0.7 以上；④制备工艺简单，有效利用工业废弃物，绿色环保。

为使磷石膏进一步实现大规模无害化应用，骆真等[19]提出了一种直接以新排含水磷石膏为原料制备石膏砌块的绿色工艺。该工艺可概括为"先成型—再蒸压—后湿养"三个步骤，其最佳工艺参数为：α-半水石膏与预处理磷石膏质量比为 20：80，泡沫掺量为 8%，玻纤掺量为 5%，蒸压温度为 140℃，保温时间为 3h，湿放养护为 7d。在此条件下制备的轻质石膏砌块其表观密度为 784kg/m³，断裂荷载为 3004N，软化系数为 0.81，热导系数为 0.16W/(m·K)，水溶性磷、氟低于离子色谱法检测限，对环境无害，为优质轻容重保温砌块。

5.1.2　石膏板材

利用磷石膏制备的石膏板材可分为两类：纸面石膏板和无纸面石膏板。

1. 利用磷石膏制备纸面石膏板

国外磷石膏在纸面石膏板中的应用如表 5-1 所示，其列出了 5 个磷石膏产量大国对

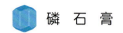 磷 石 膏

磷石膏处理及利用情况[20]。

表 5-1　五个磷石膏产出大国对磷石膏的处理及利用情况[20]

国家	堆存	利用情况
日本	0%	接近 100%，其中 60% 用于生产石膏粉和石膏建材，30% 用于生产水泥缓凝剂，其他 10% 应用于食品、医疗等行业
巴西	50%	约 50%，其中约 40% 用于农业生产，10% 用于建材生产
美国	100%	少量用于农业、路基材料的研究
印度	80%	约 20% 用于农业生产、建材生产
西班牙	100%	少量用于肥料、土壤改良剂研究

如上表所示，日本约 60% 的磷石膏用于生产石膏粉和石膏建材，每年有 2Mt 磷石膏制成纸面石膏板，德国和英国每年约有 1Mt 磷石膏制成纸面石膏板[21]。我国纸面石膏板的开发始于 20 世纪 70 年代，通过引进、消化和吸收，中国新型建筑材料工业杭州设计研究院先后开发了 400 万 m^2/a、200 万 m^2/a 和 3000 万 m^2/a 国产化纸面石膏板生产线[22]；合肥四方磷复肥有限责任公司与合肥鸿鹏商贸有限公司合作开发了磷石膏生产石膏板等装饰材料，可处理磷石膏 400t/d；铜陵化学工业集团有限公司建设了 1 套 $4×10^7 m^2/a$ 纸面石膏板生产线，以消耗该厂副产的大量磷石膏。据不完全统计，2021 年国内以磷石膏为原料生产纸面石膏板占磷石膏产量的 14%，达到 900 万 t。

近年来，纸面石膏板发展迅猛，国内生产的纸面石膏板主要以天然石膏和脱硫石膏为原料，随着产业转型，政策的推动，不少企业开始研发其他材料为原料的纸面石膏板，如磷石膏为当今研究的潮流。

目前，我国磷石膏制纸面石膏板总产能约 $3.5×10^8 m^2/a$，单系列最大规模为昆明英耀建材有限公司的 $7×10^7 m^2/a$，还有贵州瓮福（集团）有限责任公司 $3.0×10^7 m^2/a$、湖北泰山建材有限公司 $3.0×10^7 m^2/a$、山东奥宝化工集团有限公司 $3.0×10^7 m^2/a$、江西六国化工有限责任公司 $2.0×10^7 m^2/a$、云南云天化股份有限公司 $2.0×10^7 m^2/a$、江西华春企业集团有限公司 $1.5×10^7 m^2/a$、河南华泰建材开发有限公司 $1.2×10^7 m^2/a$、山东泰和集团有限公司 $1.0×10^7 m^2/a$、铜陵化学工业集团有限公司 $1.0×10^7 m^2/a$、山东红日阿康化工股份有限公司 $6.0×10^7 m^2/a$、合肥泰山石膏有限公司 $5.0×10^7 m^2/a$、钟祥市春祥化工有限公司 $3.0×10^7 m^2/a$ 等[23]。

据 2016 年统计，采用磷石膏生产石膏板仅占磷石膏利用总量的 5.7%。制备纸面石膏板的主要原料是 β-半水石膏。目前，生产 β-半水石膏的绝大多数企业采用天然石膏或脱硫石膏来制备 β-半水石膏，磷石膏制备纸面石膏板的规模较小，且与脱硫石膏混合使用，未实现完全替代天然石膏和脱硫石膏。

磷石膏中的杂质对石膏性能有一定的影响，因此探寻磷石膏在纸面石膏板中的应用可能性，不仅有利于磷石膏的综合利用，而且也为石膏板生产的原料选择提供参考。人们在使用未经处理的磷石膏时发现很多问题，给其应用带来了诸多不良影响。从实验室结果以及调研情况来看，大部分磷石膏的放射性低于 GB 6566—2010 的限量，但是其内外照射指数为脱硫石膏的 10 倍；磷石膏的 pH 大部分在 3～5，若 pH 较低，在生产时可能引起

护面纸与板芯黏结性能不好，而且石膏熟料凝结时间较长，对设备腐蚀较大；酸不溶物和铁、铝含量较高，在生产时对设备磨损较大；可溶性氟可能影响硬化磷石膏浆体的强度。

水洗处理能有效降低磷石膏杂质的含量，减少磷石膏熟料在使用过程中的不良影响，对可溶性杂质降低效果显著，对有机物含量降低较少；使用磷石膏生产耐水纸面石膏板时不宜采用硅油防水剂，可使用乳化石蜡作为防水剂；以磷石膏为原料时可以增强石膏板的耐火性能[24]。

孟凡涛等研究发现，利用磷石膏生产纸面石膏板时，可通过加石灰水水洗降低磷石膏中杂质的影响，并通过添加高分子黏合剂改善护面纸与石膏芯的黏结性能[25]。该研究所采用的工艺流程如图 5-3 所示，与用天然石膏生产石膏板的主要不同在于：增加了水洗工序；煅烧温度制度不同；在石膏板成型配方中加入了复合添加剂。添加剂为自制复合添加剂，由聚乙烯醇（10%~30%）、木钙（10%~20%）和明矾石（40%~80%）等组成。其他工艺和材料，与普通纸面石膏板的生产相同。以磷石膏代替天然石膏为主要原料，通过此研究工艺生产的纸面石膏板，各项性能符合 GB/T 9775—2008 的要求、放射性符合 GB 6566—2001 A 类材料的要求，完全满足室内装饰要求。该研究成果表明，利用废磷石膏生产纸面石膏板具有可行性。

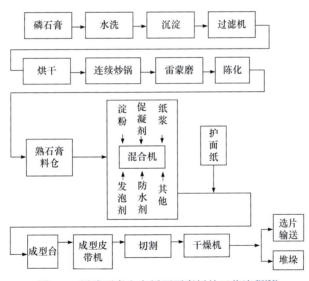

图 5-3　用磷石膏生产纸面石膏板的工艺流程[25]

磷石膏在制备纸面石膏板中的生产技术：磷石膏是生产纸面石膏板的主要原料，掺入适量纤维增强材料和外加剂，与水搅拌后浇注于两层护面纸之间，经成型、凝固、切断、干燥、切割而成建筑板材。利用磷石膏制纸面石膏板包括制粉和制板两个工序，如图 5-4 所示。以江西贵溪化肥有限公司生产流程为例[26]，通过分析磷石膏制备纸面石膏板的生产流程，可以得出该生产过程的几大控制要点：磷石膏脱水温度控制、纸芯黏结调控、湿板凝固皮带速度调控以及磷石膏 pH 控制。其中，生产磷石膏纸面石膏板过程中遇到的最主要的困难就是纸芯黏结调控。

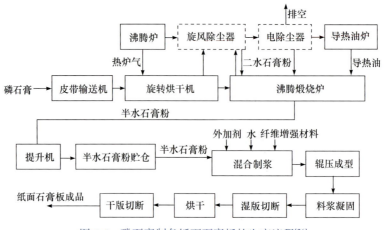

图 5-4 磷石膏制备纸面石膏板的生产流程[26]

生产过程中影响纸芯黏结的因素涉及原料、辅料和各工艺控制等多方面，如磷石膏中 K^+、Na^+ 等杂质影响，发泡剂稳定性的影响等，这些因素都会引起板芯黏结不良的问题。

目前利用磷石膏制备纸面石膏板存在很多问题。由于磷石膏杂质较多，目前在制备纸面石膏板时其与脱硫石膏或天然石膏混用，无法达到完全替代二者的目的。磷石膏在使用时必须经过预处理，处理方法仍需改进，预处理成本问题也须解决。

2. 利用磷石膏制备无纸面石膏板

无纸面石膏板是相对于纸面石膏板的一种新型建筑板材。其基本特征是不需要使用护面纸。

田甜等研究发现，利用未经处理的原状磷石膏，通过调整其与水泥、矿渣、生石灰的基体配合比，掺加不同纤维可制成高韧性磷石膏板材。该体系板材最优配合比为：水泥 20%，矿渣 20%，磷石膏 60%，PP 纤维 1.5%，生石灰 3%，水料比 0.2%，减水剂 0.2%。磷石膏掺量在 0%～50% 时，基体强度均在 50～60MPa，但其掺量超过 50% 后，强度线性下降[27]。

吴双等[28]开发了一种"切割法"生产磷石膏板材的技术路线，其是把磷石膏浇筑成型、石材加工和板材深加工集成创新为一个新型工艺路线，优势在于生产效率大大提高，产品扩展丰富，自动化程度高，生产难度降低，是实现绿色制造、智能化生产的好途径。

中国地质大学（武汉）周俊等[29]自主研发了"加压水化法"生产无纸面、无纤维、高强度石膏板，主要用作永久模板，用于建造现浇墙；同时可用于轻钢龙骨复合墙的隔墙板，以及隔断-装饰一体板。

该技术的基本工艺方案为如下。①炒制石膏粉：将磷石膏在常压条件下炒制，得到半水磷石膏；②掺水混合：通过精准掺水设备，将水按一定比例掺加到半水磷石膏中，形成湿润粉体；③搅拌造粒：将湿润粉体搅拌，形成颗粒料；④振动筛分：对颗粒料进行振动筛分，筛下料进入后续压机压制成型，筛上料返回到搅拌机中继续搅拌；⑤压制成型：通过自动送料、布料设备，将颗粒料填充到压机模具中，施加压力，将颗粒料压制成型；⑥水化增强：保持压力压密前提下，对板坯进行浸水处理，以使坯体充分水化，产生的二水石膏晶体相互紧密搭接、咬合在一起，形成高强度石膏胶凝体结构，以使板坯强度达到 10MPa 以上；⑦湿板干燥：通过传送装置将板坯送至干燥机烘干，即得到高强度无纸面石膏板；⑧打包入库：对产品进行打包，形成最终产品。

该高强度无纸面石膏板的优势在于：①原料单一。加压水化法生产高强度无纸面石膏板，仅以磷石膏为唯一原料，不使用护面纸，不掺加纤维，不掺加发泡剂、增强剂、黏结剂等。②磷石膏不需要预处理。该技术对磷石膏的杂质容忍度高，磷石膏中的杂质可以有效固化在高致密度的板体内部，既不会影响高强石膏板的生产，又不容易释放到环境中，故原料不需要水洗脱盐、不需要提纯，而直接炒制为β-半水磷石膏即可使用，大幅降低了原料预处理成本。③强度高、抗锤打性强，可铆固。抗折强度指标高于 10MPa，可以使用自攻螺钉将该板材铆固安装在轻钢龙骨上，也可以承受一定程度的敲打锤击，满足墙体板材的强度要求。④生产成本低廉。本工艺中，因不使用护面纸，不掺加纤维，不掺加发泡剂、稳泡剂、增强剂、黏结剂，不水洗脱盐，不提纯去杂，只直接以磷石膏作为唯一原料，原材料成本可大幅降低。据测算，该板材的生产成本小于 4 元/m²。⑤可制备高防水板材。由于产品结构致密，水不易浸入。同时，在生产中，可浸泡或喷涂防水剂，且由于产品致密、表面平整光洁，防水剂的使用量少。⑥环保效应好。一方面，产品结构致密，对磷石膏中的有害杂质，可以起到很好的固化作用，不再产生环境危害；另一方面，不使用生产环境污染重的纸张、纤维、添加剂等原材料，产品物料组成更加经济、环保。

5.1.3 粉刷石膏

粉刷石膏具有凝结硬化快、黏结力强、防水性能好、体积稳定性好、质地细腻光滑等优点，在欧美等发达国家使用广泛。近年来，粉刷石膏以其良好的操作及物理性能，在国内得到发展和应用。随着我国建筑业的迅速发展，对新型墙体材料的需求量也越来越大，目前全国潜在消费需求量在 100 万～200 万 t/a。

目前市场上存在的粉刷石膏价格昂贵，成本较高，一定程度上限制了性能优良的粉刷石膏产品被更多用户接受。因此，开发磷石膏粉刷石膏，既可以大量利用磷石膏，减轻磷肥企业的压力，又可以借廉价的磷石膏及一系列的优惠政策，快速地推广和发展粉刷石膏产品。

磷石膏产品已经成功地应用于各类石膏制品，而粉刷石膏产品也存在着潜在的巨大市场，而且在应用中，可以和石膏墙体材料配套应用。磷石膏产品价格低廉，性能完全可以满足粉刷石膏的配制用料要求。

磷石膏生产粉刷石膏的工艺设计原则有[30.31]：①环境资源、能源消耗最小化原则；②环境污染零负荷原则；③产品先进性原则；④产品健康、舒适性原则；⑤经济合理性原则。以下的措施将会很好满足以上几个原则：一是磷石膏粒度细，可以减少破碎、粉磨工艺环节，而且粉刷石膏煅烧温度低；二是采用非水洗预处理磷石膏杂质，无二次污染；三是利用炒锅或回转窑低温煅烧磷石膏，不会分解出 CO_2、SO_2 等有害气体；四是施工废弃物随墙体材料循环利用，避免产生建筑垃圾。在"双碳"政策之下，国家对大量排放 CO_2 温室气体的硅酸盐水泥和石灰进行限定，而以粉刷石膏替代传统的水泥砂浆和石灰砂浆的绿色建筑材料将受到鼓励。

磷石膏的成分组成、细度等特性，不同外加剂（包括保水剂、缓凝剂和减水剂）等因素，对制备的粉刷石膏都有较大的影响。下面是国内相关研究人员取得的研究进展。

任守政[32]针对影响磷石膏性能的因素进行了大量的实验，发现二水石膏粒度在0.2mm左右、陈化时间在15d左右，半水石膏的性能好且稳定。根据石膏的脱水理论和水化理论探讨了杂质对磷石膏性能的影响机理，发现石膏晶体由原来的针状变成了块状、棒状，晶体呈簇状、团状分布，从而造成晶体间的搭接点少、孔隙率变大，石膏的性能变差。采用循环水洗法除去磷石膏中的可溶性杂质，效果良好，比其他方法大大减少了用水量且没有二次污染，而且用此法能制备出性能良好的粉刷石膏。

王波[30,31]对磷石膏进行预处理（筛分、水洗、石灰中和）、脱水、陈化，然后采用绿色工艺设计，将预处理后的磷石膏，加入柠檬酸三钠、无机保水剂等配料，在搅拌机内充分混合（混料），制备出磷石膏基粉刷石膏，其符合粉刷石膏质量标准。

谢超凌[33]通过对远安磷石膏的粒度分析及矿物组成分析，确定了各粒级中二水石膏含量以及杂质的分布情况。通过煅烧、磨矿、陈化、掺加石灰等，制备出的磷石膏粉抗折强度达到2.78MPa，达到国家标准优等品要求，完全适合于工业上的生产，为远安磷石膏的开发利用奠定了良好的基础。掺加石灰实验表明，在煅烧前加入生石灰，不仅能中和磷石膏中的酸性物质，还能激发石膏生成复合胶凝材料，提高其强度，达到优等品标准。在实验室回转窑中进行了扩大实验研究，所制得的石膏制品通过SEM照片，从微观结构上分析了掺加生石灰的石膏水化产物强度较高的原因主要是晶体间形成相互搭接的网状结构。

陈兴福等[34]以四种不同来源、不同物理性能的磷石膏煅烧制得的半水石膏粉为基料，根据磷石膏的成分组成、细度等特性，通过不同外加剂，包括保水剂（主要指甲基纤维素和羟丙基甲基纤维素）、缓凝剂、胶黏剂等对其敏感度的不同，通过各种实验数据比对，配制出物理性能各项指标满足和超过行业标准中面层和底层要求的磷石膏粉刷石膏。而且在配制方法上使用复合缓凝剂、增强剂和改性剂，不但凝结时间延长，而且强度降低幅度小，综合性能指标均得到很好的改善。通过较大面积的施工实验，由于采用了性能优良的外加剂，以及磷石膏中存在的多种微量化学物质的作用，磷石膏配制的粉刷石膏施工性能优于同类的天然石膏粉刷石膏产品，施工后极少出现空鼓、裂纹等天然粉刷石膏较容易出现的问题，这一点说明磷石膏具有独特的优越性能。

马保国等[35]研究了羟基酸类（柠檬酸、柠檬酸钠、酒石酸）、蛋白类（EC缓凝剂）及磷酸盐类（多聚磷酸钠）等不同种类缓凝剂对建筑磷石膏的缓凝效果和强度损失，以及羟丙基甲基纤维素（HPMC）掺量对保水性能的影响，并对比了萘系减水剂与三聚氰胺系减水剂的减水效果。结果表明用三聚氰胺系减水剂效果较好，掺量为0.5%时减水率达到9%，配制的粉刷石膏满足质量标准。

此外，还可以加入不同的成分，如水泥熟料、工业煤渣等来制备粉刷石膏。陈群[36]发明了一种将磷石膏加工为粉刷石膏的方法。配方：磷石膏、煤矸石或工业煤渣、膨润土或黄黏土。方法：①将煤矸石或工业煤渣粉碎至颗粒为0.01～0.3μm的粉料；②放入搅拌机内搅拌均匀，再加入12%～14%清水搅拌均匀后，在温度2～45℃状态下用压球机压制为球状体；③将压制为球状体的半成品自然风干；④将风干后的半成品送入立式环保煅烧窑内，在 800～1100℃状态下煅烧 5～8 h；⑤将煅烧后的半成品混合料按总质量另添加 30%～40% 的成品水泥熟料或助凝剂拌匀后，用球磨机制成粉状料，即为成品。

5.1.4 抹灰石膏

为了变废为宝，以磷石膏为基料，结合石灰价廉、防潮性能优于石膏等特点，利用这两种传统胶凝材料的各自优点，弥补对方的不足，开发出抹灰石膏。它可以用于建筑顶面、砖墙、砂子灰墙等，其施工性能和强度均优于其他粉刷材料的抹灰膏。它不仅解决了纸筋灰现场加工复杂的问题，而且操作简单，和易性好，质地细腻，速凝，早强，耐火，耐久，面层光滑均匀、不开裂、不空鼓、不脱落，操作轻松方便，减少湿作业，与传统粉刷材料相比节约工时，降低施工费用，与基材黏结牢固等。尤其突出的是其干燥时间短，解决了多年来未能解决的湿墙喷浆的难题，加快了工程进度。因此，其经济与社会效益相当明显。

抹灰石膏的制备原理：混合石膏受热脱水，使生石灰消解，而生石灰消解剧烈放热，又加快石膏脱水过程。生产出的混合石膏粉料，再加入一定量改性剂后得到一种薄层抹灰材料：抹灰石膏，其反应式为

$$2(CaSO_4 \cdot 2H_2O)+3CaO \Longrightarrow 2(CaSO_4 \cdot 1/2H_2O)+3Ca(OH)_2+355.3kJ \quad （5-1）$$

用磷石膏生产石膏-石灰干混合物，具有热效率高的特点，因此不仅可节省烘炒磷石膏的燃料，而且依靠生石灰消化的热量，还能使游离水蒸发。

抹灰石膏的制备流程如下[37]：石膏-石灰混合料炒制—混合粉料陈化—混合料凝结时间调节（加入缓凝剂）—混合料保水剂选择。

蒋其刚[37]利用上述方法制备抹灰石膏，参照日本的抹灰石膏国家标准，结合手工抹灰的操作习惯，拟定了供研究抹灰石膏配合比、性能用的抹灰石膏质量要求，并按 JIS 6904—1976 标准试配方法实测，与基材黏结强度达 1.02MPa，高于抹灰石膏的质量要求（>0.3MPa）。

利用磷石膏生产抹灰石膏不仅能缓解天然石膏缺乏地区对建筑石膏的需求，更有利于磷石膏的综合利用，可以缓解磷石膏带给磷肥工业的压力[7]。

石膏砂浆性能优异、绿色环保，近几年需求量呈现快速增长趋势，预计 2024 年全国石膏抹灰砂浆的需求量可以达到 2000 万 t，自 2014 年以来，连续多年保持 10% 以上增速，其中以轻质抹灰石膏的增长速度最快，目前大量建设项目采用轻质抹灰石膏代替预拌砂浆用于内墙找平施工。

钱中秋等[38]对山东、湖北、云南等区域磷石膏粉取样分析，磷石膏预处理及煅烧工艺严格控制，制备出性能优异的石膏粉。采用磷石膏粉配制涂布率分别为 130m²/t、160m²/t 的轻质抹灰石膏。涂布率 130m²/t 的轻质抹灰石膏胶凝材料与玻化微珠（70～90 目）的比例为 1000kg：800 L，涂布率 160m²/t 的轻质抹灰石膏胶凝材料与玻化微珠（70～90 目）的比例为 1000kg：1200 L。测试轻质抹灰石膏的性能：制备的轻质抹灰石膏抗压强度大于 2.5MPa、拉伸黏结强度大于 0.30MPa，具有推广应用的可行性。

纯磷石膏作为胶凝材料制备石膏砂浆时最直接的问题就是磷石膏酸性中和问题，因为许多石膏砂浆的外加剂要发挥作用都是需要在中性、弱碱性甚至碱性环境才行，所以

磷 石 膏

在胶凝材料配合比中可添加不同的碱性调节剂［灰钙粉、水泥、Ca(OH)₂、NaOH］用于中和磷石膏酸性。例如，轻质抹灰石膏胶凝材料的配制：磷石膏 98%、灰钙粉 1.5%、纤维素醚 0.3%、触变剂 0.2%，石膏缓凝剂适量（按终凝时间 120min 左右控制添加量）[39]。碱性调节剂对磷石膏基石膏砂浆的凝结时间、水化热、力学强度和软化系数等性能会产生影响。研究发现，用 Ca(OH)₂ 调节 pH 是比较好的选择，此时石膏砂浆的初终凝时间分别为 82min、112min，抗压、抗折、抗拉强度分别为 4.68MPa、2.33MPa、0.47MPa，软化系数为 0.40[39]。

柳华实等[40]以磷石膏为原料制备抹面砂浆，产品满足 M15 的各项技术指标要求。但是磷石膏中的杂质（如游离的磷酸、钠盐、钾盐、有机物杂质等）会阻碍半水石膏水化，影响磷石膏制品的性能[41]。除此之外，磷石膏还存在耐水性差和强度低的缺点，软化系数通常只有 0.25 左右，且受潮后磷石膏制品的强度会进一步下降，一定程度上限制了磷石膏制品的推广使用。国内外学者在改善石膏材料的耐水性能方面开展了许多研究，耿佳芬等[42]掺入苯基改性有机硅防水剂，石膏吸水率降低了 33.76% 左右；陈明杰等[43]利用硅烷偶联剂/聚乙烯醇复合防水剂，将石膏制品吸水率降至 0.9%；丁益等[44]以硅烷偶联剂改性甲基硅醇盐类有机硅防水剂，将石膏软化系数提升至 0.7。众多文献及专利均表明[41-48]，合适的有机乳液或防水剂均可使石膏拥有优异的耐水性。

魏靖等[45]把磷石膏和水泥混合制备出砂浆，加入生石灰，实现水泥砂浆改性。这种改性磷石膏水泥砂浆制备方法如下：先将砂与生石灰处理的磷石膏搅拌 1min（干拌），再加入水泥和水搅拌 2min，然后将拌和物装入模具并振捣制备成砂浆试块，静置 24 h 后拆模放入养护室中，养护 28d 后拿出养护。研究发现生石灰改性会影响磷石膏水泥砂浆的耐久性能（包括抗渗性能、抗冻性能、抗腐蚀性能）。当生石灰掺量为 2% 时，改性磷石膏水泥砂浆耐久性最优，适量的生石灰可以提高磷石膏水泥砂浆的耐久性。这种方法所采用的原料价格低，来源广，不仅可以有效利用磷石膏资源，而且还能改善磷石膏水泥砂浆性能、磷石膏水泥的耐久性。

王智娟等[46]以云南磷肥企业副产物磷石膏为原料，经高温烧结制得β-半水磷石膏，再添加化工原料来改善砂浆性能。考察了缓凝剂（柠檬酸、SG-12）、减水剂（萘系、聚羧酸类减水剂）等对磷石膏砂浆主要性能的影响，确定了砂浆配比并将此配比应用于不同企业生产磷石膏，产品性能均优于《抹灰石膏》（GB/T 28627—2012）要求，普适性较强。

高育欣等[47]采用预处理的改性磷石膏研究了水胶比和减水剂掺量对改性磷石基抹灰砂浆物理性能、力学性能和耐水性能的影响，并通过在体系中引入有机硅防水剂来进一步改善磷石膏抹灰砂浆的耐水性能。结果表明：减水剂掺量和水胶比是影响磷石膏抹灰砂浆性能的主要因素，低水胶比和低减水剂掺量有利于其力学性能和耐水性能提升，且减水剂掺量不宜高于 0.9%；有机硅防水剂虽然能有效改善磷石膏抹灰砂浆的耐水性能，但会对其强度造成不利影响，所以实际应用时其掺量不宜高于 0.6%；水化产物中的凝胶和钙矾石可以填充二水硫酸钙晶体间空隙，有利于提高试件密实度、强度和软化系数。有机硅防水剂会在水化产物表面和间隙中形成防水膜，可以进一步改善试件耐水性能。

5.1.5 自流平砂浆

自流平砂浆是一种特殊的砂浆。它由胶凝材料、骨料及化学外加剂等组成，具有良好的流动性及稳定性，劳动强度低，早期强度高，施工速度快，广泛地应用于各种大型领域，如学校、医院、工厂、商店、公寓、办公楼等地面找平施工。自流平砂浆根据胶凝材料的不同，可分为水泥基和石膏基两种类型。根据全国各地的特殊需要，脱硫石膏、磷石膏、氟石膏、天然石膏均可作为石膏基自流平的主要原材料使用[49-51]。

目前，各国利用工业副产磷石膏新制的抹灰石膏、自流平石膏等产品逐渐增多。抹灰石膏在一些发达国家的利用量已超过全部抹灰用量的 50%，同时在我国也开始普及。对于自流平石膏的生产与应用，在日本和西欧等地已较为普遍。但在国内，能够生产自流平石膏的企业不足 10 家[52]。目前自流平石膏在国内仍处于研究阶段，还未进行大规模的开发，未来的发展空间大且应用前景广阔。

2012 年，徐迅等[53]先将磷石膏改性处理，筛去较粗的磷石膏颗粒，将磷石膏在烘箱中放置 6 h，温度为 160℃，使磷石膏变成半水石膏，在行星式球磨机中粉磨 2min，在较成熟的石膏自流平配方中，加入磷石膏替代部分胶凝材料。配方为硬石膏、磷石膏、半水石膏、石英砂、干砂、石膏缓凝剂等。实验证实了利用磷石膏制备自流平材料是可行的。

马保国等[54]发明了一种α-高强石膏基自流平材料及其生产工艺，其原料组分按质量百分数计为：α-高强石膏粉 40%～60%，集料 30%～50%，水泥 1%～4%，粉煤灰 1%～4%，可再分散胶粉 2%～4%，缓凝剂 0.1%～0.3%，减水剂 0.2%～0.75%，保水剂 0.1%～0.25%，引气剂 0.1%～0.4%，消泡剂 0.05%～0.15%。然后将原料混匀，即制得α-高强石膏基自流平材料，所得的α-高强石膏基自流平材料经过检测，达到《石膏基自流平砂浆》（JC/T 1023—2007）要求，30min 流动度损失、初凝时间、终凝时间、抗折强度、抗压强度及收缩率都符合要求。

2014 年，卢斯文[55]利用磷石膏制备高强度石膏胶凝材料的理论基础，系统研究了常压水热工艺中各种变量对磷基高强石膏胶凝材料晶体形貌的影响，确定磷基高强石膏胶凝材料的工艺参数；然后以磷基高强石膏胶凝材料作为结构形成材料，研究塑化材料和无机外加剂材料对磷基高强石膏胶凝材料各项性能的影响，为磷石膏基自流平材料（phosphogypsum-based self-leveling material，PGSL）的研究和应用提供理论指导和应用参考。

Yang 等[56]以二水磷石膏和特种水泥为原料制备水泥基自流平砂浆。Wang 等[57]采用磷建筑石膏、硫铝酸钙水泥为原料制备石膏基自流平砂浆。权刘权等[58]采用蒸压处理的脱硫石膏等为原料，制备了石膏基自流平砂浆。在配制自流平砂浆中，若选用特种水泥，会存在成本高的缺点。然而，选用磷建筑石膏为原料，存在力学强度低的缺点，采用蒸压法处理磷石膏，又存在工艺复杂的缺点。

冯洋等[59]以磷石膏煅烧改性成的无水磷石膏为主要原料，通过掺入α型高强石膏提高早期强度及缩短凝结时间，减少外加剂掺量，为磷石膏制备自流平砂浆提供新技术参考。将磷石膏煅烧成无水磷石膏，不仅可以有效去除磷石膏中 P、F 及有机物等有害杂质的影响，而且由于制备无水磷石膏过程中水灰比 (0.45～0.55)远低于建筑石膏水灰比(0.80～0.83)，还可减少水化硬化体残留的孔洞，硬化体强度高。采用 42%无水磷石膏、28%α型高强石膏、30%石英砂、0.01%蛋白质类 PE（PlastRetard® PE）缓凝剂、0.2%三聚氰胺减水剂、0.1%羟丙基甲基纤维素(HPMC)配制的磷石膏基自流平砂浆性能指标均满足《石膏基自流平砂浆》（JC/T1023—2007）的要求。

张雨薇等[60,61]研究了减水剂、缓凝剂对磷石膏基胶凝材料基本性能的影响，采用玻化微珠改进和优化石膏基自流平材料的热工性能，制备出性能稳定的轻质石膏基自流平材料。根据轻质石膏基自流平材料的特点，设计了建筑楼地面及屋面构造，利用 DeST-h 建筑能耗软件对改进楼地面构造或屋面构造的住宅与传统构造的住宅进行了建筑能耗对比分析。这些研究有利于提高石膏的综合利用率，促进绿色建筑材料的发展。他们对比研究了不同缓凝剂、减水剂对石膏基胶凝材料的影响规律。柠檬酸缓凝剂对石膏基胶凝材料的缓凝效果稳定，当石膏基胶凝材料掺 0.10%～0.15%的柠檬酸缓凝剂时，缓凝效果最好，且对力学性能影响最小。萘系减水剂能有效改善石膏基胶凝材料的 30min 流动度损失，当石膏基胶凝材料掺入 0.3%～0.4%萘系减水剂时对 30min 流动度损失改善效果最佳，且对力学性能影响最小。

马保国等[62]又发明了一种磷石膏基自流平材料及其制备方法，基本组成是β-石膏粉、常压水热法制备的高强石膏粉、磷石膏晶须、集料、缓凝剂、减水剂等。与现有石膏基自流平材料相比，该发明利用了大量的工业废弃物磷石膏，而且产品质量更好，加入磷石膏晶须，可以显著提高其抗折强度，生产成本也有所降低。磷石膏晶须能够增加强度的主要原因是石膏纤维之间存在一定的表面结合力，其在磷石膏自流平材料中相结合，形成一定的结构网络。该材料的基本性能为：24 h 的抗折强度为 3.3MPa，24 h 的抗压强度为 14.4MPa，30min 流动度损失为 2mm，初凝时间 81min，终凝时间 90min，绝干拉伸黏结强度为 1.2MPa。

张振环等[63]以二水湿法磷酸料浆（含磷石膏）为原料，用泵送入结晶转化槽，加入经计量的硫酸，控制一定的工艺条件使二水石膏向半水石膏转化。半水料浆从结晶转化槽溢流至半水养晶槽，停留一定时间，使半水晶体发育长大。然后把合格的半水料浆过滤、洗涤、烘干、粉磨，制成α-高强半水石膏。以α-高强半水石膏为基材，在较成熟的石膏基自流平材料配方中，用α-高强半水石膏替代大量胶凝材料，研发出一种高性能新型环保自流平建筑材料，并对比国家标准《石膏基自流平砂浆》[64]。另外，将α-高强半水石膏、水泥、重质碳酸钙与石英砂在搅拌机中均匀混合，再将缓凝剂、乳胶粉、减水剂、保水剂、消泡剂加入拌和水中充分溶解，然后将拌和水加入搅拌机中充分搅拌制备成自流平材料。进行石膏基自流平材料的物理及力学性能检测，发现制备的石膏基自流平材料性能达到 JC/T 1023—2007 标准[64]。

李前均[65]对湿法磷酸的工艺过程进行了改进。利用硝酸和磷矿反应，再向磷矿酸解液中加入硫酸，制备α-半水石膏，并以该α-半水石膏作为基料制备α-石膏基自流平材料，避免了传统湿法磷酸工业中大量磷石膏废弃物排放。通过实验确定α-石膏基自流平材料的配合比（各组分质量百分比以α-半水石膏和石英砂的质量为基准）：α-半水石膏基料60%，石英砂骨料 40%，水泥 6%，重钙粉掺和料 2%，PC 减水剂 0.2%，三聚磷酸钠缓凝剂 0.1%，HPMC 保水剂 0.15%，可再分散性乳胶粉 1.5%，有机硅油消泡剂 0.1%。该石膏基自流平材料主要性能参数均满足《石膏基自流平砂浆》（JC/T 1023—2007）的要求，是一种性能优良的地面找平材料。

罗慧等[66]探讨了不同种类的无机活性粉料（矿渣、粉煤灰和高活性微粉）和添加剂（保水稳定剂、聚羧酸减水剂等）对磷石膏基自流平砂浆性能的影响，使得制备的磷石膏基自流平砂浆性能符合《石膏基自流平砂浆应用技术规程》（T/CECS 847—2021）的要求，为磷石膏消纳库存提供可行的途径。研究发现，粉煤灰、矿渣和高活性微粉对磷石膏基自流平砂浆的增强作用更显著，后期强度更高。采用高活性微粉和聚羧酸减水剂对磷石膏基自流平砂浆进行优化后，其 30min 流动度损失 2mm，3 d 抗折、抗压强度分别为 4.7MPa、19.0MPa，28 d 抗折、抗压强度分别为 10.1MPa、31.2MPa。

严云等[67]利用 35%～60%磷石膏、13%～20%水泥、17%～40%砂子、0.26%～0.50%减水剂、0.01%～0.024%消泡剂、0.035%～0.3%缓聚剂、4%～14%水，制备出自流平材料。制备的磷石膏基自流平砂浆具有良好的性能。

贵州磷化（集团）有限责任公司是贵州省磷石膏综合利用的主力军，经过不遗余力的努力，现已拥有年产石膏砂浆 85 万 t，石膏条板 360 万 m^2，石膏砌块 335 万 m^2，无纸面石膏板 3000 万 m^2，石膏自流平砂浆 20 万 t 的能力，建材领域可消纳磷石膏 360 万 t 以上，形成了全品类多层次的砂浆类、粉体类、墙体类、家居装饰类等 30 多种建材产品，发展势头十分迅猛。2020 年，贵州磷化（集团）有限责任公司全年排放磷石膏量 892 万 t，年消耗量 932 万 t，利用率达 104.5%。2022 年，磷石膏综合利用 1103.51 万 t，同比增加 6.73%，综合利用率 96.43%，同比提高 11.19 个百分点，创历史新高。

5.1.6 磷石膏制水泥缓凝剂

水泥的性能受其生产过程中熟料成分及水化环境等因素的影响。水泥熟料中主要包含 4 种矿物成分，按其水化速度从大到小依次为 C_3A、C_3S、C_4AF、C_2S。水泥中的 C_3A 遇水会水化，发生不可逆的固化反应，凝结硬化。因此，通常在水泥生产过程中必须加入某种缓凝剂以阻止或延缓其水化反应。掺入适量的石膏作为缓凝剂，可以抑制水泥非正常凝结，保证水泥正常凝结。目前水泥生产行业主要是以天然二水石膏作为水泥缓凝剂。磷石膏的主要成分是 $CaSO_4 \cdot 2H_2O$，其晶体结构与天然石膏基本相同。

使用石膏作为水泥缓凝剂的主要原理为调节水泥的凝结过程，主要表现为：不仅可以使水泥在一定时间内保持可工作状态，还能够使水泥形成一种稳定结构，具有相当的强度。在调节水泥凝结时间上，石膏可与水泥中的铝酸三钙以及铁铝酸四钙形成钙矾石沉淀，以减缓水泥熟料的水化反应，达到缓凝目的。通常作为水泥缓凝剂的天然石膏掺量在 3%～5%之间，过量石膏会造成水泥膨胀，安定性不合格。

用磷石膏取代部分天然石膏作为缓凝剂，对促进资源综合利用和节能减排具有重要意义。由于磷石膏中水和杂质的占比较高，为了保证水泥的质量，使用时需要进行预处理。用磷石膏完全取代天然石膏，将会导致水泥成本增加，因此实验中将以磷石膏作为水泥缓凝剂取代部分天然石膏[68-70]。

Singh 于 2002 年首次尝试用柠檬酸水溶液处理磷石膏，以提纯磷石膏并提高其质量，使其适合于水泥和石膏灰泥的制造。处理磷石膏，将磷酸盐和氟化物杂质转化为可用水去除的柠檬酸盐、铝酸盐和高铁酸盐。他发现纯化后的磷石膏中磷酸盐、氟化物和有机物等杂质的含量低于不纯磷石膏材料。用纯化的磷石膏生产的波特兰水泥和波特兰矿渣水泥与矿物石膏生产具有相似的强度特性，而生产的石膏灰泥符合相关的印度标准[71]。

为了节约天然资源，并满足高温环境下施工的需要，可将磷石膏与天然石膏混合用作水泥缓凝剂。卢春丽等[72]发现磷石膏的掺入，既能保证水泥强度，又能减少熟料的掺入量，可节约成本，降低能耗。与单掺入天然石膏相比，同时掺入磷石膏与天然二水石膏，其总加入量相对较少，且 SO_3 含量相对较低，水泥凝结时间相对较长，符合国家标准；同时，在水泥磨制中熟料掺入量也相对较低，但水泥的 3 d、28 d 抗压强度也较高。此外，磷石膏的加入对水泥的安定性无不良影响，且提高了石灰石的利用率。

磷石膏中的 P_2O_5 能够阻碍水泥的早期水化速度，使水泥的凝结时间延长，早期强度下降，因此要想用磷石膏代替天然石膏作水泥缓凝剂，必须对磷石膏进行预处理。国内外进行了大量的研究，认为磷石膏中磷、氟、有机质等杂质会影响水泥的物理性能，其中磷、氟的影响最大。常用的处理方法主要有：水洗法、石灰中和煅烧法及用碱性物质中和后再造粒等，根据水泥品种的不同可选择不同的预处理方法。预处理后的磷石膏的缓凝作用与天然石膏相当，在增加水泥强度方面还略优于天然石膏。经过改性的磷石膏可代替天然石膏用作水泥缓凝剂。

袁文英等[73]用磷石膏研制了 PC 32.5 缓凝水泥，开发了新品种。结合强度和凝结时间等因素考虑，掺加 5.5%～6%的磷石膏的凝结时间较长，且强度等指标满足缓凝水泥的质量要求。在生产产品的过程中，要注意以下问题：①进厂磷石膏水分较高，一般都高于 14%，因此在生产过程中易出现黏结和堵塞现象，从而导致下料不畅，SO_3 波动，造成水泥质量问题。为此必须对进厂磷石膏进行摊晒，使水分进一步降低，摊晒后入防雨棚内存放。②将磷石膏与新鲜热炉渣拌和，或与干盐泥混合使用，配料计量下料将更加顺畅。③严格控制进厂磷石膏中 P_2O_5 含量，由于其含量过高会引起水泥凝结时间过长，强度大幅下降，因此 P_2O_5 含量必须控制在 0.3%～0.5%。在磷酸生产过程中实现磷石膏中 P_2O_5 含量的控制，加强磷矿石的均化处理和配矿操作，提高磷的萃取率和洗涤率，以此达到降低 P_2O_5 含量的目的[74]。在水泥早期强度较低时应严格控制混合材的掺量，或者选用两种以上显碱性和惰性混合材复掺，以此提高水泥的早期强度[75]。

稍前，日本采用的水泥缓凝剂有 75%来自磷石膏，其对磷石膏质量的要求为：可溶性 P_2O_5 质量分数不大于 0.3%、可溶性氟化物质量分数不大于 0.05%、压制成粒径为 10～30mm 的球状颗粒。处理后的磷石膏可按水量的 4%～6%（质量百分比）加入水泥中，起到水泥缓凝剂的作用[76]。

山东鲁北企业集团总公司、贵州瓮福（集团）有限责任公司、贵州开磷（集团）有限责任公司利用磷石膏生产水泥缓凝剂、石膏砖等，被国家发展和改革委员会选为全国发展循环经济试点单位；安徽铜陵化学工业集团有限公司、山东红日阿康化工股份有限公司、江西六国化工有限责任公司、陕西江友建材有限责任公司、湖北祥云海顺昌磷石膏开发有限公司、贵州路发实业有限公司、四川眉山广益磷化工有限公司、云南云天化集团有限公司和湖北宜化集团有限责任公司也相继投产了磷石膏制水泥缓凝剂的生产线[77]。

在用于生产水泥时，磷石膏从二水形式转变为半水和无水石膏的温度较天然石膏低，导致磷石膏在水泥粉磨时可能产生半水石膏甚至无水石膏，使水泥出现假凝，在混凝土中应用时影响外加剂的使用效果。

此外，磷石膏喂料困难也是磷石膏制水泥缓凝剂在应用中面临的一个重要难题。由于磷石膏含水率高、表观密度大、性质不稳定，既不利于运输和计量，又容易堵塞管道和设备，故使用前应进行造粒成型处理，将其加工成颗粒状或砖坯状，才能满足流动性的要求。在水泥生产过程中，对磷石膏制品进行造粒处理，国内主要使用挤压机，造粒效率低，国外多采用圆盘造粒成球机，其不仅可直接将磷石膏挤压成球，还能够向二水石膏中掺入半水石膏及外加剂混合均匀后通过圆盘成球，这样就大大提高了不同环境下磷石膏的成球效率[78]。

未经处理的磷石膏由于其本身的特殊性，在工业应用上存在诸多问题。现阶段使用较多的为原状磷石膏，只是简单地进行风干处理，然后直接加入到水泥熟料中。这种方法虽然操作简单，投入较少，但存在很多问题：如易造成原料库下料口堵塞，很难保证磷石膏均匀地加入到水泥熟料中，使得水泥水化速率波动较大。不仅如此，简单风干并不能有效去除磷石膏中的水分，多余的水极易造成生产环境污染以及设备侵蚀[79]。

基于以上问题，磷石膏需进行有效处理后方能投入到工业生产中，目前较为有效的措施如下：磷石膏在使用前需进行一定时间的陈化处理，必要时进行晾晒风干，降低体系含水量；为避免出现下料口堵塞现象，可对石膏库库壁及车底下料口进行相应改进，加装偏振式电动机；采用磷石膏与天然石膏混合使用方式，合理调整掺量。

实际生产实践中，设置相应原料库，降低石膏含水率并以此降低石膏烘干能耗；相较国内传统回转烘干机存在的体积大、热效率低等缺点，采用国际上主流的烘干设备气流闪蒸式烘干机，如德国双转子锤磨，目前安徽铜陵化学工业集团有限公司研制出的用于磷石膏烘干的单转子锤式烘干机已经投入到工业化生产中[80]。

对于含水量较大、容易腐蚀设备的磷石膏而言，粉尘收集效果很差，国内已经生产出了一级气箱脉冲袋收尘器，所使用的是 Gore-tex 薄膜滤料，其本身为憎水基，粉尘不易黏附，清灰性能优异，能够实现粉尘 99.99%吸收以及零排放，非常适合现代磷石膏粉尘处理[81]。

5.1.7 磷石膏用作水泥矿化剂

关于水泥工业中在粉磨熟料时用磷石膏作为石膏的代用物问题，水泥科学与新型建筑材料研究所在 20 世纪 50 年代曾研究过。但是高的水分（达 40%）妨碍了它在水泥厂生产中的运用，故要求磷石膏预先脱水。1964 年，苏联发表了文章，研究了磷石膏作为煅烧水泥的矿化剂，根据实验室煅烧的良好效果，进行了生产性试验[82]。

磷石膏与萤石 CaF_2 一起作复合矿化剂煅烧水泥熟料是行之有效的化学活化方法之一，采用这种复合矿化剂可明显降低熟料的烧成温度，实现水泥立窑的优质、高产、低消耗[83]。通过对掺磷石膏、萤石复合矿化剂烧制水泥的节能分析，可以得出，复合矿化剂有利于生料中的 $CaCO_3$ 分解，降低了 $CaCO_3$ 的开始分解温度，说明这种复合矿化剂有明显加速 $CaCO_3$ 分解的作用。值得一提的是萤石中的 CaF_2 在高温蒸汽的作用下，会发生

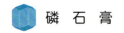 磷 石 膏

如下反应：

$$CaF_2 + H_2O(汽) = CaO + 2HF \qquad (5-2)$$

$$4HF + SiO_2 = SiF_4 + 2H_2O \qquad (5-3)$$

$$2HF + CaCO_3 = CaF_2 + H_2O + CO_2\uparrow \qquad (5-4)$$

第一，熟料中掺磷石膏-萤石复合矿化剂要比不掺复合矿化剂的烧成温度降低 150～200℃。第二，加快了熟料形成的物理化学反应速率。磷石膏以 $CaSO_4$ 为主，并有少量 P_2O_5，萤石的主要成分为 CaF_2。掺磷石膏-萤石复合矿化剂烧成的熟料的化学成分与原来的熟料相比主要是增加了 SO_3、CaF_2 和 P_2O_5 成分。由于这些成分的存在，形成水泥熟料的物理化学反应过程发生了变化，并改变了熟料中的矿物组成，出现了新的矿物。第三，复合矿化剂对水泥熟料强度的影响是 SO_3、CaF_2 和 P_2O_5 共同作用的结果，这种结果加速了高强矿物硅酸三钙(C_3S)的形成，在节省煤耗的同时，提高了熟料早期和后期强度。第四，在对水泥易磨性的影响上，掺磷石膏、萤石复合矿化剂烧成的水泥熟料，由于硅酸三钙含量增加和在主要矿物中固溶了 P^{5+}、S^{2-} 和 F^- 等离子，矿物内部结构发生了畸变，表现在宏观上，熟料比较疏松，易磨性好，提高了水泥粉磨效率，降低了水泥粉磨的电耗。

在水泥生产中，在生料中掺入适量的 SO_3 和 F^- 组分可起到良好的矿化作用，使二氧化硅活化，降低液相形成温度，减小液相黏度，通过低温中间相的形成，C_3S 在较低温度下形成，改善熟料的矿物组成[84]。同时熟料含有少量的 P_2O_5（一般不超过 0.5%），对 S 的形成及游离石灰的吸收有促进作用。磷石膏中二水石膏的含量超过 90%，并含有少量 P_2O_5、F^-，无须预处理就可直接作为矿化剂使用。辽宁省建筑材料科学研究所等单位通过实践证明，磷石膏的矿化作用略优于天然石膏，用磷石膏作矿化剂可提高产量，降低能耗，提高水泥熟料的质量，降低熟料的烧成温度。

水泥生料中掺入含硫、氟、磷等成分的矿物，可以促进生料中碳酸钙分解，使熟料形成过程中液相提前出现，降低烧成温度和液相黏度，促进液相结晶，有利于固相及液相反应，从而生成有利于熟料矿物的过渡相。例如，南京钟山水泥厂采用磷石膏代替天然石膏配以萤石作复合矿化剂，在 2.5m×10m 机立窑上进行生产，实践表明，在工艺条件大致相同的情况下，用磷石膏作矿化剂同以前用天然石膏作矿化剂相比较，立窑台时产量提高 0.8～1.2t/h，最高月份立窑熟料产量达 9.16t/h，游离 CaO 下降 1.0%～1.5%，熟料强度高达 56.8MPa[85]。

王波等[86]探讨了工业废渣磷石膏作煤矸石水泥矿化剂的研究，磷石膏中的 P_2O_5 对煤矸石代黏土煅烧熟料中起稳定β-C_2S、降低液相黏度、利于 C_3S 生长和发育的作用。采用单掺磷和适当配合氟硫多组分掺入生料中进行煅烧取得了更为理想的矿化、助熔效果，优于目前所采用的氟硫复合矿化剂。

5.1.8 生产快硬高强胶结材料

粉煤灰主要来自电厂和城市集中供热的燃煤锅炉排放，粉煤灰的主要成分是二氧化硅（SiO_2）、三氧化二铝（Al_2O_3），能在碱性条件下发生水化，具有潜在的活性硬度，因

此是具有活性成分的物质。对磷石膏、粉煤灰、石灰的胶结性质进行分析，磷石膏、粉煤灰混合料中加入一定量的水后，水泥首先吸水水化，激发粉煤灰的潜在活性，磷石膏、粉煤灰混合料开始胶结，并具有初步的硬度，粉煤灰吸水后受激发开始黏结。由于它们的胶结和黏附性能形成一薄层（即磷石膏-粉煤灰-石灰薄层），薄层形成才得以成为板坯。把形成的板坯放入蒸汽环境中，使之在其中快速地反应，生成具有胶结性能的硬化物，用以生产建筑板材，不仅可以节省资本，还提高了废物资源利用和经济效益。岳子明等[87]用磷石膏、粉煤灰、石灰及其他原料按一定配比加水制成料浆，稀释成一定浓度，注入模具成型，经蒸养、脱模、自然养护、烘干成为成品，生产出新型胶结材料，生成的水硬性胶结物形成以三硫型钙矾石（AFt）为基本结构骨架、以硅酸钙（C-S-H）凝胶为黏结剂的微结构，用以生产内隔墙板或建筑吊顶等非承重结构内隔墙板。

李相国等[88]探究了不同粒度分布对磷石膏-石灰-粉煤灰体系胶结材的物理性能和耐水性的影响。将磷石膏样品与生石灰以及粉煤灰按一定比例混合，陈化，再粉磨达到不同粒径分布。结果表明，磷石膏掺量达到 40%，通过粉磨的物理活化，该体系按照水泥砂浆砌块成型，28d 抗压强度>27.76MPa，软化系数达到 86%，并且无废水排出，杜绝二次污染。

苏联提出用强度 300～500kg/cm^2 高耐水明矾石-磷石膏胶结材料和强度 500～700kg/cm^2 以上的水硬性明矾石-矿渣磷石膏胶结材料代替水泥。这两种胶结料 90%～95% 是由磷石膏废料和矿渣组成的。明矾石用量为胶结料质量的 5%～10%[89]。为了制得快硬强胶结材料，对阿利尼特岩和磷石膏进行煅烧。阿利尼特岩烧至明矾石络合物分散为明矾、碱金属硫酸盐、活性氧化铝及其他成分，而磷石膏烧至含水硫酸钙变为硬石膏。2001年，姜洪义等[90]采用磷石膏-矿渣-氧化钙体系制备建筑胶材料，磷石膏取自湖北祥云（集团）化工股份有限公司，利用不经任何预处理的磷石膏，胶结料配方如制建筑胶材料，采用磷石膏-矿渣-氧化钙体系作为胶结料配方，且采用 50%磷石膏、40%矿渣、10%水泥，外掺 2%生石灰、1.5%早强剂溶入拌和水后一起用搅拌机搅拌，然后浇注振动成型[90]。通过调节胶结料与砂的比例，可以制备出不同力学性能的胶砂制品。以水泥和生石灰为碱性激发剂时胶结料制品的抗压强度最高，达到 12.62MPa。磷石膏-矿渣-水泥-氧化钙体系的主要水化产物为钙矾石和水化硅酸钙。钙矾石相的形成很快，在水化几小时后就有析出，并在 3～7 d 内达到最大值。

硫铝酸盐水泥在我国被称为除硅酸盐水泥、铝酸盐水泥之外的第三系列水泥。磷石膏替代天然硬石膏生产硫铝酸盐水泥熟料时，磷石膏中的杂质可作为矿化剂，促进水泥熟料矿物形成，磷石膏分解产生的氧化钙可以替代部分石灰石，实现磷石膏在硫硅酸钙-硫铝酸盐水泥熟料制备中的最大化利用[91]。张浩等[92]利用磷石膏烧制出贝利特—硫铝酸盐水泥，得到初凝时间约 30min，终凝时间约 60min，28 d 抗压强度在 49MPa 左右的胶凝材料。

利用磷石膏制备低碱型硫铝酸盐水泥。磷石膏低碱度水泥是以石灰石、矾土和磷石膏为原料在立窑中烧制的硫铝酸盐水泥熟料，熟料的主要矿物为无水硫铝酸钙（65%左右）和硅酸三钙（25%左右）。实验室和工厂生产试验表明，该水泥具有早期强度高、硬化快、碱度低、微膨胀等特性，成本低于硅酸盐水泥，用该水泥制造的玻璃纤维增强水

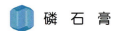

泥制品具有密度小、强度高、韧性好、耐水、耐火、可锯、可钉、不翘曲、不变形等优点。

5.2 路基材料

磷石膏应用于公路建设，既能减少环境污染，又能降低缺土地区的公路投资。在用作路基填料方面，国内外均做过一些尝试性研究。已有一些研究将磷石膏作为主料用于路面基层或路基中，但其抗压强度、吸水性等不能满足要求。

20 世纪 90 年代，国外在道路工程应用磷石膏的工作方面已取得了一定的成效，苏联、日本、美国等国家用磷石膏、石灰、粉煤灰加固路基，并用于高等级公路路面的基层。

1975~1987 年，苏联在柴林诺格拉特地区用石灰、磷石膏和粉煤灰加固路基，修筑了五个公路试验段。工程用磷石膏、碳化石灰(粉状熟石灰)和柴林诺格拉特第 1 热电站的粉煤灰做了土壤加固。由于仅仅使用石灰，活化效果不好。在加固土壤时，从获得的强度和抗冻效果来看，除石灰和粉煤灰外，再加上石膏效果要好得多[93]。

磷石膏工业废渣用于道路建筑，不仅能有效解决大量工业废渣造成的环境污染问题，而且使用后对于半刚性基层的性能有明显的改善，使半刚性基层具有较高的强度和稳定性，且能减少半刚性基层开裂。

1993 年，赵倩等[94]以工程上常用的石灰土和石灰、粉煤灰基层材料作对比，测定了掺有磷石膏混合加固体的多种力学性质，结合现代微观分析手段，深入探讨了掺有磷石膏的基层强度形成和发展的机理。经试验路验证：在适宜的配合比条件下，磷石膏是一种性能优良的筑路新材料。该材料的应用不仅提高了道路工程质量，降低工程造价，还可有效地改善环境条件，有显著的技术经济效益和社会效益，为工业废渣的利用和工程效益的提高开拓了一条新的途径。

试验分析证明，在石灰、粉煤灰同时存在的混合料中掺有磷石膏(如石灰：粉煤灰：磷石膏=12：48：40，质量比)的效果要比作为对照的石灰土、二灰土性能好得多，尤其在碱性添加剂(Na_2CO_3)的作用下，稳定体的早期强度形成更快，强度上升也达到了较高数值，并且掺有磷石膏的混合体收缩系数均小于不掺石膏者，这主要是磷石膏特殊反应机理所致。这证明了磷石膏是一种性能优良的路用添加料，用其稳定基层具有强度高、整体性好的特点。磷石膏稳定基层形成强度机理有其独特性，生成了具有增密性和膨胀性的钙钒石晶体结构，该结构在促使加固体稳定基层强度增长方面具有两重性，即火山灰反应程度较低时(如在石灰土中)，不利于强度增长，对整体结构反而具有破坏作用。混合料中掺入约 1.5%的碱性化学试剂，对基层强度的形成有极为明显的提高作用。

2001 年，董满生等[95]进行了工业废料磷石膏在路基工程中的应用研究，经过大量室内试验得出磷石膏膨胀量很小，水稳定性好，强度基本满足《公路路基施工技术规范》(JTG/T 3610—2019)中路床对路基填料的要求[96]。磷石膏路基压实度达到规范要求时，回弹模量 E_0 高达 180MPa，不仅满足路基强度要求，而且远高于沥青路面和水泥混凝土路面对基层强度的要求，弯沉值也达到路面基层要求，可见，磷石膏不仅是一种品质优良的路基填料，而且可直接作路面基层。在其上直接修筑水泥混凝土路面板，使用性能良好。另外，适量磷石膏对石灰粉煤灰基层的强度(特别是早期强度)有提高作用，有利于提前开放交通或施工车辆。同时也可节约一定数量的石灰和粉煤灰，节约工程造价，今后可在工程实际中推广应用[95]。

2002 年，李玉华等[97]研究了工业废渣磷石膏对石灰、粉煤灰或石灰、粉煤灰、黏土体系的性能影响及作用机理。石灰、粉煤灰或石灰、粉煤灰、黏土在最佳含水量下配成的混合料，早期强度低，对气温要求较高，使公路基层铺筑后不能及时通车。将磷石膏引入到体系中可提高其抗压强度并减少干缩，改善公路基层的性能。磷石膏可作为粉煤灰的硫酸盐激发剂，加入磷石膏后混合料的水稳定性及抗冻性略有下降，但抗压强度提高及干缩降低明显。不但技术上可行，而且节约成本，改善环境，变废为宝，具有较好的社会效益。同样地，磷石膏的加入量不高。

唐庆黔等[98]通过室内和野外试验，就磷石膏应用于路基路面工程的可行性、力学性能进行研究，并修建了试验路堤。首先，根据国家有关规定，磷石膏用于建筑材料或制硫酸、水泥时，石膏的放射性测试要满足放射性比活度 226Ra< 185 Bq/kg。四川龙蟒集团有限责任公司对磷石膏测试的结果为：226Ra<（93.1±3.9）Bq/kg，满足国家放射性比活度要求。其次，磷石膏标准重型击实的试验结果与室内小型承载板试验测定的回弹模量测定结果也符合要求。最后，磷石膏膨胀量很小，水稳性好，承载比(CBR)达到 69%，强度满足《公路路基施工技术规范》(JTG/T 3610—2019)中路床对路基填料 CBR≥8%的要求，因此磷石膏可以作为路基填料。在室内实验研究的成果基础上，进一步在野外进行大型模拟试验，观测磷石膏路基技术性能，完善纯磷石膏路基施工工艺。磷石膏堆场与河堤之间修筑长 100m、高 1.5m 的磷石膏路堤，其弯沉试验检测、路基回弹模量(E_0 高达180MPa)等都符合路基顶面要求，可直接铺筑水泥混凝土路面。在施工中，发现磷石膏对水敏感，未碾压的磷石膏遇雨水饱和后性质类似弹簧土而无法压实，施工中必须严格控制含水率。在半刚性基层中的应用研究发现，在石灰、粉煤灰、磷石膏、碎石混合后，适量磷石膏对石灰粉煤灰基层的强度(特别是早期强度)有提高作用。磷石膏的加入（掺入量为 6%～20%）可以节约一定数量的石灰和粉煤灰，但远远不够大规模磷石膏的消纳利用。

沈卫国等[99,100]研制了一种粉煤灰、磷石膏路面基层材料，加入了一定量的稳定剂(生石灰加 10%左右激活剂磨制而成)。研究发现该材料较普通二灰类材料的早期强度有大幅提高，并对其强度影响因素及强度形成机理做了探讨。粉煤灰磷石膏的强度达到 2.5MPa以上，较二灰有较大提高，粉煤灰磷石膏稳定体中稳定剂的掺量在 6%～8%较好。粉煤灰中加入石灰，发生火山灰反应，主要产物是硅酸钙(C-S-H) 凝胶和水化铝酸钙晶体，其定性描述是

$$x\mathrm{Ca(OH)_2 + SiO_2 + }n\mathrm{H_2O} = \mathit{x}\mathrm{CaO \cdot SiO_2 \cdot }(n+x)\mathrm{H_2O} \tag{5-5}$$

$$y\mathrm{Ca(OH)_2 + Al_2O_3 + }n\mathrm{H_2O} = \mathit{y}\mathrm{CaO \cdot Al_2O_3 \cdot }(n+y)\mathrm{H_2O} \tag{5-6}$$

当磷石膏($CaSO_4 \cdot 2H_2O$)大量存在时，活性 Al_2O_3 的反应产物将会被三硫型钙矾石(AFt)取代：

磷石膏

$$3Ca(OH)_2+Al_2O_3+3CaSO_4 \cdot 2H_2O +23H_2O = 3CaO \cdot Al_2O_3 \cdot 3CaSO_4 \cdot 32H_2O$$

$$(5-7)$$

粉煤灰磷石膏路面基层是一种多孔材料，AFt 呈针棒状，其形成与生长有一定的膨胀性，有利于材料内部粒料的结构连接，起到一种"显微加筋"作用；同时，SO_4^{2-} 可激发粉煤灰的火山灰活性，加快反应进行。另外，磷石膏呈针状、板状等形貌，而粉煤灰是球状，磷石膏粉煤灰路面基层材料有的颗粒之间的内摩擦力较二灰类材料大，因此强度也高。利用粉煤灰和磷石膏两种工业废渣的路面基层中，磷石膏所占质量达到了 32%～62%，这些研究成果对研制高早强路面基层材料，而且较大量利用磷石膏作为路面基层材料，具有现实意义。

美国佛罗里达大学和迈阿密大学[101,102]研究发现，含黏土砂和磷石膏用作公路路基，均取得一定效果。经过 3%～4%柠檬酸水溶液纯化处理的磷石膏可以取代矿产石膏，制作矿渣硅酸盐水泥，其符合印度标准，可用于建筑材料石膏板材。

徐雪源等[103]研究磷石膏-粉煤灰-石灰-黏土混合料的干缩特性。磷石膏的质量占比最多在 20%，在自然放置的前 5 d 内，混合料的水分蒸发、干缩变形增长都比较快，能完成总量的 90%。在粉煤灰-石灰-黏土混合料中掺入磷石膏有助于改善其干缩应变，其掺入量最好控制在 15%左右；从干缩特性这个角度来看粉煤灰-石灰-黏土混合料掺入磷石膏作为路面基层材料是可行的。但是同样地，磷石膏的消纳量不高。

根据《公路工程无机结合料稳定材料试验规程》(JTG E51—2009)，除了考虑磷石膏掺入基层材料对其强度的影响外，还应该进行水稳性能试验和抗冲刷试验等。磷石膏在二灰中的添加量达到 50%，将大量磷石膏应用于道路填料必须考虑其耐久性的问题，因为磷石膏及其制品的水稳定性差，具有较强的吸水性，遇水而变软，强度大幅度降低，因此未经处理不能用于路基材料。试验证明，配合一定的固化剂可以使磷石膏更好地满足甚至超过公路路基设计对路基填料的要求。李章锋[104]的室内试验表明，未经处理的磷石膏不能作为路基填料。采用配合比 6%的 ZY1 型固体固化剂的磷石膏改良土具有良好的水稳定性，其 CBR 值和无侧限强度满足且超过公路路基设计对路基填料的要求，作为路基填料是可靠的。采用配合比 20%的 ZY2 型固体固化剂、0.9%的 ZY3 型液体固化剂改良的磷石膏的 CBR 值和无侧限强度达到了公路基层施工规范对二灰碎石基层的强度要求，证实了采用磷石膏改良土作为路基填料的基层和路基具有良好的承载能力；即使在无路面情况下，基层表面也不会产生特别明显的车辙，更不会对行车的安全和舒适造成影响。

对磷渣(磷石膏)成分进行分析，发现磷渣(磷石膏)与其他土或石材相比，同样具有活性成分，能够参与到水泥稳定材料和二灰稳定材料的反应中，对材料的强度提高有积极作用。磷渣作为路面基层材料是可行的。瓦浩[105]也采用粉煤灰、磷石膏、磷渣等工业废渣，通过合理的配合比设计，配制出性能满足要求的路面基层材料，并可替代水泥稳定土、二灰稳定土铺筑路面。他们认为，磷石膏不但加速了二灰的火山灰反应，而且改善了孔结构，同时由于生成钙矾石，其干缩率降低。

刘佃勇[106]的研究也得到了类似的结果。他进行了石灰、粉煤灰改性磷石膏混合料的研究。通过力学性能试验与路用性能试验研究磷石膏碎石混合料的工程应用性能；通过压缩回弹、无侧限强度等试验检验磷石膏黏土混合料的路用性能。之后，他还研究了水泥、粉煤灰改性磷石膏混合料的工程性质和适用性。研究结果表明：单一的磷石膏不适宜用作公路建筑材料，但选取合理的外加剂，进行科学配合比设计之后，改性磷石膏混合料可以满足实际的公路路用要求。改良磷石膏不超过混合料总量的 20%，否则其可能在碎石间隙中形成细颗粒带，降低骨架的承载能力；研究还表明，水泥、粉煤灰改性磷石膏混合土料膨胀率在 0.205%～1.150%之间，比不掺入水泥的混合土料的膨胀率有明显降低。各试样的膨胀率在 1d 内能完成 60%～70%，在 5d 左右就达到 90%以上。磷石膏的掺入量增加对混合料膨胀率的增长有较强的影响。水泥掺入对降低混合料的膨胀率有较强的作用，粉煤灰掺入量的变化对混合料的膨胀率下降影响不明显。

随着公路建设的飞速发展，磷石膏在道路工程中的应用可归纳为两方面：作为路基填料和改良基层、底基层性能的材料。国内外对磷石膏在路面基层、底基层中的应用做了许多研究[107-111]，认为适量磷石膏能够提高二灰土基层(底基层)早期强度，增强结构的整体性，降低材料的收缩，提高抗裂性能。一些学者[104,108,110,111]研究指出，磷石膏改良二灰土中，石灰掺量一般为 6%～10%，磷石膏掺量不应超过粉煤灰掺量，两者比例宜控制在 1∶1～1∶3，且磷石膏最大掺量宜控制在 15%以内。工程中由于对磷石膏认识不足和应用不当，经常出现磷石膏改良二灰土基层、底基层损害的现象。赵俊明等[112]结合某工程，为查明磷石膏改良二灰土底基层病害的原因，通过矿物成分分析和室内试验对底基层材料特性进行分析和研究。研究表明：底基层混合料中含有大量磷石膏，并不是传统的石灰粉煤灰稳定土。在常温常湿条件下，底基层收缩率很低，钙矾石很稳定；而富水环境中，底基层中磷石膏经过化学反应生成大量钙矾石，钙矾石具有膨胀特征，导致底基层发生病害。丁建文等[113]通过现场试验，提出道路底基层既有富含磷石膏混合料的改良再生方案，并进行工程应用。结果表明：将 6.5%石灰+20%粉煤灰+73.5%磷石膏既有混合料的组合配合比应用于全线道路底基层改良再生施工中，路用性能检测结果和道路使用效果均良好。

郝东强[114]研究发现随着磷石膏在二灰类基层材料中掺量增加，混合料最大干密度增加，强度提高，最佳掺量在 50%左右。磷石膏、水泥均对二灰有增强改性作用。其中磷石膏对二灰增强效果更好，且经济性好。当用磷石膏取代约 50%的粉煤灰时，二灰的强度可提高 1 倍以上。

为了提高路面材料的强度，周明凯等[115]用石灰、粉煤灰稳定磷渣，能获得较高的强度，其 7d 强度满足高速以及一级公路二灰稳定类基层强度要求。因为磷渣不宜用水泥或石灰单独进行稳定，掺加 6%的磷石膏能够提高石灰粉煤灰稳定磷渣的强度。SEM 观察发现，磷渣表面有明显的反应，这有利于材料强度的形成。

周明凯等[116]还系统地探讨了水泥磷石膏稳定碎石强度性能的影响因素，并对这种基层材料的抗压回弹模量、劈裂强度和抗裂性能进行了研究，结果表明：磷石膏掺量、水泥掺量以及集料级配均对水泥磷石膏稳定碎石强度性能有较大影响，且其较水泥稳定碎石，各项力学性能指标增长快，抗裂性能良好，是一种整体性能优异的路用基层材料。常用的水泥稳定碎石本身是一类整体性较好的路用基层材料，将磷石膏应用于该类材料，一方面在集料级配设计合理的基础上，磷石膏的填充效应能继续填补集料堆积形成的空隙，形成骨架密实型结构；另一方面磷石膏能参与水化反应生成钙矾石，对作为填料的磷石膏或集料进行黏结或包裹，进一步密实体系结构，提高强度。此外，AFt 晶体具有微膨胀特性，能有效抑制水泥稳定碎石材料开裂。

龙建旭[117]总结了磷石膏在路基路面工程中的应用，包括在路面基层材料中的应用、在沥青路面中的应用、在软土病害路基中的应用三个方面。

在路面基层材料中的应用：从上述研究及实验来看，根据材料试验规程可知，在基层材料中加入磷石膏的过程中，除了考虑磷石膏影响材料的整体强度外，还要采取抗冲刷和水稳定性能等专项试验检测。特别是如果在二灰材料中的掺加量大于 50%后，就必须考虑道路填料的耐久性，这主要是因为磷石膏本身以及其混合材料的水稳定性相对比较差，且吸水性比较强，一旦遇水就会变软，相应的强度也会大打折扣，所以如果没有经过专门处理，不可将其直接应用于路基材料中。如在应用磷石膏时，适当地掺加一定量的固化剂来提升路基填料的整体使用性能，改善其强度以及水稳定性，这样可以满足公路路基等对路基填料的质量要求，使其更好地满足实际的施工需求。

在沥青路面中的应用：如果可以对磷石膏进行合理处理，如采取转晶工艺后，利用所生成的石膏晶须来提升沥青混合料的整体使用性能。当下沥青混合料中所采取的石膏主要包括 2 种类型，除了工业石膏外，石膏晶须是最为常见的一种石膏材料类型，其在沥青混合料中的合理应用可显著提升沥青混合料在高温条件下的抗车辙能力及马歇尔性能等使用性能，其中，高温条件下的抗车辙能力最高可以提高 60%。实际上，磷石膏这种材料在沥青混合料当中的应用主要是发挥其物理学方面的一些作用，相应地，掺量一般控制在 20%左右，这时候可以确保整体混合料的使用性能，有助于实现废物利用。

基于公路沥青道路的实际施工需求，在改性沥青当中添加 15%磷石膏的石膏晶须后，可以显著提升沥青的软化点与针入度，使其满足公路建设路基材料的使用规范和要求，尤其是相应的水稳定性、抗裂、抗压及温变性能等都会得到显著改善，且相应的生产成本会显著降低。王修山[118]在改性后的高模量沥青混合料中掺入适量的硫酸钙晶须，可以在确保低温条件下混合料使用性能满足使用需求的基础上，提升其抗疲劳性、水稳定性和高温条件下的稳定性，进而可以有效地解决道路中高温条件下的车辙问题或者水损坏等路基路面病害，确保道路可以保持良好的使用性能。

此外，为了提高硫酸钙晶须的应用性能，可以对其进行改性处理，马继红等[119]采用硅烷类偶联剂如 KH-550 对硫酸钙晶须进行改性处理，加入量为沥青质量的 3%。研究发现改性硫酸钙晶须与沥青相容性好，可以改善沥青的性能（软化点提高，针入度下降），同时因为硫酸钙晶须性能稳定、无毒无害，所以使用特别安全。

曹林涛等[120]采用沥青胶结磷石膏粉制备混合物，对其防水性能进行试验研究。加热沥青至流动态，将在 150℃烘箱内烘干的磷石膏粉末按照比例置入热沥青内搅拌均匀，作为备用混合物。混合物中沥青含量分别为 90%、70%和 50%，粉胶比对应为 0.11、0.43和 1.0。根据沥青试验方法，测试了混合物的针入度、软化点与延度；针对不同试件，开展了黏结力试验、渗水试验与低温弯曲试验；并进行了初步场地应用检验。结果表明：磷石膏粉增强了沥青的硬度与高温稳定性；当粉胶比≤4.0 时，混合物的冲刷质量损失率小，且低温弯曲强度随沥青含量增加而增大；对于压实的混合物，当粉胶比≥5.7 时，黏结力减小且发生渗透；沥青基防水防渗材料可采用粉胶比 3.0～4.0 的沥青胶结磷石膏粉。

在软土病害路基中的应用：相较于传统的二灰混合料，如果采取磷石膏作为路基充填材料，那么可显著提升其凝固性和弹性强度。磷石膏粉煤灰本身属于多孔材料，可通过反应生成针状的三硫型钙矾石，这时其构成的骨架支撑作用更加显著，更有助于增加结构单元之间的链接量。特别是在那些具有比较高含水率的填方土路段之上，如果合理应用由磷石膏构成的混合填料，则可以有效解决含水量过高而无法确保压实度满足实际要求的施工问题。

此外，在路基材料中应用磷石膏，还有助于降低路基建设的整体成本，这充分凸显了磷石膏是一种性能优异、价格低廉的优质路基施工材料，可以对半刚性基层的实际使用性能产生极大的改善作用。

谭明洋等[121]概述了磷石膏在道路工程中应用的研究现状，认为磷石膏在路面基层材料和沥青中应用的理论研究尚不足，此外，应充分考虑磷石膏的添加对路面基层材料和道路沥青各方面的影响，不能顾此失彼。

2018 年，李俊鹏等[122]通过磷石膏作为路基填料的最佳含水率、液塑限、CBR 值指标，进一步分析用磷石膏填筑路基的可能性。然后选取依托工程，在采用磷石膏进行路基填筑的过程中，对施工方法进行研究，并对工程质量进行检测，最后对依托工程进行长期观察，综合论证磷石膏是否能用于路基填筑，得出结论：①磷石膏作为路基填料，材料强度等主要指标均满足施工技术规范对路基填料的要求，可直接作为路基填料使用。②CBR 试件浸水 96h 后的状态表明，磷石膏经压实成型后板体效果明显，表面无松散，优于黏性土和砂类土，是一种较好的路基填料。③从 CBR 试验结果也可看出，路基用土经浸水后其强度显著降低，因此应在施工过程中做好防排水。用磷石膏作为路基填料，因为其塑性指数小，其物理状态受含水率变化明显，在施工过程中做好防水排水措施同样重要，但是在压实完成后因为磷石膏板结效果优于黏性土和砂类土，所以水分对其压实状态的影响也会小于普通的路基土。

王转[123]报道了磷石膏作为一种路基填料的应用，已经取得了初步应用和有效的成果。CBR 试件在浸入水中 96h 后进行检测，磷石膏经过压实之后形成的板体有更明显的使用效果，表面不松散，这一点相比较砂类土和黏性土来说是更理想的。路基被土经浸水之后的强度显著降低，因此要注意在施工的过程中，尽可能做好防水、排水工作。将磷石膏应用于路基基层建设，还可以改善软土路基的病害问题。

添加一定量的硅酸钠可以稳定水泥基磷石膏的性能。选定磷石膏与水泥质量比为 9：1，掺入一定量的硅酸钠，开展路面基层试验研究，发现可以改善水泥基稳定磷石膏的性能[124,125]。无侧限抗压强度试验、水稳定性试验、干缩试验及扫描电镜试验分析发现，硅酸钠在不同掺量、掺入方式、养护龄期条件下改良水泥基稳定磷石膏的物理力学特性，揭示了硅酸钠促进水泥水化并产生水化硅酸钙，从而提高混合料强度的改良机理。试验结果表明，溶于水的硅酸钠掺量为 2%～4%时，可有效改良水泥基稳定磷石膏混合料的抗压强度、水稳定性、失水率及干缩应变，并提出在路面基层施工后的 4～5d 内，是有效控制路面基层失水与干缩的最佳时间，从而可避免水分快速散失而导致的裂缝产生。

瓦浩[105]对磷渣(磷石膏）的成分进行分析，磷渣(磷石膏)与其他土或石材相比，同样

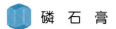

具有活性成分，能够参与到水泥稳定材料和二灰稳定材料的反应中，对材料的强度提高有积极作用。磷渣作为路面基层材料是可行的。

克高果等[126]提出了一种方法有效解决磷石膏受当地掺料限制和磷石膏消耗量低的问题。将煅烧磷石膏作为磷石膏的改性剂，通过室内试验和试验路研究了通过煅烧磷石膏来改性磷石膏废料的路用性能，研究表明添加 7%～9%煅烧磷石膏来改性磷石膏废料作为路基填料具有可行性。其 CBR 值、无侧限抗压强度、水稳定性、干湿循环特性和自由膨胀率均满足路基填料的要求。7d 和干燥状态下的无侧限抗压强度分别为 1.29MPa 和4.3MPa。这是因为煅烧磷石膏的活性可以促进硅铝质原料水化反应，半水石膏在水中迅速溶解，提高磷石膏的强度和抗水性能。刘开琼等[127]发现以磷工业副产品黄磷渣为主、复合多种组分而成的胶凝材料为复合改性剂，在采用复合改性剂时，40%及以上磷石膏掺量的混合料应用于公路路面基层具有较好的可行性，但在具体工程应用中，工期安排和基层不遇水的排水的设计与施工是重点。因为复合改性剂对磷石膏具有良好的固化作用，"磷石膏+复合改化剂"和"磷石膏+复合改化剂+集料"体系混合料均具有较高的后期强度。

武汉工程大学曹宏课题组依托 318 国道宜昌段万城大桥至云池桥改建项目，通过理论研究、实验室实验、路段试验和反馈修正等环节，对磷石膏-电石渣-粉煤灰在高等级公路多结构层中的应用进行了系统研究，得到一系列的研究成果。

目前，利用磷石膏作为路基材料的方法普遍存在以下问题：路基工程受其厚度的限制，不利于大量消耗磷石膏；制备时都需要掺加除磷石膏以外的其他材料，如生石灰、粉煤灰、二乙氨基丙胺、砂石、水淬炉渣等，添加其他特殊掺加材料，限制了缺少该掺加材料地区的磷石膏的应用。

以上研究与应用均将磷石膏作为路基填土的改性材料，用来提高路基填土的路用性能。由于各地填土性质存在差异，其使用不能有效推广[123]。且这些方法的磷石膏使用率较低(不超过 30%)，难以大量消耗磷石膏废料。

5.3 充填材料

磷石膏中有害物质含量的检测结果表明，磷石膏中有害物质的含量没有超出《磷石膏土壤调理剂》（HG/T 4219—2011）的相关规定。然而，磷石膏粒级较细，0.1mm 以下颗粒占 93%，中值粒径 0.043mm，孔隙比 1.064～3.415，渗透系数 0.00294cm/s。这些参数表明磷石膏不利于充填体脱水和快速硬化，单独作为充填骨料是不理想的。但是，利用粗、细粉煤灰及适量的活化剂进行改性，可以使之成为满足生产需要的充填骨料[128]。其中，充填胶结成本的有效控制则是其工业利用的关键。磷石膏作为充填材料可分为三类：磷石膏充填骨料、磷石膏基复合充填材料和新型半水磷石膏充填材料。

5.3.1 磷石膏充填骨料

采用水泥作为唯一胶凝材料的传统充填工艺技术对矿山而言，不符合矿山可持续性发展的趋势。在不降低充填体强度的情况下，降低水泥单耗量或寻求水泥代用品，有利于降低采矿成本，是充填技术的主攻方向。

一般水泥基磷石膏充填材料以水泥为胶凝材料，磷石膏作为充填骨料。磷石膏为细粒状，密度小，水分大，含有少量可溶性 P_2O_5 等杂质。王新民等[129]首先对磷石膏充填骨料适用性进行研究，发现可溶性 P_2O_5 会延缓水泥的凝结硬化，降低硬化体强度。磷石膏级配均匀，颗粒分布高度集中，在微观上晶体粗大，呈六面板状。磷石膏特殊的微观形貌使其在固化过程中需水量大，凝结时间较长，硬化体结构疏松，水化产物晶体呈板状，晶体间结合薄弱，特别是早期固化强度较低。磷石膏直接作为胶结骨料，在充填料浆中加入粉煤灰，可以提高充填料浆工程性能。现场应用表明，水泥、粉煤灰、磷石膏配料比为 1∶1∶6 时，充填体 28d 强度超过 2MPa，可以满足现场采矿工艺要求。贵州开阳磷矿采用磷石膏作为充填骨料进行了充填采矿工业化试验[130]，结果表明，使用水泥∶粉煤灰∶磷石膏=1∶1∶8（质量比）进行胶结充填，浆体浓度 60%～63%，充填体 90d 抗压强度达到 1.56～1.72MPa，完全满足嗣后充填需要，即磷石膏通过掺和适量的水泥和粉煤灰进行改性后可以作为井下采矿的充填材料。对于用沙坝矿段公路下的压矿，运用磷石膏胶结充填采矿法开采，有效地保护了公路和附近村庄。磷石膏胶结嗣后充填采矿法不仅能保证矿山安全高效生产，提高矿石回收率，并且磷矿资源得到了充分的回收利用，效益显著；同时，还能有效地保护矿山环境，解决空场法采矿形成地质灾害、矿山生产不安全等给地表工业设施、公路及房屋带来威胁的问题。用磷石膏充填采空区，对于实现磷矿资源无废害开采具有十分重要的意义，为磷石膏综合利用开发了一种新的工艺和方法，将实现磷石膏充填采矿的全面推广应用。

李剑秋等[131]采用改性半水磷石膏作为胶凝剂，添加固废物料，制备成半水磷石膏基膏体，对贵州某露天坑进行充填治理，磷石膏资源化利用与露天坑充填治理相结合，不仅可以解决磷石膏堆存问题，而且可以为露天坑治理提供充足的充填材料。

廖国燕等[132]研究发现黄磷渣具有潜在胶凝性能，可替代水泥用作矿山充填胶结材料，5%NaOH 和 8%CaO 激发黄磷渣活性效果最好，磷石膏中的硫酸盐对黄磷渣活性也具有一定的激发作用。张小瑞等[133]利用正交法进一步优化充填材料配比，提高料浆浓度，黄磷渣∶磷石膏=1∶4（质量比），CaO 添加量为 5%，浓度达到 67%～68%，形成磷石膏膏体充填材料。膏体充填材料离析程度低，流动性良好，28 d 强度提高到 3MPa 以上。刘芳[134]以磷渣取代水泥作为胶凝材料，磷石膏作为充填料，加入适量的碱性激发剂和减水剂，大大降低矿山充填成本，针对不同充填体强度需求，设计磷渣、磷石膏、激发剂、减水剂充填配比为(20%～40%)∶(55%～75%)∶5%∶(0～3%)（质量比），浓度在 60%～69%可调。

磷石膏可以与粗骨料共同作为充填骨料，扩大了磷石膏充填应用范围。王新民等[135]验证了碎石和磷石膏作为联合充填骨料的可行性，在粒度小于 10mm 的碎石中添加磷石膏，可改善浆体的流动性，有利于减少水泥用量，节约成本。虽然磷石膏不利于充填体早期强度增大，但在后期强度提高方面表现突出。胡冠宇[136]利用磷石膏和江砂作为联合充填骨料，设计分层胶面充填配料比为 1∶1∶6[水泥∶粉煤灰∶（磷石膏+江砂）]（质量比），其中江砂和磷石膏配比为 2∶3，浓度为 65%，充填体胶面层 28 d 强度可以达到 3.3MPa。

 磷 石 膏

作为骨料充填井下是磷石膏高利用率、低成本的有效途径，对于解决磷石膏的堆存问题和廉价、广泛的充填材料成本来源问题意义重大。但是，磷石膏中含有少量的 P、F 等酸性杂质，会降低充填体早期强度，因此一般磷石膏适用于嗣后充填采矿法。

5.3.2 磷石膏基复合充填材料

为了进一步提高磷石膏的工程应用范围，越来越多的学者们致力于磷石膏基复合充填材料。李国栋等[137]以磷石膏和高炉矿渣为胶凝材料，添加生石灰、NaOH、芒硝作为改性材料，开发出一种矿用新型胶凝材料，生石灰、磷石膏、NaOH、芒硝、矿渣配比为 4∶25∶1.5∶1.5∶66.5 时，胶凝材料 7d 强度最优，外加剂对强度的影响顺序为生石灰>NaOH>芒硝。王世昌等[138,139]以河砂作为充填骨料，用复合激发剂、磷石膏和矿渣进行磷石膏矿渣基新型胶凝材料研究，发现胶砂比为 1∶4，浓度为 80%，充填体 7d 强度大于 2.5MPa。通过 XRD 和 SEM 分析可知，新型胶凝材料水化产物主要是钙矾石、水化硅酸钙（C-S-H）凝胶以及部分未发生反应的磷石膏和矿渣。未水化的矿渣和 C-S-H 凝胶填充在钙矾石骨架中，形成具有强度的结构体。

肖柏林等[140]开展生石灰、磷石膏、矿渣和早强剂为主要成分的磷石膏基充填胶凝材料配比的正交试验研究，结果表明，当生石灰、磷石膏、芒硝和矿渣微粉的掺量分别为 6%、30%、3%和 61%时，充填体 3 d、7 d 和 28 d 的抗压强度分别达到了 0.622MPa、3.36MPa 和 10.81MPa，通过添加 3% NaOH 作为早强剂，充填体 3 d 强度可以提高到 4.73MPa。

5.3.3 新型半水磷石膏充填材料

根据湿法磷酸生产工艺的不同，副产的磷石膏成分也不同，如二水法磷酸工艺副产的磷石膏主要成分为 $CaSO_4 \cdot 2H_2O$，半水法磷酸工艺副产的磷石膏主要成分为 $CaSO_4 \cdot 1/2H_2O$，半水磷石膏只含 0.5 个结晶水，同商品半水石膏相近，改性后的半水磷石膏具有一定的胶凝活性。生成半水磷石膏的反应式如下：

$$2Ca_5F(PO_4)_3 + 10H_2SO_4 + 5H_2O = 6H_3PO_4 + 10CaSO_4 \cdot 1/2H_2O + 2HF \qquad (5-8)$$

相较于天然石膏，半水磷石膏颗粒细小，呈球形。半水磷石膏结晶形态以片状晶体相互聚集成"球状"晶形为主，同时还有许多细小的六方柱状及六方片状α型半水硫酸钙。

Jiang 等[141]研究发现，生石灰可以有效消除水溶性 P、F 的影响，使其转化为难溶性的 $Ca_3(PO_4)_2$ 和 CaF_2，从而使半水磷石膏潜在活性得到释放，提高胶凝材料性能。添加 1.5%生石灰改性后，半水磷石膏胶凝材料强度性能达到 1.6 级建筑石膏标准，继续加入 160%尾砂（与干基磷石膏质量比），浓度为 69%，形成新型半水磷石膏基膏体充填材料。新型充填材料凝结速度快（2～4h），早期强度高（3d 强度大于 3MPa），长期强度稳定在 1.5MPa 以上。进一步分析指出，生石灰与半水磷石膏中水溶性酸性杂质的化学反应以及半水磷石膏的结晶形貌是影响充填材料最终强度的关键因素。兰文涛等[142]进一步研究发现，半水磷石膏充填材料强度与结晶水含量、水溶磷含量、尾砂掺量呈负相关，为使半水磷石膏具有较好的活性，水溶性磷含量应该控制在 4%以内，结晶水含量小于 10.3%。

王贻明等[143]分析半水磷石膏充填材料固化机理发现，半水磷石膏水化生成二水石膏，随着水化反应的继续，试样的内部孔隙逐渐被水化产物填充，生成的二水石膏晶体形成胶凝材料结构骨架，使充填材料具有一定的强度。

吕丽华等[144]在国内较早地对磷石膏制备充填胶凝材料进行了有益探索，通过室内试验研究了β-半水磷石膏的凝结性能，并以其为充填胶凝材料，制备出了满足充填工艺指标要求的全尾砂胶结充填砂浆。熊有为[145]将半水磷石膏及炉渣、尾砂等作为主要充填材料，料浆浓度为70%，生石灰占干基磷石膏质量的3%，膏砂比不小于3∶1，充填体 3 d 强度可超过 3MPa，且无 CO_2、SO_2 等有毒有害气体产生。

贵州川恒化工股份有限公司利用半水湿法磷酸工艺产生的半水磷石膏制备的固结体具有较高的力学强度，同时成本较低，在适当的碱性改性剂作用下，半水磷石膏潜在的活性得到激发，极大提高了固结体的强度，是一种绿色环保型充填材料。充填材料配比为半水磷石膏∶二水磷石膏∶碱性激发剂=1∶0.2∶0.03，料浆浓度69%。该充填材料具备膏体特征，具有不分层、不离析、不泌水的特点，而且该材料流动性较好（坍落度为 25～29cm）。他们将半水磷石膏制备成矿山充填材料治理露天采坑，半水磷石膏充填体注模强度与露天坑钻芯取样强度均大于 0.5MPa，满足设计 0.3MPa 强度要求。半水磷石膏充填材料的泌出水监测数据满足国家污水排放Ⅰ级标准要求，通过监测井上下游以及周边水质情况，充填前后对周边水环境并未造成明显影响，既能有效治理露天采坑地质灾害，又能使磷化工产生的固体废弃物得到资源化利用，实现"一废治两害"的效果[146,147]。

相对于传统的砂石回填料，半水磷石膏材料具有安全、环保及生产效率高等特点。传统砂石填料以散体形式处置露天采坑，材料孔隙率大，降水及地表径流会留存在填料内并处于饱和状态，在重大地质灾害发生时抵抗能力差，还会引发连锁的灾害发生。半水磷石膏充填材料回填后整体性好，降水及地表径流不会渗透到充填体内，从根本上控制自然灾害的发生。同时，传统砂石回填，需要专用工程机械推平碾压来保证充填质量，而半水磷石膏充填材料以膏体形式输送至露天采坑内，该材料流动性好，硬化速度快，可直接流平，不需要平场作业，回填工艺简单。再者，相对于散体搬运，浆体输送回填能力更大、工作效率更高。

半水磷石膏替代水泥作为胶凝材料，极大地降低充填材料成本，真正实现磷石膏资源化。充填材料早期强度高，充填适应性好，尤其适用于分层充填采矿法。目前，半水磷石膏尚未能产品化，原料质量波动较大，胶凝活性也时好时坏，设计充填体强度时，往往需要预留一定的安全系数。

李剑秋等[148]结合目前国内磷石膏充填材料和技术发展现状，分析了存在的问题和改进方向，认为磷石膏胶结充填技术便于推广，充填材料成本低、性能优异、制备工艺简单，经济和社会效益显著，但充填材料适应性需要进一步提高。半水磷石膏膏体充填技术在充填成本和磷石膏利用率方面更具优势，成为磷石膏充填技术发展新方向。随着磷石膏充填技术的不断发展成熟，"矿化一体"新型循环经济产业模式将成为磷化工行业和矿山行业的重要发展方向之一。

5.4 土壤改良剂

5.4.1 土壤改良剂简介

土壤改良剂也称土壤调理剂、土壤修复剂等。根据农业部发布的《土壤调理剂 效果试验和评价要求》（NY/T 2271—2016），将土壤调理剂定义为：加入障碍土壤中以改善土壤物理、化学和/或生物性状的物料，适用于改善土壤结构、降低土壤盐碱危害、调节土壤酸碱度、改善土壤情况或修复污染土壤等。土壤调理剂种类很多，其中有一种类型就为矿物型土壤调理剂，而矿物型的土壤调理剂是指固体废弃物、天然矿物、人工生产的富含有多种矿物质元素的可以改善土壤理化特性的物料[149]。

研究表明，磷石膏是一种高效且环保的土壤调理剂[150]。磷石膏作为磷肥工业的副产物，富含植物生长所必需的磷、镁、硫、铁、硅等元素和土壤改良所需要的 Ca^{2+}、SO_4^{2-}，能够促进植物生长，提高植物的产量和品质[151]。虽然有研究报道在一些磷石膏中含有痕量的砷、银、金、锶、钡、镉、铬、铅、汞和硒等元素，甚至还含有 ^{238}U、^{210}Po 和 ^{226}Ra 等放射性元素，但在中国所产的磷石膏中大都含量极低，不影响其作为土壤调理剂使用。

近年来，磷石膏作为土壤调理剂直接应用于农业，在国内外都取得了不错的成效。磷石膏作为土壤调理剂应用于我国农业实践始于 20 世纪 60 年代初。据中国农业科学院土壤肥料研究所调查，每亩施用 100kg 磷石膏，农业收益为 10～50 元[152]。磷石膏作土壤调理剂有许多益处与优势，可以用来修复酸性土壤或改良盐碱土壤，无须处理就可以直接施用于土壤之中，方法简单，施用也非常方便，不仅环保，而且成本低廉。

5.4.2 修复酸性土壤或改良盐碱土地

土壤酸化是一个世界性问题，对土壤的物理、化学和生物性质造成了多重影响，限制了作物产量[153]。土壤变酸是由于土壤形成因素，特别是母质，或由于土壤管理不充分[154,155]。集约化农业和使用氮肥，再加上非自然保护措施，均会加剧土壤酸化过程[156]。在热带土壤中，目前已报道了许多关于由土壤酸化引起的问题，包括磷有效性降低[157–160]。在潮湿的热带和亚热带环境中，磷的管理具有挑战性，这是因为铁和铝氧化物对磷的吸附量高，而母质中天然磷含量低[160–162]。研究表明，土壤酸度过大导致土壤中阳离子易于流失，且脱硅富铝，并使钾、钙、镁、钼、硼等营养元素缺乏[163, 164]。例如，南方酸性红壤、黄壤具有"酸""瘦""强烈淋溶"等特点，产量低。因此，强酸性土壤因铝毒和养分缺乏等问题而导致作物生长不良，缓解或消除铝毒是改良这类低产土壤的根本。

传统的酸性土壤改良方法是施用石灰（熟石灰或石灰石粉），其原理是利用酸碱中和反应降低酸度，同时也补充部分钙[165–169]。然而，由于石灰的溶解度较低，对酸性土壤的改良效果并不理想，因而酸性土壤的改良仍需探索新的方法。田间试验结果证明磷石膏的改良效果比石灰更好，磷石膏中的硫酸钙溶解度积略高于氢氧化钙，施入土壤后发生交换吸附，降低酸性土壤中 Al^{3+} 的活度，缓解 Al^{3+} 对作物根的毒害，由于其中多成分效应，其降低交换铝活性的能力强于熟石灰[170]。此外磷石膏还含有一定量游离的磷酸，在苗期能及时被作物吸收利用，有利于作物生长。磷石膏解离的磷酸根和硫酸根对土壤的铵离子、钾离子有吸附作用，能减少土壤氮、钾有效养分损失。在强酸性黄壤中施用磷石膏作为土壤改良剂能显著促进植物生长，能大幅度抑制植株对有害元素铝的吸收，改善植株氮、磷、钾、钙等营养状况，特别是磷元素水平成倍提高[171]。

Alva 等[172]研究了磷石膏改良酸性土壤的效力，他们采用深度 0.6～0.8m、常年耕作的土壤和林土为样本，以氮肥 NH_4NO_3 为基肥，分别施用磷石膏 $2t/hm^2$，并与空白处理组比较，考察了紫花苜蓿和大豆地上部分与地下根系的生长情况，研究表明，施用磷石膏的处理组与空白处理组相比植物地上部分和根系显著增加，这是由于磷石膏中的钙交换了土壤中的铝，SO_4^{2-} 与 OH^- 发生了离子交换，从而能为植物提供更多的钙和硫，促进了植物根系生长。

Carvalho 等[173]用酸性红土盆栽玉米，磷石膏作土壤改良剂，研究发现磷石膏能够显著降低土壤的酸度，降低土壤中铝的污染，这是由于磷石膏能够中和酸性土壤中的 Al^{3+}，生成了 $AlSO_4^+$、AlF_2^+、AlF^{2+} 和 AlF_3 等稳定的化合物。

Mullin 等[174]的研究表明，施用磷石膏可以提高一些田间作物的产量，这是由于磷石膏能够有效降低酸性土壤中铝对作物的毒害，且能供给作物更多的营养元素。Tiecher 等[175]采用磷石膏为硫肥种植小麦，研究表明，磷石膏用量 $59kg/hm^2$ 时可以显著提高小麦的品质和产量。Pavan 等[176]研究了分别施用磷石膏、石灰、氯化钙和氧化镁对苹果树生长的影响，结果表明，在铝含量较高的土壤中，磷石膏施用深度 60cm 时，磷石膏和石灰的施用能够显著提高苹果的尺寸和产量，这说明了磷石膏能够促进根生长，从而使水分充分供应果树以促进其生长。

赵仪华等[177]在开发磷石膏的农业利用方面提出了一些途径，即把磷石膏作为尿素添加剂，即磷石膏与尿素的结合物，施入土壤后可以明显降低尿素水解后的氨氮挥发损失，增加土壤有效氮存留量，提高氮素利用率，使尿素肥效长效化。

叶厚专等[178]利用磷石膏改良红壤，发现施用磷石膏能有效提高土壤溶液中的钙含量，从而有助于根系生长，增加钙、硫吸收，发现其也可能与降低铝的毒害有关。施加磷石膏的土壤耕层中有效钙、有效硫、有效磷含量均比试验前有所增加，而且与对照组（未施磷石膏处理）相比也有较大的增加。由于有效钙等养分增加，交换性盐基总量提高，促使土壤 pH 由酸性朝微酸性产生了一定程度的变化，改善了土壤农化性状和土壤的环境。土壤中钙离子浓度增加，使土壤层中交换性铝离子被置换了出来，提高了土壤盐基饱和度；而且钙盐的增加，中和了土壤的活性酸，相对提高了 pH，制造了一个有利于植物吸收营养成分的优良环境。

肖厚军[179]利用磷石膏改良酸性土壤，研究发现，在实验组中，施用磷石膏组的效果最佳，作为植物实验的酸性黄壤中小麦长势和经济性状、增产量有显著提高。施用磷石膏的植物生长性状和土壤都极其显著地优于对照。在土壤养分测试后发现使用磷石膏的土壤碱解氮、有效磷钾等含量都有显著提高，尤其是有效磷的增幅最大。

此外，磷石膏还能有效改良盐碱土地。磷石膏可以降低土壤的 pH、总碱度和碱化度，消除碱性等益处。磷石膏除了可以改善土壤理化性质外，还有增产作用。甘肃瓮福化工有限责任公司与甘肃省农业科学院合作开展了主要以磷石膏资源利用作为土壤改良剂的研发项目，以磷石膏为主要原料利用化学方法对盐碱性土壤改良进行相应的研究，这有效地改良了盐碱土地的理化性能，使农作物增产增收。南京化学工业公司与江苏省农业科学院、中国科学院南京土壤研究所共同进行了磷石膏的农用试验，面积达万亩，磷石膏施用量每年超过万吨，经过 4 年多的试验，增产效果相当显著[180]。磷石膏对滨海盐渍土的改良效应也相当可观，显著地降低了土壤 Na$^+$的含量，并且提高了植物试验中小麦的产量，磷石膏的使用效果佳，增产效果好，生物量高，并且降低了土壤的 pH[167]。

5.4.3 延缓土壤退化

在亚热带地区，因为当地气候温暖，降雨量充沛，所以每年可以种植很多种作物，高密度的农业生产和较高的降雨量造成了当地耕地肥力日益贫瘠，当地的沙质土壤由于其特有的地理环境和耕作方式，土壤退化和流失现象严重。

Cochrane 等[181]研究了磷石膏改善亚热带地区沙质土壤退化的情况，在新收获黑燕麦的耕地上翻耕两次后，施用磷石膏 5t/hm^2，并设空白处理组。模拟降雨量平均强度为 25mm/h，持续 2 h，然后分析土样和径流量。结果表明，施用磷石膏的耕地土壤流失量平均值为 197kg/h，而空白处理组土壤流失量为 2181kg/h，施用磷石膏的处理组土壤流失量明显低于对照组，并且平均减少 90%以上。原因是磷石膏能够提高土壤表层电解质溶液的浓度，促进土壤颗粒絮凝，增加土壤渗透性，加强土壤成团效力，从而有效控制土壤退化和水土流失。

Agassi 等[182]研究发现使用磷石膏能够影响雨滴落入土中的能量，并可以防止土壤表面凝结成块，提高了土壤中钠离子的交换率，使土壤中钠离子的浓度降低，土壤电解质浓度随之升高，防止了土壤板结，因此施用磷石膏能防止土壤退化和水土流失。

Compbell 等[183]用磷石膏处理酸性土方，考察重金属的迁移常数和吸附机制，研究表明磷石膏能显著降低金属的浸出量，重金属的迁移速率随着调节剂磷石膏的加入而降低，从而降低土壤受金属污染的程度。

多雨地区由于雨水渗透作用造成土表养分径流，导致土壤受侵蚀严重。土壤中钠离子含量过高造成土壤板结。Tang 等[184]用蒸馏水模拟暴雨，比较了红砂土、黏土、湿软土和暗棕壤 4 种不同类型土壤表面施用聚丙烯酰胺（PAM）干颗粒（20kg/hm^2）、PAM+磷石膏（PG）（20kg/hm^2+2t/hm^2 和 20kg/hm^2+4t/hm^2）和仅施用 PG（2t/hm^2 和 4t/hm^2）后的土壤渗透率、径流和侵蚀度。结果表明，红砂土中可交换钠的含量从 5%提高到 20%，渗透率从 14mm/h 下降至 2mm/h，径流和侵蚀强度都有所提高，在其他土壤中也有类似趋势。与其他处理方式相比，PAM+PG 和单独施用 PG 都能有效维持最终渗透率大于 12mm/h，径流和侵蚀度都在低水平。在 4 个土壤研究中，使用 PAM+PG 与单独使用 PG 相比有较高的渗透率和较低的径流水平。相反，关于土壤侵蚀，PAM+PG 与 PG 相比在减少黏土和砂土侵蚀方面更有效，并能有效控制土壤水土流失。得出的结论是，使用 PAM+PG 比仅施用 PG 能更有效地降低由于钠离子含量增高所造成的不同类型土壤的径流和侵蚀。

5.5 制备硫酸钾联产氯化铵

磷酸生产和石灰法气体净化系统副产的大量磷、硫石膏提供了价廉易得的硫酸盐化合物。石膏与氯化钾转化制取硫酸钾，受到人们的关注[185]。1982 年，Lozano 等[186]研究了石膏和氯化钾反应制备硫酸钾的工艺，用氨水作为催化剂。实验结果证明了用这种方法可望得到实际应用的可能性。何凯等[187]采用单因素试验和多项式拟合试验数据的方法，探讨石膏转化法制取硫酸钾的适宜工艺条件，为石膏法的中试和工业化提供必要的工艺参数和较佳的工艺路线。天然石膏、氯化钾在氨溶液中可一步转化为硫酸钾，氯化钾转化率可达 94%、产品纯度可达 86.5%。

我国硫资源缺乏，而磷石膏可以作为硫资源的新来源用于制备硫酸钾肥；K_2SO_4 是一种无氯钾肥的主要品种，是优质高效的钾肥，特别是在烟草、葡萄、甜菜、茶树、马铃薯等忌氯作物的种植业中，是不可缺少的重要肥料。目前，制备 K_2SO_4 的主要方法有曼海姆法、缔置法、复分解法和固体钾矿提取法等[188-190]。

1999 年，刘代俊等[191]较系统地研究了磷石膏转化法生产硫酸钾的新工艺。利用磷石膏中的硫酸钙，不仅消化了废料，减少了环境污染，而且降低了硫酸钾的生产成本。本工艺的副产品是工业等级的钙盐，钙盐的品种可随市场的需求进行调节。石膏与氯化钾的反应为复分解反应：

$$CaSO_4 \cdot 2H_2O + 2KCl === K_2SO_4 + CaCl_2 + 2H_2O \qquad （5-9）$$

加入丙烯酸甲酯溶剂作为催化剂，以促进正反应进行。丙烯酸甲酯在溶液中形成了一种奇特的结构，某些活性功能团能将硫酸钙分子从固相中拉下并在溶液中离解和反应，降低了总反应的活化能，起到了某种催化作用。

磷石膏制备 K_2SO_4 是利用复分解法，复分解法主要有两种：一步法和两步法。一步法将 KCl 在浓 $NH_3 \cdot H_2O$ 介质条件下(氨浓度至 36%)直接与磷石膏反应获得 K_2SO_4，该工艺流程虽短，但生成的副产物 $CaCl_2$ 难以分离处理且反应温度要求较低(0～5℃)，将增加冷冻工程装置且较高的氨浓度对设备腐蚀严重，致使设备与投资费用增高。两步法则分两步反应制备 K_2SO_4。第一步：磷石膏与$(NH_4)_2CO_3$ 反应生成$(NH_4)_2SO_4$：

$$(NH_4)_2CO_3 + CaSO_4 \cdot 2H_2O === (NH_4)_2SO_4 + CaCO_3 + 2H_2O \qquad （5-10）$$

第二步：利用上一步反应生成的$(NH_4)_2SO_4$ 与 KCl 反应制备 K_2SO_4：

$$2KCl + (NH_4)_2SO_4 === K_2SO_4 + 2NH_4Cl \qquad （5-11）$$

两步法具有反应条件温和，无三废排放等特点，是一条符合绿色化学的经济工艺路线[192,193]。

例如，2000 年 Bani-Kananeh 等用两步复分解方法在低温下，在氨水溶液中用 KCl和磷石膏反应制备 K_2SO_4[194]。但是在第二步反应中钾的转化率较低(以 K_2O 计)，直接影响经济效益，为了提高钾的转化率，采用添加有机溶剂的方法改变反应体系的性质以促进盐类析出[195]。两步法具有工艺流程简单、腐蚀性小、产品质量好、经济效益高的优点。

2005 年，Aagli 等[196]用磷石膏与 KCl 反应，在 HCl 存在下，制备 K_2SO_4，该研究讨

论了不同温度、不同浓度对磷石膏在 KCl、HCl 溶液或混合溶液中溶解度的影响。实验发现，随着温度的提高，HCl 的浓度提高，溶解度明显提高。当 HCl 的浓度为 6mol/L，温度在 25～80℃时，KCl 的浓度达到了 180g/L。当 HCl 的浓度为 3mol/L 时，KCl 的浓度达到了 130g/L，随后降低。磷石膏中的 $CaSO_4 \cdot 2H_2O$ 的溶解度随着 KCl 的浓度增加而降低。

$$CaSO_4 \cdot 2H_2O + 2KCl = K_2SO_4 + CaCl_2 \cdot 2H_2O \qquad （5-12）$$

为改进磷石膏在氨溶液中制备硫酸钾的工艺，研究了乙醇、乙醇-氨水等溶剂对氧化钾收率的影响[197,198]。结果表明，乙醇-氨水的体系是最优的。同时，对磷石膏在乙醇和氨水体系中制备硫酸钾的工艺进行了研究，得到最佳工艺条件：6%乙醇、25%氨溶液、反应温度 25℃、反应时间 1.5h、液固比 5.0：1、进料比 1.15：1。在此条件下，制得的产品氢氧化钾质量分数为 41%，氢氧化钾收率约为 75%。

2015 年，刘忠华等[199]用类似的两步法，对以磷石膏、$(NH_4)_2CO_3$、KCl 为原料制备 K_2SO_4 的工艺进行了研究。在第二步添加了有机溶剂（丙酮、乙二醇、正丙醇、正丁醇等），得出适宜工艺条件：反应时间 1.5 h，反应温度 50℃，物料配比为 1.05：2.00，$(NH_4)_2SO_4$ 初始质量分数为 40%，有机溶剂丙酮的质量分数为 40%时，能够生产出国家一等标准的 K_2SO_4。

世界上对磷石膏生产硫酸钾和硫基氮磷钾复合肥的研究较多，但工业化的极少。目前有德国 Chemiealagenbau Stassfurtag 公司建成两步法的 200 kt/a 磷石膏制硫酸钾装置[200]。该装置由氨吸收、石灰石煅烧、碳化、石膏转化、硫酸钾结晶干燥、石膏沉淀、蒸馏等工序组成，国内一些工艺探索大多处于小试或中试阶段。磷石膏制硫酸钾两步法工艺的第一步是磷石膏制硫酸铵，该工艺已在贵州瓮福（集团）有限责任公司实现工业化生产，技术上已经成熟；第二步是将硫酸铵母液与氯化钾进行复分解反应[201]。

$$(NH_4)_2SO_4 + 2KCl = 2NH_4Cl + K_2SO_4 \qquad （5-13）$$

此外，中国石化集团南京工程有限公司、贵州瓮福（集团）有限责任公司等单位都在积极开展磷石膏沸腾态或悬浮态分解制硫酸联产氧化钙或水泥的技术研究；中国石化集团南京化工研究院有限公司也提出磷石膏制硫酸联产电石的技术路线，但这些技术大多处于试验或半工业化状态，尚未实现工业化应用。

何朝金[202]提出了利用磷石膏制备硫酸钾产品联产石灰和氯化铵技术及方法，首先将磷石膏和碳酸氢铵按比例加入到反应槽，反应后的物料再经转台过滤机，过滤后的渣为碳酸钙联产石灰；溶液为硫酸铵溶液，硫酸铵溶液和氯化钾在溶解池溶解再经板式过滤机过滤后经结晶器结晶、过滤后生产氯化铵溶液和硫酸钾晶体，氯化铵溶液经三效浓缩离心机分离后再经干燥机干燥后制备成氯化铵产品；硫酸钾晶体经干燥机干燥后制备成市场需要的硫酸钾产品。涉及的化学反应方程式为

$$CaSO_4 \cdot 2H_2O + 2NH_4HCO_3 = CaCO_3 + (NH_4)_2SO_4 + CO_2 + 3H_2O \qquad （5-14）$$

$$(NH_4)_2SO_4 + 2KCl = K_2SO_4 + 2NH_4Cl \qquad （5-15）$$

$$CaCO_3 = CaO + CO_2 \qquad （5-16）$$

和现有传统磷石膏处理装置技术相比较，产能可以提高 5～10 倍，产品的推广应用可以大幅度提高，生产成本降低，同时该技术和方法还有生产工艺流程短、保护环境资源和固废资源综合利用效果好、设备投资小、产品市场需求量大等优点。

针对磷石膏的处理处置，国家近年来出台了多项政策和指导性文件，明确了目标和应用途径，力争到 2025 年，磷石膏的综合利用率达到 75%。

2018 年，国家提出了"无废城市"建设，《"无废城市"建设试点工作方案》的主要任务之一是健全标准体系，推动大宗工业固体废物资源化利用。以尾矿、煤矸石、粉煤灰、冶炼渣、工业副产石膏等大宗工业固体废物为重点，完善综合利用标准体系，分类别制定工业副产品、资源综合利用产品等产品技术标准。推广一批先进适用技术装备，推动大宗工业固体废物综合利用产业规模化、高值化、集约化发展。严格控制增量，逐步解决工业固体废物历史遗留问题。以磷石膏等为重点，探索实施"以用定产"政策，实现固体废物产消平衡。全面摸底调查和整治工业固体废物堆存场所，逐步减少历史遗留固体废物贮存处置总量。

2019 年，《关于推进大宗固体废弃物综合利用产业集聚发展的通知》提出的总体目标是探索建设一批具有示范和引领作用的综合利用产业基地，到 2020 年，建设 50 个大宗固体废弃物综合利用基地、50 个工业资源综合利用基地，基地废弃物综合利用率达到 75% 以上，形成多途径、高附加值的综合利用发展新格局。推广脱硫石膏、磷石膏等工业副产石膏替代天然石膏的资源化利用，推动副产石膏分级利用，扩大副产石膏生产高强石膏粉、纸面石膏板等高附加值产品规模，鼓励工业副产石膏综合利用产业集约发展。

2021 年 12 月，生态环境部等部门发布《"十四五"时期"无废城市"建设工作方案》明确提出"十四五"时期，将推动 100 个左右地级及以上城市开展"无废城市"建设。到 2025 年，"无废城市"固体废物产生强度较快下降，综合利用水平显著提升，无害化处置能力有效保障，减污降碳协同增效作用充分发挥，基本实现固体废物管理信息"一张网"，"无废"理念得到广泛认同，固体废物治理体系和治理能力得到明显提升。推动大宗工业固体废物在提取有价组分、生产建材、筑路、生态修复、土壤治理等领域的规模化利用。全国磷石膏累计堆存量约 4 亿 t，而利用率只有 30%。如此低的利用率最主要的原因是利用领域、技术无新突破。我国的磷石膏利用率由 2010 年的 20.3% 上升到了 2018 年的 39.7%。我国磷石膏综合利用尚处于初级阶段，近 30% 用作水泥缓释剂，25% 用于外售或外供，14% 用于生产石膏板。综合相关文献发现，目前我国磷石膏资源化利用方向主要体现在 6 个方面：制备水泥缓凝剂、建材石膏、粒状硫酸铵、硫酸、土壤改良材料、制备农业肥料。例如，2018 年以来，贵州磷化（集团）有限责任公司通过矿山充填、制作水泥缓凝剂等方式，消纳磷石膏，同时还与建材企业合作，开发出石膏粉、石膏条板、市政工程材料等新型建材产品。到 2021 年 6 月，完成磷石膏消纳 500 多万吨，消纳率近 100%。2022 年全省磷石膏综合利用 1103.51 万 t，同比增加 6.73%，综合利用率 96.43%，同比提高 11.19 个百分点，创历史新高。贵州省磷石膏综合利用率已处于全国领先水平。

农业是磷石膏资源化利用的朝阳方向，有待深入开发研究。农业农村部在关于推进化肥行业转型发展的文件中提出，2020 年要将磷石膏的资源化利用率提高到 50%。实际上，2022 年国内磷石膏的综合利用向产品多元化、技术创新化发展，磷石膏综合利用率达 48%。这就迫切需要政府的倡导和广大人民的拥护。为此，一些专家学者做了大量尝试，已取得一定成效。例如做了钙、硫、磷肥的试验，筛选出有效菌剂，加到磷石膏中，可以活化磷石膏的 Ca、S、P 营养元素。由此证明，通过化学、生物的方法探索磷石膏资源化利用途径很有研究价值。例如，用菌剂、矿粉、磷石膏组合生产化肥；磷石膏制取生物 Ca、S、P 肥；利用磷石膏来研制重金属钝化配方；盐碱地改良等。

　　未来磷石膏资源化利用应做到：①因地制宜地发展磷石膏资源化利用，选择适宜的磷石膏处理方式。做到多渠道、多途径消化磷石膏，将磷石膏变废为宝，实现资源二次利用。②依据不同地区的磷石膏成分及应用途径探索合理的加工工艺，加强放射性元素的监测。③加强磷石膏作土壤改良剂的研究与应用。实现磷石膏土壤改良剂的酸性土壤修复、延缓土壤退化、降低土壤重金属污染等功能。④建筑工程、化工是目前主要的利用领域，需继续保持利用研究。

参 考 文 献

[1] 贾翔涛, 刘纪达, 徐天锋. 外墙保温材料应用现状及发展探讨[J]. 建筑安全, 2019, 34（7）: 74-77.

[2] 中华人民共和国工业和信息化部. JC/T 698-2010, 石膏砌块[S]. 北京: 建材工业出版社, 2011.

[3] Gao H, Liu H, Liao L B, et al. Improvement of performance of foam perlite thermal insulation material by the design of a triple-hierarchical porous structure[J]. Energy and Buildings, 2019, 200: 21-30.

[4] Pichler C, Metzler G, Niederegger C, et al. Thermomechanical optimization of porous building materials based on micromechanical concepts: application to load-carrying insulation materials[J]. Composites Part B: Engineering, 2012, 43（3）: 1015-1023.

[5] 何晓强, 丁哨兵, 朱士荣, 等. 磷石膏在建材行业应用的研究进展[J]. 山东化工, 2015, 44（3）: 50-51, 54.

[6] 张庚福, 薛世浩. 磷石膏砌块生产的质量控制及装备创新的新进展[C]. 淄博: 第九届全国石膏技术交流大会暨展览会论文, 2016.

[7] 俞波. 非煅烧烧磷石膏砌块的研究[D]. 武汉: 武汉理工大学, 2007.

[8] 娄有信, 杨子, 徐惠国. 高强脱硫石膏砌块的制备及微观结构研究[J]. 辽宁师范大学学报（自然科学版）, 2019, 42（1）: 83-87.

[9] 何建安. 磷石膏重结晶发泡生产轻质砌块的方法[P]. 中国: 201310441079.7, 2014-01-08.

[10] 何玉龙, 陈德玉, 刘路珍, 等. 磷石膏制备高强石膏工艺研究[J]. 非金属矿, 2015, 38（2）: 1-4.

[11] 周俊, 舒杼, 廖梓豪, 等. 一种利用磷石膏制备高强轻质石膏砌块的方法[P]. 专利号: CN202011352784.6, 2021-03-05.

[12] Fisher R D. Lightweight gypsum products having enhanced water resistance[P]. US: 10000416, 2018-06-19.

[13] Zhang M M, Chen M M, Fan T L, et al. Improving waterproof property of gypsum block with organic-inorganic compound materials[C]. International Conference on Material Engineering and Application. Wuhan: China, 2015: 707-711.

[14] 李赵相, 王冬梅, 藤腾, 等. 利用脱硫石膏制备石膏–粉煤灰–水泥胶凝体系砌块的研究[J]. 砖瓦, 2016（1）: 46-50.

[15] Zhang Y H, Wang F, Huang H W, et al. Gypsum blocks produced from TiO_2 production byproducts [J]. Environmental Technology, 2016, 37（9）: 1094-1100.

[16] 韩龙, 高建明, 唐永波, 等. 石膏基胶凝材料与砌块的配比优化及性能研究[J]. 新型建筑材料, 2019, 46（3）: 45-48, 73.

[17] 刘代俊, 刘玉琨, 钟本和, 等. 高强度磷石膏砌块的研制[J]. 磷肥与复肥, 2004, 19（1）: 64-65.

[18] 马保国, 金子豪, 孟倩玥, 等. 一种双氧水发泡磷石膏轻质砌块及其制备方法[P]. 武汉理工大学, 专利号: CN201610149001.1, 2016-08-03.

[19] 骆真, 马玉莹, 郭元杨, 等. 磷石膏制备轻质石膏砌块新工艺[J]. 应用科技, 2020, 5: 94-99.

[20] 雷月, 朱清玮, 陈红霞, 等. 磷石膏的发展及其在石膏板中的应用[J]. 材料科学, 2019, 9（1）: 69-78.

[21] 王成波. 磷石膏制硫酸新工艺探讨[D]. 成都: 四川大学, 2008.

[22] 方贤根. 磷石膏综合利用状况及对策分析[J]. 安徽化工, 2007, 33（1）: 54-55.

[23] 张欢. 我国石膏建材"十二五"发展情况及"十三五"展望[J]. 硫酸工业, 2017, （5）: 5-9.

[24] 武发德, 张羽飞, 陈红霞, 等. 磷石膏在石膏板中的应用研究[J]. 磷肥与复肥, 2018, 33（10）: 35-37.

[25] 孟凡涛, 徐静, 李家亮, 等. 用工矿废渣磷石膏生产纸面石膏板研究[J]. 非金属矿, 2006, 29（6）: 26-28.

[26] 陈和全. 磷石膏制备纸面石膏板的生产技术[J]. 磷肥与复肥, 2010, 25（4）: 64-65.

[27] 田甜, 严云, 胡志华, 等. 高韧性磷石膏板材的研究[J]. 武汉理工大学学报, 2014, 36（7）: 22-29.

[28] 吴双, 蔡雅娟, 梁嘉琪, 等. 切割法工艺生产轻质磷石膏板材的研究[J]. 砖瓦, 2022, 1（409）: 31-33.

[29] 周俊, 舒杼. 一种利用磷石膏制备无纸面无纤维高强石膏板的方法[P], 专利号: CN202011133791.7, 2022-04-15.

[30] 王波. 磷石膏生产粉刷石膏的加工工艺研究[J]. 化工矿物与加工, 2005, 11: 20-22.

[31] 王波. 磷石膏基粉刷石膏的绿色工艺设计[J]. 新型建筑材料, 2005, 10: 20-22.

[32] 任守政. 磷石膏制备粉刷石膏的新工艺及其杂质特性的研究[D]. 北京: 中国矿业大学, 2001.

[33] 谢超凌. 远安磷石膏制备石膏粉试验研究[D]. 武汉: 武汉理工大学, 2006.

[34] 陈兴福, 谢恩良. 利用磷石膏生产粉刷石膏的试验研究[J]. 石油化工与应用, 2008, 27（1）: 17-20.

[35] 马保国, 李玉博, 郊真真, 等. 建筑磷石膏基粉刷石膏的研究与制备[C]. 南京: 2013 年全国商品砂浆学术交流会, 2013-11-06.

[36] 陈群. 一种利用废料石膏加工为粉刷石膏的方法[P], 专利号: CN201910748585.8, 2019-08-14.

[37] 蒋其刚. 利用废磷石膏研制抹灰石膏[J]. 中国资源综合利用, 2003, 1: 9-11.

[38] 钱中秋, 吴开胜, 徐建军. 磷石膏粉制备轻质抹灰石膏的可行性研究[J]. 砖瓦, 2020, 11（395）: 86-87.

[39] 王小山, 屠浩驰, 李辉. 碱性调节剂对磷石膏基石膏砂浆性能的影响[J]. 新型建筑材料, 2019, 10: 129-132.

[40] 柳华实, 葛曷一, 张国辉, 等. 磷石膏干粉抹面砂浆的研制[J]. 济南大学学报（自然科学版）, 2005, 19（4）: 338-340.

[41] 桂敬能, 高培伟, 林辉, 等. 工业副产煅烧石膏耐水性能的改性研究[J]. 建筑节能, 2018, 46（6）: 47-51.

[42] 耿佳芬, 刘东辉, 李桦军. 苯基改性有机硅防水剂对建筑石膏防水性能的影响[J]. 硅酸盐通报, 2015, 34（4）: 978-984.

[43] 陈明杰, 李磊. 硅烷偶联剂/聚乙烯醇改性石膏的防水性能[J]. 硅酸盐通报, 2014, 33（7）: 1743-1747.

[44] 丁益, 方有春, 方辉, 等. 新型建筑石膏用防水剂的研究[J]. 材料导报, 2015, 29（8）: 126-129.

[45] 魏靖, 刘杰胜, 冯博文, 等. 石灰改性磷石膏水泥砂浆耐久性能研究[J]. 武汉轻工大学学报, 2020, 39（6）: 51-55.

[46] 王智娟, 郑绍聪, 葛艳清. 磷石膏基抹灰石膏性能研究[J]. 非金属矿, 2019, 42（3）: 36-39.

[47] 高育欣, 麻鹏飞, 康升荣, 等. 改性磷石膏抹灰砂浆性能研究[J]. 金属矿山, 2022, 1（总第 547 期）: 14-20.

[48] Ma H, Wu Q S, Qian X Y, et al. Effect of silane modified styrene-acrylic emulsion on waterproof

properties of desulfurized gypsum[J]. Journal of Materials Science and Engineering, 2020, 38（2）: 269-273, 307.

[49] 李英丁. 厚层石膏基自流平砂浆性能研究及在家装领域应用[D]. 绵阳: 西南科技大学, 2018.

[50] 杨奇玮, 杨新亚, 王义恒, 等. 复合型石膏在净浆和自流平砂浆中的性能研究[J]. 新型建筑材料, 2020, 47（8）: 82-85.

[51] 杨新亚, 王锦华. 硬石膏基地面自流平材料研究[J]. 国外建材科技, 2006, 1: 10-12.

[52] 李逸晨. 石膏行业的发展现状及趋势[J]. 硫酸工业, 2019, 11: 1-7, 13.

[53] 徐迅, 王连营, 彭林山, 等. 磷石膏自流平材料的制备[J]. 绿色建筑, 2012, 4: 70-72.

[54] 马保国, 卢斯文, 茹晓红, 等. 采用磷石膏制备的α-高强石膏基自流平材料及其生产工艺[P]. CN201310184417.3, 2013-09-13.

[55] 卢斯文. 磷石膏基自流平材料的研究与应用[D]. 武汉: 武汉理工大学, 2014.

[56] Yang L, Zhang Y, Yan Y. Utilization of original phosphogypsum as raw material for the preparation of serf-leveling mortar[J]. Journal of Cleaner Production, 2016, 127: 204-213.

[57] Wang Q, Jia R Q. A novel gypsum-based serf-leveling mortar produced by phosphorus building gypsum[J].Construction and Building Materials, 2019, 226: 11-20.

[58] 权刘权, 李东旭. 材料组成对石膏基自流平材料性能的影响[C]. 北京: 第二届全国商品砂浆学术交流会论文集, 2007.

[59] 冯洋, 杨林, 曹建新, 等. 磷石膏煅烧改性制备自流平砂浆的研究[J]. 硅酸盐学报, 2020, 39（9）: 2891-2897.

[60] 张雨薇. 轻质石膏基自流平材料制备与保温性能研究[D]. 武汉: 武汉理工大学, 2020.

[61] 张雨薇, 戴绍斌, 马保国, 等. EPS-磷石膏复合体系浆体流变性调控研究[J]. 硅酸盐通报, 2020, 391: 149-156.

[62] 马保国, 李显良, 苏英, 等. 一种磷石膏基自流平材料及其制备方法 [P]. 201510054945.6, 2015-06-10.

[63] 张振环, 马航, 万邦隆, 等. 磷石膏α-高强半水石膏制备自流平材料[J]. 磷肥与复肥, 2021, 36（7）: 25-26.

[64] 中华人民共和国国家发展和改革委员会. 石膏基自流平砂浆: JC/T1023-2007 [S]. 北京: 中国建材工业出版社, 2007.

[65] 李前均. α-石膏基自流平材料的制备与性能研究[D]. 贵阳: 贵州大学, 2017.

[66] 罗慧, 严煌. 无机活性粉料和添加剂对磷石膏基流平砂浆性能影响研究[J]. 新型建筑材料, 2021, 12: 166-170.

[67] 严云, 周科, 李正银, 等. Self-leveling mortar material with phosphogypsum as filling material, and preparation method thereof[P]. 2012-10-17.

[68] 刘云才. 磷石膏在水泥生产中的应用[J]. 四川建材, 2009, 35（6）: 6-8.

[69] 常格非. 改性磷石膏作水泥缓凝剂的试验[J]. 水泥, 2008, 1: 15-16.

[70] 杨敏, 钱觉时, 违迎春. 磷石膏用作水泥缓凝剂的适应性分析[J]. 云南化工, 2007, 34（5）: 6-9.

[71] Singh M. Treating waste phosphogypsum for cement and plaster manufacture[J]. Chemical and Concrete Research, 2002, 32: 1033-1038.

[72] 卢春丽, 蒋玲, 方云, 等. 磷石膏用作水泥缓凝剂的试验研究[J]. 重庆科技学院学报（自然科学版）, 2020, 22（2）: 114-116.

[73] 袁文英, 郝长青, 刘文生, 等. 磷石膏在缓凝水泥生产中的应用[J]. 粉煤灰, 2015, 1: 29-30.

[74] Ölmezh H, Erdem E. The effects of phosphogypsum on the setting and mechanical Properties of cement and trass cement[J]. Cement Concrete Research, 1989, 19: 377-384.

[75] Singh M. The effect of chemical gypsum on the properties of blended cements.The 4th Beijing

international Symposium on Cement and Concrete[C]. Beijing: International Academic Publishers, 1998-10: 166-169.

[76] 潘群雄, 张长森, 徐凤广. 煅烧磷石膏作水泥缓凝剂和增强剂[J]. 兰州理工大学学报, 2007, 33（6）: 58-60.

[77] 伏锦荣, 丁山泉, 李健生, 等. 用磷石膏作水泥缓凝剂的试验研究[J]. 水泥工程, 2005, 25（5）: 18-20, 29.

[78] 李国龙, 相利学, 谭明洋, 等. 使用磷石膏配制水泥缓凝剂的研究进展[J]. 广州化工, 2016, 44（9）: 28-29.

[79] 孙清臣, 杨敏, 杨成军. 杂质预处理方式对复相磷石膏水化特性的影响[J]. 中国建材科技, 2014, 6: 40-41.

[80] 邹立, 张必超, 向凤英. 缓凝水泥的生产实践[J]. 四川水泥, 2012, 1: 100-102.

[81] 陈供, 张礼华, 周永生. 磷石膏作缓凝剂对油井水泥性能的影响[J]. 矿产综合利用, 2012, 6: 48-52.

[82] 罗振华. 建材发展动向[J]. 1983, 译自《ЦеМеНТ》, В.Д.АНИКЕЕВ, 1964, 3.

[83] 潘一舟. 磷石膏、萤石作复合矿化剂的节能分析[J]. 能源工程, 1989, 9（1）: 21-23.

[84] 周志宏, 谢云, 李莉. 磷石膏作水泥矿化剂的研究与应用[J]. 粉煤灰, 1998, 3: 36-39.

[85] 杨斌, 李沪萍, 罗康碧. 磷石膏综合利用的现状[J]. 化工科技, 2005, 13（2）: 61-65.

[86] 王波, 刘子全, 李兆海. 磷石膏作煤矸石水泥矿化剂的探讨[J]. 建材工业信息, 2003, 9: 32-33.

[87] 岳子明, 李晓秀. 用磷石膏粉煤灰生产胶结材研究[J]. 首都师范大学学报（自然科学版）, 2007, 28（1）: 40-43.

[88] 李相国, 陈嘉懿, 马保国, 等. 不同粒度分布对磷石膏-石灰-粉煤灰体系胶结材的物理性能的影响[J]. 化工学报, 2012, 63（S1）: 230-234.

[89] 徐广年摘译自苏联《建筑材料》1984, 3.

[90] 姜洪义, 周环, 吴青叶. 用磷石膏制备建筑胶结料[J]. 化工环保, 2001, 21（6）: 344-346.

[91] 雷武斌, 孙小培, 刘自华, 等. 利用磷石膏制备硫铝酸盐水泥的探索[J]. 中国水泥, 2021, S01: 197-199.

[92] 张浩, 李辉. 用磷石膏制备贝利特-硫铝酸盐水泥[J]. 硅酸盐通报, 2014, 33（6）: 1567-1571.

[93] 刘凌冰. 用石灰、石膏和粉煤灰加固路基[J]. 国外公路, 1985, 38.

[94] 赵倩, 张超. 磷石膏在半刚性基层中应用的研究[J]. 中国公路学报, 1993, 6（增1）: 8-14.

[95] 董满生, 凌天清. 磷石膏基层室内试验研究[J]. 重庆交通学院学报, 2001, 20（4）: 69-72.

[96] 中华人民共和国交通运输部. JTG/T 3610-2019, 《公路路基施工技术规范》[S].北京: 人民交通出版社, 2019.

[97] 李玉华, 徐凤广, 吴华明. 磷石膏对石灰粉煤灰公路基层性能的影响[J]. 建筑材料与胶凝材料, 2002, 7: 7-8.

[98] 唐庆黔, 凌天清, 董满生. 工业废料磷石膏在路基路面工程中的应用[J]. 山东交通学院学报, 2002, 10（2）: 49-52.

[99] 沈卫国, 周明凯, 赵青林, 等. 高早强粉煤灰基层材料的研究[J]. 粉煤灰综合利用, 1999, 2（13）: 11-14.

[100] 沈卫国, 周明凯, 赵青林, 等. 粉煤灰磷石膏高早强路面基层材料的研究[J].粉煤灰综合利用, 2001, 2: 31-32.

[101] Motz H, Geiseler J. Products of steel stags an opportunity to save natural resources[J]. Waste Management, 2001, 21: 285-293.

[102] Singh M, Garg M. Cementitious binder from fly-ash and other industrial wastes[J]. Cement and Conerete Research, 1999, 29: 309-314.

[103] 徐雪源, 徐玉中, 陈桂松, 等. 磷石膏-粉煤灰-石灰-粘土混合料的干缩试验研究[J]. 中南公路工程,

2006, 31（4）: 113-114, 119.

[104] 李章锋. 磷石膏改良土用作路基及基层填料的试验研究[D]. 成都: 西南交通大学, 2007.

[105] 瓦浩. 磷渣（磷石膏）路面基层材料的应用研究[D]. 重庆: 重庆交通大学, 2008.

[106] 刘佃勇. 磷石膏混合料作为公路路面基层的应用研究[D]. 南京: 东南大学, 2011.

[107] Gregory C A, Saylak D, Ledbetter W B. The use of by-product phosphogypsum for road bases and subbases[R]. Washington D C: Transportation Research Record, 1984: 47-52.

[108] Parreira A B, Kobayashi A R K, Silvestre O B. Influence of poaland cement type on unconfined compressive strength and linear expansion of cement-stabilized phosphogypsum[J]. Journal of Environmental Engineering, 2003, 129（10）: 956-960.

[109] Ambarish G. Compaction characteristics and bearing ratio of pond ash stabilized with lime and phosphogypsum[J]. Journal of Materials in Civil Engineering, 2009, 21（6）: 286-293.

[110] 吴少鹏, 沈卫国, 周明凯, 等. 磷石膏粉煤灰石灰固结材料的研究[J]. 中国公路学报, 2001, 14（增刊）: 13-15.

[111] 赵艳. 底基层磷石膏石灰稳定土再生试验研究[D]. 南京: 东南大学, 2007.

[112] 赵俊明, 石名磊, 周微. 道路磷石膏-石灰稳定土病害试验研究[C]. 海口: 第十一届全国地基处理学术讨论会论文集, 2010.

[113] 丁建文, 石名磊. 富含磷石膏道路底基层改良再生现场试验与应用[J]. 施工技术, 2009, 38（4）: 98-100.

[114] 郝东强. 沥青路面半刚性基层结构研究[D]. 武汉: 武汉理工大学, 2004.

[115] 周明凯, 查进, 沈卫国. 磷石膏改性二灰稳定磷渣基层材料的研究[J]. 武汉理工大学学报, 2004, 26（11）: 22-25.

[116] 周明凯, 张晓乔, 陈潇, 等. 水泥磷石膏稳定碎石路面基层材料性能研究[J]. 公路, 2016, 4: 186-190.

[117] 龙建旭. 磷石膏在路基路面工程中的应用[J]. 地基与基础, 2019, 46（10）: 151-152.

[118] 王修山. 硫酸钙晶须高模量沥青混凝土的路用性能[J]. 重庆交通大学学报（自然科学版）, 2011, 6: 1331-1334.

[119] 马继红, 冯传清. 硫酸钙晶须在道路改性沥青中的应用研究（Ⅰ）[J]. 石油沥青, 2005, 19（6）: 21-24.

[120] 曹林涛, 汤文, 韩尚宇. 沥青胶结磷石膏粉的防水性能及应用研究[J]. 湖南城市学院学报（自然科学版）, 2021, 30（3）: 30-33.

[121] 谭明洋, 相利学, 李国龙. 磷石膏在道路工程应用的研究现状[J]. 广州化工, 2016, 44（8）: 37-38.

[122] 李俊鹏, 谭维. 磷石膏在公路路基中的应用研究[J]. 低碳世界, 2018, 11: 227-228.

[123] 王转. 磷石膏在公路路基中应用探讨[J]. 中国建材科技, 2019, 3: 43-44.

[124] 李志清, 沈鑫. 硅酸钠改良水泥基稳定磷石膏在路面基层中的试验研究[J]. 工程地质学报, 2019, 27（1）: 80-87.

[125] 钱正富, 李志清, 刘琪, 等. 硅酸钠改良磷石膏的微观结构定量分析研究[J].道路工程, 2020, 2: 122-125.

[126] 克高果, 夏正求, 罗辉, 等. 煅烧磷石膏改性磷石膏废料的路用性能[J]. 土木工程与管理学报, 2018, 35（4）: 58-64.

[127] 刘开琼, 任翔, 吕正龙, 等. 改性磷石膏材料用于公路路面基层的应用研究[J]. 黑龙江交通科技, 2021, 1: 70-73.

[128] 涂胜金, 方坤河, 杨华山. 工业废渣磷石膏用作充填材料的研究[J]. 粉煤灰, 2007, 2: 14-15.

[129] 王新民, 姚建, 田冬梅, 等. 磷石膏作为胶结充填骨料性能的试验研究[J]. 金属矿山, 2005, 12: 14-16, 64.

[130] 姚建, 王新民, 田冬梅, 等. 磷石膏和粉煤灰胶结充填料的性能试验研究[J]. 矿业研究与开发,

2006, 26（2）：44-48.

[131] 李剑秋, 李子军, 王佳才, 等. 半水磷石膏充填材料在某露天采坑充填治理中的应用[J]. 现代矿业, 2021, 1（总第 629 期）：250-255.

[132] 廖国燕, 李夕兵, 赵国彦. 黄磷渣充填胶凝材料激发剂的选择与优化[J]. 金属矿山, 2010, 3: 17-19.

[133] 张小瑞, 赵国彦, 李地元, 等. 磷石膏膏体充填材料强度优化配比试验研究[J]. 矿冶工程, 2015, 35（4）：9-11.

[134] 刘芳. 磷石膏基材料在磷矿充填中的应用[J]. 化工学报, 2009, 60（12）：3171-3177.

[135] 王新民, 薛希龙, 张钦礼, 等. 碎石和磷石膏联合胶结充填最佳配比及应用[J]. 中南大学学报（自然科学版）, 2015, 10: 3767-3773.

[136] 胡冠宇. 新桥硫铁矿磷石膏分层胶结充填技术可靠性研究[D]. 长沙: 中南大学, 2009.

[137] 李国栋, 赵亚军, 张光存, 等. 磷石膏基新型胶凝充填材料试验研究[J]. 煤炭技术, 2015, 34（4）：42-44.

[138] 王世昌, 赵亚军, 李国栋. 磷石膏基新型胶凝材料早期强度试验[J]. 内蒙古煤炭经济, 2015, 2: 93.

[139] 王世昌. 金川二矿磷石膏-矿渣基新型胶凝材料开发试验研究[D]. 包头: 内蒙古科技大学, 2015.

[140] 肖柏林, 杨志强, 高谦. 金川矿山磷石膏基新型充填胶凝材料的研制[J]. 矿业研究与开发, 2015, 1: 21-24.

[141] Jiang G Z, Wu A X, Wang Y M, et al. Low cost and high efficiency utilization of hemihydrate phosphogypsum: Used as binder to prepare filling material[J]. Construction & Building Materials, 2018, 167: 263-270.

[142] 兰文涛, 吴爱祥, 王贻明, 等. 半水磷石膏充填强度影响因素试验[J]. 哈尔滨工业大学学报, 2019, 8: 128-135.

[143] 王贻明, 王志凯, 吴爱祥, 等. 新型胶凝充填材料制备及固化机理分析[J]. 金属矿山, 2018, 6: 20-24.

[144] 吕丽华, 任京成, 孙天虎. β-半水磷石膏用做铁矿全尾胶结充填固料的研究[J]. 金属矿山, 2010, 3: 180-182.

[145] 熊有为. 基于半水磷石膏自胶凝材料膏体特性实验研究[J]. 矿业研究与开发, 2018, 1: 15-18.

[146] 王佳才, 吴爱祥, 李剑秋, 等. 半水磷石膏充填材料及其制备方法[P]. CN201710731066.1, 2018-01-09.

[147] 李剑秋, 马永强, 黄正平, 等. 半水磷石膏矿井充填料及其制备方法[P]. CN201510981155.2, 2017-07-04.

[148] 李剑秋, 李子军, 王佳才, 等. 磷石膏充填材料与技术发展现状及展望[J].现代矿业, 2018, 10（总第 594 期）：1-4, 8.

[149] 中华人民共和国农业部.NY/T 2271—2016, 土壤调理剂 效果试验和评价要求[S].北京: 中国农业出版社, 2016.

[150] Shilnikov I A, Akanova N I. The state and efficiency of chemical soil reclamation in agriculture in the Russian Federation of various forms of calcium-containing fertilizers in rice cultivation[J]. Fertility, 2013, 1: 9-13.

[151] Bekbaev R. Reclamation efficiency of phosphogypsumon irrigated lands in the Asa-Talas river basin[J]. International Agricultural Journal, 2017, 1: 5-11.

[152] 赵兵, 王宇蕴, 陈雪娇, 等. 磷石膏和石膏对稻壳与油枯堆肥的影响及基质化利用评价[J]. 农业环境科学学报, 2020, 39（10）：2481-2488.

[153] Fageria N K, Baligar V C. Ameliorating soil acidity of tropical Oxisols by liming for sustainable crop production[J]. Advances Agronomy, 2008, 99: 345-399.

[154] Narro L, Pandey S, Leon C D, et al. Implications of soil-acidity tolerant maize cultivars to increase

production indeveloping countries[J]. 2001, Plant Nutrient Acquisition, New Perspectives, 447-463, Publisher: Springer-Verlag.

[155] Fageria N K, Baligar V C. Improving nutrient use efficiency of annual crops in Brazilian acid soils for sustainable crop production[J]. Communications in Soil Science & Plant Analysis, 2001, 7-8: 1303-1319.

[156] Bolan N S, Curtin D, Adriano D C. Acidity[J]. Encyclopedia of Soils in the Environment, 2005, 4: 11-17.

[157] Edwards A C. Soil acidity and its interactions withphosphorus availability for a range of different crop types[J]. Plant-Soil Interactions at Low pH, 1991,299-305.

[158] Mcdowell R W, Brookes P C, Mahieu N, et al. The effect of soil acidity on potentially mobile phosphorus in a grassland soil[J]. Journal of Agricultural Science, 2002, 139: 27-36.

[159] Rorison I H. The effects of soil acidity on nutrient availability and plant response[M]. Hutchinson TC Havas M (eds) The effect of acid precipitation on terrestrial ecosystems, 1980.

[160] Smeck N E. Phosphorus dynamics in soils and landscapes[J]. Geoderma, 1985, 36: 185-199.

[161] Giaveno C, Celi L, Cessa R M A, et al. Interaction of organic phosphorus with claysextracted from Oxisols[J]. Soil Science, 2008, 173: 694-706.

[162] Campos M, Antonangelo J A, Alleoni L R F. Phosphorussorption index in humid tropical soils[J]. Soil Tillage Research, 2016, 156: 110-118.

[163] Roy E D, Richards P D, Martinelli L A, et al. The phosphorus cost of agricultural intensificationin the tropics[J]. Nature Plants, 2016, 2: 16043.

[164] Belyuchenko I S, Muravyov E I. The influence ofindustrial and agricultural waste on the physical andchemical properties of soils[J]. Ecological Bulletin of theNorth Caucasus, 2009, 5（1）: 84-86.

[165] Belyuchenko I S, Antonenko D A. Influence ofcomplex compost on aggregate composition and water-airproperties of ordinary chernozem[J]. Soil Science, 2015, 7: 858-864.

[166] Petukh Y Y, Gukalov V V. Effect of phosphogypsum on the composition of soil mesofauna in winterwheat crops[J]. Ecological Bulletin of the North Caucasus, 2011, 5（2）: 66-69.

[167] 徐智, 王宇蕴. 磷石膏酸性红壤改良剂开发的可行性分析[J]. 磷肥与复肥, 2020, 35（3）: 30-32.

[168] 付强强, 沈彦辉, 高璐阳. 矿物型土壤调理剂生产技术及应用效果[J]. 肥料与健康, 2020, 47（6）: 21-25.

[169] 袁可能. 植物营养元素的土壤化学[M]. 北京: 科学出版社, 1983: 222-251

[170] 孟赐福, 水建国, 吴益伟, 等. 红壤旱地施用石灰对土壤酸度、油菜产量和肥料利用率的长期影响[J]. 中国油料作物学报, 1999, 21（2）: 45-48.

[171] 肖厚军, 王正银, 何佳芳, 等. 磷石膏改良强酸性黄壤的效应研究[J]. 水土保持学报, 2008, 22（6）: 62-66.

[172] Alva A K, Sumner M E. Amelioration of acid soil infertility by phosphogypsum[J]. Plant and Soil, 1990, 128（1）: 127-134.

[173] Carvalho M C S, Raij Bvan. Calcium sulphate, phosphogypsum and calcium carbonate: in the amelioration of acid subsoils for rootgrowth[J]. Plant and Soil, 1997, 192: 37-48.

[174] Mullins G L, Mitchell C C. Use of phosphogypsum to increase yield and quality of annual forages[J]. Bartow: Florida institute of Phosphate Research, 1990: 1-49.

[175] Tiecher T, Calegari A, Caner L, et al. Soil fertility and nutrient budget after 23-years of differentsoil tillage systems and winter cover crops in a subtropicalOxisol[J]. Geoderma, 2017, 308: 78-85.

[176] Pavan M A, Bingham F T, Peryea F J. Influence of calcium and magnesium salts on acid soilchemistry and calcium nutrition ofapple[J]. Soil Science Society of America Journal, 1987, 51: 1526-1530.

[177] 赵仪华, 林志刚. 磷石膏一些基本性质的研究[J]. 土壤通报, 1991, 22（2）: 76-78.

[178] 叶厚专, 范业成. 磷石膏改良红壤的效应[J]. 植物营养与肥料学报, 1996, （2）: 181-185.

[179] 肖厚军. 磷石膏矫治酸性黄壤的效应及机制研究[D]. 重庆: 西南大学, 2009.

[180] 高云生. 磷石膏在农业上的应用[J]. 山西化工, 1999, （1）: 62-64.

[181] Cochrane B H W, Reichert J M, Eltz Flf, et al. Controlling soil erosion and runoff with polyacrylamide and phosphogypsum on subtropical soil[J]. American Society of Agricultural Enginees, 2005, 48（1）: 149-154.

[182] Agassi M, Shainberg I, Morin J. Effect of powdered phosphogypsum on the infiltration rate of sodic soil[J]. Irrigatior Science, l986, 7: 53-61.

[183] Compbell C G, Garrido F, Illera V, et al. Transport of Cd, Cu and Pb in an acid soil amended with phosphogypsum, sugar foam and phosphoric rock[J]. Applied Geochemistry, 2006, 21: 1030-1043.

[184] Tang Z, Lei T, Yu J, et al. Runoff and interrill erosion in sodic soils treated with dry PAM and phosphosypsum[J]. Soil Sci. SOC. AMJ, 2006, 70（3/4）: 679-690.

[185] Fernandez Lozano J A.W int A.Chem Eng （London）, 1979, 349: 688- 690.

[186] Lozano J A F, Wint A. Double decomposition of gypsum and potassium chloride catalysed by aqueous ammonia[J]. The Chemical Engineering Journal, 1982, 23（1）: 53-61.

[187] 何凯, 王向荣. 石膏转化法制备硫酸钾[J].高校化学工程学报, 1996, 10（4）: 419-422.

[188] 术浦善德. 由石膏和氯化钾制取硫酸钾[J]. 化肥工业译丛, 1984, 2: 52-54.

[189] 彭家惠, 万体智, 汤玲, 等. 磷石膏中杂质组成形态分布及其对性能的影响[J]. 中国建材科技, 2000, （6）: 31-35.

[190] 王慧媛, 许松林. 硫酸钾生产技术现状[J]. 化肥工业, 2005, 32（1）: 29-31.

[191] 刘代俊, 张允湘, 钟本和, 等. 液相催化剂下磷石膏直接制备硫酸钾的新工艺研究进展[J]. 化工进展, 1999, （3）: 61-63.

[192] 邢挺, 邢萱. 石膏两步法生产硫酸钾新工艺[J]. 现代化工, 1997, l7（12）: 32-34.

[193] 杨林军, 熊方容, 漆嘉惠. 石膏两步法制硫酸钾中 $CaCO_3$ 及 K_2SO_4 结晶动力学研究[J]. 化工矿物与加工, 2003, 32（4）: 13-15

[194] Abu-Eishah S I, Bani-Kananeh A A, Allawzi M A. K_2SO_4 production via the double decomposition reaction of KCl and phosphogypsum[J]. Chemical Engineering Journal, 2000, 76: 197-207.

[195] 崔益顺. 石膏两步法制备硫酸钾工艺研究[J]. 无机盐工业, 2006, 38（3）: 13-15

[196] Aagli A, Tamer N, Atbir A. et al. Conversion of phosphogypsum to potassium sulfate[J]. Journal of Thermal Analysis and Calorimetry, 2005, 82：395-399

[197] Deng L, Dong Z N, Luo P, et al.International conference on remote sensing, environment and transportation engineering. doi: 10.1109/RSETE.2011.5965986，2011

[198] 董占能, 郝士勇, 邓来. 磷石膏一步法制硫酸钾肥工艺研究[J]. 无机盐工业, 2012, 44（11）: 52-54

[199] 刘忠华, 唐建华, 沈思, 等. 磷石膏两步法制备硫酸钾工艺研究[J]. 化学工程师, 2015, 2（233）: 60-62

[200] 林雪梅. 德国 Chemiealagenbau Stassfurtag 公司磷石膏生产硫酸钾的工艺介绍[J]. 纯碱工业, 1998, 3: 59-64.

[201] 张天毅, 胡宏, 何兵兵, 等. 磷石膏制硫酸铵与副产碳酸钙工艺研究[J]. 化工矿物与加工, 2017, （2）: 31-34.

[202] 何朝金. 利用磷石膏制造硫酸钾产品联产石灰和氯化铵技术及方法: CN 109748296 A[P], 2019-02-17

第 6 章
磷石膏硫钙的循环利用

6.1 磷石膏中的钙与硫资源

磷石膏是目前技术条件下不得不产生的庞大的工业固体副产废物，全球每年堆放磷石膏固体废物达到 2 亿多吨，中国按 2019 年度计，生产磷酸 1670 余万吨，副产磷石膏 8300 余万吨。磷石膏中所含的钙元素全部来自磷矿，同样作为生产水泥原料的碳酸钙来源于原生资源的石灰石矿，制备水泥熟料过程需要经历开采、破碎加工等耗能过程，并在煅烧过程分解排出大量的温室气体二氧化碳，不符合绿色可持续发展方向。而所含的硫元素是来自硫资源生产制取的硫酸原料，除去冶炼金属副产硫铁矿生产硫酸外，以硫磺为主进行生产的硫酸要占一半以上；2019 年中国消耗硫磺 1615 万 t，国产硫磺 591 万 t（其中：天然气脱硫 226 万 t，石油精炼 332 万 t），进口硫磺 1024 万 t，占硫磺总量的 63.4%，硫磺资源对外依存度较高。

尽管有多种途径对磷石膏加以利用，如直接用于建筑材料，做石膏板、石膏砌块、石膏腻子等。但与其他石膏，如天然石膏、脱硫石膏等比较，存在两大不足：一是按照湿法磷酸生产工艺要求，在磷化工生产时，为了达到最好的磷矿利用率和提高从磷酸中分离的过滤与洗涤效率，研究湿法磷酸技术的重点均放在反应控制结晶获得颗粒粗大的磷石膏上，不可避免地造成磷石膏比表面积低，活性欠佳，很难满足石膏制品的质量要求。二是磷石膏残留的磷和氟等杂质进入石膏制品后，不仅因空气中的湿度变化，产生盐霜和霉变，也会因这些杂质的存在，严重影响石膏制品的质量，客观上限制了磷石膏直接用于建筑材料的范围和使用量。

将磷石膏中的钙、硫元素按循环经济的减量、循环和再用的原则，用于生产硫酸和水泥、石灰和硅钙钾镁肥，硫酸循环回磷酸装置，做到硫资源循环，用于水泥或石灰生产减少了石灰矿的开采，节约了钙资源，硅钙钾镁肥用作土壤肥料，不失为最有效的循环经济资源利用途径，必将成为大规模消除磷石膏的核心技术之一，与此同时，硫循环对于抵抗国际市场硫磺价格波动风险的能力也大幅度提高。

磷石膏分解包括制酸联产石灰和制酸联产水泥[1-3]，其中磷石膏分解制硫酸联产水泥源于石膏分解制酸技术[4]，国外最早是奥地利林茨化工厂于 1966 年开始试验，1968 年第一次用磷石膏代替天然石膏在其日产 200t 硫酸的工业装置运行成功，并从 1969 年起公司的硫酸-水泥工厂就改用磷石膏生产[5]。我国最早于 1966 年完成了磷石膏制酸联产水泥的中间试验，并由山东鲁北化工厂于 1988 年建成了国内首套"3-4-6"工程示范装置[6]，到 20 世纪末我国已投产的 7 套磷石膏制硫酸 40 kt/a 联产水泥 60 kt/a 装置基本上能长期稳定运行，生产能力达到或超过设计能力[7]，后续山东鲁北化工股份有限公司及贵州金正大化肥有限公司分别建立了 20 万 t 和 30 万 t 磷石膏制酸装置，但在运行过程中大多存在能耗高、SO_2 浓度低、回转窑结圈难控制及水泥前期强度低等问题，磷石膏制酸联产水泥的规模化生产在国内未能得到推广和应用，但我国对磷石膏分解的研究一直在持续进行，没有中断[8–10]。

6.2 磷石膏还原分解理论分析

国内外对磷石膏还原分解理论研究很多，涉及还原气氛、添加剂和还原剂类型等方面。国外方面，Gruncharov 等系统研究了 CO-Ar、CO-CO_2-Ar、H_2-CO_2-H_2O-Ar 等不同气氛下磷石膏热分解的动力学，给出了相应机理和阿伦尼乌斯活化能变化情况[11, 12]；Oh 等研究了硫酸钙在 CO 气氛下还原的机理，认为磷石膏分解产物取决于气相还原电位，反应初始和最终阶段的速率控制机理明显不同[13]；Suyadal 等开展了在流化床反应器中用油页岩（作为碳源）热化学分解磷石膏的动力学研究，给出了随油页岩添加量改变活化能的变化范围[14]；Strydom 等用热重力仪研究了从石膏、二水硫酸钙和磷石膏中制备 CaS，反应过程为多个步骤，CaS 的生成与转化和升温速率有关[15]；Mihara 等研究了在 CO-CO_2-N_2 气氛下添加或不添加 SiO_2、Al_2O_3 或 Fe_2O_3 对磷石膏还原分解的影响，铁的添加相比硅和铝来说，硫酸钙分解温度降幅明显，且添加 5%的 Fe_2O_3 能抑制 CaS 生成，而硅和铝则没有此效果[16]。

国内方面，周松林等[17]应用非等温热重法研究了 SiO_2、Fe_2O_3、$CaCl_2$、CaO、NaCl、Na_2SiF_6、Na_2CO_3 等外加剂在含 3%的还原性气体介质中对磷石膏及其配合料的热分解过程的影响，认为 $CaCl_2$、Fe_2O_3、SiO_2 及其复合型外加剂促进了分解过程，对降低分解温度和提高分解速率作用较显著。张茜[18]对磷石膏制酸过程的反应特性进行了研究，研究了 H_2、CO、天然气部分还原气体和焦炭等作为还原介质分解磷石膏制酸的能耗，提出了天然气部分分解磷石膏制酸联产水泥的工艺构想，同时认为添加适量江砂添加剂能降低分解温度。应国量[19, 20]对磷石膏掺焦炭分解特性和制酸联产石灰进行了研究，用 HSC 软件研究了 $CaSO_4$ 还原分解过程可能的反应，用高温气氛炉模拟分散态研究了磷石膏在还原气氛的分解动力学。舒艺周[21]利用微波炉和静态炉研究磷石膏配煤粉还原分解特性，认为还原气氛能提高磷石膏的分解效率。资泽城[22]利用 FactSage 软件对磷石膏还原分解进行理论模拟计算，认为与 C 相比，CO 更易于与 $CaSO_4$ 反应，认为以 C 作还原剂，磷石膏中的硅和铁等杂质可促进 $CaSO_4$ 分解，而铝杂质则抑制 $CaSO_4$ 分解。谢龙贵[23]对硫化氢还原分解磷石膏及其机理进行了研究，认为硫化氢还原分解磷石膏的主线反应包括 $CaSO_4$ 与硫化氢生成硫化钙和二氧化硫以及 $CaSO_4$ 与硫化钙生成氧化钙和二氧化硫，考察了 $CaCl_2$、Fe_2O_3、MgO 三种添加剂对硫化氢还原分解磷石膏反应体系的影响，认为

$CaCl_2$ 和 Fe_2O_3 对硫化氢还原分解磷石膏反应体系的温度具有明显的降低作用，而 MgO 的加入对体系并无明显作用。刘梦杰[24]在微型固定床气化反应实验装置上进行了焦炭与水蒸气的气化反应特性的探索研究，研究了焦炭粒度和水蒸气流量等工艺条件对气化反应特性的影响规律，探索了不同煤种在不同温度下的气化反应特性，研究表明炼焦煤的煤质变质程度降低，其焦炭的气孔平均直径会逐渐升高，气孔率会逐渐增大，对应的焦炭反应性也逐渐增大，气孔壁平均厚度逐渐减小，其与水蒸气的气化反应性也提高；随着气化温度增加，各种炼焦煤所制备的焦炭的碳转化率呈增加趋势。徐仁伟[25]研究了焦炭及其杂质对 $CaSO_4$ 热解过程的影响，认为铁杂质促进 $CaSO_4$ 分解，硅杂质先促进后阻碍 $CaSO_4$ 分解，这是由于有熔融态的硅酸钙包裹 $CaSO_4$，而阻碍 $CaSO_4$ 分解，但阻碍作用不大。闫贝[26]研究了铝、镁、铁、镍等金属催化剂对 CO 还原磷石膏的影响，构建 Fe/Ni 催化体系并探索分解机理。谢荣生[27]研究了矿化剂对磷石膏还原分解过程的作用与机理，筛选出适宜矿化剂 CaF_2，认为焦炭还原磷石膏反应机理复杂，存在平行竞争反应。郑绍聪等[28]研究了磷石膏在不同气氛下的热分解特性，认为在空气气氛中，氧气的存在有利于磷石膏中 $CaSO_4$ 稳定，抑制磷石膏的分解，在 N_2 气氛下，$n(C)/n(S)$摩尔比变化影响磷石膏热分解反应进程，在 10 % CO 气氛下，磷石膏的热分解反应为竞争反应，反应同时生成 CaO 和 CaS，反应初期温度低，热分解以生成 CaS 的反应为主；反应后期，温度高，以生成 CaO 的反应为主；任雪娇等[29]采用 HSC Chemistry 5 热力学计算软件对焦炭、硫磺、氢气、CO 与磷石膏还原反应进行了对比分析，探索如分解温度、平衡常数、耗能与还原介质的关系，结果表明，不论采用上述何种还原介质，$CaSO_4$ 还原分解成 CaS 均比 CaO 容易进行。刘林程等[30]研究了碳对石膏还原分解的影响，利用热力学软件计算了不同温度下各反应的吉布斯自由能和焓，认为碳和 $CaSO_4$ 反应过程中可能涉及的反应包括石膏脱水、$CaSO_4$ 分解、$CaSO_4$ 与碳发生固-固反应、碳的燃烧反应、副产气体 CO 与 $CaSO_4$ 的反应、副产单质硫的反应、副产 CaS 的反应等，通过高温 XRD 实验结合热力学结果分析，探究了 $CaSO_4$ 分解过程的物相变化情况，探讨了 $CaSO_4$ 分解机理，认为添加碳可大幅度降低 $CaSO_4$ 的开始分解温度，高温 XRD 结果表明，低配碳条件下，主要生成相为 CaO，高配碳条件下，主要生成相为 CaS 和 CaO。

　　磷石膏还原分解过程复杂，影响因素较多，其中反应气氛尤为重要。根据工业实践，参与磷石膏分解的反应物除石膏外，主要包括碳、水蒸气、CO_2、N_2 等，在 C-H_2O-CO_2-N_2 气氛下磷石膏还原分解反应过程中可能发生的反应机理方程如下。

1）硫酸钙自身分解：
$$2CaSO_4 = 2CaO + 2SO_2\uparrow + O_2\uparrow \tag{6-1}$$
2）硫酸钙与炭反应：
$$2CaSO_4 + C = 2CaO + 2SO_2\uparrow + CO_2\uparrow \tag{6-2}$$
$$CaSO_4 + 4C = CaS + 4CO\uparrow \tag{6-3}$$
$$CaSO_4 + 2C = CaS + 2CO_2\uparrow \tag{6-4}$$
$$3CaSO_4 + CaS = 4CaO + 4SO_2\uparrow \tag{6-5}$$
3）硫酸钙与一氧化碳反应：
$$CaSO_4 + CO = CaO + SO_2\uparrow + CO_2\uparrow \tag{6-6}$$

$$CaSO_4 + 4CO == CaS + 4CO_2\uparrow \qquad (6-7)$$

$$CaSO_4 + CO == CaSO_3 + CO_2\uparrow \qquad (6-8)$$

4）亚硫酸钙分解：

$$CaSO_3 == CaO + SO_2\uparrow \qquad (6-9)$$

5）硫酸钙与氢气反应：

$$CaSO_4 + H_2 == CaO + SO_2\uparrow + H_2O\uparrow \qquad (6-10)$$

$$CaSO_4 + 4H_2 == CaS + 4H_2O\uparrow \qquad (6-11)$$

6）硫化钙与二氧化硫、三氧化硫、氧气、水蒸气反应：

$$CaS + 2SO_2 == CaSO_4 + 2S \qquad (6-12)$$

$$CaS + 3SO_3 == CaO + 4SO_2\uparrow \qquad (6-13)$$

$$2CaS + 3O_2 == 2CaO + 2SO_2\uparrow \qquad (6-14)$$

$$CaS + H_2O == CaO + H_2S\uparrow \qquad (6-15)$$

7）炭与氧气、二氧化碳、水蒸气等的反应：

$$C + O_2 == CO_2\uparrow \qquad (6-16)$$

$$C + CO_2 == 2CO\uparrow \qquad (6-17)$$

$$C + H_2O == CO\uparrow + H_2\uparrow \qquad (6-18)$$

研究与生产实践表明，磷石膏分解的效率与所需还原剂性质和反应器的结构等关系密切，多反应同步进行，存在竞争，反应控制步骤随着参与反应物料相态变化、反应温度、反应气氛和反应器结构等存在着明显不同。磷石膏分解工业化装置以焦炭作为还原剂，回转窑作为磷石膏分解反应器，还原反应与后续的水泥熟料烧成反应交叉进行，并且反应过程温度较高，产生熔融态介质，存在着气-液-固三相非均相的复杂反应，反应与传质过程不易在实验室重现，直接导致多数研究结果很难指导磷石膏分解装置运行，后续磷石膏分解的研究工作有必要在模拟实际生产的反应条件下展开高温物料反应过程的研究，探求在气-液-固三相反应条件下占主导的反应历程。

目前，文献等资料中认为 $CaSO_4$ 与 C 反应生成 CaS 与 CO_2，CaS 与 $CaSO_4$ 反应生成 CaO 与 SO_2 为分解的主要反应，但反应过程为固-固反应，传质是很大的问题，只有在反应物料高温下发生熔融，从固-固反应转化为固-液反应，才能大大地促进上述反应传质，在竞争中成为主导反应。但是熔体过早产生，又容易导致回转窑筒体结疤和硫酸钙夹带，不利于反应，二者形成矛盾，这也可能是目前回转窑操作弹性小，容易结疤的重要原因之一。

6.3 磷石膏分解热力学计算与分析

表 6-1 给出了反应（6-1）～反应（6-4）在不同温度下利用 HSC 化学软件的热力学数据计算结果。

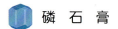

表 6-1 反应（6-1）～反应（6-4）不同温度下的热力学数据

温度/℃	反应（6-1）		反应（6-2）		反应（6-3）		反应（6-4）	
	$\Delta_r G/$（kJ/mol）	$\Delta H/$（kJ/mol）	$\Delta_r G/$（kJ/mol）	$\Delta H/$（kJ/mol）	$\Delta_r G/$（kJ/mol）	$\Delta H/$（kJ/mol）	$\Delta_r G/$（kJ/mol）	$\Delta H/$（kJ/mol）
100	801.26	1010.8	406.68	617.33	252.53	521.89	36.7	147.06
300	689.96	1005.7	350.49	615.04	108.31	519.96	−59	171.53
500	580.89	998.25	185.38	604.14	−34.38	513.28	−109.18	168.11
700	474.05	988.38	78.23	593.84	−175	504.09	−144.84	164.61
900	369.5	975.96	−26.54	581.11	−313.54	493.15	−214.72	155.16
1000	318.09	968.79	−78.02	573.63	−382.05	487.11	−282.7	143.61
1100	267.28	961.01	−128.91	565.64	−450.08	480.73	−301.8	138.88
1200	217.05	942.61	−179.19	547.03	−517.63	469.01	−348.82	132.39
1300	168.03	935.53	−228.24	539.74	−577.78	461.85	−388.15	126.11
1400	119.46	928.66	−276.84	532.66	−639.89	457.66	−413.89	121.55
1500	72.47	871.21	−323.84	474.98	−699.59	450.17	−456.7	116.38
1700	−16.91	858.55	−372.56	468.11	−758.67	441.15	−488.96	−109.67

从表 6-1 可以看出，不同反应的 $\Delta_r G$ 和 ΔH 存在较大差异，由计算结果可得出以下结论。

1）对于反应（6-1）：在 1700℃时，才会出现 $\Delta_r G \leqslant 0$，这表明磷石膏中主要成分硫酸钙单独发生分解并生成 CaO、SO_2 和氧气的反应，需要在 1700℃左右才可能发生；同时，该条件下 $\Delta H =858.55$kJ/mol，表明该反应是一个强烈的吸热反应。因此，石膏中主要成分硫酸钙发生自身的分解反应比较困难，需要较高的反应温度，并需要提供较大的反应热量。

2）对于反应（6-2）：在 900℃时，就出现了 $\Delta_r G \leqslant 0$ 的情况，表明该反应可能发生的反应温度较低，且在 900℃时，$\Delta H =581.11$kJ/mol，与硫酸钙单独分解反应相比，不仅反应温度降低，反应所需要吸收的热量也大幅降低，即该反应的可能性得到增强。

3）对于反应（6-3）和反应（6-4）：分别在 500℃和 300℃时，就出现 $\Delta_r G \leqslant 0$，说明这两个反应都极易发生，且生成产物均为 CaS。

表 6-2 给出了反应（6-5）～反应（6-8）在不同温度下利用 HSC 化学软件的热力学数据计算结果。

表 6-2 反应（6-5）～反应（6-8）不同温度下的热力学数据

温度/℃	反应（6-5）		反应（6-6）		反应（6-7）		反应（6-8）	
	$\Delta_r G/$（kJ/mol）	$\Delta H/$（kJ/mol）	$\Delta_r G/$（kJ/mol）	$\Delta H/$（kJ/mol）	$\Delta_r G/$（kJ/mol）	$\Delta H/$（kJ/mol）	$\Delta_r G/$（kJ/mol）	$\Delta H/$（kJ/mol）
100	774.29	1059.09	156.47	218.56	−185.3	−181.7	−8.73	−4.997
300	623.34	1051.04	108.48	215.6	−186.31	−185.53	−9.56	−6.18
500	475.73	1040.03	71.63	212.11	−186.1	−188.49	−11.04	−8.35
700	331.43	1025.29	35.78	207.79	−185.176	−190.97	−12.01	−10.63

续表

温度/℃	反应（6-5）		反应（6-6）		反应（6-7）		反应（6-8）	
	$\Delta_rG/$（kJ/mol）	$\Delta H/$（kJ/mol）	$\Delta_rG/$（kJ/mol）	$\Delta H/$（kJ/mol）	$\Delta_rG/$（kJ/mol）	$\Delta H/$（kJ/mol）	$\Delta_rG/$（kJ/mol）	$\Delta H/$（kJ/mol）
900	190.57	1006.52	0.926	202.46	−183.74	−193.552	−12.11	−11.099
1000	121.47	995.68	−16.13	199.37	−182.845	−195.04	−12.18	−11.465
1100	53.25	983.77	−32.93	195.98	−181.82	−196.77	−12.23	−11.727
1200	−14.06	955.95	−49.47	187.31	−180.66	−203.61	−12.26	−16.887
1300	−34.93	941.57	−65.439	184.29	−179.08	−204.75	−12.32	−18.11
1400	−49.84	934.35	−81.22	181.4	−177.42	−205.76	−12.89	−19.07
1500	−63.99	925.66	−96.247	153.206	−175.11	−232.03	−13.41	−19.89
1700	−78.02	918.74	−124.09	147.95	−168.607	−233.86	−14.01	−22.34

根据计算结果得出以下结论。

1）对于反应（6-5）：在1200℃时，反应才可能发生，且在1200℃时，$\Delta H = 955.95$kJ/mol，表明在该温度下发生反应（6-5）需要吸收较大的热量。

2）对于反应（6-6）：在1000℃时，出现了$\Delta_rG \leqslant 0$的情况，表明该反应可能发生的反应温度较低，且在1000℃时，$\Delta H = 199.37$kJ/mol，表明在该温度下发生反应需要吸收199.37 kJ的热量，与反应（6-2）相比，反应起始温度高100℃，但反应所需要吸收的热量降低了约31%，显然用CO还原分解硫酸钙热耗最小。

3）对于反应（6-7）和反应（6-8）：始终$\Delta_rG \leqslant 0$，常温下就能发生反应，且$\Delta H < 0$，是放热反应。相比之下，在相同温度下，反应（6-7）的Δ_rG小于反应（6-8），因此反应（6-7）比反应（6-8）更容易进行。

表6-3给出了反应（6-9）～反应（6-11）在不同温度下利用HSC化学软件的热力学数据计算结果。

表6-3　反应（6-9）～反应（6-11）不同温度下的热力学数据

温度/℃	反应（6-9）		反应（6-10）		反应（6-11）	
	$\Delta_rG/$（kJ/mol）	$\Delta H/$（kJ/mol）	$\Delta_rG/$（kJ/mol）	$\Delta H/$（kJ/mol）	$\Delta_rG/$（kJ/mol）	$\Delta H/$（kJ/mol）
100	158.71	227.089	175.46	262.87	−72.43	−7.59
300	101.23	222.55	129.58	258.45	−105.03	−17.25
500	64.27	201.46	85.43	253.034	−134	−27.89
700	33.54	219.56	42.82	246.63	−160.16	−38.79
900	16.31	217.18	1.63	239.21	−184.05	−49.67
1000	−0.699	214.41	−18.455	235.14	−195.29	−55.08
1100	−17.48	211.24	−38.21	230.82	−206.09	−60.49
1200	−34.01	207.68	−57.64	221.25	−216.5	−70.94
1300	−52.79	204.78	−76.44	217.4	−226.22	−75.47
1400	−70.85	201.45	−95.01	213.7	−235.679	−79.68
1500	−88.96	197.84	−112.76	184.75	−244.298	−108.986
1700	106.14	190.51	−145.94	164.22	−259.177	−115.95

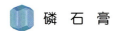 磷 石 膏

根据计算结果得出以下结论。

1）对于反应（6-9）：在1000℃时，才会出现 $\Delta_r G \leqslant 0$，反应才可能发生，且在1000℃时，ΔH =214.41kJ/mol，表明在该温度下发生反应（6-9）需要吸收较多的热量。

2）对于反应（6-10）：在1000℃时，才会出现 $\Delta_r G \leqslant 0$，反应才可能发生，且在1000℃时，ΔH =235.14kJ/mol，表明在该温度下发生反应（6-10）需要吸收较多的热量。

3）对于反应（6-11）：始终 $\Delta_r G \leqslant 0$，在常温下能发生反应，且 $\Delta H < 0$，表明反应（6-11）是放热反应。

表6-4给出了反应（6-12）～反应（6-15）在不同温度下利用 HSC 化学软件的热力学数据计算结果。

表6-4 反应（6-12）～反应（6-15）不同温度下的热力学数据

温度/℃	反应（6-12）		反应（6-13）		反应（6-14）		反应（6-15）	
	$\Delta_r G/(kJ/mol)$	$\Delta H/(kJ/mol)$	$\Delta_r G/(kJ/mol)$	$\Delta H/(kJ/mol)$	$\Delta_r G/(kJ/mol)$	$\Delta H/(kJ/mol)$	$\Delta_r G/(kJ/mol)$	$\Delta H/(kJ/mol)$
100	−331.13	−381.14	−183.86	−168.06	−899.52	−913.52	14.38	14.19
200	−290.794	−368.51	−202.76	−162.63	−885.68	−914.89	14.43	14.20
400	−214.14	−365.12	−161.97	−243.39	−854.56	−918.82	14.52	14.27
500	−139.83	−359.11	−162.82	−283.96	−831.57	−919.51	14.56	14.31
600	−68.06	−349.63	−164.39	−324.12	−822.21	−919.19	14.58	14.35
800	0.967	−337.28	−166.41	−363.83	−789.82	−918.64	14.63	14.42
1000	34.445	−329.97	−363.83	−166.4	−757.52	−918.07	14.67	14.42
1200	67.23	−322.23	−403.105	−168.62	−725.36	−918.01	14.67	14.39

根据计算结果得出以下结论。

1）对于反应（6-12）：在低于800℃时，才会出现 $\Delta_r G \leqslant 0$，反应才可能发生，且始终 $\Delta H < 0$，是放热反应，反应温度的升高不利于该反应的发生，且在高于800℃时该反应理论上不可能发生。

2）对于反应（6-13）和反应（6-14）：始终 $\Delta_r G \leqslant 0$，在常温下就能发生，且 $\Delta H < 0$，是放热反应。相比之下，在相同温度下，反应（6-14）的 $\Delta_r G$ 小于反应（6-13），因此反应（6-14）比反应（6-13）更容易进行。

3）对于反应（6-15）：在理论温度 100 ～1200℃，始终 $\Delta_r G \geqslant 0$，表示该反应不可能发生。

表6-5给出了反应（6-16）～反应（6-18）在不同温度下利用 HSC 化学软件的热力学数据计算结果。

表6-5 反应（6-16）～反应（6-18）不同温度下的热力学数据

温度/℃	反应（6-16）		反应（6-17）		反应（6-18）	
	$\Delta_r G/(kJ/mol)$	$\Delta H/(kJ/mol)$	$\Delta_r G/(kJ/mol)$	$\Delta H/(kJ/mol)$	$\Delta_r G/(kJ/mol)$	$\Delta H/(kJ/mol)$
100	−394.57	−393.55	106.73	173.15	19.416	31.637
300	−395.09	−393.74	70.95	173.52	12.748	32.099

续表

温度/℃	反应（6-16）		反应（6-17）		反应（6-18）	
	$\Delta_r G/$（kJ/mol）	$\Delta H/$（kJ/mol）	$\Delta_r G/$（kJ/mol）	$\Delta H/$（kJ/mol）	$\Delta_r G/$（kJ/mol）	$\Delta H/$（kJ/mol）
500	−395.51	−394.11	35.29	172.51	5.953	32.336
700	−395.82	−394.54	−0.015	170.86	−0.887	32.438
900	−396.04	−394.96	−34.94	168.84	−7.737	32.435
1100	−396.19	−395.37	−69.51	166.61	−14.579	32.339

根据计算结果得出以下结论。

1）对于反应（6-16）：始终 $\Delta_r G \leqslant 0$，在常温下就能发生反应，且 $\Delta H < 0$，是放热反应。

2）对于反应（6-17）和反应（6-18）：在高于700℃时，才会出现 $\Delta_r G \leqslant 0$，反应才可能发生，且始终 $\Delta H > 0$，是吸热反应，反应温度的升高有利于该反应的发生。

综合上述热力学计算分析可知，在 C-H₂O-CO₂-N₂ 气氛下磷石膏还原分解过程中反应较多，其中部分始终 $\Delta_r G \leqslant 0$，且 $\Delta H < 0$，常温即可发生；部分 $\Delta_r G \leqslant 0$，$\Delta H > 0$，需要提高温度以促进反应进行；部分 $\Delta_r G > 0$，反应在特定条件下不可能发生。对磷石膏低温羟基热分解体系来说，将分解温度控制在800~1000℃范围，则反应（6-1）、反应（6-5）、反应（6-6）、反应（6-9）、反应（6-10）、反应（6-12）和反应（6-15）不会发生，可不做考虑，而其他反应式可能发生。

6.4 磷石膏分解工业化情况与技术开发

6.4.1 国外磷石膏分解工业化情况

石膏制硫酸的研究起源于1847年，1915年，德国 Muller 最先提出以焦炭作还原剂，掺加黏土及铁粉在中空窑内完成硫酸钙分解和水泥熟料煅烧。磷石膏分解装置最早开始于20世纪50年代的奥地利林茨化工厂[31, 32]，其用天然石膏为原料，从1966年起完全用磷石膏为原料，1969年建成350t/d 制酸装置；1972年南非建成同样规模的磷石膏制酸装置，工艺技术相对成熟可靠。后来德国伦兹化学公司与克虏伯公司联合开发 O.S.W-Krupp 流程，将中空窑改成立筒预热器回转窑工艺。20世纪70年代，有5个国家（英国、德国、波兰、奥地利、南非）10家工厂约17套装置（包括2~3套中试装置）采用中空窑技术，总能力为年产600~800 kt 硫酸和1000~1200 kt 水泥；当时规模最大的德国 Coswig 装有四台 Φ3.2m×80m 回转窑，年产能力24.5万 t，生产总量每年达150万 t。其中，用磷石膏为原料的工业生产装置有5套，最大装置的能力为年产80 kt 硫酸和120 kt 水泥，采用立筒式预热器中空窑技术。

进入20世纪80年代后，由于世界能源价格上升，硫磺价格下降及欧洲等地区水泥市场疲软，国外此类生产装置陆续关闭或转产。1994年，德国沃尔芬工厂为了解决硫酸来源问题，利用附近发电厂烟气脱硫副产的石膏，又恢复了原有天然石膏制硫酸和水泥

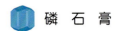

装置的生产。

国外主要石膏制取硫酸联产水泥生产装置情况如表 6-6 所示，因历史较早，大部分已经停产。

表 6-6　国外主要石膏制硫酸与水泥工厂

厂家	年份	窑型/m	数量/台	石膏来源	辅助原料	产量/万 t
德国 Leverkusen	1916~1931	$\Phi25\times50$	1	无水、二水	焦炭、黏土	1.2
英国 Billingham	1931~1970	$\Phi（2.7\sim3.0）\times70$	2	天然无水、二水	砂、焦炭、黏土	10/8
		$\Phi（3.4\sim3.8）\times120$	1			
法国 Miramas	1938~1946	$\Phi3.1\times60$	1	天然二水	焦炭、黏土	2.5
德国 Wolfen	1939~1945	$\Phi3.2\times70$	4	天然无水	焦炭、黏土	17.6
波兰 Wizow	1952 至今	$\Phi3.3\times85.4$	2	无水、磷	粉煤灰、焦炭	10
英国 Whithaven	1954 至今	$\Phi3.3\times70$	4	无水		10~22
奥地利 Linz	1955 至今	$\Phi3.4\times70$	2	无水	页岩、焦炭	20
德国 Coswig	1954 至今	$\Phi3.5\times70$	1	无水、磷	粉煤灰、焦炭	10
印度 Sidri	1960 至今	$\Phi3.2\times80$	4	无水	焦炭、黏土	24.7
巴基斯坦 Marilndus	1951 至今					4.5
南非 PhalaBoraw	1954 至今					10
英国 Widnes	1972 至今	$\Phi4.4\times107$		磷	粉煤灰、焦炭	16.5
德国 Leverkusen	1955~1975	$\Phi（4\sim4.3）\times70$		无水	页岩、焦炭	16

6.4.2　国内磷石膏分解工业化情况

我国在此领域的研究始于1954年，重工业部化学工业局派专家去波兰进行技术考察，带回第一手资料。1958 年，上海化工研究院等在此基础上完成实验室研究，1959 年完成扩大实验研究，在 $\Phi0.5m\times11m$ 回转窑上进行煅烧实验。1960 年，山西化工研究院与太原水泥厂在 $\Phi2.29m\times42m$ 回转窑上完成了利用太原天然石膏制备SO_2与水泥的中间实验。1964 年，北京市建筑材料科学研究所、北京水泥院、化工部南京化工研究院、化工部华东设计研究分院、太原工学院、太原化工研究所、太原磷肥厂和苏州光滑磷肥厂八大单位参加，先后在光滑水泥厂和北京琉璃河水泥厂试验，在 $\Phi1.0m\times20m$ 回转窑中进行天然石膏和开阳、昆明磷矿副产磷石膏较系统的分解中间实验，基本解决了原料、石膏脱水、生料制备、熟料煅烧、窑气净化及操作等技术难题，上述实验于 1966 年 9 月通过鉴定，安排云南磷肥厂、太原磷肥厂年产 10 万 t 硫酸与水泥厂的设计与筹建。1972 年，济南工农磷肥厂补做了配上制酸系统的全流程试验，采用 $\Phi1.6m\times30m$ 回转窑。太原西山石膏矿和湖北应城磷肥厂在立窑上进行煅烧石膏制硫酸与水泥全流程小实验。1974 年，汉沽日化助剂厂建设 2500t/a 回转窑中试装置，但因地震而停止。1972 年，化工部南京化工研究

院在 $\Phi350mm/\Phi450mm\times1700mm$ 单层扩大沸腾炉进行了试验。1973 年应城磷肥厂也进行 1000t/a 的沸腾炉试验，至 1975 年最后一次试验，运转 30d，日产硫酸 3t、石灰 1.5t。1975 年，宁夏在贺兰建成 2000t/a 的天然石膏制硫酸试验车间。1977 年，山东省安排试验点，并于 1982 年无棣县硫酸厂取得了 7500t/a 盐石膏制硫酸试验成功。1984 年和 1985 年，分别完成云南磷石膏和枣庄天然石膏制硫酸与水泥的试验，通过国家鉴定，并于 1988 年开工，1990 年建成年产 4 万 t 磷石膏制硫酸 6 万 t 水泥装置，于 1991 年通过化学工业部组织的 45d 考核考评，该装置达到了年产硫酸 6 万 t、水泥 7 万 t 的能力。1977 年四川自贡化工研究院完成年产 1000t 盐石膏沸腾炉分解生成硫酸和石灰的中间实验，云南磷肥厂于 1988 年投产 235t/d 的大型装置，1991 年山东峄城和新疆阿克苏也建成 2 万 t/a 的天然石膏制硫酸与水泥生产线。1995 年和 1996 年，全国建设 6 套 4 万 t/a 石膏制硫酸 6 万 t/a 水泥装置（称为"四·六"工程），1996 年，山东鲁北化工股份有限公司（前身为无棣硫酸厂）开工建设年产 20 万 t 石膏制硫酸联产 30 万 t 水泥工程，并于 1999 年建成投产。2008 年重庆三圣特种建材股份有限公司因自身拥有 9 亿 t 天然石膏，且自身拥有大量的商混建材站，建立一期年产 15 万 t 天然石膏制硫酸和水泥熟料生产装置，同时湖南省湘福建筑工程有限公司建立 10 万 t 天然石膏生产硫酸和水泥熟料装置。2013 年贵州金正大化肥有限公司建立 30 万 t 磷石膏生产硫酸联产水泥或硅钙钾镁肥等生产装置（两条线），在 2017 年因磷石膏无堆场，在厂区堆放造成磷石膏渗漏问题，后再建了两条同样规模的生产线。2020 年 3 月宜昌成远环保新材料有限公司开始建立 10 万 t 磷石膏生产硫酸联产水泥熟料生产装置，2020 年 7 月贵州胜威凯洋化工有限公司开始建立 20 万 t 磷石膏制酸联产 24 万 t 水泥熟料生产装置。表 6-7 列出了国内主要石膏制硫酸与水泥工厂。

表 6-7　国内石膏制硫酸与水泥工厂

厂家	年份	窑型/m	数量/台	石膏	辅助原料	产量/万 t	备注
无棣硫酸厂	1982～1990	$\Phi1.6\times30$	1	磷石膏	焦炭、黏土	0.75	停产
云南磷肥厂	1988 至今	$\Phi3.5\times120$	1	磷石膏	焦炭、黏土	8	停产
枣庄磷肥厂	1991 至今	$\Phi2.55\times5$	1	磷石膏	焦炭、黏土	2	停产
什邡磷肥厂	1994 至今	$\Phi3.0\times88$	1	磷石膏	焦炭、黏土	4	
银山磷肥厂	1995 至今	$\Phi3.0\times88$	1	磷石膏	焦炭、黏土	4	
山东鲁北企业集团总公司	1996 至今	$\Phi4.0\times75$	2	磷石膏	焦炭、黏土	20	
莱西磷肥厂	1996 至今	$\Phi3.0\times88$	1	磷石膏	焦炭、黏土	4	停产
鲁西化工厂	1996 至今	$\Phi3.0\times88$	1	磷石膏	焦炭、黏土	4	
重庆市渝北区三圣建材有限公司	2008 至今	$\Phi4.0\times75$	1	天然	焦炭、黏土	10	
湖南省湘福建筑工程有限公司	2010 至今	$\Phi3.5\times120$	1	天然	焦炭、黏土	8	停产
贵州金正大化肥有限公司	2014 至今	$\Phi4.0\times90$	2	磷石膏	焦炭、黏土	20	

厂家	年份	窑型/m	数量/台	石膏	辅助原料	产量/万 t	备注
贵州金正大化肥有限公司	1997 至今	$\Phi 4.0 \times 90$	2	磷石膏	焦炭、黏土	20	
宜昌成远环保新材料有限公司	2020 至今	$\Phi 3.5 \times 75$	1	磷石膏	焦炭、黏土	10	在建
贵州胜威凯洋化工有限公司	2020 至今	$\Phi 4.0 \times 80$	1	磷石膏	焦炭、黏土	20	在建

综上所述，国内的工业化装置均是在国外装置的基础上，增加了"悬浮"预热器等热量回收装置，回收了一定量的尾气显热，磷石膏制取硫酸与水泥面临的技术困难和影响因素归纳起来有如下 8 项内容。

1. 磷石膏中总磷含量高

总 P_2O_5 应包括水溶磷（洗涤率）、酸不溶磷（酸解率或萃取率）和枸溶磷（晶间损失磷），应该在 0.7%以下，否则开车困难，烧成温度起不来，水泥早期强度也起不来。受磷酸生产工艺与技术水平所限，多数厂家磷石膏中含 P_2O_5 为 1.5%，甚至更高。

2. 磷石膏水含量高

游离水多数大于 25%，结晶水在 15%～17%，共占 40%以上，去除水分的烘干装置庞大，效率低，耗能高。

3. 水泥熟料控制指标难控制

水泥熟料控制指标要求游离 CaO 低于 1.5%（实际要求低于或等于 1.2%），CaS 低于 2%，SO_3 低于 1.5%。而实际生产过程水泥熟料中游离 CaO 1.89%，CaS 1.13%，SO_3 2.42%，甚至更高。无法生产出优质熟料产品，水泥早期强度指标"3d、28d"难以稳控。

4. 窑尾 SO_2 气浓低

窑尾气浓要求大于 7%，最好大于 10%。因操作波动，多数为 7%左右，甚至更低，副反应无法控制，波动太大，有升华态单质硫出现，顾此失彼，直接导致后续制备硫酸生产能力大幅下降。

5. 能源消耗高

2.2t 生料（3t 磷石膏）/t 硫酸，150kg 焦炭粉/t 硫酸，烘干用烟煤（热值 6000 kcal 以上）120kg/t 硫酸，烧成用煤 280kg（6300kcal）/t 硫酸，合计在 550kg 左右。

6. 生产装置效率较低

设计能力转窑熟料体积产能（$t/m^3 d$）：山东鲁北化工厂 0.37，湖南嘉丰建材有限公司

0.46，湖南省湘福建筑工程有限公司 0.42，重庆三圣建材有限公司 0.53，贵州金正大化肥有限公司 0.44，实际生产因不稳定造成开停车频率增加，生产能力更低。

7. 生产自动控制系统落后

因分解与烧成化学机理研究甚少，设计工艺不合理，目前仅靠熟练技工手动操作、人工关火，随意性大，无法自动控制操作与稳定控制来保证持续生产，检验方法落后迟钝，无法满足生产的需要。

8. 生产操作难度很大

在回转窑的操作中，不正常情况时有发生，严重影响生产的有结圈、掉窑皮、红窑等，一旦发生只能被迫停车。其中，窑内结圈通常分为分解段结圈和烧成段结圈，两者结圈的物料性质不同，均是由于石膏分解与熟料烧成过程中组成的变化引起的熔融和磷石膏中的杂质含量超过阈值形成快速熔融体。窑皮与红窑是由于烧成带温度过高或火焰形状不好，使耐火砖破裂，有时因窑皮挂的质量不高，运行后脱落。

因此，上述 8 项困难与影响因素严重制约了磷石膏生产硫酸与水泥生产的经济性，使其无法立足市场，不能获得大面积推广，生产投资者得不到基本的投资回报。采用天然石膏仅回避了上述的前两个问题，但后面几个问题仍然无法解决，生产效益也不甚理想。磷石膏堆放与处置问题日益突出，成为磷化工行业可持续发展的瓶颈。因此，全球生产者、科学家和工程师一直在努力研发寻找更好的经济技术，借以弥补现有技术的不足，以真正解决磷石膏作为钙和硫资源的绿色循环技术。

6.4.3 硫磺分解磷石膏制硫化钙

2010 年江丽葵等[33]针对云南磷石膏中二氧化硅高的特点，通过磷石膏分解基本反应的热力学分析，实验研究了反应温度、碳硫摩尔比和铁粉加量对硫化钙收率的影响，得到磷石膏分解制备硫化钙的最佳工艺条件为 $n(C)/n(SO_3)=3$，反应温度 900℃，反应时间 150min，硫酸钙转化为硫化钙的转化率可达 99.0%以上。研究结果为开展磷石膏分解制硫酸新工艺的开发和设计提供了基础数据。

磷石膏在高温焙烧过程中通常会发生以下分解反应：

$$CaSO_4 + 2C = CaS + 2CO_2 \tag{6-19}$$

$$CaSO_4 + 0.5C = CaO + SO_2 + 0.5CO_2 \tag{6-20}$$

$$CaSO_4 = CaO + SO_2 + 0.5O_2 \tag{6-21}$$

实际上，反应（6-19）在磷石膏分解制硫酸工艺中具有重要意义。首先，硫酸钙分解生成硫化钙反应，可在还原气氛和较低的温度下进行，同时由于废气不直接用于制酸，因此可将磷石膏烘干和煅烧结合起来，从而缩短工艺流程并提高磷石膏分解过程的热利用率；而且硫化钙可用硫化氢溶液浸取，得到硫氢化钙溶液，进而碳化得到硫化氢和碳酸钙，最后由硫化氢制得硫酸或硫脲。同时，在制硫氢化钙溶液过程中，可除去磷石膏中硅、铝、铁等杂质。因此，对反应（6-19）开展研究，对于开发磷石膏分解制硫酸新

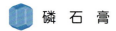

技术和新工艺具有重要意义。

杨校铃等[34]于 2015 年研究了以硫磺为还原剂分解磷石膏得到硫化钙产物的方法。在热力学研究的基础上，考察了反应温度、反应时间、硫磺摩尔分数和二氧化硫摩尔分数对硫磺分解磷石膏的影响。硫磺还原分解磷石膏的反应分 2 步进行，第 1 步：$CaSO_4 + 2S \Longrightarrow CaS + 2SO_2\uparrow$；第 2 步：$CaS + 3CaSO_4 \Longrightarrow 4CaO + 4SO_2\uparrow$。通过实验得出优化工艺条件：反应温度为 800℃，反应时间为 2 h，硫磺摩尔分数为 40%，在该条件下磷石膏的分解率为 98%以上。由此证明二氧化硫对反应有抑制作用，且以硫磺为还原剂，大大提高了还原效果。

6.4.4 磷石膏分解制备硫酸与水泥"四·六"工程的技术分析

从纯度较高的天然石膏、盐石膏、脱硫石膏到磷石膏化学分解制取硫酸联产水泥，利用石膏中的硫元素与钙元素等生产技术历经 100 余年，随着硫酸生产和水泥生产两个行业的基础研究和技术的不断发展，尤其是在 20 世纪 90 年代，因"料浆磷铵"在当时的中国社会发展情况下，人口、粮食、化肥是国家之策，为解决温饱之重的粮食问题，国家计划建立的 1 万 t 和 3 万 t 生产规模装置就有 123 套。同时也提出了磷石膏急迫需要解决的问题，花巨资进行科研及实验装置建设，"四·六"工程即磷石膏分解制备三（万吨磷铵）四（万吨硫酸）六（万吨水泥）工程无愧于 1990 年大上磷铵装置的另一道风景线，国内曾经建立的"四·六"工程磷石膏生产水泥和硫酸装置如表 6-8 所示。

表 6-8 国内"四·六"工程磷石膏生产水泥和硫酸装置

序号	企业	产能（硫酸+水泥）/万 t	转窑规格/m	数量	原料
1	无棣硫酸厂	4+6	$\Phi3.0\times88$	1	磷石膏
2	银山磷肥厂	4+6	$\Phi3.0\times88$	1	磷石膏
3	什邡磷肥厂	4+6	$\Phi3.2\times88$	1	磷石膏
4	鲁西化工厂	4+6	$\Phi3.0\times88$	1	磷石膏
5	莱西磷肥厂	4+6	$\Phi3.0\times88$	1	磷石膏
6	遵化磷肥厂	4+6	$\Phi3.0\times88$	1	磷石膏
7	云南磷肥厂	10+10	$\Phi3.5\times120$	1	磷石膏

1."四·六"工程工艺流程

磷石膏化学分解制取硫酸联产水泥"四·六"工程装置使用湿法磷酸生产过程中排出的二水石膏为原料。潮湿的二水石膏首先在干燥窑内烘干并脱水成为半水石膏，焦炭粉则在较低温度下烘干，使水分含量降低到 0.5%以下，经过干燥的物料分别在球磨机中进行研磨，然后储存于各自的料仓中。生产流程如图 6-1 所示。经过烘干和磨碎的原料、各种辅助材料，按照配比的工艺要求，混合均化，制得符合要求的生料。

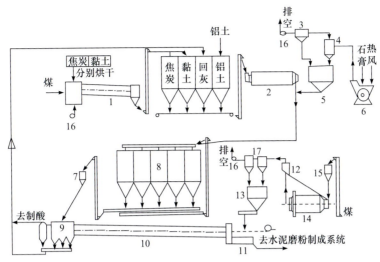

图 6-1　磷石膏制硫酸装置流程图

1. 烘干机；2. 生料磨；3. 电收尘；4. 分离器；5. 石膏仓；6. 石膏烘干机；7. 窑尾喂料仓；8. 石膏均化及储仓；9. 沉降室；10. 回转窑；11. 冷却机；12. 分离器；13. 煤粉斗；14. 磨煤机；15. 煤储仓；16. 风机；17. 收尘器

生料从窑头进入回转窑，依次经过脱水预热、还原分解和熟料烧成等几个阶段，制成水泥熟料。煤粉和空气自窑头喷入燃烧，以使窑内达到烧成和分解所需的温度。制成的熟料从窑尾排出，在冷却滚筒中冷却后送去储存，作为制造水泥的原料。从冷却滚筒出来的热空气进入回转窑，回收其热量。燃烧气体与石膏分解产生的 SO_2 一起从窑尾排出，经除尘后送去生产硫酸。硫酸生产装置采用水洗净化，一转一吸的接触法生产工艺。

2. "四·六"工程生产控制点

磷石膏在回转窑中需要依次完成脱水预热、还原分解和烧成三个阶段，既要制得 SO_2 含量较高、符合生产硫酸要求的窑气，又要制成符合要求的熟料，用于生产水泥，回转窑的操作是整个生产过程的关键。需要严格控制配料比例和窑内的气氛。根据石膏被 C 还原生成 SO_2 的总反应过程，C 与 $CaSO_4$ 的化学计量摩尔比应为 0.5。在实际生产条件下，有部分焦炭被气体中的氧所氧化，也有部分焦粉被气流夹带出去，所以在配料中 C 的实际含量要高于理论值。生料中 $n(C)/n(SO_3)$ 值降低，或者窑气中 O_2 含量偏高，会使硫酸钙的还原分解率降低，物料中残余 $CaSO_4$ 含量增高，这不但会使硫的回收率降低，而且 $CaSO_4$ 极易与 CaO 形成低熔点物质，使物料烧结熔融，造成回转窑结圈。反之，生料中 $n(C)/n(SO_3)$ 值升高，或者窑气中 O_2 含量偏低，将形成还原气氛，产生单质硫（又称升华硫），升华硫会使硫酸生产设备堵塞。为了保证回转窑在适当的气氛下正常操作，在窑气出口处装有氧自动分析仪，随时监控窑气中氧含量的变化。在通常情况下，从回转窑排出的窑气氧含量控制在 0.6%～1.0%。

3. "四·六"工程与国外同类装置相比具有的特点

回转窑法用磷石膏制硫酸同时生产水泥，与文献资料上报道的国外的其他生产工艺相比，"四·六"工程装置具有以下特点。

磷 石 膏

1）采用半水石膏工艺，即入回转窑生料中，水分含量为5%~6%，相当于半水硫酸钙。这种工艺的优点是可以简化石膏干燥设备，降低能源消耗。半水石膏的煅烧温度是180~200℃，比僵烧石膏的煅烧温度（350℃）低得多。同时，半水石膏在回转窑内进一步煅烧，还可回收窑气的余热，降低窑气出口温度。实践表明，采用这种工艺，回转窑的操作相对容易。

2）磷石膏中P_2O_5含量可以达到1%。根据文献资料报道，用作原料的磷石膏中，P_2O_5含量不能超过0.5%，否则会影响水泥质量并导致回转窑操作困难，国外往往采用再浆洗涤的方式除去磷石膏中的水溶性P_2O_5。"四·六"工程使用的磷石膏中P_2O_5含量号称可以达到1%也不会引起操作困难，水泥质量也符合国家标准。将磷石膏中的P_2O_5允许含量指标提高到1%，可克服早期国内料浆法磷铵生产湿法磷酸萃取技术不足，磷石膏磷偏高的缺点。据称山东某厂对P_2O_5的控制要求可放宽到<1.5%。"四·六"工程所用磷石膏原料，均没有磷石膏净化工序。

4. "四·六"工程工艺设备选型

四川两个"四·六"工程磷石膏烘干及水泥熟料主要工艺设备选型见表6-9。山东某"四·六"工程石膏分解水泥烧成窑及制酸主要工艺设备规格及操作条件如表6-10所示。

表6-9 四川"四·六"工程磷石膏烘干及水泥熟料主要工艺设备选型

序号	工序名称	设备名称、规格/m	能力/（t/h）	台数	年利用率/%	备注
1	磷石膏烘干	回转式烘干机 $\Phi3\times25$	18	1	55	
2	辅料及混合材烘干	回转式烘干机 $\Phi2.2\times12$	8	1	30	银山磷肥厂
	辅助料烘干	回转式烘干机 $\Phi1.5\times12$	4	1	30	什邡磷肥厂
3	生料粉磨	球磨机 $\Phi1.83\times6.4$	15	1	73	
4	熟料烧成	回转窑 $\Phi3.0\times88$	6.0	1	85	
5	熟料冷却	单筒式冷却机 $\Phi2.0\times22$	7~8.5	1	85	
6	煤粉制备	风扫式球磨机 $\Phi1.7\times2.5$	3	1	53	
7	水泥粉磨	开路高细磨 $\Phi2.0\times9$	8~10	1	68~85	
8	水泥包装	双嘴固定式包装机	30	1	23	

表6-10 山东某"四·六"工程石膏分解水泥烧成窑及制酸主要工艺设备规格及操作条件

设备名称	规格	操作压力/kPa	操作温度/℃
冷却机	$\Phi2000mm\times22000mm$	微负压（出口）	约850（出口）
回转窑	$\Phi3000mm\times88000mm$		约1250（料温）
			500±50（窑尾气温）
冷烟室	$\Phi15150mm\times4550mm$	-0.50（出口）	450（出口）
电除尘器	23.6 m^2	-1.89（出口）	350（进口）
内喷文氏管	$\Phi630mm$（喉管）	-2.2（进口）	300（进口）

续表

设备名称	规格	操作压力/kPa	操作温度/℃
泡沫塔	$\Phi2150mm\times6120mm$	-4.20（进口）	62（进口）
板式换热器	$81.5m^2$		
电除雾器	$8.635m^2$	-7.80（进口）	<38（进口）
干燥塔	$\Phi13200mm\times15400mm$	-8.80（进口）	<38（进口）
主风机	D700-13	-12.50（进口）	<40（进口）
		16.8（出口）	<65（出口）
转化器	$\Phi5200mm\times15600mm$	12.90（一段进口）	430（一段进口）
吸收塔	$\Phi3200mm\times15400mm$	3.48（进口）	>180（进口）
尾气烟筒	$\Phi820mm\times60000mm$	1.41（进口）	>70（进口）

5. "四·六"工程对原料的要求

"四·六"工程装置使用的主要原料是湿法磷酸工业副产磷石膏和外购焦炭。辅助原料为黏土，燃料为煤粉。对各种物料的主要要求如下。

（1）磷石膏

为使转窑窑气中 SO_2 达到一定浓度，保证硫酸装置正常生产，磷石膏中 $w(SO_3)$ 不应低于 40%（以二水基计）。据说山东某化工总厂在硫量不够时，采用盐场副产的盐石膏作为补充原料。

P_2O_5 的存在会使熟料中 C_3S 含量降低，影响水泥的早期强度。磷石膏中 $w(P_2O_5)$ 应小于 1%。山东某厂对 $w(P_2O_5)$ 的要求已放宽到小于 1.5%。

少量的氟可降低 P_2O_5 的有害影响并使烧成温度降低。但是，氟含量过高会破坏转窑的衬里并影响熟料的性能，磷石膏中 $w(F)$ 应小于 0.3%。

SiO_2 含量过高，会使烧成过程发生困难并影响水泥质量。磷石膏中 $w(SiO_2)$ 应不大于 8%。

山东某厂磷石膏的主要化学成分如表 6-11 所示。

表 6-11　山东某化工总厂磷石膏的主要化学成分（以二水计）

成分	SO_3	CaO	SiO_2	P_2O_5	F	MgO	Fe_2O_3	Al_2O_3
w/%	42.65	30.32	5.84	0.82	0.13	0.49	0.41	0.60

国内部分厂对入窑半水磷石膏化学成分的要求如表 6-12 所示。

表 6-12　对半水磷石膏主要化学成分的控制要求（质量分数，%）

厂名	SO_3	CaO	SiO_2	P_2O_5	MgO	Fe_2O_3	Al_2O_3
甲厂	≥48	≥35	4.0±1	≤1.2	≤0.5	≤0.4	≤0.6
乙厂	≥47	≥32	5.5±1	≤1.0	≤0.3	≤1.3	≤1.6
丙厂	48.72	35.32	4.68	≤1.0	0.25	0.61	1.42

 磷 石 膏

由表 6-12 可见，各企业对入窑半水磷石膏原料的组成要求不尽相同，其主要原因是湿法磷酸生产所用磷矿来源不同。

（2）焦炭

作为还原剂的焦炭，挥发分含量不能超过 5%。因其大部分的挥发分将随窑气进入硫酸生产设备，将在转化器中燃烧，生成水蒸气，会造成设备腐蚀，并使尾气中酸雾含量升高。焦炭中固定碳含量应不低于 70%。还原过程需要使用焦粉，可利用冶金工业筛余的废料，做到综合利用。

（3）燃料

与其他燃料相比，煤的来源充足，价格低廉，可用煤作燃料。煤的质量对窑气浓度和熟料的机械强度都有很大影响，所以需要选用质量较好的煤。一般要求挥发分≥25%，灰分≤20%，热值≥25000kJ/kg (6000 kcal/kg)。

山东某化工厂"四·六"工程对原、燃料主要成分的要求如表 6-13 所示。

表 6-13　山东某化工厂原、燃料主要成分要求（质量分数）

名称	SiO_2	SO_3	P_2O_5	V^+（挥发分）	A^+（灰分）	C（固定碳）	热值
磷石膏	3%～5%	>40%	≤0.85%				
无烟煤				≤5.0%	≤15%	≥68%	
黄砂	≥70%						
烟煤				≤27%	≤20%		≥25958kJ/kg

（4）对生料的粉碎要求

磷石膏具有较高的细度，小于 80μm 的颗粒占 80%以上，可不经粉磨，直接与其他辅料粉磨产品混合均化制得合格生料。

对其他辅料的粉磨细度要求为：80μm 颗粒过筛率达 90%以上。

（5）生料成分主要技术指标

生料成分主要技术指标如表 6-14 和表 6-15 所示。

表 6-14　生料成分及指标（质量分数，%）

成分	烧失量	SiO_2	SO_3	Fe_2O_3	Al_2O_3	P_2O_5	$\sum C$
指标	≤14	9.0～10.0	≥40	≤0.8	≤2.0	<1	4.8±0.4

表 6-15　山东某厂入窑生料全分析（年平均值）

年份	化学成分 w/%								率值			
	烧失率	SiO_2	Al_2O_3	Fe_2O_3	CaO	MgO	SO_3	C	KH[1]	N[2]	P[3]	$n(C)/n(SO_3)$
2000	14.89	9.68	1.92	0.74	29.49	0.22	41.55	4.70	0.96	3.70	2.64	0.75
2001	14.89	9.71	1.80	0.77	29.79	0.22	41.43	4.49	0.98	3.83	2.40	0.73

注：1）饱和系数；2）硅酸率；3）铝氧率。下同。

（6）生料配料"三率一比"

1）山东某化工公司。

饱和系数 $KH = 1.0 \pm 0.03$。

硅酸率 $N = 4.0 \pm 0.3$。

铝氧率 $P = 2.3 \pm 0.3$。

碳硫比 $n(C)/n(SO_3)=0.65\sim0.72$。

2）国内部分工厂"四·六"工程生料的配比如表 6-16 所示。

表 6-16 国内部分工厂"四·六"工程生料的配比

厂名	$w(SO_3)/\%$	KH	N	P	$n(C)/n(S)$
甲厂	≥40	1.0±0.3	4.0±0.3	2.3±0.3	0.69±0.04
乙厂	≥40	1.05±0.05	3.0±0.3	2.5±0.3	0.71±0.03
丙厂	42.36	1.17	3.14	2.69	0.67

（7）水泥熟料成分与率值

水泥熟料成分与率值如表 6-17 所示。

表 6-17 山东某厂出窑熟料化学分析与率值（年平均值）

年份	烧失率	矿物组成 $w/\%$														
		SiO_2	Al_2O_3	Fe_2O_3	CaO	MgO	SO_3	KH	N	P	C_3S	C_2S	C_3A	C_4AF	f_{CaO}[1]	CaS
2000	0.50	20.87	4.79	2.26	64.07	0.49	1.29	0.90	2.98	2.16	55.76	17.78	8.84	6.84	0.73	1.38
2001	1.07	20.73	4.88	2.56	64.34	0.61	1.01	0.91	2.79	1.93	57.61	16.00	8.60	7.77	0.36	1.95

注：1）游离氧化钙。

6. "四·六"工程生产运行考核情况

（1）"四·六"工程装置的 72h 连续运行考核

四川两套首批"四·六"工程装置经过一年的试生产和调整后，生产转入正常。1995 年 12 月四川省化学工业厅组织了对两套"四·六"工程装置的 72h 连续运行考核。考核结果表明，两套"四·六"装置生产能力已达到和超过设计能力，产品质量、主要工艺技术指标、消耗定额和技术经济指标达到了设计要求，工程设计是成功的，工艺技术是成熟的、可靠的。72h 生产技术考核结果和设计指标列于表 6-18。

表 6-18 水泥装置 72h 生产技术考核结果和设计指标

序号	项目名称	单位	设计指标（考核指标）	72h 考核结果	
				银山厂	什邡厂
一			产量		
1	水泥熟料	t/h	6.00	6.088	6.45
2	窑气量（折算为 SO_2 浓度为 7%计）	Nm^3/h	18300	19300	20430

序号	项目名称	单位	设计指标 （考核指标）	72h 考核结果	
				银山厂	什邡厂
二	回转窑运转率	%	100	100	100
三			质量		
1	熟料标号		>525#	>525#	>525#
2	水泥		425#普通水泥	全部合格	全部合格
3	窑气 SO_2 浓度	%	≥7	7.58	9.42
四			消耗定额		
1	生料料耗	t/（t·Cl）	2.15	2.155	2.23
2	熟料烧成热耗	kJ/（kg·Cl）	7524（7900）	7852	7248
3	水泥综合电耗	kW·h/t	银山厂:126(132) 什邡厂:135	131.43	126.33

由表 6-18 可以看出，银山厂回转窑 72h 考核水泥熟料平均产量 6.088t/h，什邡厂为 6.45t/h，超过了设计能力，出窑窑气中 SO_2 气浓度高于设计指标。

据资料调查，国内七套"四·六"工程装置都通过了生产考核，装置能够长期运行，正常生产。当时各厂水泥产品质量均为 425#（相当于现在的 32.5#），山东某厂称可达到 525#（相当于现在的 42.5#），但市售产品未见。

国内"四·六"工程出口窑气 SO_2 浓度一般为 7%～9%，经配气后进转化器的窑气 SO_2 浓度为 4%～5.5%，可以实现系统的自热平衡，SO_2 转化率为 93%～95%。硫酸产品有 93%酸和 98%酸两种。

（2）"四·六" 装置生产时原料及燃料动力消耗

山东某化工厂 2002 年 7 月正常生产时的生产考核结果如表 6-19 所示。

表 6-19　山东某化工厂 2002 年 7 月正常生产时的生产考核结果

生产水泥产品（32.5#）	消耗定额	生产硫酸产品（100%）	消耗定额
磷石膏（半水）	2.002 t/t 水泥	耗电	101.39kW·h
烘干煤	0.231 t/t 水泥	耗水	1.727 t/t 硫酸
无烟煤	0.11 t/t 水泥		
黄砂	0.191 t/t 水泥		
烧成煤	0.245 t/t 水泥		
天然石膏	0.04 t/t 水泥		
混合材	0.07 t/t 水泥		
耗电	129.98kW·h		
耗水	0.451 t/t 水泥		

7. "四·六"工程回转窑生产水平及出窑气成分

天然石膏或磷石膏制硫酸联产水泥装置回转窑的生产指标比较如表 6-20 所示。山东某化工公司窑尾出口窑气成分如表 6-21 所示。不同石膏原料窑尾出口窑气 SO_2、O_2 浓度的比较如表 6-22 所示。

表 6-20 煅烧石膏生料的回转窑生产指标

生产厂	规格/m	长径比（L/D）	产量/（t/h）	单位容积产量/[kg/（m³·h）]	单位表面积产量/[kg/（m²·h）]	单位截面积产量/[kg/（m²·h）]	入窑原料
波兰 Wizow	$\Phi3.3\times85.4$	25.9	7.16	14.23	9.74	1216	僵烧磷石膏
德国 Coswig	$\Phi3.2\times80$	25	8	17.5	11.8	1398	硬石膏
奥地利 Linz	$\Phi4.6\times90$	19.6	20.8	18.43	18.43	1658	僵烧磷石膏
德国 Wolfen	$\Phi3.2\times70$	21.9	5.2	13	8.76	909	僵烧石膏
南非 Phalabara	$\Phi4.2\times107$	25.48	14.6	12.04	10.35	1404.13	僵烧磷石膏
英国 Whithaven	$\Phi3.4\times70$	20.6	6.94	14.1	11.69	980	僵烧石膏
英国 Widnes	$\Phi3.8\times110$	28.9	9.38	9.6	8.23	1100	僵烧石膏
鲁北化工（"四·六"工程）	$\Phi3.0\times88$	29.3	6	12.85	8.15	1131	半水磷石膏
云南磷肥厂	$\Phi3.5\times120$	34.29	10～11	12.12	8.97	1454.1	僵烧磷石膏

表 6-21 山东某化工公司窑尾出口窑气成分

成分	w
SO_2	7.0%～9.0%
SO_3	0.04%～0.08%
CO	约 0.5%
CO_2	17%～19%
O_2	0.5%～1.5%
N_2	约 72.5%
NO_x	0.0092%～0.014%
C_nH_m	微
F	50～100g/Nm³
尘	约 20g/Nm³

注：窑气量为 32137～43251Nm³/h（干）。

表 6-22 不同石膏原料窑尾出口窑气 SO_2、O_2 浓度

生产厂	原料（w）/%	窑尾出口窑气 SO_2 浓度 w/%	O_2 浓度 w/%
波兰 Wizow	硬石膏 SO_3>47.5	8～9	<1.0
德国 Coswig	硬石膏 SO_3>57.07	9～10	0.56
奥地利 Linz	死烧石膏 SO_3 55	9	0.5
山东某化工总厂	磷石膏和盐石膏 SO_3 43.2	8.45	0.5
山东某磷肥厂	天然石膏 SO_3 40.23	7～8	0.5～1.0
山东某化工厂	磷石膏 SO_3 41.49	7～9	0.5～1.5

由表 6-20 可知，我国"四·六"工程煅烧回转窑的单台产能与各国相比偏小，中空窑单位容积产量与国外水平基本一致。

由表 6-21 可见，石膏原料中 SO_3 的含量对窑尾出口窑气 SO_2 浓度影响极大。我国"四·六"工程采用磷石膏为原料，$w(SO_3)$<43%，窑尾出口窑气 $w(SO_2)$ 只能达到 7%～9%。

8. "四·六"工程投资情况及主要技术经济指标

对什邡厂和银山厂两厂"四·六"工程正常投产后进行核算和工程造价决算，主要技术经济指标如表 6-23 所示。

表 6-23 工程投资主要技术经济指标

序号	指标内容	单位	设计指标		备注
			银山厂	什邡厂	
一	工厂规模及产品品种				
1	熟料	万 t/a	4.5		标号 525#以上
2	水泥	万 t/a	6.0		
3	水泥品种		425#矿渣水泥	425#，部分 525# 普通水泥	
二	工艺设备总质量	t	1250	1240	
三	装机容量	kW	2150	2030	
四	耗电量	kW·h/a	$7.55×10^6$	$7.425×10^6$	
五	生产用水量	m³/d	1320	1240	
六	职工人数	人	333	302	
	其中生产工人	人	314	290	什邡厂不包括水泥部分原材料化验及水泥质检人员
	管理人员	人	19	12	
七	占地面积	m²	5.18 万	7.2 万	

续表

序号	指标内容	单位	设计指标		备注
			银山厂	什邡厂	
八	工程投资				
1	初设概算	万元	6086.09	6177.57	"四·六"工程总投资
2	其中水泥装置	万元	2564	2549	
	概算调整	万元	8559	8709	"四·六"工程总投资
	其中水泥装置	万元	3668.5	3679.2	
	竣工工厂统计	万元	9943	约9700	"四·六"工程总投资

由表6-23可知，两厂"四·六"工程竣工造价都接近1亿元。山东某工厂项目主要技术负责人介绍，该厂"四·六"工程的固定资产投资约为9000万元。需要说明的是，这是在20世纪90年代的投资，折计每吨硫酸的固定成本高达300元（折旧加银行利息）。

9. "四·六"工程生产成本

"四·六"工程主要生产成本（同时期市场价格）中，硫酸成本如表6-24所示，水泥成本如表6-25所示。

表6-24   "四·六"工程磷石膏制硫酸的车间成本

序号	项目	规格	单位	消耗定额	单价/元	单位成本/（元/t）
1	原料及辅料					174.29
1.1	磷石膏烟气	SO_2>7%	Nm^3	3293	0.04	131.72
1.2	钒触媒	工业	kg	0.1	35	3.5
1.3	液氨	99%	kg	10.33	2.5	25.83
1.4	石灰	二级	kg	24	0.1	2.4
1.5	轻柴油	一级	kg	0.53	4	2.12
1.6	硫酸	93%	kg	24.9	0.35	8.72
2	燃料动力					172.21
2.1	直流水	自来水	t	12	1	12
2.2	循环水	合格	t	107	0.2	21.4
2.3	电	380V	kW·h	84	0.45	137.81
2.3	仪表空气	0.6MPa	Nm^3	10	0.1	1
3	工资和福利	1.5万/（人·年）	元			7
4	制造费用					85
5	副产品回收					
5.1	硫酸铵	二级	kg	117.5	0.6	−70.5
6	车间成本					368

注：同时期原燃料价格计算。

表 6-25 "四·六"工程磷石膏制水泥的车间成本

序号	项目	规格	单位	消耗定额	单价/元	单位成本/（元/t）
1	原料及辅料					0
1.1	磷石膏	SO_3>40%	t	2.43	5	12.15
1.2	页岩	合格	t	0.11	20	2.2
1.3	砂岩	合格	t	0.088	18	1.58
1.4	硫铁矿渣	合格	t	0.006	10	0.06
1.5	焦炭	合格	t	0.12	600	72
1.6	天然石膏	二级	t	0.05	150	7.5
1.7	钢球	合格	t	0.002	4500	9
1.8	耐火材料	合格	t	0.0015	2000	3
2	燃料动力					268.25
2.1	直流水	自来水	t	1.4	1	1.4
2.2	电	380V	kW·h	123	0.45	55.35
2.3	燃料煤	标煤	t	0.47	450	211.5
3	工资和福利	1.5万/（人·年）	元			22
4	制造费用					70
5	副产品回收					−131.72
5.1	含硫窑气	SO_2>7%	Nm^3	3293	0.04	−131.72
6	车间成本					336.02

注：同时期原燃料价格计算。

由表 6-24 可见，"四·六"工程磷石膏制硫酸的车间成本达到近 370 元/t（同时期市场价格）。

由表 6-25 可见，"四·六"工程磷石膏制水泥的车间成本要达到 330 元/t（同时期市场价格）。

在同时期煤价在 450 元/t，硫磺价格在 900 元/t 时，硫酸成本 370 元，水泥成本 330 元，没有市场竞争力。但那时磷石膏的环保压力、社会压力成本和生存能力与今天不能同日而语，尤其是堆存土地与堆存管理费用。

6.4.5 磷石膏分解装置现状

1968 年奥地利林茨化学公司使用第一代技术（M-K），并采用磷石膏代替天然石膏在日产 200t 的硫酸装置上运行成功。为了降低能源消耗，模仿水泥工业的窑外分解工艺技术用于石膏水泥生料的预热工艺，于 1972 年在回转窑尾部增加立筒预热器，收到了很好的节能效果，可降低热耗 15%～20%，称为 Osw-KPupp(O-K)法，国内增加的预热器几乎是套用水泥悬浮预热器，工艺流程如图 6-2 所示。按此建立和正在建立的生产装置如表 6-26 所示。

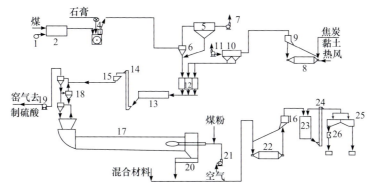

图 6-2　磷石膏生产硫酸和水泥流程（O-K 法）

1. 鼓风机；2. 热风炉；3. 烘干机；4. 绞龙；5. 收尘器；6. 分离器；7. 排风机；8. 风扫磨；9. 粗粉分离器；10. 布袋收尘器；11. 排风；12. 配料仓；13. 滚筒混合机；14. 斗提机；15. 料仓；16. 粗粉分离器；17. 回转窑；18. 预热器；19. 高温鼓风机；20. 熟料冷却器；21. 一次风机；22. 水泥磨；23. 水泥库；24. 斗提机；25. 水泥储斗；26. 水泥包装机

表 6-26　国内近些年建立的带预热器石膏制酸和水泥装置

序号	业主	产能（硫酸+水泥）/万 t	转窑规格/m	数量	原料	备注
1	山东鲁北化工股份有限公司	20+30	Φ4.0×75	2	磷石膏	匹配磷酸
2	湖南嘉丰建材有限公司	10+15	Φ3.2×89	1	天然石膏	出售硫酸
3	湖南省湘福建筑工程有限公司	8+10	Φ3.0×88	1	天然石膏	出售硫酸
4	重庆三圣建材有限公司	15+20	Φ4.0×75	1	天然石膏	出售硫酸
5	贵州金正大化肥有限公司	20+30	Φ4.5×80	4	磷石膏	匹配磷酸

　　由表 6-26 可知，五家已采用添加预热器生产装置，仅有山东鲁北化工股份有限公司和贵州金正大化肥有限公司是以磷石膏为原料的生产装置，而其余全是天然石膏为原料的生产装置，且这些业主本身是水泥生产企业或水泥用户，硫酸作为商品硫酸出售。天然石膏基本使用硬石膏，不需要耗费热量去脱水，杂质含量低，与以磷石膏为原料相比，装置稳定性更好。

　　目前，国内山东鲁北化工股份有限公司的装置因建设较早，冷却仍然采用回转滚筒冷却机，而贵州金正大化肥有限公司采用篦冷机，冷却效率高且回收的热量得以利用。硫酸装置几乎采用"绝热蒸发-冷凝除热"的稀酸洗净化、"2+2"两转两吸工艺。

　　由于采用了悬浮预热和篦冷机，在热效率上有所提高，其工艺技术指标比较如表 6-27 所示，能耗降低 15%左右，SO_2 气体浓度有所提高，熟料中 CaS、游离 CaO 和 SO_3 含量降低。

表 6-27　预热器添加前后技术指标对比

项目名称	添加预热器	原工艺
入窑生料汇总 $w(SO_3)$/%	>42	>42
烧成热耗/（kJ/kg）	6280～6700	7540～8370
回转窑产量/[kg/（h·m³）]	22～24	11～13

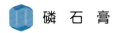
续表

项目名称	添加预热器	原工艺
窑气温度/℃	300～350	550～650
熟料中 $w(SO_3)$/ %	<1.0%	2.0%
$w(CaS)$/ %	<1.0%	2.5%
$w($游离 $CaO)$ / %	<1.0%	2.0%
窑气 φ（SO_2）/ %	8～12	6～8
出窑熟料温度/℃	约 40	250
硫酸装置工艺	两转两吸	一转一吸，尾气回收

由表 6-28 可以看出，除还原用焦炭末用量相同外，与"四·六"工程相比，燃煤由表 6-25 中的 0.47t 减低至 0.38t，降了 90kg。

表 6-28　添加预热器工艺消耗定额

项目名称	单耗	单价/（元/t）	费用/元	备注
原料费用				
磷石膏	2.5t	5	12.5	含游离水
页岩	0.11t	50	5.5	
砂岩	0.11t	30	3.3	
焦炭末	0.12t	1000	120	
烘干煤	0.1t	650	65	烘干游离水
烧成煤	0.28t	650	182	
耐火砖	0.006t	650	3.9	
动力与固定费用				
电	120kW·h	0.62	74.4	
工资及附加			22	
折旧费			56，00	
维修费			64	
管理费			14.55	
合计			567.15	

注：按 2010 年的价格计算；60 人计人工工资 2 万元/a；折旧费指生料+煅烧工段。

硫酸成本如表 6-29 所示，生产 1t 硫酸需窑气量为 2690m³[$\varphi(SO_2)$=9%～14%，干基计，标准状态，下同]，以窑气价格为 0.112 元/m³ 计算。因 1t 水泥根据熟料质量，可用 0.75t，以吨价格 301.98 元计算，水泥成本如表 6-30 所示。

表 6-29　添加预热器工艺硫酸生产成本

项目名称	单耗	单价/元	单位成本/元
窑气	2690m³	0.112	301.28
钒催化剂	0.07kg	28.0	1.96
石灰	0.005t	100.0	0.50
电	95 kW·h	0.62	58.90
水	2.76t	2.4	6.62
工资及附加①			4.00
折旧			14.37
维修费			6.18
其他费用			5.01
生产成本总计			398.82

注:①按 30 人, 人均工资 20000 元计。

表 6-30　添加预热器工艺水泥生产成本

项目名称	单耗	单价/元	单位成本/元
熟料	0.75t	301.98	226.49
混合材-粉煤灰	0.20t	50.0	10.00
石膏混凝剂	0.05t	50.0	2.50
钢球	0.000086t	5000.00	0.43
包装袋	21 只	0.80	16.80
电	38kW·h	0.62	23.56
工资及附加①			1.13
折旧费			4.72
维修费			1.86
其他费用			0.59
生产成本总计			288.08

注: ①按 15 人, 人均工资 15000 元计。

　　2010 年的市场环境下, 磷石膏分解制备硫酸与水泥的成本仍然较高, 硫磺制酸副产蒸汽及低温热回收利用, 与之相比, 几乎没有竞争力。

　　目前"四·六"工程生产线均不再生产, 山东鲁北化工股份有限公司的装置投资在"四·六"工程每吨硫酸计 2500 元的基础上, 据说下降到 1300 元到 1500 元不等, 仍然投资较大, 在生产成本上固定费用仍高达 250～300 元; 在硫酸和水泥价格低迷, 煤价高企时仍难以生存。如贵州金正大化肥有限公司项目 4 条转窑加 2 套硫酸装置构成的生产线, 公开报道投资 7.5 亿, 分为两期建设, 一期 2+1 投资 4.5 亿 (包括两期的公辅工程),

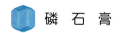

二期投资同等装置 3.0 亿，达到产能后固定费用很高。

6.4.6 基于磷石膏回转窑分解制备硫酸与水泥的技术研究与探索

近些年来，我国对磷石膏分解制备硫酸与水泥相关的技术研究一直在进行，如山东鲁北化工股份有限公司等进行了窑外预分解的工业化试验，希望可以大幅度降低装置的能耗；四川大学[35,36]提出用硫磺作为还原剂，并系统研究磷石膏分解的影响因素，如反应温度、反应时间、分解气氛、复合添加剂等，结果表明硫磺还原分解磷石膏的温度可降低至 1100℃，磷石膏的转化率高达 99.12%，烧结后残渣中 CaO 质量分数高达 75.70%，并在此基础上提出了硫磺还原磷石膏制硫酸的工艺流程。该工艺制酸成本较低，具有较好的应用前景，得到了行业的重视，也获得了国家"高技术研究发展计划"（863 计划）的支持。

龚家竹[37]认为将还原分解与水泥矿化烧成的化学动力学作用分开，即将硫酸钙分解反应与水泥熟料烧成等反应彼此独立，分别进行充分反应，分别控制和发挥其分解与烧成各自工序的化学反应气氛特点，能提高回转窑还原、分解、煅烧过程中的切面热负荷，装置单位产能提高 2～3 倍。他提出了"第三代磷石膏生产硫酸联产水泥技术"，主要包括非热力学脱水优化磷石膏品质和磷石膏分解的还原与烧成强化等核心环节，其发明专利技术流程如图 6-3 所示。

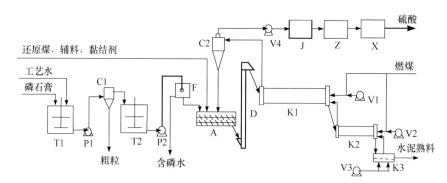

图 6-3 第三代磷石膏生产硫酸联产水泥技术

A. 捏合造粒机；C1. 分离机；C2. 旋风除尘器；D. 斗提机；F. 压滤机；J. 尾气净化系统；K1. 还原分解一体化转窑；K2. 水泥矿化烧成窑；K3. 水泥冷却机；P1. 再浆料浆输送泵；P2. 压滤送料泵；T1. 打浆槽；T2. 分离储槽；V1. 还原喷煤风机；V2. 烧成喷煤风机；V3. 冷却鼓风机；V4. 尾气引风机；X. 硫酸吸收系统；Z. 硫酸转化系统

该工艺是采用两级固定床还原分解与矿化烧成方式用于分解磷石膏生产硫酸联产水泥的方法，将现有的由一个转窑完成的还原与分解和水泥矿化烧成过程中互相制衡的矛盾分开，根据还原与分解及水泥烧成的热力学及动力学特点，用两个转窑分功能发挥和分别控制磷石膏分解与烧成的最佳工艺参数，生产平稳，容易控制。现在该工艺正在湖北宜昌和贵州福泉等地进行工业化装置的建设，得到行业的极大关注，期望达到预期的效果。

6.4.7 磷石膏流化床反应器分解技术

磷石膏分解工业化装置均以回转窑作为核心反应器，效率较低。而流化床是非常优异的气固反应设备，具有容积负荷高、抗冲击负荷能力强、传质效果好等特点，也在磷石膏分解方面进行了数十年的实践和探索[38,39]。1968 年美国艾奥瓦州立大学与企业联合研究开发了磷石膏流化床分解的新工艺，苏联也在 20 世纪 80 年代初期研制了流化床分解炉，分解炉操作温度均在 1100～1200℃，Lurgi 公司是世界上最早发展电站循环流化床(CFB)燃烧技术的公司之一，拥有 60 年的流化床研究开发设计生产经验。1985 年，该公司提出将循环流化床技术运用于磷石膏分解，使磷石膏生料反复进入 CFB 分解炉，$CaSO_4$最终接近完全分解后进入水泥回转窑进行煅烧，并完成了日处理 10t 磷石膏的分解中间试验，分解炉及中试流程如图 6-4 和图 6-5 所示。如图 6-5 所示，磷石膏由加料机送入悬浮预热器中，预热后的磷石膏进入 CFB 分解炉中进行分解，分解产生的气体经换热器换热后去硫酸装置生产硫酸；CFB 分解炉中的分解产物送入回转窑。

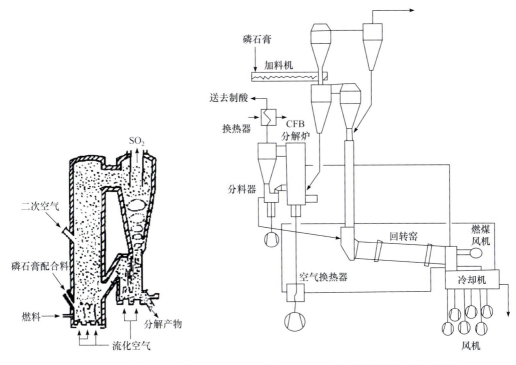

图 6-4　Lurgi 公司 CFB 磷石膏分解炉　　　　图 6-5　Lurgi 公司磷石膏分解中试流程

1972 年南化研究院在 Φ350mm /Φ450mm×1700mm 单层扩大沸腾炉进行热态试验。1973 年应城磷肥厂也进行了 1000t/a 的沸腾炉试验，贵州的磷化工企业与西北工业大学等也进行了不少探索研究；云南的磷化工企业与昆明工业学院也进行了大量的流化床分解磷石膏实验室研究与中间及生产装置的生产研究，湖北的磷化工企业和科研院所关于流化床分解磷石膏制取硫酸的相关报道也有很多。

20 世纪 90 年代，循环流化床分解磷石膏新技术开发被列为国家"八五"科技攻关项目，南京工业大学和山东鲁北化工总厂联合攻关，进行了一系列的开发研究，中试承担单位山东鲁北化工总厂的"磷石膏窑外沸腾床分解"工艺流程如图 6-6 所示，采用悬浮沸腾预热加沸腾窑外预分解和中空转窑化学分解磷石膏生产 SO_2 气体和硅酸盐水泥。

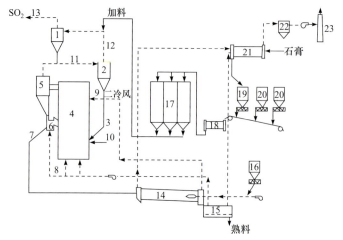

图 6-6　磷石膏窑外沸腾床分解工艺流程

1、2. 悬浮预热分离器；3. 磷石膏预热生料；4、5、6. 循环流化分解；7. 分解产物；8. 沸腾热风；9. 循环流化床二次空气；10. 燃料；11. 分解二氧化硫气体；12. 磷石膏生料；13. 分解二氧化硫气体去硫酸装置；14. 煅烧回转窑；15. 冷却机；16. 煤粉仓；17. 生料储仓；18. 生料混合机；19. 烘干磷石膏储仓；20. 还原煤粉与辅料仓；21. 磷石膏烘干机；22. 除尘器；23. 尾气烟囱

然而，虽然不断有磷石膏流化床分解反应的研究报道，但迄今无产业化实例。较之回转窑，流化床反应器具有设备占地小、反应速率快和反应温度低的特点，但磷石膏杂质多，容易形成熔融相，颗粒互相粘连，直接导致流化床反应器无法稳定连续运行，操作难度极大，停车频繁；同时，流化床只能承担石膏分解的工作，而磷石膏分解后的产物石灰杂质多，活性差，无法直接应用在建筑等主流行业，限制了其应用。将磷石膏的净化与流化床技术相配合，采用诸如水洗、物理筛分、浮选等手段脱除磷石膏所含的杂质，如 P、F、SiO_2、Al_2O_3、Fe_2O_3 等，可以有效避免流化床反应器炉体结疤等弊端，发挥流化床反应器单台设备处理能力大、反应速率快和产物活性好等优势，有望分解得到高纯度、高活性的石灰，能够大幅度提高产品的附加值，使其成为具有市场竞争力的产品。

6.4.8　其他磷石膏分解技术

除回转窑及流化床磷石膏分解技术外，许多学者也开发了不同的磷石膏分解设备和工艺[40]，进行了有益的研究和探索。美国加利福尼亚州圣迭戈市的科学探险（Science Ventures）公司花 5 年时间开发闪速硫循环（flash sulphur cycle）工艺，简称 FLASC 工艺，它是在 1300～1350℃下闪速分解磷石膏，迅速实现硫的转化，回收硫后的废渣可作为筑路材料。FLASC 反应炉类似于液态排渣的煤气化炉。煤、煅烧过的磷石膏及助熔剂混合后喷入反应炉中，在燃料燃烧形成的高温下，过量的燃料将 $CaSO_4$ 还原成 SO_2，熔渣从炉底排出，经骤冷，熔渣形成一种玻璃状的集料，这种集料的放射强度较磷石膏的放射强度大为降低，也不会渗出含有害物的沥滤液。

1986 年美国佛罗里达州的 Davy Mckee 公司和佛罗里达磷酸盐（FIPR）研究所联合开发了一种转体炉箅烧结法，它以环形炉箅烧结机为核心，分解磷石膏制取建筑骨料和硫酸，曾计划建设 2500t/d 骨料的工业化装置。美国 Wilson 等开发了步进格栅炉与电炉结合分解磷石膏生产制酸流程，磷石膏、煤及黏结剂经混合后进入造粒机造粒，造粒后的物料送入步进格栅炉脱水带与磷石膏分解气逆流接触，进行干燥脱水，干燥颗粒物料在格栅的带动下进入还原带与经磨煤机磨粉后喷入燃烧器燃烧的高温气体进行磷石膏的还原分解，颗粒物料继续在步进格栅的带动下进入氧化带和电炉中，使硫和磷石膏中残留的磷被氧化；从电炉出来的物料经冷却机冷却后得到硅酸盐石灰产品，还原带、氧化带和电炉中分解产生的二氧化硫气体进入热交换器换热后进入硫酸转化器，再用硫酸吸收得到硫酸产品。此外，美国的 Sweat 开发热解水蒸气化学分解磷石膏制酸工艺，其是将磷石膏、砂子及黏结剂经造粒进行原料制备后进入回转窑，同时向回转窑喷入水并提供磷石膏分解所需的热量，在回转窑中分解产生的物料即为硅酸钙聚集颗粒产品，在回转窑中分解产生的气体经高温电除尘、回收热量产生蒸汽后送硫酸工厂生产硫酸，该发明技术的核心是高温下喷入水，水分子分解产生的自由态氢（H·）和氧（O·）与二氧化硅反应生成硅酸，生成的硅酸再与磷石膏反应生成硅酸钙和二氧化硫。此工艺在 1600℃ 左右生成 $CaSiO_x$，但硅酸钙中钙元素的经济价值远低于其在水泥中的价值。

6.5　硫的循环利用

硫用途广泛，是造纸、染料、制药、酸、碱、精炼汽油、橡胶加工等工业所必需的原料，其中最大的用途是制造硫酸[41]。我国年产硫酸 9000 多万吨[42, 43]，其中 60% 以上用于磷肥生产，硫酸根最终固定在磷石膏中，累计堆存达到 5 亿 t 以上[44]。作为我国第一磷石膏大省，2020 年湖北省年产磷石膏 2996 万 t，磷石膏累计堆存量 2.96 亿 t[45]。我国是硫磺短缺国家，严重依赖进口，年进口量达到 1000 万 t 以上，如果能将磷石膏中的硫循环利用，可基本消除我国对进口硫磺的依赖，意义重大。

磷石膏热分解，硫酸钙的分解率可达到 98% 以上，硫基本上进入气相，其构成包括硫化氢、二氧化硫和硫磺（升华），因此硫的利用方向也主要是两个，即制硫酸或制硫磺，其中制硫酸也包括两个路线，即气相法（SO_2 转化）和固相法（硫磺转化）。

6.5.1　SO_2 制硫酸

磷石膏分解后的气体首先进行降温，净化，除去酸雾、粉尘和氟等杂质，得到洁净的一定浓度的 SO_2 气体。

该 SO_2 洁净气体经过干燥，然后经多级换热加热后进入转化器，在触媒的作用下经多级转化反应，生成 SO_3 气体，反应式如下。

$$2SO_2 + O_2 == 2SO_3 \tag{6-22}$$

高温 SO_3 气体经过降温后进入吸收塔，进行吸收，得到硫酸，反应式如下。

$$SO_3 + H_2O == H_2SO_4 \tag{6-23}$$

SO_2 制硫酸包括一转一吸和两转一吸流程，一转一吸流程的转化率能达到 97.5%～

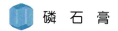

98%，硫酸的生产成本较低；两转一吸流程的转化率能达到99.7%以上，但是硫酸的生产成本相对较高。

国内冶炼烟气制酸的工艺成熟[46]，工艺流程基本一致[47]。

烟气净化采用稀酸洗涤、绝热蒸发、稀酸冷却移热、动力波气体净化工艺流程。干燥和吸收采用一级干燥、两级吸收、循环酸泵后冷却工艺流程。转化采用"3+1"式四段双接触转化工艺，"Ⅳ Ⅱ Ⅰa-Ⅲ Ⅰb"换热流程。烟气制酸系统按工序分为净化工段、转化工段、干吸工段等。

1. 净化工段

烟气制酸净化系统采用动力波泡沫洗涤烟气净化技术，该技术已在国内成功应用并国产化，其基本流程为：将由收尘系统收集来的烟气送入净化工段，该烟气首先在一级动力波洗涤器逆喷管中被绝热冷却和洗涤并除去杂质，然后通过一级动力波气液分离槽进行气液分离，分离后的气体进入气体冷却塔进一步冷却及除杂，由气体冷却塔出来的气体进入二级动力波洗涤器的逆喷段进一步除杂。从二级动力波洗涤器出来的烟气中绝大部分烟尘及氟等杂质已被清除，同时烟气温度降至40℃左右，然后进入两级管式电除雾消除酸雾，使烟气中的酸雾含量降至≤5mg/Nm³。烟气中夹带的少量尘等杂质也进一步被清除，净化后的烟气送往干吸工段。

净化工段中的一级动力波洗涤器、气体冷却塔、二级动力波洗涤器均有单独的稀酸循环系统。气体冷却塔的循环酸通过板式换热器进行换热，将热量移出系统。稀酸采取由稀向浓、由后向前的串酸方式。根据废酸中含氟、含尘量从一级动力波洗涤器中抽出一定的量送至沉降槽、过滤器沉降。底流送至现有的铅压滤系统进行液固分离，产生的副产品滤饼可外售，其滤液与过滤器的上清液一起送至废酸处理工段进行进一步处理。

2. 转化工段

从 SO₂ 鼓风机来的冷 SO₂ 气体，俗称一次气，利用第Ⅳ热交换器、第Ⅱ热交换器和第Ⅰa 热交换器被第二、四段触媒层出来的热气体和第一段触媒层出来的部分热气体加热到 420℃进入转化器一段触媒层。经第一、二、三段触媒层催化氧化后 SO₂ 转化率约为94.3%的 SO₃ 气体，经各自对应的换热器换热后送往第一吸收塔吸收 SO₃ 制取硫酸。第一吸收塔出来的 SO₂ 气体，俗称二次气，利用第Ⅲ热交换器和第Ⅰb 热交换器被第三段触媒层出来的热气体和第一段触媒层出来的另一部分热气体加热到 425℃，进入转化器四段触媒层进行第二次转化。经催化转化后，总转化率>99.8%的 SO₃ 气体经第Ⅳ热交换器换热后送往第二吸收塔吸收 SO₃ 制取硫酸。在各换热器进行换热时，被加热的 SO₂ 气体走各列管热交换器的管间，而被冷却的 SO₃ 气体则走各列管热交换器的管内。为了控制进入第二吸收塔的 SO₃ 烟气温度不至于太高，在第Ⅳ热交换器与第二吸收塔之间设置了热管锅炉，将进入第二吸收塔的温度控制在 185℃，同时回收多余的热量。

3. 干吸工段

干吸工段采用了常规的一级干燥、二次吸收、循环酸泵后冷却的流程与双接触转化工艺相对应。干吸工段基本流程为将来自净化工段经二级电除雾器的烟气在干燥塔入口加入空气,将烟气中氧硫比调到 1.0 后进入干燥塔,在塔内与塔顶喷淋下来的 95%硫酸充分接触,经丝网捕沫器捕沫,使出口烟气含水分≤0.1 g/Nm³ 后进入 SO_2 主鼓风机。来自一次转化的 SO_3 烟气进入第一吸收塔,在塔内与塔顶喷淋下来的约 98%的浓硫酸充分接触,吸收烟气中的 SO_3 生成硫酸,烟气经纤维除雾器后进入转化工段进行二次转化。经二次转化的 SO_3 烟气进入第二吸收塔,在塔内与塔顶喷淋下来的 98%浓硫酸充分接触,吸收烟气中的 SO_3 生成硫酸,烟气经纤维除雾器除雾后将酸雾量降至≤42mg/Nm³,然后由尾气烟囱排空。

干燥塔、第一吸收塔以及第二吸收塔均设有单独的酸循环系统,循环方式均为塔→槽→泵→酸冷却器→塔。干燥塔循环酸吸收烟气中的水分后浓度有所降低,而第一吸收塔和第二吸收塔的循环酸吸收 SO_3 后浓度有所提高,根据工艺操作要求各自需维持一定的酸浓度,为此采用干燥和吸收相互串酸和加水的方式进行自动调节,系统中多余的 98%酸或者 93%酸可作为成品酸产出。

6.5.2 硫磺制硫酸

目前,采用硫磺制酸工艺的企业较多,国内磷肥企业大多采用硫磺制酸取代硫铁矿制酸(SO_2 制硫酸)。如果能将磷石膏分解得到的含硫气体转换成硫磺,进而制备硫酸,就可以实现与现有硫磺制酸流程的无缝衔接,从而为企业打造循环经济,降低投资和运行成本,具有较广阔的前景。

目前从酸性气体(硫化氢和二氧化硫)制备硫磺[48]的代表工艺是克劳斯制硫工艺,克劳斯工艺发明伊始就成为硫磺回收工业的标准工艺流程[49],分为制硫炉内的高温热反应和转化器内的低温催化反应,其中高温热反应是指磷石膏分解气体中的硫化氢在高温条件下部分被氧气氧化成二氧化硫,反应式如下。

$$H_2S + 3/2O_2 = SO_2 + H_2O + Q_1 \tag{6-24}$$

其余的硫化氢再与二氧化硫反应生成硫磺,反应式如下。

$$4H_2S + 2SO_2 = 3S_2 + 4H_2O - Q_2 \tag{6-25}$$

高温条件下上述两个反应很快,硫化氢转化率可达 60%~70%。

低温催化反应是在转化器内的催化剂床层中进行,反应式如下。

$$2H_2S + SO_2 = 3/xS_x + 2H_2O + Q_3 \tag{6-26}$$

由于该过程为放热反应,从理论上来讲,反应温度越低转化率越高;但是,反应温度低于硫的露点时,会有大量液硫沉积在催化剂表面,使其失去活性,为此,催化温度也不能过低,一般控制在 170~350℃,目前,随着低温催化技术的开发,已经可以在硫露点下进行催化反应。高温反应和一级催化反应的硫回收率一般可以达到 75%~90%。目前,工业上常采用增加催化转化器数目来提高转化率,转化器之间设置冷凝器及时分离出液态硫,降低对催化剂的影响;还有逐级降低催化反应温度等措施,使转化率进一步提高。

硫磺制酸需要将硫磺熔融、焚烧产生二氧化硫气体,经废热锅炉、过滤器,再通入空气转化成三氧化硫，再经冷却、酸吸收，制得成品硫酸，其反应方程式如下。

$$S + O_2 \longrightarrow SO_2 \tag{6-27}$$

$$2SO_2 + O_2 \longrightarrow 2SO_3 \tag{6-28}$$

$$SO_3 + H_2O \longrightarrow H_2SO_4 \tag{6-29}$$

其中后两个反应与 SO_2 制酸反应是一致的，只是多了一步固体硫磺转化成气体二氧化硫的过程。

无论是二氧化硫还是硫磺制得的硫酸，均可以用于湿法磷酸生产过程，得到磷石膏再进行分解就可得到二氧化硫或硫磺制酸，从而实现硫的循环利用。

6.5.3 制酸联产硅钙钾镁肥

研究发现磷石膏本身是一种良好的硫肥，其有效硫的含量达 15%，是土壤补硫的首选品种。高等植物主要吸收硫酸根离子形态的硫，并且其吸收硫酸根离子的速度也较其他形态的硫快，而磷石膏提供的硫主要就是硫酸根[50]。磷石膏作为硫肥，在缺硫的地区施用，可以促进当地农作物生长并且提升当地的经济效益[51]。中国农业科学院的研究结果表明，磷石膏是一种良好的硫肥，施用后对油料农作物（如花生、油菜、大豆、芝麻、向日葵等）的增产为 15%～30%；每亩盐碱地（pH=9）施用 300～1600kg 磷石膏，改良效果可延续 8～10 年；此外，将磷石膏和尿素在高湿度下混合、干燥，可制成吸湿性小而肥效比尿素高的长效氮肥-尿素石膏，这种肥料可减少氮的挥发，提高氮肥的利用率[52]。另外，磷石膏作为硫源培养硫酸盐降解菌是生物降解磷石膏研究的新方向。Wolicka 等从受石油污染的土壤中分离出厌氧型硫酸盐降解菌，并扩大培养。研究表明经硫酸盐细菌降解的磷石膏能转化成碳酸钙，其可作为肥料施用。

磷石膏还可加工成有机矿肥。Matveeva 等[53]利用土壤和有机矿物混合物加上木质素污泥与磷石膏按照一定比例进行了土壤改良。在这项研究中，磷石膏和木质素污泥首次一起使用。作为利用的产物，获得一种具有促进植物生长作用的技术性土壤混合物。磷石膏作为有机矿物混合物中的一种矿物成分，能使混合物中的氮、钾和氮的营养成分含量增加。通过将磷石膏与无机成分混合，可获得复杂的颗粒肥料，形成少量可溶的腐殖酸钙。它巩固了团聚体的结构，增强了矿物复合体对土壤和元素向植物转移的抵抗力。向土壤中引入大量钙离子会导致过量钙参与并进入植物的生化机制[54,55]。舒艺周[56]利用磷石膏和生物炭联合改良云南红壤，深度探讨了磷石膏和生物质炭之间各自的特点与其性质，提出了利用磷石膏和生物质炭联合改良红壤的思路，并通过盆栽模拟植物试验进行了验证。观察分析土壤的理化性质，如体积质量、孔隙率、pH、离子交换量、总氮磷钾等理化指标，研究施用生物质炭和磷石膏对红壤理化性质的影响。实验分析发现单独施用磷石膏和生物质炭，土壤的阳离子交换量有增加的趋势。单独施用磷石膏后，土壤全磷和有效硫含量显著增加，说明施用磷石膏对土壤是非常有利的，能够有效地改善土壤的理化性质。

近年来磷石膏的处理也有了新的思路，如将磷石膏用作堆肥处理[57]。利用生物质与磷石膏进行堆肥发酵处理，也能使磷石膏资源利用得到很好的提升。研究表明，在堆肥过程中添加一定比例的磷石膏及石膏，不仅可以调节 pH，而且能够增加堆肥的容重，改善堆肥理化特性[58, 59]。徐智等[60]利用磷石膏进行堆肥发酵，在堆肥过程中稳定了 pH，且增加了磷的有效性，并且能增加产品的有效磷的含量，使堆肥的产品更具有肥效，并且为磷石膏的综合利用提供了高效、便捷、安全的利用方式。赵兵等[61]利用磷石膏、稻壳、菜籽饼堆肥。以稻壳为主要原料，油枯为氮源，研究调理剂对稻壳堆肥发酵过程的影响。研究表明，在稻壳-油枯堆肥体系中添加 20%的磷石膏和石膏，均能够促进堆肥腐熟进程，实现堆体发酵腐熟，添加 20%磷石膏的发酵产物满足基质对容重、pH 及孔隙度的要求，适宜作为蔬菜育苗基质。磷石膏及石膏作为堆肥调理剂，一方面可以增加堆肥产品的容重，另一方面磷石膏对堆肥发酵过程中的碱化趋势有缓解作用。刘媛媛等[62]探究了磷石膏的高效利用方式，以禽畜粪便和稻草秸秆为原料，添加了相应的磷石膏，研究了在外源添加磷石膏对堆肥碳组分以及腐殖质品质的影响。添加磷石膏的处理明显地降低了堆肥总有机质，以及碳的含量。分析得出适量磷石膏的添加可促进堆肥的腐殖化进程，可有效提高腐殖质的品质。

磷石膏作为土壤改良剂，可改善水-气状况，降低土壤密度，增加有效养分含量。研究发现，土壤的通气性、孔隙度和渗透性都有所增加，氧的比例和含硅物质的比例也有所增加，这些物质具有与土壤中的矿物和有机化合物凝结的强大潜在能力。当磷石膏被添加到土壤中时，其吸收能力增加，孔隙度改善[63]，细土断裂的超分散程度降低。在土壤微生物群落方面，在引入磷石膏的条件下，氮与微生物群的数量增加：使用有机形式的氮（增加 9.7%）、同化矿质氮（增加 7.8%）、放线菌（增加 10.7%）、破坏纤维素的真胞菌微生物（增加 16.3%），以及固氮菌群（增长 8.4%）[64, 65]。因为磷石膏的引入，上层土壤中五氧化二磷浓度的增加提高了土壤的酶活性，并且微生物数量有一定增加。孙昌禹等[66]以室内土柱试验为基本研究手段，研究磷石膏对土壤物理、化学性状及养分的影响。实验结果表明，经一定量的磷石膏处理后，土壤的渗透性、pH、全盐等特性都得到极其明显改善，可消除土壤表层硬壳、减轻土壤黏性、增加土壤渗透性、改良土壤理化性状、提高土壤肥力等。除此之外，磷石膏的施入还可以防除某些农作物病害，如苹果的苦痘病、大白菜的干心病等[67]。

Al-Enazy 等[68]通过盆栽实验研究了不同水稻土和土壤改良剂缓解温室气体排放的不同方法，发现磷石膏不仅提高了低产田水稻的产量，而且降低了 CH_4 和 N_2O 排放。

此外，磷石膏还可制酸联产硅钙钾镁肥[69]。磷石膏在高温条件下会分解生成二氧化硫和氧化钙，再经过无烟煤还原后，又可降低分解温度，其产生的高温二氧化硫烟气经收集后制取硫酸。温度过高会破坏钾长石的稳定结构，使得钾长石中的二氧化硅和氧化钾得到有效的活化，再添加磷尾矿，即可制得高活性硅钙钾镁肥。

磷石膏制酸联产硅钙钾镁肥工艺流程如图 6-7 所示。

陆定会[70]开展了磷石膏制备硅钙钾镁肥的反应特性研究，得出磷石膏分解率与时间、焦炭用量及温度成正比关系，并且研究了不同温度、时间、焦炭及添加剂用量对磷石膏分解率的影响。以磷石膏为原料，焦炭作为还原剂，并且在氮气气氛中系统地分析了氧化铝、二氧化硅等为添加剂时对磷石膏分解率的影响，通过工艺条件优化得到最佳煅烧条件。

磷 石 膏

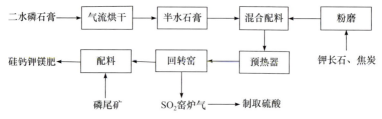

图 6-7　磷石膏制酸联产硅钙钾镁肥的工艺流程

我国从 20 世纪 70 年代起就开始将磷石膏代替石膏用于盐碱土改良。近年来，化工公司的研究表明，用磷石膏制硫酸联产土壤调理剂（或称土壤改良剂）已经成功达到技术可行性，不需要添加石膏和硫磺就能实现磷石膏百分之百利用[71]。磷石膏作为一种成本低廉、操作非常简单，既能解决资源综合利用问题且高效的土壤改良和培肥剂具有非常大的研究意义和极其强大的开发潜力。

2016 年颁布的《土壤污染防治行动计划》是我国目前情况下为了加强土壤污染防治，改善土壤环境质量而制定的一项国家战略。化肥行业发展已到了转型的关键时期。工业和信息化部颁发的《关于推进化肥行业转型发展的指导意见》中明确指出要提升磷石膏开发利用水平，到 2020 年，磷石膏综合利用量从目前年产生量的 30% 提高到 50%。土壤改良剂作为其中一项开发类产品被明确提出，为土壤改良剂的产业发展提供了政策保障和发展机会。

磷石膏的农业利用还需要从各个角度加大研究力度和加深研究深度。首先，用磷石膏结合专用肥开发高效、环保的新型肥料，研发有针对性的土壤调理剂和土壤修复产品。其次，磷石膏在农业利用方面的标准还需要进一步完善，将《磷石膏土壤调理剂》行业标准升格为国家标准[72]。磷石膏的资源化利用符合国家环境保护、节约资源的发展性战略，具有重要的社会、经济和环境等多方面效益，有利于磷化工和农业以及资源利用的可持续性发展，对建设节约型社会、发展循环经济具有非常重要的现实性意义[73]。

利用磷石膏改善土壤肥效、理化性质或将其作为肥料，开辟了近年来磷石膏另一个新的利用途径。但是磷石膏不仅含有土壤中需要的成分，由于产地或磷石膏质量不同，有的磷石膏中也可能含有氟、砷，或其他的重金属杂质，泥土中杂质的过度积累会使得农作物中有害元素含量过高。所以在进行土壤利用的同时要非常严谨地检测磷石膏中各式各样的有害杂质的成分以及含量，严格遵守《磷石膏土壤调理剂》（HG/T 4219—2011），或者其他地方标准，如《磷石膏改良碱化土壤技术规程》（DB15/T 835—2015）等。如果磷石膏中杂质超标，务必杜绝其进入农田，或是要提前进行预处理以及无害化处理，降低其有害杂质含量至安全范围以下，再进行相应的应用[74]。

磷石膏资源的综合利用有助于磷肥与复肥、农业生产等行业的可持续发展及生态环境保护。在生态环境保护越来越重要的情况下，尤其是近年来我国提出"绿水青山就是金山银山"、农业"双减"政策下，我国磷石膏无害化的综合利用也取得了很多新的进展，并且越来越受重视，在作土壤改良剂方面，如磷石膏直接入土壤作改良剂，磷石膏制硫肥、钙镁硅肥，利用磷石膏堆肥生产微生物肥料，磷石膏改良酸性土壤、盐碱地、红土等，这些技术正不断地被开发并有新的突破，开辟了磷石膏作为土壤改良剂的多途径多功能的产业格局。总之，在当前情况下磷石膏的综合利用是一个很大的方向，可与经济、生态环境保护、农业等多方面形成新的交叉。以此看来，我国在磷石膏的资源综合利用方面有许多新的发展机会和良好的应用前景。

6.6　磷石膏钙元素利用

6.6.1　活性石灰用途

通常所说的石灰是指一种以氧化钙为主要成分的气硬性无机胶凝材料，是传统的三大胶凝材料（水泥、石灰、石膏）之一。一般是用石灰石、白云石、白垩、贝壳等碳酸钙含量高的原料经 900～1100℃煅烧而成。除水泥行业外，我国在建筑、冶金及化工等领域对石灰的需求量在 2 亿 t/a。

活性石灰（或称软烧石灰）即为生石灰，活性石灰是指在 920～1200℃范围内焙烧成的石灰。其特点是气孔率高达 40%，呈海绵状，体积密度低，比表面积为 1.7～2.0，比表面积大，可达到 0.5～1.3m²/g，石灰晶粒细小，在造渣过程中，熔解能力很高。深入研究磷石膏分解技术，提高硫酸钙的分解率和氧化钙的活性不仅可以从源头消减大量宝贵的石灰石资源和能源消耗，降低 CO_2 排放，还能实现磷石膏中钙资源的循环利用，变废为宝。

由于钢铁、有色、化工、轻质碳酸钙、环保产业等领域的快速发展的带动，我国工业石灰消费量增长迅速，已成为石灰应用的主要领域，而建筑用石灰消费量呈逐年下降的趋势，石灰已经从传统建筑材料应用为主转为以工业基础原料应用为主。活性氧化钙（简称活性石灰）在工农业上用途广泛，工业上：是建材、炼钢造渣脱硫、电厂脱硫、轻钙及钙盐（氯化钙、硝酸钙、亚硫酸钙等）生产的主要原料之一。农业上：用生石灰配制石灰硫磺合剂、波尔多液等农药，土壤中施用熟石灰可中和土壤的酸性、改善土壤的结构、供给植物所需的钙素；用石灰浆刷树干，可保护树木；用生石灰处理养殖池，可以消毒、杀菌、提钙、促生长。

1. 建材

石灰是一种以氧化钙为主要成分的气硬性无机胶凝材料，也是人类最早应用的胶凝材料，在土木工程及建筑中应用范围很广，主要用途如下：石灰乳和砂浆，石灰稳定土（三合土），硅酸盐混凝土及其制品，碳化石灰板等。

2. 钢铁

钢铁冶金企业对石灰需求量大，而且对质量要求高，每年用量占石灰总用量的 1/3 左右，仅次于建材行业。

随着钢铁产量的提高和冶炼周期缩短，钢厂对冶炼造渣用的石灰的产量和质量的要求越来越严格，特别是对活性石灰的研发越来越重视。石灰活性度以中和生石灰消化时

产生的 $Ca(OH)_2$ 所消耗的 4mol/L 盐酸的体积（mL）表示。一般石灰活性度平均值超过 300 mL/4mol/L HCl，可以显著缩短炼钢转炉初期渣化时间，降低吨钢石灰消耗，并对前期脱磷极为有利，被称为活性石灰。炼钢实践表明，这种石灰可提高 80% 的脱磷脱硫效率，同时缩短冶炼时间，在 3～5min 之内可以完全与钢水中酸性物质反应完毕，而一般石灰的反应时间至少 10min。此外提高炉龄 40% 以上，炉料的消耗也降低 5～8kg/t 钢，以 1000 万 t 计算，每年节约成本 1500 万元左右，生产效益显著。

3. 环保

随着我国对环境保护的重视，活性石灰作为廉价易得的碱性介质，发挥着非常重要的作用，如石灰的碱性可以保证较高的脱硫效率，活性氧化钙可用于酸性废水处理或污泥调质等。需要特别指出的是磷肥行业每年采购数百万吨的石灰用于含磷含氟废水的处理，如果能够利用磷石膏的钙源生产活性石灰，则能够实现钙就地再生循环利用。

4. 农业养殖

在农业生产上，生石灰发挥着重要作用，包括消毒作用、改良土壤酸碱性、增加土壤养分、改善土壤的性状等。

6.6.2 制备碳酸钙

高林晓等综述了利用磷石膏制备碳酸钙的进展[75]。磷石膏的主要成分为硫酸钙，富含钙离子，是一种潜在的资源，以其为原料制备碳酸钙既能实现磷石膏的资源化利用，又可以节约宝贵的天然石灰石、大理石等矿产资源。

周亮亮等[76]提出了一条全新的碳酸钙制备途径，该工艺与其他方法相比既简单又经济，既可以达到利用磷石膏的目的，又可以制得性能优于其他普通碳酸钙的特殊碳酸钙。利用未经除杂的磷石膏、普通的工业原料碳酸钠以及盐酸，在一定条件下制备纯度达 99% 以上，白度达 95% 的特殊碳酸钙。滤渣可以作水泥行业缓凝剂。差热分析（DTA）实验和活性比较实验表明它的热活性要优于普通市售碳酸钙，该工艺拓展了磷石膏的应用途径。有关的主要化学方程式如下：

$$CaSO_4 \cdot 2H_2O + Na_2CO_3 =\!=\!= CaCO_3 + Na_2SO_4 + 2H_2O \qquad （6-30）$$

$$CaCO_3 + 2HCl =\!=\!= CaCl_2 + H_2O + CO_2 \qquad （6-31）$$

$$CaCl_2 + Na_2CO_3 =\!=\!= CaCO_3 + 2NaCl \qquad （6-32）$$

主要的工艺流程如图 6-8 所示。

2010 年，贵州大学与贵州瓮福（集团）有限责任公司联合开展磷石膏制备硫酸铵联产轻质碳酸钙工艺研究[77]。以磷石膏钙渣为原料，用盐酸浸取，将其中的钙溶出，用氨水通过二次除杂得到精制氯化钙溶液，精制氯化钙溶液再经控制反应温度以及 NH_3 和 CO_2 流量进行碳化制备出高品质轻质碳酸钙产品。采用最优工艺参数制备了产品，所得产品经贵州省化工产品质量监督检查站检测，达到了《普通工业沉淀碳酸钙》（HG/T 2226—2019）优级品标准。该方法操作简便易行，几乎可以除尽磷石膏钙渣中的铁、锰

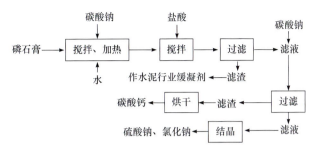

图 6-8　磷石膏制备碳酸钙的主要工艺流程

等杂质，使产品纯度高于 98%，达到行业高品质要求。原料价廉易得，有条件达到工业化生产，且解决了磷石膏钙渣的二次污染问题，使其得到有效的资源化利用，既保护了环境，又创造了经济价值。

梁亚琴等用氯化铵溶液浸取磷石膏中的硫酸钙，然后以该溶液为钙源固定 CO_2 制备了不同球形轻质碳酸钙，其白度均大于 99%，纯度均大于 97%，该方法以廉价的氯化铵溶液为浸取剂提取硫酸钙，且可使磷石膏中的杂质得到有效分离[78]。

梁亚琴等同样以磷石膏为原料，采用氯化铵溶液浸取磷石膏中的硫酸钙，并以溶解态硫酸钙进行固碳，在双氧水存在的条件下可制备方解石型碳酸钙，同时还考察了添加剂双氧水浓度、初始 pH、CO_2 流速与搅拌速度对产物晶型的影响[79]。贺翩翩等以磷石膏中的硫酸钙为钙源，对温室气体 CO_2 进行固定，并考察了液固质量比、固碳时间、反应温度和氮硫摩尔比等因素对固碳效率的影响，在通过正交试验确定的磷石膏固碳最佳工艺条件下，磷石膏对 CO_2 的固碳率高达 89.6%，因此，其研究结果对磷石膏的资源化利用和 CO_2 固定均具有指导意义[80]。

周加贝等研究了工业固废磷石膏矿化烟气反应体系中碳酸根离子浓度对碳酸钙形核的影响，当碳酸根浓度与二水硫酸钙溶解度之比小于 8 时，$CaCO_3$ 结晶以均匀形核为主，而其比值大于 20 时，以非均匀形核为主，因此，研究结果对磷石膏与烟气 CO_2 矿化反应工艺设计具有重要参考意义[81]。

赵红涛等[82]进行了磷石膏在加压条件下矿化固定 CO_2 的研究，结果表明磷石膏中杂质的存在有利于产物晶相由文石转化为方解石，但会对碳酸钙的纯度产生不利影响。周静等[83]进行了 CO_2-氨水体系中磷石膏制备纳米碳酸钙的实验研究，系统讨论了 CO_2 流速、反应温度等工艺条件对所得产物性能的影响。Liu 等[84]对 CO_2-氨水体系中磷石膏制备纳米碳酸钙的结晶动力学过程进行了分析，结果表明反应温度对纳米碳酸钙的生成具有决定性影响。谢安帝等[85]讨论了磷石膏矿化过程中反应条件对所得产物晶型与形貌的影响，通过实验得出，在不添加晶型控制剂的前提下可获得球形球霰石和菱面体方解石。Bao 等[86]分析了在氨水体系下二氧化碳压力变化对磷石膏制备碳酸钙工艺的影响，随着压力的增加原料中钙离子的转化率可达 99.9%，但碳酸钙的纯度不高。Xie 等[87]提出了以磷石膏为原料，采用隔膜电解法制备碳酸钙的方法，为磷石膏制备碳酸钙提供了新的思路。蒋兴志等[88]采用双极膜电渗析法分解磷石膏中的钙和硫，再将钙转化为碳酸钙，将硫转化为硫酸，从而实现钙硫的资源化利用；整个工艺过程较为复杂，且需要添加大量的助剂。

陈秋菊[89]以磷石膏为原料，采用转相的原理，研究利用磷石膏中的钙进行高纯碳酸钙的制备，系统讨论了在氢氧化钠的作用下，磷石膏中的硫酸钙可以全部转化为氢氧化钙，所得产物中主要的物相为氢氧钙石和石英，优化的工艺条件为：磷石膏 20g、氢氧化钠 2.0mol/L、液固比 8 mL：1g、反应温度室温、反应时间 10min。在盐酸的作用下，磷石膏碱浸产物中的氢氧化钙可以全部转化为氯化钙，固体产物主要成分为二氧化硅，优化的工艺条件为盐酸浓度 3mol/L、反应温度 60℃、液固比 10 mL：1g、反应时间 60min。优化工艺条件下钙离子的浸出率为 99.6%，固体产物的物相为石英。以氯化钙溶液为钙源成功制备出球霰石型碳酸钙。

利用磷石膏制备硫酸铵副产碳酸钙。氨与二氧化碳反应生成碳酸铵溶液，反应方程式如下：

$$2\,NH_3+H_2O+CO_2 = (NH_4)_2CO_3 \tag{6-33}$$

$CaSO_4$ 溶度积常数为 9.1×10^{-6}，$CaCO_3$ 溶度积常数为 2.8×10^{-9}，二者相差 3249 倍，使碳酸铵与磷石膏反应能够顺利进行，反应生成料浆状硫酸铵溶液和碳酸钙沉淀，过滤后得到滤液，进入中和工序，滤饼碳酸钙晶体作为副产品。化学反应方程式如下：

$$(NH_4)_2CO_3+CaSO_4 \cdot 2H_2O = (NH_4)_2SO_4+ CaCO_3+2H_2O \tag{6-34}$$

利用磷石膏制备硫酸铵从理论上可行。张万福[90]从生产原理方面分析了磷石膏制硫酸铵的可行性，就采用的工艺技术方案和可能存在的工程化问题进行了分析，提出了工程化的解决措施。

磷石膏制取硫酸铵联产碳酸钙的基本原理为加入碳酸氢铵溶液与氨水碳化后，搅拌，加原料，反应后抽滤、洗涤，洗液返回反应系统，浓缩，冷却结晶，过滤、干燥后得到硫酸铵产品，如图 6-9 所示。

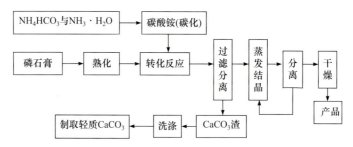

图 6-9　磷石膏制备硫酸铵与副产碳酸钙工艺流程

张天毅等[91]对副产碳酸钙渣生产的轻质碳酸钙进行了研究，采用盐酸浸取渣中的钙离子，将得到的溶液再与碳酸铵溶液反应，得到的轻质碳酸钙纯度达到了 96% 以上，产品的白度值大于 90%，且工艺过程成本低，产品质量高，有利于实现该技术的产业化，以实现磷石膏资源更有效的利用[92]。

$$CaSO_4 \cdot 2H_2O + NH_4HCO_3 + NH_3 \cdot H_2O = CaCO_3 + (NH_4)_2SO_4 +3H_2O \tag{6-35}$$

$$CaCO_3 + 2\,HCl = CaCl_2 + CO_2 +H_2O \tag{6-36}$$

$$CaCO_3 + 2HNO_3 = Ca(NO_3)_2 + CO_2 +H_2O \tag{6-37}$$

$$CaCl_2 + NH_4HCO_3 + NH_3 \cdot H_2O \xrightarrow{\hspace{1cm}} CaCO_3\downarrow + 2NH_4Cl + H_2O \qquad （6-38）$$

$$Ca(NO_3)_2 + NH_4HCO_3 + NH_3 \cdot H_2O \xrightarrow{\hspace{1cm}} CaCO_3\downarrow + 2NH_4NO_3 + H_2O \qquad （6-39）$$

$$CaCl_2 + 2NH_3 + CO_2 + H_2O \xrightarrow{\hspace{1cm}} CaCO_3\downarrow + 2NH_4Cl \qquad （6-40）$$

$$Ca(NO_3)_2 + 2NH_3 + CO_2 + H_2O \xrightarrow{\hspace{1cm}} CaCO_3\downarrow + 2NH_4NO_3 \qquad （6-41）$$

李娜等[92]以磷石膏、碳酸氢铵和氨水为原料，采用球磨工艺，并通过正交试验设计，探索磷石膏球磨制备硫酸铵和碳酸钙的液固比、反应时间、球料比和转速等的最佳工艺条件。他们的研究结果表明反应的平均转化率达 97.95%，而碳酸钙中有毒有害元素的含量也远低于土壤环境质量标准要求，虽然达不到饲料级轻质碳酸钙标准要求，但此方法可有效地分离硫酸铵和碳酸钙，且反应过程不产生 CO_2，制备工艺更加简单。

李岳等[93]以硝酸磷肥工艺的副产磷石膏、碳酸铵和氨水为原料进行复分解反应制备硫酸铵与碳酸钙，并研究了多种因素对硫酸钙转化率的影响，通过正交试验找出了最优的工艺条件，产物为粒度均匀的球形颗粒，分散性好，使得过滤速度快，有利于 $CaCO_3$ 和 $(NH_4)_2SO_4$ 分离，且产物还可作为水泥原料生产水泥，符合废渣零排放的工业发展方向。朱玲等以磷石膏为原料，研究了制备方法、反应温度、添加剂、反应体系 pH 等因素对产品颗粒形貌及结构的影响，结果表明反应溶液 pH≥11 时，搅拌法有利于制备出高分散和形貌均一的碳酸钙粉末，反应易于控制，操作简单，成本较低[94]。朱鹏程等利用脱硅磷石膏、碳酸氢铵和氨水为原料，探索了反应温度、反应时间、物料比、液固比和搅拌速度等工艺条件对制备硫酸铵和碳酸钙的影响，与未脱硅磷石膏生产的碳酸钙相比，其白度提高了 11%，达到了 83%，而质量分数提高了 13.05%，可高达 97.74%，实现了磷石膏的高效利用，结果还表明磷石膏原料经过浮选脱硅预处理是较佳的工艺路线[95]。

刘项等进行了磷石膏直接矿化尾气中低浓度 CO_2 联产硫基复肥与碳酸钙的实验研究。实验结果表明，1t 磷石膏可矿化 0.25t 二氧化碳，并联产 0.78t 硫酸铵和 0.58t 碳酸钙，可实现有经济效益的 CO_2 减排和工业固废的循环利用，节省了成本，有利于技术的产业化推广，具有显著的环境和社会效益[96, 97, 98]。这种以废制废的碳捕集与利用（CCU）技术路线，其工艺系统具有热力学原理上的先进性和循环利用技术路线上的创新性。

世界上曾有多套以磷石膏为原料生产硫酸铵的装置，但随着硝酸铵和尿素生产的发展以及副产硫酸铵数量的增加，磷石膏制硫酸铵的生产逐渐减少。磷石膏制硫酸铵联产碳酸钙包括磷石膏预处理、碳酸铵溶液制备、石膏与碳酸铵反应、碳酸钙的过滤洗涤、硫酸铵溶液的浓缩结晶、分离干燥等工序。2011 年，贵州瓮福（集团）有限责任公司一期 250kt/a 磷石膏制硫酸铵装置的投产运行，为我国磷石膏资源化利用提供一条新的思路。

2012 年 8 月 16 日，贵州瓮福（集团）有限责任公司磷肥厂晶体硫酸铵研发取得成功，磷石膏制硫酸铵装置生产出 50 余吨晶体硫酸铵，产品 $w(N)$ 高达 20.20%，$w(S)$ 达 23%，结晶体良好。该工艺采用碳酸铵与磷石膏进行复分解反应，生产出硫酸铵与碳酸钙。这套磷石膏制粒状硫酸铵工业化装置每年能消耗磷石膏固态废渣 520 多万吨、二氧化碳废气 85.1 万余吨，无三废排放，经济效益与社会效益明显。该工艺流程短、设备少，并且从环境效益来说，仍然不失为一种好的磷石膏处理方法。今后随着技术改进优化，硫酸

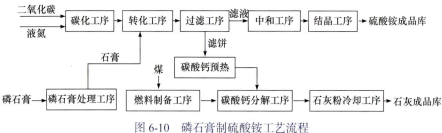

铵的生产成本将会降低，并且通过减排二氧化碳获得的收益可以部分弥补其经济性不足。

贵州瓮福（集团）有限责任公司磷石膏制硫酸铵副产石灰装置利用氨与 CO_2 反应生成碳酸铵，再与磷石膏反应制得硫酸铵。副产品碳酸钙采用高固气比悬浮预热分解技术生产石灰。

生产工艺如下：氨和二氧化碳在碳化塔内用稀硫酸铵溶液进行吸收，生成碳酸铵溶液。磷石膏经处理除去杂质，与碳酸铵溶液在转化工序反应，生成硫酸铵和碳酸钙料浆。碳酸钙料浆经过滤，使碳酸钙与硫酸铵溶液分离。硫酸铵溶液经中和、结晶、分离，制成硫酸铵产品存入成品库。过滤工序滤下的碳酸钙滤饼经预热、分解、冷却后，制成石灰入库，供外界使用。生产流程图如图 6-10 所示。

图 6-10　磷石膏制硫酸铵工艺流程

利用磷石膏可以制备硫酸钠或硫酸钾副产制备碳酸钙。它的基本原理有两个：①通过碳酸钠或碳酸钾将原料中的钙转化为碳酸钙和硫酸钠或硫酸钾，或进一步通过盐酸精制得到氯化钙，在滤液中加入碳酸钠，得到碳酸钙；②通过氢氧化钠将磷石膏中的钙转化为氢氧化钙，过滤后直接用二氧化碳碳化得到碳酸钙，或经盐酸溶解过滤，除去溶液中金属离子后得到精制氯化钙溶液，再经过碳酸化过程得到碳酸钙。

Ennacir 等[98]在室温下利用碳酸钠或碳酸钾，通过一步法直接合成了碳酸钙，具体见反应（6-42）和反应（6-43）：

$$CaSO_4 \cdot 2H_2O + Na_2CO_3 = CaCO_3\downarrow + Na_2SO_4 + 2H_2O \qquad （6-42）$$

$$CaSO_4 \cdot 2H_2O + K_2CO_3 = CaCO_3\downarrow + K_2SO_4 + 2H_2O \qquad （6-43）$$

从研究结果看，产品含有的杂质将会影响其质量。

Cardenas-Escudero 等利用磷石膏对气态二氧化碳进行固定，并制备了产品碳酸钙和硫酸钠，但工艺中采用氢氧化钠调节磷石膏和水混合溶液的 pH，成本较高[99]。马俊等[100]以磷石膏制备高纯度碳酸钙工艺研究为基础，在碳酸化过程中添加柠檬酸、乙醇、硫酸和氢氧化镁等作为晶型控制剂，研究了晶型控制剂对产物的影响，发生的主要反应如下：

$$CaSO_4 \cdot 2H_2O + 2NaOH = Ca(OH)_2\downarrow + Na_2SO_4 + 2H_2O \qquad （6-44）$$

$$Ca(OH)_2 + 2HCl = CaCl_2 + 2H_2O \qquad （6-45）$$

$$CaCl_2 + 2NH_3 \cdot H_2O + CO_2 = CaCO_3\downarrow + 2NH_4Cl + H_2O \qquad （6-46）$$

$$CaCl_2 + Mg(OH)_2 + CO_2 = CaCO_3\downarrow + MgCl_2 + H_2O \qquad （6-47）$$

实验结果表明，柠檬酸和乙醇可以起到分散剂的作用，柠檬酸也可以促进球霰石相碳酸钙向方解石相碳酸钙的转化，乙醇和硫酸可以有效阻止球霰石相碳酸钙向方解石相碳酸钙的转变，而氢氧化镁可以控制文石相碳酸钙的形成，通过在碳化过程中添加晶型控制剂和控制反应条件，可实现特殊晶型和形貌的碳酸钙晶体的制备。上述方法得到的碳酸钙的晶须为针状或纤维状单晶体，具有易于加工和热稳定性好的特点。

磷石膏制备硫酸副产碳酸钙是在磷石膏联产硫酸的基础上，以高温烧结的钙渣为原料制备轻质碳酸钙。其原理为通过加水消化和分级除杂精制后，调节碳分过程中 $Ca(OH)_2$ 浓度、温度、CO_2 流量和搅拌速度等参数，得到最优化工艺。孟铁宏等研究了磷石膏联产硫酸废渣制备高品质球形轻质碳酸钙中 $Ca(OH)_2$ 浓度、碳化温度、CO_2 流量和搅拌速度等工艺参数的影响，产物符合 HG/T 2226—2019 标准对优等品的要求，且该工艺流程简单，易于操作，具有良好的工业应用前景[101]。

制备硫酸联产土壤调理剂（改良剂）磷石膏中含有的磷、硫、镁和有机质不但符合土壤改良的技术要求，而且还是农作物需要的营养元素。因此磷石膏制硫酸联产土壤调理剂是真正意义上的资源化综合利用。

随着人口增长和环境资源的矛盾日益突出，土壤退化（指人类对土壤不合理利用而导致的土壤质量、生产力下降的过程）已成为全球性的重大问题。早在 20 世纪 60 年代，特别是改革开放以后，由于化肥和农药的大量使用，土壤中的肥效、药效下降，并严重污染环境，引起我国农业、磷化工学者的密切关注，因此土壤改良问题迫在眉睫。

针对这些问题，国外一些国家加强了非传统矿肥，即非金属矿物在土壤改良中的开发利用。迄今，在土壤改良中所涉及的非金属矿物近 60 种，形成以矿物肥料、改良剂、营养物质载体等为主的系列产品。目前，世界各国利用非金属矿物作土壤改良剂效果较好，并且也越来越受到重视。用非金属矿物改良土壤的方法中，磷石膏制硫酸联产土壤调理剂就是一种很好的方式。磷石膏除了本身含有改善土壤所必需的钙、硅、磷、钾以及各种微量元素外，还具有特殊的物理化学性质，如阳离子交换性质、吸附性和酸碱性，还可以改善土壤的物化、结构、通透性能，使土壤能更好地适合作物生长，解决长期施肥、除草剂药害导致的土壤酸化、土地盐渍化等问题。

从化学工艺学观点来看，分解磷石膏生产硫酸，残渣制水泥和残渣制土壤调理剂有相同之处，都是经过分解后残渣进一步煅烧，在熔融状态下产生新的矿物，从而达到水泥或土壤调理剂的要求。不同之处在于分解前的配料，按照各自不同的要求进行配料。所以在整个生产过程中，气相、液相和固相都得到充分利用，对周边环境没有破坏性影响。

参 考 文 献

[1] Wu S, Yao Y G, Yao X L, et al. Co-preparation of calcium sulfoaluminate cement and sulfuric acid through mass utilization of industrial by product gypsum[J]. Journal of Cleaner Production, 2020, 265: 121801.

[2] 吴泳霖, 张伟, 奠波, 等. 磷石膏热分解研究现状[J]. 硅酸盐通报, 2022, 41 (9) :3129-3136.

[3] 刘琦, 敖先权, 陈前林, 等. 磷石膏高温还原分解体系研究进展[J]. 磷肥与复肥, 2021, 36(6): 25-29.

[4] 吕天宝, 刘飞. 石膏制硫酸与水泥技术[M]. 南京: 东南大学出版社, 2014.

[5] 李东旭. 工业副产石膏资源化综合利用及相关技术[M]. 北京: 中国建筑工业出版社, 2013.

[6] 孙瑞军. 鲁北磷石膏制酸联产水泥发展循环经济与技术创新[J]. 硫磷设计与粉体工程, 2000, （3）:

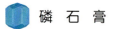

47-48.

[7] 黄新, 王海帆. 我国磷石膏制硫酸联产水泥的现状[J]. 硫酸工业, 2000, （3）: 10-14.

[8] Bi Y, Xu L, Yang M, et al. Study on the effect of the activity of anthracite on the decomposition of phosphogypsum[J]. Industrial & Engineering Chemistry Research, 2022, 61（19）: 6311-6321.

[9] 宁平, 郑绍聪, 马丽萍. 高硫煤分解磷石膏制 SO_2 联产水泥熟料[M]. 北京: 冶金工业出版社, 2012.

[10] 龚家竹. 饲料磷酸盐生产技术[M]. 北京: 化学工业出版社, 2016.

[11] Gruncharov I, Kirilov P I, Pelovski Y, et al. Isothermal gravimetrical kinetic study of the decomposition of phosphogypsum under CO-CO2-Ar atmosphere[J]. Thermochimica Acta, 1985, 92（15）: 173-176.

[12] Gruncharov I, Pelovski Y, Dombalov I, et al. Thermochemical decomposition of phosphogypsum under H2-CO2-H2O-Ar atmosphere[J]. Thermochimica Acta, 93（1985）: 617-620.

[13] Oh J S, Wheelock T D. Reductive decomposition of calcium sulfate with carbon monoxide: reaction mechanism[J]. Industrial & Engineering Chemistry Research, 1990, 29: 544-550.

[14] Suyadal Y, Öztürk A, Oğuz H, et al. Thermochemical decomposition of phosphogypsum with oil shale in a fluidized-bed reactor: a kinetic study[J]. Industrial & Engineering Chemistry Research, 1997, 36: 2849-2854.

[15] Strydom C A, Groenewald E M, Potgieter J H. Thermogravimeteric studies of the synthesis of CaS from gypsum, CaSO4 · 2H2O and phosphogypsum[J]. Journal of Thermal Analysis, 1997, 49: 1501-1507.

[16] Mihara N, Kuchar D, Kojima Y, et al. Reductive decomposition of waste gypsum with SiO2, Al2O3, and Fe2O3 additives[J]. Journal of Material Cycles and Waste Management, 2007, 9: 21-26.

[17] 周松林, 王雅琴. 外加剂对磷石膏还原性分解过程的影响[J]. 硅酸盐通报, 1998, （4）: 19-22.

[18] 张茜. 磷石膏制酸过程反应特性研究[D]. 武汉: 武汉工程大学, 2008.

[19] 应国量. 磷石膏分解特性的研究[D]. 武汉: 武汉理工大学, 2009.

[20] 应国量. 磷石膏分解特性及其流态化分解制硫酸联产石灰的工艺研究[D]. 武汉: 武汉理工大学, 2011.

[21] 舒艺周. 磷石膏碳热分解性能及工艺研究[D]. 昆明: 昆明理工大学, 2010.

[22] 资泽城. 磷石膏还原分解过程中杂质的影响及其迁移变化研究[D]. 昆明: 昆明理工大学, 2014.

[23] 谢龙贵. 硫化氢还原分解磷石膏及其机理研究[D]. 昆明: 昆明理工大学, 2013.

[24] 刘梦杰. 焦炭与水蒸气的汽化特性研究[M]. 鞍山: 辽宁科技大学, 2017.

[25] 徐仁伟. 焦炭及其杂质对硫酸钙热解过程影响的研究[D]. 上海: 华东理工大学, 2011.

[26] 闫贝. 磷石膏低温催化分解及过程物相迁移研究[D]. 昆明: 昆明理工大学, 2014.

[27] 谢荣生. 矿化剂对磷石膏还原分解过程的作用与机理研究[D]. 昆明: 昆明理工大学, 2016.

[28] 郑绍聪. 磷石膏热分解制备二氧化硫和氧化锆研究[J]. 无机盐工业, 2013, （9）: 45-47.

[29] 任雪娇, 夏举佩, 张召述. 磷石膏还原分解反应热力学分析[J]. 环境工程学报, 2013, 7（3）: 1127-1132.

[30] 刘林程, 左海滨, 许志强. 碳对石膏还原分解的影响[J]. 江西冶金, 2021, 41（3）: 1-9.

[31] 赵增要. 奥地利利用磷石膏制水泥和硫酸技术[J]. 硫酸工业, 1985, （5）: 42-45.

[32] 钟本和, 张志业, 王辛龙, 等. 化学法处理磷石膏的新途径[J]. 无机盐工业, 2011, 43（9）: 1-4.

[33] 江丽葵, 李天荣. 实验研究磷石膏分解制备硫化钙反应的最佳工艺条件[J]. 磷肥与复肥, 2010, 25（4）: 17-19.

[34] 杨校铃, 刘荆风, 王辛龙, 等. 硫磺分解磷石膏制硫化钙工艺研究[J]. 无机盐工业, 2015, 47（3）: 45-48.

[35] 四川大学.一种用硫磺还原分解磷石膏的方法: 中国, 2009102163252 [P].2010-05-19.

[36] 四川大学.一种用硫磺还原分解石膏制备硫化钙的方法: 中国, 2009102163267 [P].2010- 05-19.

[37] 龚家竹. 磷石膏硫资源循环利用生产技术[J]. 化肥工业, 2017, （6）: 11-25.

[38] 岳琴, 罗宝瑞, 贾辉, 等. 磷石膏流态化分解与甲烷燃烧反应热量耦合研究[J]. 磷肥与复肥, 2014, (29) 1: 14-18.

[39] 饶轶晟, 王凤霞. 磷石膏资源化利用途径及展望[J]. 化工矿物与加工, 2020, (8) :30-33.

[40] 国外参考资料. 环形炉蒗法磷石膏制硫酸工艺介绍[J]. 硫酸工业, 1988, （1）: 54-58, 29.

[41] 陈五平. 无机化工工艺学[M]. 中册.3 版. 北京: 化学工业出版社, 2001.

[42] 中国硫酸工业协会.2018 年中国硫酸、硫磺产量情况[J]. 磷肥与复肥, 2019, 34（4）: 52.

[43] 廖康程, 杨曼.2020 年我国硫酸行业运行情况及 2021 年发展趋势[J]. 磷肥与复肥, 2021, 36(6): 1-5.

[44] 叶学东.2018 年我国磷石膏利用现状、问题与建议[J]. 磷肥与复肥, 2019, 34（7）: 1-4.

[45] 曾信则, 张子豫. 湖北磷石膏建材产业或迎重大风口[N]. 中国建材报, 2021, 2021-9-13.

[46] 金生龙. 冶炼烟气制酸工艺与关键问题分析[J]. 中国化工贸易, 2018, （30）: 84-85.

[47] 李晓理, 刘明华, 王康, 等. 冶炼烟气制酸技术及控制研究进展[J]. 北京工业大学学报, 2023, 49(4): 475-484.

[48] 郭玉峰. 硫磺回收催化剂的研究进展[A]. 2008 中国煤炭加工与综合利用技术、市场、产业化发展战略研讨会论文集, 2008：236-238.

[49] 李红营, 张信伟, 王海洋, 等. 硫化氢处理及硫资源利用研究进展[J]. 当代化工, 2022. 51(6): 1479-1486.

[50] 赵建茹, 玛丽亚马木提. 浅谈磷石膏的综合利用[J]. 干旱环境监测, 2004, 18（2）: 95-96.

[51] 晏明朗, 郭文高, 肖卫国. 净化磷石膏是优质资源[J]. 磷肥与复肥, 2008, 23（4）: 49-51, 54.

[52] 夏安, 邓跃全, 董发勤, 等. 磷石膏基缓释氮肥的研究[J]. 非金属矿, 2011, 34（4）: 35-40.

[53] Matveeva V A, Smirnov Y D, Suchkov D V. Industrial processing of phosphogypsum into organomineral fertilizer [J]. Environmental Geochemistry and Health, 2022, 44 :1605-1618.

[54] Shilnikov I A, Akanova N I. The state and effi-ciency of chemical soil reclamation in agriculture in the Russian Federation of various forms of calcium-containingfertilizers in rice cultivation[J]. Fertility, 2013, 1: 9-13.

[55] Strizhenok A, Korelskiy D. Assessment of the state of soil-vegetation complexes exposed to powder-gasemissions of nonferrous metallurgy enterprises[J]. Journal of Ecological Engineering, 2016, 17: 25.

[56] 舒艺周. 磷石膏和生物质炭联合改良云南红壤的试验研究[J]. 磷肥与复肥, 2019, 34（12）: 40-42.

[57] 郑小莲. 从云南省磷硫资源状况看磷石膏的综合利用[J]. 昆明理工大学学报, 2000, （4）: 107-110.

[58] Samet M, Charfeddine M, Kamoun L, et al. Effect of compost tea containing phosphogypsum on potato plant growth and protection against Fusarium solani infection[J]. Environmental Science and Pollution Research, 2018, 25（19）: 18921-18937.

[59] 陈雪娇, 王宇蕴, 徐智, 赵乾旭. 不同磷石膏添加比例对稻壳与油枯堆肥过程的影响及基质化利用的评价[J]. 农业环境科学学报, 2018, 37（5）: 1001-1008.

[60] 徐智, 王宇蕴. 磷石膏酸性红壤改良剂开发的可行性分析[J]. 磷肥与复肥, 2020, 35（3）: 30-32.

[61] 赵兵, 王宇蕴, 陈雪娇, 等. 磷石膏和石膏对稻壳与油枯堆肥的影响及基质化利用评价[J]. 农业环境科学学报, 2020, 39（10）: 2481-2488.

[62] 刘媛媛, 徐智, 陈卓君, 等. 外源添加磷石膏对堆肥碳组分及腐殖质品质的影响[J]. 农业环境科学学报, 2018, 37（11）: 2483-2490.

[63] Belyuchenko I S, Muravyov E I. The influence of industrial and agricultural waste on the physical andchemical properties of soils[J]. Ecological Bulletin of the North Caucasus, 2009, 5（1）: 84-86.

[64] Belyuchenko I S, Antonenko D A. Influence of complex compost on aggregate composition and water-airproperties of ordinary chernozem[J]. Soil Science, 2015, 7: 858-864.

[65] 高卫民, 冉景, 朱巧红. 我国磷石膏资源化利用政策解读及研究进展刍议[J]. 化工矿物与加工,

2022, (7) :48-53.

[66] 孙昌禹, 薛志忠, 王文成, 等. 磷石膏对滨海盐碱土的改良效果研究[J]. 中国园艺文摘, 2012, 28（2）: 23-24.

[67] 张济世, 于波涛, 张金凤, 等. 不同改良剂对滨海盐渍土土壤理化性质和小麦生长的影响[J]. 植物营养与肥料学报, 2017, 23（3）: 704-711.

[68] Al-Enazy A, Al-Barakah F, Al-Oud S, et al. Effect of phosphogypsum application and bacteria co-inoculation on biochemical properties and nutrient availability to maize plants in a saline soil[J]. Archives of Agronomy and Soil Science, 2018, 64（10）: 1394-1406.

[69] 姚华龙, 孟昭颂. 磷石膏制酸联产硅钙钾镁肥技术的生产实践[J]. 硫酸工业, 2018, (1): 41-44.

[70] 陆定会. 磷石膏制备硅钙钾镁肥的反应特性研究[D]. 贵阳: 贵州大学.

[71] 陈永安, 游有文, 黄佳良, 等. 磷石膏在红壤上的肥料效应[J]. 土壤肥料, 1995, （1）: 22-25.

[72] 许敬敬, 张乃明. 磷石膏的农业利用研究进展[J]. 磷肥与复肥, 2017, 32（9）: 34-38.

[73] 张利珍, 张永兴, 张秀峰, 等. 中国磷石膏资源化综合利用研究进展[J]. 矿产保护与利用, 2019, 39（4）: 14-18, 92.

[74] 刘代俊, 张允湘, 钟本和, 等. 液相催化剂下磷石膏直接制备硫酸钾的新工艺研究进展[J]. 化工进展, 1999, （3）: 61-63.

[75] 高林晓, 郭蒙, 甄德帅, 等. 利用磷石膏制备碳酸钙的进展[J]. 硅酸盐通报, 2018, 37（5）: 1643-1648.

[76] 周亮亮, 夏举佩, 张召述, 等. 利用磷石膏制备高活性碳酸钙[J]. 昆明理工大学学报（理工版）, 2007, 32（5）: 96-99.

[77] 刘健, 解田, 朱云勤, 等. 磷石膏钙渣制备高品质轻质碳酸钙工艺研究[J]. 无机盐工业, 2010, 42（6）: 47-48.

[78] 梁亚琴, 孙红娟, 彭同江. 磷石膏固碳制备不同球形碳酸钙的实验研究[J]. 宁夏大学学报（自然科学版）, 2015, 36（1）: 51-55.

[79] 梁亚琴, 孙红娟, 彭同江. 磷石膏铵盐浸取物制备 $CaCO_3$ 晶型和形貌的影响因素研究[J]. 人工晶体学报, 2014, 43（11）: 2687-2993.

[80] 贺翩翩, 刘晓静, 范勇, 等. 磷石膏固碳制备 $CaCO_3$ 的实验研究[J]. 非金属矿, 2015, 38（3）: 28-30.

[81] 周加贝, 陈昌国, 朱家骅, 等. 工业固废磷石膏矿化烟气反应体系中碳酸根离子浓度对碳酸钙形核的影响[J]. 工程研究-跨学科视野中的工程, 2015, 7（4）: 398-403.

[82] 赵红涛, 王树民, 刘志江, 等. 磷石膏矿化固定 CO_2 制备高纯高 $CaCO_3$[J]. 材料导报, 2019, 33（9）: 3031-3042.

[83] 周静, 李锋. 磷石膏气-液-固吸附制备纳米碳酸钙[J]. 云南化工, 2020, 47（7）: 45-47.

[84] Liu H, Lan P, Lu S, et al. The crystallization kinetic model of nano-$CaCO_3$ in CO_2-ammonia-phosphogypsum three-phase reaction system[J]. Journal of Crystal Growth, 2018, 492: 114-121.

[85] 谢安帝, 李季, 朱家骅, 等. 磷石膏矿化 CO_2 反应体系调控碳酸钙晶型的过程参数研究[J]. 磷肥与复肥, 2020, 35（6）: 5-10.

[86] Bao W, Zhao H, Li H, et al. Process simulation of mineral carbonation of phosphogypsum with ammonia under increased CO_2 pressure[J]. Journal of CO_2 Utilization, 2017, 17: 125-136.

[87] Xie H, Wang J, Hou Z, et al. CO_2 sequestration through mineral carbonation of waste phosphogypsum using the technique of membrane electrolysis[J]. Environmental Earth Sciences, 2016, 75（17）: 1-11.

[88] 蒋兴志, 肖仁贵, 廖霞. 双极膜电渗析法处理磷石膏分解液制硫酸联产轻质 $CaCO_3$[J]. 膜科学与技术, 2019, 39（4）: 109-116.

[89] 陈秋菊. 磷石膏制备碳酸钙的工艺技术与反应过程研究[D]. 绵阳: 西南科技大学, 2021.

[90] 张万福. 利用磷石膏制硫酸铵的工程化分析[J]. 化学工程, 2009, 37（11）: 75-78.

[91] 张天毅, 胡宏, 何兵兵, 等. 磷石膏制硫酸铵与副产碳酸钙工艺研究[J]. 化工矿物与加工, 2017, （2）: 31-34.

[92] 李娜, 邓跃全, 董发勤, 等. 磷石膏-碳铵-氨水球磨制备硫酸铵和碳酸钙[J]. 非金属矿, 2013, 36（1）: 55-58.

[93] 李岳, 郑晓霞, 王韵芳, 等. 用硝酸磷肥生产中副产的磷石膏制备硫酸铵和碳酸钙[J]. 应用化工, 2009, 38（12）: 1774-1776.

[94] 朱玲, 毛大厦, 范文娟, 等. 以磷石膏为原料制备纳米碳酸钙[J]. 广州化工, 2016, 44（12）: 55-57.

[95] 朱鹏程, 彭操, 苟苹, 等. 脱硅磷石膏制备硫酸铵和碳酸钙的研究[J]. 化工矿物与加工, 2017, （6）: 14-17.

[96] 刘项, 孙国超. 二氧化碳矿化磷石膏制硫酸铵和碳酸钙技术[J]. 硫酸工业, 2015, （2）: 52-53.

[97] 刘项, 祁建伟, 孙国超. 利用低浓度 CO_2 矿化磷石膏制硫酸铵和碳酸钙技术[J]. 磷肥与复肥, 2015, 30（4）: 38-40.

[98] Ennacir I Y, Bettach M, Cherrat A, et al. Conversion of phosphogypsum to sodium sulfate and calcium carbonate in aqueous solution[J]. Journal of Materials and Environmental Science, 2016, 7（6）: 1925-1933.

[99] Cardenas-Escudero C, Morales-Florez V, Perez-Lopez R, et al. Procedure to use phosphogypsum industrial waste for mineral CO_2 sequestration[J]. Journal of Hazardous Materials, 2011, 7: 431-435.

[100] 马俊, 马丽萍, 资泽城, 等. 晶型控制剂对磷石膏制备碳酸钙晶型的影响[J]. 材料导报, 2014, 28（24）: 395-398.

[101] 孟铁宏, 李春荣, 刘仕云. 磷石膏钙渣制备轻质碳酸钙工艺研究[J]. 化工矿物与加工, 2014, 8: 9-12.

第 7 章
磷石膏的高值化利用

■ 7.1 石膏晶须

7.1.1 石膏晶须的种类及结构

晶须是指一种以单晶形式生长的具有高长径比的单晶纤维材料，由于直径小，合成后的晶须几乎不存在大晶体中常见的晶体缺陷，因此其在化学特性方面具有优秀的耐腐蚀、耐高温性能。同时其高度有序的原子排列，使得晶须的强度远大于普通的晶体并接近于完整晶体的理论值。在现代研究中，晶须常常作为塑料、陶瓷、金属和涂料的改性添加剂，用以增强材料的物理和化学性能。晶须的长径比是判断晶须性能的一个重要指标，晶须的长径比越大，其各项力学性能就越优良。晶须的长径比是指晶须的长度与其直径之比，其计算方法如下：

$$晶须长径比 = \frac{晶须长度}{晶须直径}$$

1. 石膏晶须的种类

作为一种常见的无机晶须，石膏晶须的运用十分广泛，因此将废弃磷石膏转化为石膏晶须是一种较好的废弃磷石膏的处理方法。石膏晶须即硫酸钙晶须，根据结晶水含量不同一般分为三种：无水硫酸钙晶须、二水硫酸钙晶须、半水硫酸钙晶须[1]。

无水硫酸钙晶须的化学式为 $CaSO_4$，相对分子质量为 136.14，显微镜下为纤维状或针状单晶，外观为白色蓬松状固体。无水硫酸钙晶须根据晶须形貌不同分为两种，即中纤维和细径纤维。中纤维的直径为 $1\sim2\mu m$、长度为 $30\sim150\mu m$、长径比为 $20\sim100$；细径纤维的直径为 $0.1\sim1.5\mu m$、长度为 $20\sim120\mu m$、长径比为 $30\sim200$。无水硫酸钙的相对密度为 2.96，莫氏硬度为 3，熔点为 1450℃，耐热性可达 1000℃。无水硫酸钙晶须的拉伸强度和弹性模量达到 2GPa 和 170GPa，因此可以用作中等强度的补强剂，特别是细径纤维补强效果与其他高性能纤维增强效果相同，在工业中运用较广。

二水硫酸钙晶须的化学式为 $CaSO_4 \cdot 2H_2O$，相对分子质量为 172.17，与无水硫酸钙晶须相同，二水硫酸钙晶须外观同样为白色蓬松状固体，直径为 $10\sim50\mu m$、长度在 $500\mu m$

以上、长径比为 20～100，硬度、耐热性和强度均较差。该晶须在室温下会风化脱水，在110℃左右会脱水变为粉状硫酸钙固体，因此其在超过 110℃使用时其补强增韧作用基本失效，故其工业运用较少。

半水硫酸钙晶须的化学式为 $CaSO_4 \cdot 0.5H_2O$，相对分子质量为 145.15，外观与以上两种晶须相同，为白色蓬松状固体，在显微镜下为纤维状或者针状单晶体，半水硫酸钙的形貌与理化性质介于无水硫酸钙晶须与二水硫酸钙晶须之间，同样地。半水硫酸钙在160℃时也会脱水变成硫酸钙粉末。

2. 石膏晶须的结构

石膏晶须作为石膏晶体的一种，除没有晶面缺陷外，其具有与常规石膏晶体相同的晶体结构。根据化学组成不同，人们通常会将石膏晶体分为无水石膏、半水石膏、二水石膏三类，但根据晶体结构不同，石膏晶体（硫酸钙晶体）被分为无水硫酸钙Ⅰ、无水硫酸钙Ⅱ、无水硫酸钙Ⅲ、半水硫酸钙和二水硫酸钙五种晶型，其中无水硫酸钙Ⅲ包括α-无水硫酸钙与β-无水硫酸钙两种变体，半水硫酸钙包括α-半水硫酸钙与β-半水硫酸钙两种变体，目前研究热点为二水硫酸钙、α-半水硫酸钙与无水硫酸钙Ⅲ，Voigt 等[2]绘制了这三种石膏沿 c 轴方向的晶面图（图 7-1）。

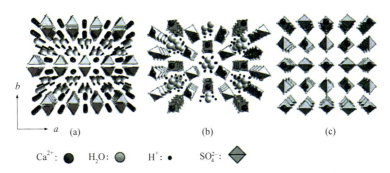

Ca²⁺：● H₂O：● H⁺：• SO₄²⁻：◆

图 7-1 二水硫酸钙（a）、半水硫酸钙（b）和无水硫酸钙（c）沿 c 轴方向晶面图[2]

无水硫酸钙Ⅰ属于立方晶系，是一种在高温条件下形成的变体，只有达到 1180℃以上才能稳定存在，低于该温度则会转化为无水硫酸钙Ⅱ，因此这种变体在磷酸生产中并没有实际意义。

无水硫酸钙Ⅱ属于斜方晶系，又被称为不溶性硬石膏或不溶性无水硫酸钙，其可以从溶液中结晶形成，或通过半水石膏或者二水石膏脱水反应形成，除此之外通过控制适当的工艺条件在浓磷酸溶液中也可以析出。

无水硫酸钙Ⅲ属于六方晶系，其又被称为可溶性无水硫酸钙或可溶性硬石膏。无水硫酸钙Ⅲ的α与β两种变体由相应的半水硫酸钙变体脱水而成，因此它们的性质与相应的半水硫酸钙晶体有很多相似之处。

半水硫酸钙通常被称为熟石膏，有α-半水硫酸钙与β-半水硫酸钙两种变体。关于这两种半水石膏的晶系类型，吴佩芝[3]认为其同属六角（六方）晶系。王露琦等[4]认为α-半水硫酸钙与β-半水硫酸钙分别属于六方晶系与三角（三方）晶系，认为出现这种差异的原因在于半水硫酸钙晶体结构的特殊性，并绘制了无水硫酸钙晶体与半水硫酸钙晶体的结构示意图（图 7-2），阐述了α-半水硫酸钙与β-半水硫酸钙分别属于六方晶系与三角（三方）晶系，并认为出现这种差异的原因在于半水硫酸钙晶体结构的特殊性。α-半水硫酸钙可以从溶液中结晶出来，或者通过二水硫酸在一定的条件下脱水或重结晶形成，α-半水硫酸钙的晶格中存在不同方向的微孔结构，这种微孔结构能让其测量所得的结晶水含量偏离理论计算含量，因而α-半水硫酸钙的结晶水含量超过化学计算含量属正常情况。关于β-半水硫酸钙，与α-半水硫酸钙相同，可以通过二水硫酸钙在一定条件下转化得到，但β-半水硫酸钙的晶体形貌主要为片状，疏松，结晶程度较差，并且在湿法磷酸的生产中，半水石膏产物绝大多数为α-半水硫酸钙，β-半水硫酸钙在工业生产中的运用较少。

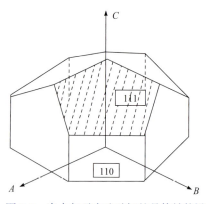

图 7-2　半水与无水硫酸钙的晶体结构[4]

二水硫酸钙属于单斜晶系，通常被称为生石膏，其在自然界中能够稳定存在。二水硫酸钙晶体中四面体的[SO₄]与八面体的[CaO₈]结合，形成了二水硫酸钙晶须的轴方向，由于此方向是化学键最强的方向，因此二水硫酸钙晶须沿此方向生长，如图 7-3 所示。二水硫酸钙加热到 100～200℃时可以转变为半水硫酸钙，并且根据控制条件不同可以转变为不同种类的半水硫酸钙，当加热到 200℃以上时则会转变为无水硫酸钙。

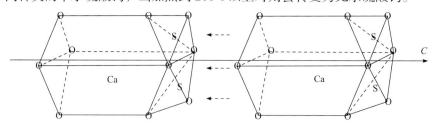

图 7-3　二水硫酸钙晶须的轴方向[4]

7.1.2　石膏晶须的生长机理

晶须是晶体的一种特殊形态，其生长机理的理论基础源于经典晶体生长理论，晶体生长过程实际上是物质从液相逐渐转变为固相的过程，即凝固。一般晶体的生长过程分为介质过饱和、晶体成核、晶体生长三个阶段。第一阶段为介质过饱和阶段，该阶段是晶体生成的必备条件；第二阶段为成核阶段，该阶段与晶体生长的热力学相关；第三阶段为生长阶段，该阶段与晶体生长的动力学相关[1]。

与晶体不同，大部分晶须的生成需要人为地对生长条件进行控制，因此只有在原有晶体生长理论的基础上做进一步研究，才能够更准确、稳定地制备出所需晶须。晶须的制备即晶须的生长有几个明显的阶段：导致成核的诱导期、作为主生长的初级阶段、二次增厚生长或过生长阶段（主生长阶段）、减慢或终止生长。所有初级生长均具有一维生长特性，在该阶段晶须的生长仅发生在晶须的轴向，径向几乎不发生生长，径向增长过多容易导致晶须形态失控而形成普通晶体。一般而言，晶须的形成是晶体内部物理缺陷即螺旋位错延伸的结果。在特定条件下晶核沿位错一维延伸是晶须生长机理的根本特征[1]。目前得到普遍认可的晶须生长机理有很多，按照条件不同可以分为气液固生长机理（VLS 机理）、液固生长机理（LS 机理）和气固生长机理（VS 机理），按照过程控制步骤不同可以分为扩散控制机理、成核控制机理、位错控制机理、综合控制机理等[5]。

石膏晶须的生长过程包含三个阶段：过饱和、成核和生长阶段，也可以说是从平衡到不平衡到再次平衡的阶段，其中生长阶段较为重要，晶须形貌的控制主要发生在生长阶段。下面将从热力学角度对晶须的生长机理进行解释。

首先根据拉乌尔定律：

$$p_i = K_i x_i^1 \tag{7-1}$$

溶剂的蒸气分压与溶剂的摩尔分数成正比。在上式中，K_i 就是液相纯溶剂在 T、p 时的蒸气分压。将组元 i 看为理想气体，由理想气体状态方程：

$$V_m = \frac{RT}{P} \tag{7-2}$$

与热力学基本方程：

$$d\mu = V_m dp - s dT \tag{7-3}$$

联立得到任意 T、p 状态下理想气体的化学势：

$$\mu(p,T) = \mu^0(T) + RT \ln P \tag{7-4}$$

将式（7-1）代入式（7-4），得：

$$\mu_i^g = \mu^0(T) + RT \ln K_i + RT \ln x_i^1 \tag{7-5}$$

令 $g_i = \mu^0(T) + RT \ln K_i$，由于 K_i 是 p、T 的函数，因此气相体系的化学势可以表示为

$$\mu_i^g = g_i^g(p,T) + RT \ln x_i^g \tag{7-6}$$

根据相平衡关系 $\mu_i^g = \mu_i^1$，溶液某一组分 i 中的化学势为

$$\mu_i^1 = g_i^1(p,T) + RT \ln x_i^1 \tag{7-7}$$

溶液体系的吉布斯自由能即化学势为

$$G = \sum_{i=1}^{n} \mu_i^1 \qquad (7\text{-}8)$$

1. 过饱和阶段

过饱和阶段属于一种亚稳定阶段，在该阶段中，溶液中硫酸钙的浓度将大于该条件下硫酸钙在该溶剂中的溶解度，硫酸钙有析出的趋势，但还未析出。一般通过减少溶剂的量或者改变溶质溶解度的方式，使溶液达到过饱和状态。通常情况下过饱和状态的溶液并不会立刻析出，从系统吉布斯自由能函数的角度分析，在温度和压强不变的条件下，系统吉布斯自由能函数会因为系统局部自由能不同而产生几个大小不同的极小值，而这些极小值中最小值即对应系统在稳定态时的吉布斯自由能，其他极小值则对应系统在亚稳态时的吉布斯自由能，由于对于函数而言两个极小值之间必然会存在一个或多个极大值，因此系统从亚稳态转变为稳定态的过程中必然会存在一个能垒，只有当外部输入系统的能量高于这一能垒时转变才可以发生[6]。

2. 成核阶段

过饱和溶液属于亚稳相，一般来说由亚稳相转变为稳定相有两种转变方式。第一种是新相与旧相在结构上的差异是微小的，变化的程度十分微小，但变化的区域异常巨大。第二种转变方式是，其变化程度很大而变化的区域很微小，即新相在旧相的某一个区域内产生，即成核。

成核的必要条件是具有相变驱动力，根据相平衡条件，溶质在晶体中的化学势与其在溶液中的化学势相等，并假设在某 (p, T, C_0) 条件下达到两相平衡，即此时溶液浓度 C_0 为饱和浓度，根据式（7-7），可得晶体中的溶质的化学势为

$$\mu = g(p, T) + RT \ln C_0$$

在温度、压强不变的条件下，溶液中的浓度由 C_0 增加到 C，同样根据式（7-7）可得溶液中溶质的化学势为

$$\mu' = g(p, T) + RT \ln C$$

由于 $C > C_0$，故 C 为过饱和浓度，此时溶质在溶液中的化学势大于在晶体中的化学势，其差值为

$$\Delta \mu = \mu - \mu' = -RT \ln(C/C_0)$$

由于 $R = Nk$，其中 N 为分子数，则可得单个溶质原子由溶液相转变为晶体相所引起的系统吉布斯自由能的降低为

$$\Delta G = -kT \ln(C/C_0)$$

令 $\alpha = C/C_0$，α 为饱和比，令 $\sigma = \alpha - 1$，σ 为过饱和度，则有

$$\Delta G = -kT \ln(C/C_0) = -kT \ln \alpha \approx -kT\sigma \qquad (7\text{-}9)$$

根据相变驱动力的一般表达式：

$$f = -\frac{\Delta G}{\Omega_s} \qquad (7\text{-}10)$$

式中，Ω_s 为单个原子的体积，故此时的相变驱动力为

$$f = \frac{kT\sigma}{\Omega_s} \qquad (7\text{-}11)$$

具备成核条件后，由于分子运动，溶液中的分子会聚集成团，形成各种大大小小的胚芽，这些胚芽有些可以继续生长，有些则会被再次溶解到溶液中，而胚芽是否能够继续生长的一个关键特征便是胚芽的半径，这个半径被称为临界半径，胚芽只有当其半径大于临界半径时才能够继续生长，满足临界半径的胚芽称为晶核。若晶体中的原子体积或分子体积为 Ω_s，晶体和溶液之间的界面能为 γ_{SF}，则在溶液中形成一半径为 r 的球状晶体所引起的吉布斯自由能的改变为

$$\Delta G_t(r) = \frac{\frac{4}{3}\pi r^3}{\Omega_s} \cdot \Delta G + 4\pi r^2 \gamma_{SF} \qquad (7\text{-}12)$$

式中，第一项为体自由能，其的正负性取决于溶液系统的 ΔG，若溶液为稳定相，则 $\Delta G > 0$，若溶液为亚稳相，则 $\Delta G < 0$；第二项为面自由能，其总是正的，因为相界面总是伴随着晶体的出现而出现，当溶液为稳定相、晶体为亚稳定相即 $\Delta G > 0$ 时，$\Delta G_t > 0$ 并随着晶体半径 r 的增加而增加，故此时即使在溶液中出现了晶体，其尺寸也将自发地缩小直至消失，而当溶液为亚稳相，即 $\Delta G < 0$ 时，ΔG_t 随着半径 r 的增大呈现出先增加后降低的趋势，由于体自由能项中 r 的指数大于面自由能中 r 的指数，且面自由能为正数，因此在开始时，面自由能占优势，整体表现为增长，但当 r 增加到一临界尺寸后，体自由能的减少将占优势，曲线开始呈下降趋势。于是 ΔG_t 便会存在一个极大值，该极大值所对应的晶体半径则为临界半径，记为 r^*，当 $r < r^*$ 时，晶体长大，则 ΔG_t 增加，晶体缩小，ΔG_t 才会减小，故在亚稳相即过饱和溶液中，半径小于 r^* 的晶体不仅不能存在，即使存在也将会自动消失，这也很好地解释了过饱和溶液不会立即析出的现象。当 $r > r^*$ 时，随着晶体的长大，ΔG_t 减小，故半径大于 r^* 的晶体都能自发生长。因此对 ΔG_t 求极值便可得到临界半径为

$$r^* = \frac{2\gamma_{SF}\Omega_s}{\Delta G} \qquad (7\text{-}13)$$

需要说明的是，半径小于临界半径的集合体出现的概率会更大，但其存在并不意味着晶体相的出现，因此这类集合体被称为胚团[6]。

3. 生长阶段

迄今，人们在晶须生长机理方面做了很多的研究工作，主要提出了两种作用机理并且被广泛认可，其中一个是螺旋位错生长机理，该机理主要适用于解释液相以及气相中晶须的生长过程；另一个是 VLS 生长机理，该机理适用于解释气相中晶须的生长过程，由于石膏晶须的生长主要发生在液相，因此主要探讨螺旋位错生长机理。

　　经典的晶体生长过程就是晶体表面不断发生二维成核的过程，通过定量计算可以发现，在原子级光滑的表面上二维成核需要很大的过冷度或者过饱和度，当过饱和度低于这一值时，晶体便会停止生长。然而事实上，晶体可以在相当小的过冷度或过饱和度下生长。1949年，Frank[7]提出了螺旋位错理论，该理论很好地解决了这一矛盾。螺旋位错生长机制（图7-4）解释了晶体在远低于二维成核驱动力的情况下也能生长的现象。该理论认为，由于各种工艺原因，在晶体的生长过程中其表面会产生一定数量的螺旋位错，并且由于螺旋位错台阶的表面能较高，溶质分子更容易附着在位错产生的台阶上，因此在驱动力作用下，吸附分子会沿着台阶沉积，台阶就会以一定的速率向前推进，这样随着台阶运动，很快就会形成螺旋线，并且越卷越紧。同时由于表面能的限制，台阶只能绕着位错的露头点在晶面上扫动，即沿着螺面无限地延伸下去，台阶运动的不同阶段的图像如图7-5所示。

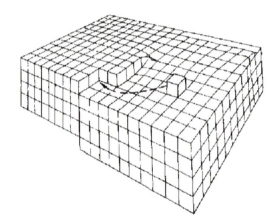

图7-4　螺旋位错的生长原理[8]

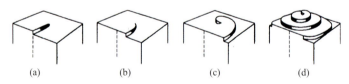

图7-5　螺旋状台阶的形成过程[9]

　　众多研究表明，晶须形成是因为晶核内含有轴向的螺旋位错，它决定了晶须快速生长的方向。为使晶须生长，晶须的侧面应是低能面，吸附在低能面的原子的结合能低、解析率高，生长非常慢甚至不生长，因此侧面上的过饱和度必须足够低，以防止可能引起的二维成核，即径向生长。当过饱和度远高于晶须生长所需时，就易产生在基面生长的片晶，并与晶体的对称性一致，因此在过高的饱和度下得不到晶须[1]。

　　除了螺旋位错机理外，周期链理论[10]也可以解释晶须的生长。周期链理论是在结晶化学基础上提出来的晶体形态理论，本质上可以看作经典几何理论（二维成核等）的一种推广。目前该理论尚没有明确的热力学与动力学基础。理论的基本假设是，在生长过程中，在界面上形成一个键所需的时间随键合能的增加而减少。因此界面的法向生长速率随着键合能的增加而增加。由于生长过程中快面隐没、慢面显露（晶面淘汰律），而键合能的大小决定了界面位移速率，故键合能的大小就决定了晶体生长形态。

与周期链理论一样，毒化诱导生长机理也常常被用于制备石膏晶须，晶体在溶液中生长时，通过加入痕量的毒物可以修饰晶体的形状，相应地也可以通过加入毒物的办法来生成晶须。毒物加入后会优先吸附于晶体的某一个面或几个面，以此来减少或阻断该面的生长，同时促使其他面生长。另外，从动力学角度考虑，毒物会首先吸附于螺旋位错外围的生长较慢的台阶上，使其生长受到抑制，内部生长较快的台阶继续生长继而成为晶须[1]。

7.1.3　石膏晶须的制备

石膏晶须的主要合成方法有微波辅助合成法、水热合成法、常压酸化法、反应性结晶法、浓硝酸钙溶液法等[11]，其中较为常用的合成方法为水热合成法与常压酸化法。水热合成法是一种以水作为溶剂，在一密闭的压力容器内，使石膏粉末通过溶解然后再结晶的方式转化为石膏晶须的方法。其能制备出长径比较为均匀的晶须，但能耗较大，带压操作安全性相对而言较低。常压酸化法是指在一定温度下，高浓度的磷石膏悬浮液在酸性条件下转变成针状或纤维状的石膏晶须。常压酸化法与水热合成法相比，常压酸化法不需要高压釜，且原料的质量分数较高，理论上可以大幅降低产品成本，易于工业化生产，但常压酸化法是在强酸性环境下制备石膏晶须，因此所有设备及管道需要具有较好的防腐蚀能力，设备投资较高。常压酸化法制备石膏晶须过程中，晶体是在热的溶液中进行生长，因此需要趁热过滤，这使得反应过程中热量损失比较严重，且反应温度不易控制，与水热合成法相比常压酸化法制备的石膏晶须需要更长的时间来生长和陈化。环境方面，常压酸化法由于母液的酸性较强，滤渣的处理工作比较困难，所以环境压力较大。

为满足现代工业生产的需求，人们通过各种方法合成的硫酸钙晶须主要包括二水硫酸钙晶须、α-半水硫酸钙晶须以及无水硫酸钙Ⅱ晶须，因此下面主要介绍以磷石膏为原料制备以上三种晶须的方法。

1. 磷石膏的预处理

磷石膏与天然石膏相比在微观结构和化学组成方面存在差异，且磷石膏中含有少量杂质。在以磷石膏为原料合成石膏晶须的过程中，磷石膏中的水溶磷和氟离子对晶须的性能影响较大。磷石膏溶解后，料浆中的水溶磷和氟离子会与解离出来的钙离子结合生成难溶的磷酸钙和氟化钙，并附着在晶须表面，阻碍晶须生长，从而导致晶须产生不整齐、粗糙、长径比小等问题。因此磷石膏在使用前必须先经过适当的预处理。通常磷石膏的预处理方法包括水洗法、浮选法、球磨法、石灰中和法、闪烧法、陈化法以及筛分法等[12]。

水洗法是一种较为常用的磷石膏预处理方法，即通过多次将磷石膏与水按一定比例调浆、洗涤、过滤的方式，除去磷石膏中的水溶性杂质。水洗法可以除去磷石膏中除共晶磷、难溶磷以外的绝大部分有害杂质。作为一种较为成熟的预处理方法，水洗处理后的磷石膏性能较为稳定。经过水洗处理过的磷石膏在水泥缓凝剂、加工熟石膏等运用中与天然石膏的性能指标相当。除此之外，水洗法也存在诸多不足之处，如水洗过程中的水耗和能耗较高，产生的废水很难回收利用，容易对环境造成二次污染等。

浮选法是一种通过浮选设备将浮在水面上的不溶性有机废物去除的方法。其工艺流程与水洗法基本相同。与水洗法相比，浮选法同样可以除去部分可溶性杂质，但处理效果差于水洗法。因此仅采用浮选法对磷石膏进行预处理并不能制备出合格的石膏原料，故浮选法通常与其他预处理工艺联合使用。

球磨法即通过球磨的处理方式破坏磷石膏颗粒规整、平滑的形貌。磷石膏原料颗粒的粒径粗大且分布较为集中，这使得磷石膏在运用的过程中出现流动性较差、反应效率低下等问题。通过球磨法改变其粒径分布和颗粒形貌后能够在一定程度上对上述问题进行改善。同样地，因为球磨法只能解决磷石膏颗粒的分布问题，所以其通常与其他预处理方法联用。

石灰中和法利用石灰将磷石膏中的可溶性杂质转化为不溶性惰性填料。与其他处理方式相比，石灰中和法的处理工艺较为简单，投资成本较低，不易产生二次污染。但由于该法在使用的过程中会加入碱性物质，加入量控制不当则会对磷石膏的性能指标产生影响，因此在石灰中和法中控制石灰的用量十分重要。

闪烧法是一种利用400~600℃的高温对磷石膏进行预处理的方法。由于无机磷和有机磷杂质在高温条件下会分解为气体或者部分转化为惰性物质，因此经过高温预处理后，杂质对磷石膏性能的影响会降到最低。闪烧法通常与石灰中和法联用，以防止煅烧过程中产生的酸性废气、氟化物等对设备的危害和对环境的污染。该法作为一种新的预处理工艺具有污染小、流程简单、无须水洗等优点，但同时由于技术不够成熟，其对磷石膏的处理量较小。

除了以上一些常见的处理方法外，韩青等[13]利用酸浸的方式来处理磷石膏，发现酸浸对磷石膏中 Si 的脱除率为 7.9%、P 的脱除率为 70.8%、Al 的脱除率为 50%、Fe 的脱除率为 26.8%、K 的脱除率为 40%，并且酸浸后的磷石膏其白度有了明显提高，粒度也有所下降，有利于高长径比石膏晶须的制备。不仅如此，也有人[14]用廉价的碳酸氢铵和氨水以及工业副产盐酸，对磷石膏中的 $CaSO_4$ 进行提纯。磷石膏的预处理方式有很多，为达到生产要求，通常工业上处理磷石膏会同时采用两种或两种以上的预处理方法，不同用途、不同来源的磷石膏采用的处理方式也不尽相同。

2. 无水石膏Ⅱ晶须的制备

杨荣华等[14]先通过一系列化学反应对磷石膏进行提纯，然后以提纯后的石膏为原料合成无水石膏晶须，其最佳反应条件为：温度120℃、料浆初始pH为8.0~10.0、料浆质量分数在4%~5%、反应时间为1.5~2.0h。在这一条件下制备出的无水硫酸钙晶须平均直径在0.8μm、长径比为90~100，并且经过马弗炉680℃煅烧形态依旧保持良好。

袁致涛等[15]以二水硫酸钙为原料，利用水热法，在120℃、溶液 pH 为9.8~10.1、料浆浓度为5%的条件下，通过溶解-结晶-脱水的过程，先将二水硫酸钙原料转化为半水硫酸钙晶须，然后将半水硫酸钙晶须脱水，制得了长径比为98的无水硫酸钙晶须。

柏光山等[16]利用磷石膏直接制备硫酸钙晶须，具体的方法是：采用水洗法对磷石膏进行预处理，在料浆浓度为 2%～3%、反应温度 125～130℃、反应时间 300～360min、转速 80～120 r/min、晶须助长剂 1%的条件下通过水热法制备长径比为 50～80 的无水硫酸钙晶须，且所得晶须在熔点、拉伸模量、硬度等各方面也能达到很好的要求。

3. α-半水石膏晶须的制备

杨林等[17]先将磷石膏原料预处理，然后与蒸馏水配成一定质量分数的悬浮液，再将悬浮液置于恒温反应釜反应一段时间后趁热抽滤，于 100℃下除去游离水，制备出了平均直径为 1～3μm、平均长径比为 48 左右的半水硫酸钙晶须。

李德星等[18]以磷石膏为原料，Na_2SO_4 为转晶剂，用微波辐照来代替热源，通过醇水法制备了 α-半水石膏晶须。研究发现：随着醇液比的增加，α-半水硫酸钙的生成速率上升，但当醇液比过大时，α-半水石膏晶须的生成速率过快，晶核数量过多，造成晶须尺寸减小；随着固液比的降低，α-半水石膏晶须的生成速率下降，但晶须长度逐渐增加，直径减小，长径比上升。

马春磊等[19]以磷石膏为原料，利用常压酸化法，在 95℃，硫酸浓度为 12.3%，固液比为 2.8∶1 的条件下得到了针状为主的半水石膏晶须，其中少部分半水石膏晶须转化为了无水石膏晶须。

4. 二水石膏晶须的制备

耿庆钰等[20]以磷石膏为原料，采用常压酸化法制备了二水硫酸钙晶须。磷石膏在球磨机中经球磨至 200 目后，采用常压酸化法制备了硫酸钙晶须。在反应温度为 80℃，料浆含量为 0.20g/mL，反应时间为 10min，HCl 质量分数为 20%时，制得的二水硫酸钙晶须长径比高达 138.46。厉伟光等[21]采用水热法以柠檬酸废渣为原料制备了硫酸钙晶须，该方法是将柠檬酸废渣研磨 12 h 后与水混合并调节混合溶液的 pH 到 3～4，加入一定比例的晶种，水热反应过滤、干燥后得到二水硫酸钙晶须，制得的晶须长径比稳定分布在 50 左右。

马林转[12]同时利用了常压酸化法与水热合成法来制备硫酸钙晶须。其在常压酸化法中分别利用单一酸、混酸和弱碱制备了硫酸钙晶须。当使用单一酸时，盐酸的效果最好，且制得的硫酸钙晶须的平均长径比为 65，磷石膏的最大转化率为 82.1%，其制备条件是溶解温度为 95℃，酸浓度为 6%。当使用混酸制备硫酸钙晶须时，在相同的酸浓度和溶解温度条件下制得的硫酸钙晶须的平均长径比为 45，磷石膏的最大转化率为 54.72%。在利用弱碱制备硫酸钙晶须时，制备得到的晶须平均长径比相对较小，其原因是弱碱的加入，使得溶液的酸度变化较大，造成晶须结晶速度过快。水热法的合成过程中，在反应温度 140℃、反应压力 2.0MPa、反应时间 3h、质量比 2%、搅拌速度 300r/min、溶液 pH 为 11 的反应条件下，硫酸钙晶须的产率最高可达到 93.7%，并且平均长径比达到 70，制得的硫酸钙晶须呈棒状，表面光滑，晶须中未检测到其他杂质元素，纯度较高。除此之外，马林转还研究了磷石膏中的杂质对晶须的产率和长径比等物理、化学性质的影响。酸不溶物含量的增加在一定程度上使硫酸钙晶须的产率和长径比都有所增加；随着 Fe^{3+} 含量的增加，硫酸钙晶须的长径比降低，而硫酸钙晶须的产率几乎不受影响；随着 F⁻含量的增加，硫酸钙晶须的产率有所减少，而硫酸钙晶须的长径比几乎不受影响；随着可溶磷含量的增加，硫酸钙晶须的长径比降低，而硫酸钙晶须的产率受到可溶磷含量的影响比较小。

7.1.4 石膏晶须的表面改性

随着生产和社会的不断发展，高分子复合材料得到了广泛的使用。硫酸钙晶须作为一种新型高档功能性充填材料，具有广阔的应用前景。但是硫酸钙晶须表面呈强极性，与有机高聚物基体亲和性差，直接或大量填充容易造成在高聚物基料中分散不均匀，从而造成复合材料的界面缺陷。因此，为降低硫酸钙晶须比表面能，调节疏水性，提高其与有机基料的润湿性和结合力，改善复合材料的性能，必须对硫酸钙晶须进行表面改性[22]。按照改性剂的不同，硫酸钙晶须的表面改性主要分为有机物改性与无机物改性两种方法。

1. 有机物改性

石膏晶须为无机物，其表面呈现出强的亲水疏油性，因此其与有机物的相容性较差，这也是石膏晶须作为补强增韧剂应用到塑料、橡胶、沥青中效果不理想的主要原因。目前石膏晶须的有机物改性方法以使用偶联剂对其表面进行处理为主。目前常用的偶联剂主要包括硅烷类、钛酸酯类、脂肪酸类、酸酐化烯烃等。同时除了常见的偶联剂以外，生物大分子多糖类也被应用于石膏晶须的改性中，其包括壳聚糖、海藻糖等。

有机硅表面活性剂分子中含有亲水与憎水两个部分，其能够改变液体的表面张力与两相之间的界面张力。Wang 等[23]分别研究了氢化硅油和硅烷偶联剂 KH-560 对石膏晶须的改性作用，并将改性后的石膏晶须用于橡胶改性，并对两种改性后的复合橡胶材料进行了抗拉测试、断裂伸长率测试、热稳定性测试，测试结果表明硅烷偶联剂 KH-560 改性后的石膏晶须添加到橡胶中后，橡胶复合材料的抗张强度超出空白样品 60%。满忠标等[24]对添加硅烷偶联剂的硫酸钙晶须进行超声波分散改性，将无水乙醇、去离子水和硅烷偶联剂混合加热至 50℃后，在超声场中预处理 5min；再加入硫酸钙晶须，pH 调节在 4.5 左右，再加热至 70℃，超声波处理 15min 后真空干燥，改性后的晶须表面完整、长短均一。杨森等[25]采用机械共混法改性硫酸钙晶须，将无水乙醇、去离子水和硅烷偶联剂 KH-550 混合均匀，在 900 r/min 的搅拌下缓慢添加硫酸钙晶须，乙酸调节 pH 为 4～5，反应 1h，最后真空干燥制得改性后的硫酸钙晶须。

朱一民等[26]在机械搅拌压气式浮选槽中增强硫酸钙晶须的疏水性，自配混合改性剂溶液，在浮选槽中加入硫酸钙晶须和去离子水，随后添加混合改性剂并进行机械搅拌，将槽内上浮的泡沫刮至容器中，并在 60～80℃下烘干，干燥 5 h 后制得疏水性增强的硫酸钙晶须。

王晓丽等[27]先将石膏晶须通过钛酸酯 NDZ-401 进行改性，然后将改性后的石膏晶须添加到聚丙烯中制备成复合材料，并对该复合材料进行了力学性能测试，测试发现当改性晶须的添加量为 10%时，复合材料的冲击强度提高了 85%，通过扫描电镜观察发现钛酸酯偶联剂能够使石膏晶须在聚丙烯材料中均匀地分散，团聚作用减少使得复合材料的抗冲击性能大大提高。除此之外，他们还使用了多种表面活性剂对石膏晶须进行表面改性[28]，并探究了每种改性后的石膏晶须的活化系数及接触角，他们先配制一定质量分数的石膏晶须悬浮液，在一定的水浴温度下，逐渐加入表面改性剂无水乙醇溶液，一段时间后趁热过滤，将所得固体洗涤干燥，即得到了改性后的石膏晶须，通过对改性后晶须的接触角和活化指数测试发现，硬脂酸改性的石膏晶须活化指数与接触角最大，改性效果最好。他们还探讨了硬脂酸与石膏晶须之间的吸附机理。硬脂酸对石膏晶须的改性分为两个部分，分别是化学吸附与物理吸附。硬脂酸解离生成的 $CH_3(CH_2)_{16}COO^-$ 与 Ca^{2+} 反应生成的硬脂酸钙会沉淀，其进而包覆在硫酸钙表面，其中硬脂酸钙的亲水基朝向石膏晶须的内表面，疏水基朝向外侧。当石膏晶须表面完全被硬脂酸钙吸附之后，硬脂酸钙的吸附由化学吸附转化为物理吸附。该研究结论对石膏晶须应用研究提供了理论基础。

2. 无机物改性

石膏晶须的无机物改性方式与有机物改性类似，其主要是通过对石膏晶须表面进行无机沉淀包覆，从而降低石膏晶须的溶解度。无机物改性具有原理简单、操作方便、对环境污染小等优点。无机沉淀包覆的方法主要有三种，第一种是通过离子反应生成难溶盐包覆在石膏晶须表面，第二种是通过同离子效应抑制硫酸钙的溶解，第三种是通过离子吸附来降低石膏的水化作用。

羟基磷灰石又称羟磷灰石，是钙磷灰石[$Ca_5(PO_4)_3OH$]的自然矿化物，其具有优良的生物相容性和极小的溶解度，因此羟基磷灰石改性的石膏晶须可以适用于很多医用行业。石膏晶须表面被羟基磷灰石包覆后，其溶解度会大幅下降，可适用于多种行业。Lowmunkong 等[29]先将硬石膏在 300℃下反应 10min，使其转变为半水石膏，然后将半水石膏与 1mol/L 的 $(NH_4)_3PO_4 \cdot 3H_2O$ 溶液混合，并在 80℃下反应 1~24h，将反应后的溶液陈化 4h 后就可制备出羟基磷灰石包覆石膏晶须混合材料。

塞守卫等[30]在 NH_4Cl 溶液中合成磷石膏晶须的同时，利用 NH_4Cl 对磷石膏晶须进行改性，改性后的硫酸钙晶须呈现出了一种树状的形貌，其"树干"部分为 $CaSO_4 \cdot 2H_2O$，"树枝"部分为 NH_4Cl，改性后晶须的结构依然完整且易于与 NH_4Cl 分离，因此认为该现象可以为磷石膏中 $CaSO_4 \cdot 2H_2O$ 的提纯奠定基础。

Ling 等[31]研究发现半水石膏的溶解度随着硫酸的浓度先增加后减少，在较高浓度的硫酸溶液中，半水石膏的溶解度低于初始溶解度，说明硫酸根离子的同离子效应能够有效地降低石膏晶须的溶解度。

袁铁锤等[32]还分别研究了二水石膏晶须在 NaOH/KOH 体系中的溶解度，研究发现二水石膏晶须的溶解度随着氢氧根浓度的增加呈现出先增后降的趋势，并且二水石膏晶须的溶解度与温度呈负相关。

Edinger[33]研究认为石膏晶须的(111)晶面由钙离子组成，可以选择吸附一价阴离子，而(110)面则由 Ca^{2+} 和 SO_4^{2-} 共同组成，可以吸附正负两种离子，但相对来说(110)晶面更容易吸附阳离子。根据这项研究，人们可以有选择地对石膏晶须的不同面进行改性，从而制备出性能优异的改性硫酸钙晶须。

徐红英等[34]将硫酸钙晶须和去离子水按一定的质量比混合均匀，在超声场中震荡后，

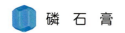

添加铝酸钠对硫酸钙晶须进行化学包裹反应，改性后的硫酸钙晶须在纸张的留着率达到碳酸钙填料水准，而且纸张的其他物理化学性能优异。

7.1.5 石膏晶须的应用

1975 年日本开始了对硫酸钙晶须的研究，是世界上最早正式开展硫酸钙晶须研究的国家[35]。此后美国、德国也开始研究硫酸钙晶须，但是硫酸钙晶须生长的影响条件较多，环境条件难以稳定控制，并且欧美地区石膏资源有限制。因此，硫酸钙晶须的研发还处于实验室研究阶段[36]。

20 世纪 80 年代末，我国开始对硫酸钙晶须进行应用研究[37]，沈阳立昂新材料有限公司是我国第一家工业化生产硫酸钙晶须的企业，于 1996 年制备出了性能优异的晶须产品[38]。

1. 用作聚合物增强材料

由于石膏晶须强度接近于理论强度，因此其远超目前使用的各类增强改性剂。石膏晶须常常作为增强材料被添加到聚苯乙烯、氟橡胶、尼龙、丁腈橡胶等高分子聚合物中，可以通过抑制材料裂纹扩展和吸收冲击能量两种方式来提升聚合物材料的综合性能。

高抗冲击聚苯乙烯由于拥有优秀的加工性能、力学性能以及耐热性能等在塑料行业中的应用较为广泛。周超等[39]将硫酸钙晶须添加到高抗冲击聚苯乙烯中以提高复合材料的力学性能与耐热性能，发现添加 15%质量分数硫酸钙晶须的复合材料弯曲模量比纯高抗冲击聚苯乙烯增加了 162%，抗冲击强度也得到了明显的提高。

氟橡胶作为一种高性能现代航空材料，其应用非常广泛，也有学者利用石膏晶须来对其进行改性，以期达到更高的性能要求，李辉等[40]利用硫酸钙晶须与无水硫酸钙分别对氟橡胶进行改性，并通过 Kissinger 法和 Ozawa 法计算各自的热分解活化能，通过计算发现，硫酸钙晶须改性的氟橡胶复合材料的分解活化能更高，热稳定性更强。

尼龙 6 是一种热塑性良好的树脂，工业上常常利用玻纤来改变尼龙 6 的力学性能，曾斌等[41]通过侧向添加的方式将硫酸钙晶须添加到玻纤改性后的尼龙 6 中，通过测试发现，硫酸钙晶须的添加将原材料的拉伸强度提高了 8.7%，弯曲强度提高了 7.5%，弯曲模量提高了 8%。

丁腈橡胶具有无毒、抗化学腐蚀、耐高温、韧性好等优点，但其耐寒性和弹力较差，何航等[42]利用长径比为 20、40、60 的硫酸钙晶须对丁腈橡胶进行增强改性，发现随着改性晶须的长径比增加，丁腈橡胶的拉伸强度、断裂伸长度、耐热性、邵氏硬度也在逐渐增加，长径比越大，增强效果越好。

2. 用作造纸填料

纸张的表面强度是一项用来衡量纸张好坏的重要指标，纸张强度差通常容易导致印刷质量差。因此，石膏晶须还常常被用作纸张增强改性的材料。近几年来，一些学者通过研究发现石膏晶须对纸张有着较好的增强效果。刘焱等[43]将 10%的石膏晶须加入到纸张当中时，纸张强度指标均有所提升，当加入 25%的石膏晶须时，强度指标增加到最大。

王成海等[44]将丙烯酰胺改性后的石膏晶须加填到纸张中，使纸张的灰分得到了明显提高，纸张的强度也得到了较大的增强。操欢[45]分别利用了石膏晶须质量 8%的羧甲基纤维素和磷酸淀粉钠对石膏晶须进行了改性，并测得羧甲基纤维素改性后的石膏晶须加填到纸张中后，纸张的抗张指数和留着率分别提高了 17.41%和 11.77%，磷酸淀粉钠改性后的石膏晶须加填到纸张中后，其抗张指数和留着率提高了 14.59%和 23.65%。张迎等[46]在 70℃、六偏磷酸钠浓度为 20mg/L 的条件下对石膏晶须进行改性，并将改性后的晶须加填到纸张中，使得纸张的填料留着率提高了 2.6～3 倍。

3. 用于摩擦材料

石膏晶须作为添加剂运用于摩擦材料，相较于传统的石棉添加剂，其能够很好地避免石棉在生产和使用过程中对人体造成的危害。同时一些国家也开始禁止将石棉运用于刹车材料的生产中。不仅如此，与其他常常作为摩擦材料的添加剂如金属纤维、陶瓷纤维等相比，具有高长径比的石膏晶须添加到摩擦材料中后材料的性能提升更好，同时成本也较低[47]。陈辉等[48]将石膏晶须添加到酚醛树脂中，酚醛树脂复合摩擦材料的耐摩擦性能得到了明显的提高，摩擦系数稍有下降，但热稳定性得到了明显的改善。牛永平等[49]利用石膏晶须对超高分子量聚乙烯进行改性，发现随着石膏晶须填料用量的增加，复合材料的硬度逐渐增加，耐磨性能也逐渐增加，当石膏晶须用量在 20%时复合材料的摩擦学性能达到最好。胡晓兰等[50]将硅烷偶联剂改性后的石膏晶须添加到双马来酰亚胺树脂中，以提高树脂的耐磨性能，改性后的树脂在载荷由 200N 增加到 300N 的过程中其摩擦系数基本不变，同时与未改性树脂相比，摩擦能力显著提高。

4. 用于环境工程

相较于其他大晶体，晶须体积极小，这意味着晶须具有很高的比表面积与表面能，因而可以利用晶须的这种特性来吸附水质中的乳化油等杂质，起到净化水质的作用。刘玲等[51]研究了采用硫酸钙晶须去除废水中的乳化油，通过实验发现硫酸钙晶须去除乳化油的效果较好，除油速度快，不易产生二次污染。其主要原理是经过改性的硫酸钙晶须在废水中容易分散，使得乳化油分子能够与晶须表面充分结合，使晶须表面的自由羟基降低乳化油废水的表面能，进而实现破乳化，使乳化油废水得到处理。

水体中磷元素过多容易导致水体富营养化，邱学剑等[52]首次利用硫酸钙晶须处理污水中的磷，并通过实验证实了，在碱性条件下，硫酸钙晶须对磷的去除率高达 93%，并且其还通过 Langmuir 吸附等温模型对磷的吸附过程进行了解释，该方法大大提高了磷的去除率，有效降低了处理成本，在工业运用上有一定的实际意义。

同样地，汞元素作为目前工业废水中危害最大的重金属之一，在水体中含量超标容易严重影响水生植物的光合作用，不仅如此，汞元素对人体的神经系统、消化系统、生殖系统都会有较大的危害，因此对于水中汞的治理一直以来都是环境研究的重点。陈敏等[53]先用壳聚糖-己二酸对硫酸钙晶须进行改性，然后利用改性后的晶须对工业废水中的汞进行吸附处理，实验结果表明，废水中的 pH 增大、温度升高对汞的吸附有一定的促进作用，改性后的硫酸钙晶须对汞的吸附率高达 90%，因而其对工业废水的处理有一定的

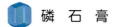

指导作用。

除此之外，在印染行业废水处理也是非常常见的问题，印染行业的废水中多含有有毒有特殊颜色的有机物，常用的处理方法很难对其进行有效的处理，杨双春等[54]在传统吸附沉降的基础上首次利用硫酸钙晶须对印染废水进行处理，硫酸钙晶须具有比表面积大、密度小、结构松散等特点，使得其脱色明显优于传统方法，此外硫酸钙晶须还具有成本低廉的特点，使其在印染行业也具有广阔的应用前景。

7.2 常压水热法合成α-高强石膏

常压水热法是指以二水石膏为原料，在液相反应介质中进行晶相转变反应，再经过滤、洗涤、干燥制得α-高强石膏的方法，其反应温度在100℃以下，压力条件为常压。常压水热法根据反应介质不同，可分为常压盐溶液法、常压酸溶液法、常压醇-水溶液法，其中常压盐溶液法应用最为广泛。相对于加压工艺（蒸压法与加压水溶液法）有诸多技术优势，主要包括无须压力设备、反应条件温和、制备能耗低、制备过程可控性好、适用于粉状工业副产石膏等[55, 56]。因此，以二水磷石膏为原材料，采用常压水热制备α-高强石膏具有良好的发展前景。

α-高强石膏具有较低的标准稠度用水量、良好的工作性和力学强度，有明显的高附加值优势[55, 57, 58]，已广泛应用在中高端建筑材料、精密模具铸造、齿科材料、航空航天等领域，前景广阔。

7.2.1 常压水热反应的热力学基础

在一定的热力学条件下，二水石膏溶解于溶液中，释放出的 Ca^{2+} 与 SO_4^{2-} 达到溶解平衡，这部分 Ca^{2+} 与 SO_4^{2-} 在此条件下对于α型 $CaSO_4 \cdot 2H_2O$ 来说是过饱和的，其中部分 Ca^{2+} 与 SO_4^{2-} 与 0.5 倍的水分子结合，析出α型 $CaSO_4 \cdot 0.5H_2O$，从而减小 Ca^{2+} 与 SO_4^{2-} 浓度，并进一步促进二水石膏溶解，使"溶解-再结晶"过程不断进行，直至由二水石膏到α型 $CaSO_4 \cdot 2H_2O$ 的晶相转变完成。

反应过程中存在二水石膏和α型 $CaSO_4 \cdot 2H_2O$ 的溶解平衡，分别如式（7-14）与式（7-15）所示：

$$CaSO_4 \cdot 2H_2O(s) = Ca^{2+} + SO_4^{2-} + 2H_2O$$

$$K_1 = K_{sp,DH} = \alpha(Ca^{2+}) \cdot \alpha(SO_4^{2-})_{DH} \cdot \alpha(H_2O)^2 \tag{7-14}$$

$$Ca^{2+} + SO_4^{2-} + 0.5H_2O = \alpha\text{-}CaSO_4 \cdot 0.5H_2O\ (s) \downarrow$$

$$K_2 = \frac{1}{K_{sp,HH}} = \frac{1}{\alpha(Ca^{2+}) \cdot \alpha(SO_4^{2-})_{HH} \cdot \alpha(H_2O)^{0.5}} \tag{7-15}$$

常压水热反应的二水石膏转化为α型 $CaSO_4 \cdot 0.5H_2O$ 的总反应式为

$$CaSO_4 \cdot 2H_2O(s) = \alpha\text{-}CaSO_4 \cdot 0.5H_2O\ (s) \downarrow + 1.5H_2O \tag{7-16}$$

则该总反应的反应平衡常数为

$$K=K_1 \cdot K_2 = \frac{K_{sp,DH}}{K_{sp,HH}} \qquad (7\text{-}17)$$

式中，$K_{sp,DH}$ 与 $K_{sp,HH}$ 分别为二水石膏和 α 型 $CaSO_4 \cdot 2H_2O$ 的溶解平衡常数；$\alpha(M)$ 为 M 组分的活度。Li 等[59,60]借助优化的 OLI 模型拟合得到了 $K_{sp,DH}$ 与 $K_{sp,HH}$ 的表达式[式（7-18）与式（7-19）]，并通过"等温溶解法"实验验证了其有效性。结果显示 $K_{sp,DH}$ 与 $K_{sp,HH}$ 只与反应温度有关，而与其他条件无关。

$$\lg K_{sp,DH} = 40.11184 - \frac{5481.185}{T} - 0.115199T + 9.1384 \times 10^{-5}T^2 \qquad (7\text{-}18)$$

$$\lg K_{sp,HH} = 34.4739 - \frac{4939.1}{T} - 0.0870353T + 4.59692 \times 10^{-5}T^2 \qquad (7\text{-}19)$$

基于反应（7-16）与反应（7-17），可以计算二水石膏到 α 型 $CaSO_4 \cdot 2H_2O$ 的总反应自由能变：

$$\Delta G_{DH-HH} = -RT \ln K + RT \ln \alpha(H_2O)^{1.5}$$

$$= RT \ln \frac{\alpha(H_2O)^{1.5}}{K} = RT \ln \frac{\alpha(H_2O)^{1.5}K_{sp,HH}}{K_{sp,DH}} \qquad (7\text{-}20)$$

若希望常压水热反应发生，即总反应正向进行，则要求 $\Delta G_{DH-HH} < 0$，代入式（7-20），可求得：

$$\alpha(H_2O) < \left(\frac{K_{sp,DH}}{K_{sp,HH}}\right)^{2/3} \qquad (7\text{-}21)$$

上式为常压水热反应可以进行的热力学条件，即反应体系的水活度低于临界水活度 $[(K_{sp,DH}/K_{sp,HH})^{2/3}]$ 时，常压水热反应可以进行。基于式（7-21）形式，对式（7-18）与式（7-19）联立，可得：

$$\lg \frac{K_{sp,DH}}{K_{sp,HH}} = 5.63794 - \frac{542.085}{T} - 0.0281637T + 4.54148 \times 10^{-5}T^2 \qquad (7\text{-}22)$$

由式（7-21）与式（7-22）可判断常压水热反应在热力学上是否可行，图 7-6（a）中列出了临界水活度与反应温度的关系。具体来说，一定温度下，反应介质的水活度需要低于该温度下的临界水活度，常压水热反应才具有热力学可行性。

一般反应介质中加入电解质可以与水形成水合离子，整体上会限制水分子自由移动，从而降低液相反应介质的水活度，当其低于临界水活度时可发生二水石膏向 α 型 $CaSO_4 \cdot 2H_2O$ 的转化。因此，以电解质溶液为反应介质，可以实现 α 型 $CaSO_4 \cdot 2H_2O$ 温和条件下（免蒸压、较低温度）的制备，降低整体工艺的能耗。其中，电解质可选用 $CaCl_2$[58,62,63]，主要原因是反应过程中其电离出的钙离子是产物成分，氯离子不会进入产物 $CaSO_4 \cdot 2H_2O$

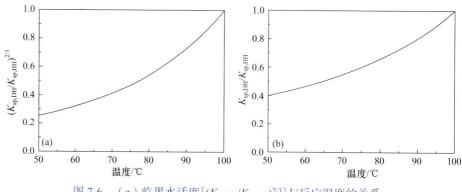

图 7-6 （a）临界水活度$[(K_{sp,DH}/K_{sp,HH})^{2/3}]$与反应温度的关系；
（b）$K_{sp,DH}/K_{sp,HH}$与反应温度的关系[61]

晶格[64]，避免因为形成共熔体或复盐而难以清洗[55, 65]，因此在反应完后易于洗去，对产物的纯度影响不大。

7.2.2 常压水热反应的动力学基础

常压水热反应的转化动力学直接涉及反应效率、生产成本，并影响产物的粒径分布、宏观性能等，在实际生产中具有更现实的指导意义。过饱和度是晶体成核与生长的推动力，对于"二水石膏-α型 $CaSO_4 \cdot 2H_2O$"晶相转变动力学的分析有重要意义。

首先，基于式（7-14）和式（7-15）的溶解再结晶半衡过程，讨论最基础的"Ca^{2+}-SO_4^{2-}-H_2O"体系的过饱和度，对应的α型半水相过饱和度可由式（7-23）表示[56, 59]。

$$s=\frac{\alpha\left(Ca^{2+}\right)\cdot\alpha\left(SO_4^{2-}\right)\cdot\alpha\left(H_2O\right)^{0.5}}{K_{sp,HH}} \qquad (7-23)$$

式中，s 为半水相的过饱和度（无量纲）；分子部分为溶液介质中各项活度乘积；分母部分为α型 $CaSO_4 \cdot 2H_2O$ 平衡态对应的各项活度乘积。首先，反应介质为高浓度的 $CaCl_2$ 溶液，所以反应体系中 Ca^{2+}、H_2O 过量，限制离子为 SO_4^{2-}。其次，常压水热反应中二水石膏为溶解平衡状态，存在式（7-14）中的二水相的溶解平衡，所以式（7-23）中的 $\alpha\left(SO_4^{2-}\right)$ 与式（7-14）中的 $\alpha\left(SO_4^{2-}\right)_{DH}$ 相同。最后，联立式（7-23）与式（7-14）可得过饱和度的计算式（7-24）。

$$s = \frac{K_{sp,DH}}{K_{sp,HH}}\cdot\frac{1}{\alpha\left(H_2O\right)^{1.5}} \qquad (7-24)$$

对于磷石膏，一般含有一定量的残留酸，与反应介质混合后会使整个反应体系呈酸性。因此 H^+ 对水热反应的影响不可忽略，水热反应过程中 H^+ 会与部分 SO_4^{2-} 结合生成 HSO_4^-，这部分 HSO_4^- 通过扩散作用与 Ca^{2+}、H_2O 相遇，脱掉 H^+ 后再结合成α型 $CaSO_4 \cdot 2H_2O$ 晶体。反应体系中的 HSO_4^- 存在电离平衡[式（7-25）]：

$$HSO_4^- \Longrightarrow H^+ + SO_4^{2-}$$

$$K_{HSO_4^-} = \frac{\alpha(H^+) \cdot \alpha(SO_4^{2-})}{\alpha(HSO_4^-)} \tag{7-25}$$

以下讨论 "Ca^{2+}-SO_4^{2-}-HSO_4^--H_2O" 的反应体系，对应酸性反应介质（更适应于磷石膏反应体系）。该反应体系中 Ca^{2+} 与 H_2O 过量，SO_4^{2-} 与 HSO_4^- 为限制离子且均来源于二水磷石膏的溶解，对应的过饱和度可由原料二水石膏相与产物 $CaSO_4 \cdot 2H_2O$ 的溶解度比值来计算[56,66]，可得：

$$
\begin{aligned}
s &= \frac{C_{DH}}{C_{HH}} \\
&= \frac{c(SO_4^{2-})_{DH} + c(HSO_4^-)_{DH}}{c(SO_4^{2-})_{HH} + c(HSO_4^-)_{HH}} \\
&= \left(\frac{\alpha(SO_4^{2-})_{DH}}{\gamma(SO_4^{2-})} + \frac{\alpha(HSO_4^-)_{DH}}{\gamma(HSO_4^-)} \right) \Big/ \left(\frac{\alpha(SO_4^{2-})_{HH}}{\gamma(SO_4^{2-})} + \frac{\alpha(HSO_4^-)_{HH}}{\gamma(HSO_4^-)} \right)
\end{aligned} \tag{7-26}
$$

式中，C_{DH} 与 C_{HH} 分别为二水石膏和 α 型 $CaSO_4 \cdot 2H_2O$ 在该热力学条件下的溶解度；$c(SO_4^{2-})_{DH}$ 与 $c(HSO_4^-)_{DH}$ 分别为二水石膏溶解平衡对应的 SO_4^{2-} 与 HSO_4^- 的摩尔浓度，同时也是反应过程中反应介质中的 SO_4^{2-} 与 HSO_4^- 的摩尔浓度；$c(SO_4^{2-})_{HH}$ 与 $c(HSO_4^-)_{HH}$ 分别为产物相 α 型 $CaSO_4 \cdot 2H_2O$ 在溶解平衡时对应的 SO_4^{2-} 与 HSO_4^- 的摩尔浓度；$\gamma(SO_4^{2-})$ 与 $\gamma(HSO_4^-)$ 分别为反应体系中 SO_4^{2-} 与 HSO_4^- 的活度系数，由德拜-休克尔公式可知活度系数的主要影响因素是离子强度，而反应介质离子强度主要由高浓度的 $CaCl_2$ 电离出的 Cl^- 与 Ca^{2+} 及一些来自磷石膏的 H^+ 提供，而二水石膏与 $CaSO_4 \cdot 2H_2O$ 均为微溶物质，加之 $CaCl_2$ 电离出的高浓度钙离子的同离子效应，水石膏或 $CaSO_4 \cdot 2H_2O$ 溶出的离子对反应介质离子强度的影响可以忽略，所以可认为整个反应过程中各离子的活度系数不变。

对于有 H^+ 参与的二水石膏溶解过程，溶解平衡关系由式（7-14）与式（7-25）计算可得：

$$\alpha(SO_4^{2-})_{DH} = \frac{K_{sp,DH}}{\alpha(Ca^{2+}) \cdot \alpha(H_2O)^2} \tag{7-27}$$

$$\alpha(HSO_4^-)_{DH} = \frac{\alpha(H^+) \cdot \alpha(SO_4^{2-})_{DH}}{K_{HSO_4^-}} \tag{7-28}$$

对于有 H^+ 参与的 α 型 $CaSO_4 \cdot 2H_2O$ 再结晶过程，平衡关系由式（7-15）与式（7-25）计算可得：

$$\alpha(SO_4^{2-})_{HH} = \frac{K_{sp,HH}}{\alpha(Ca^{2+}) \cdot \alpha(H_2O)^{0.5}} \tag{7-29}$$

$$\alpha\left(\mathrm{HSO}_4^-\right)_{\mathrm{HH}} = \frac{\alpha\left(\mathrm{H}^+\right) \cdot \alpha\left(\mathrm{SO}_4^{2-}\right)_{\mathrm{HH}}}{K_{\mathrm{HSO}_4^-}} \quad (7\text{-}30)$$

将式（7-27）～式（7-30）代入式（7-26），整理可得：

$$s = \frac{K_{\mathrm{sp,DH}}}{K_{\mathrm{sp,HH}}} \cdot \frac{1}{\alpha\left(\mathrm{H}_2\mathrm{O}\right)^{1.5}}$$

所得结果与式（7-24）相同，说明酸性环境与中性环境的反应过饱和度表达式相同。值得注意的是，上述计算过程中发现"Ca^{2+}-SO_4^{2-}-HSO_4^--$\mathrm{H}_2\mathrm{O}$"体系中，二水石膏和α型$\mathrm{CaSO}_4 \cdot 2\mathrm{H}_2\mathrm{O}$的溶解度均与$\mathrm{H}^+$浓度相关，具体如式（7-31）与式（7-32）所示，随着H^+含量提高（即pH降低），两种石膏相的溶解度均会提高[67]。

$$C_{\mathrm{DH}} = \frac{K_{\mathrm{sp,DH}}}{\alpha\left(\mathrm{Ca}^{2+}\right) \cdot \alpha\left(\mathrm{H}_2\mathrm{O}\right)^2} \cdot \left(\frac{1}{\gamma\left(\mathrm{SO}_4^{2-}\right)} + \frac{\alpha\left(\mathrm{H}^+\right)}{\gamma\left(\mathrm{HSO}_4^-\right) \cdot K_{\mathrm{HSO}_4^-}}\right) \quad (7\text{-}31)$$

$$C_{\mathrm{HH}} = \frac{K_{\mathrm{sp,HH}}}{\alpha\left(\mathrm{Ca}^{2+}\right) \cdot \alpha\left(\mathrm{H}_2\mathrm{O}\right)^{0.5}} \cdot \left(\frac{1}{\gamma\left(\mathrm{SO}_4^{2-}\right)} + \frac{\alpha\left(\mathrm{H}^+\right)}{\gamma\left(\mathrm{HSO}_4^-\right) \cdot K_{\mathrm{HSO}_4^-}}\right) \quad (7\text{-}32)$$

以上公式推导了二水石膏-CaCl_2溶液常压水热体系中的反应过饱和度，具体到对反应过程及产物晶体形貌的影响，需要进一步结合新相α型$\mathrm{CaSO}_4 \cdot 2\mathrm{H}_2\mathrm{O}$的成核与生长进行讨论。对常压水热反应中$\alpha$型$\mathrm{CaSO}_4 \cdot 2\mathrm{H}_2\mathrm{O}$晶体成核与生长的描述以经典结晶学模型为主，近年来发展出了非经典结晶学模型[55, 68]，其中非经典模型考虑到了结晶过程中介观转变、自组装等过程，更适用于对纳米尺度α型$\mathrm{CaSO}_4 \cdot 2\mathrm{H}_2\mathrm{O}$结晶机理的描述。本研究范围是微米尺度$\alpha$型$\mathrm{CaSO}_4 \cdot 2\mathrm{H}_2\mathrm{O}$的制备与调控，故可以采用经典结晶学模型进行定性解释。基于经典成核理论（CNT），晶体成核在不同的反应推动力和成核界面环境下，α型$\mathrm{CaSO}_4 \cdot 2\mathrm{H}_2\mathrm{O}$的成核过程可能涉及均相成核、异相成核、二次成核，一般来说随着过饱和度、温度的增大，新相固液界面能的减小，成核速率会加快。基于均相成核理论讨论成核速率（J）和临界尺寸（n^*），可以定性描述成核过程。具体关系见式（7-33）与式（7-34）[56, 69]。

$$J = A\exp\left(-\frac{16\pi v_0^2 \gamma^3}{3k_{\mathrm{B}}^3 T^3 \left(\ln s\right)^2}\right) \quad (7\text{-}33)$$

$$n^* = \frac{32\pi v_0^2 \gamma^3}{3k_{\mathrm{B}}^3 T^3 \left(\ln s\right)^3} \quad (7\text{-}34)$$

式中，n^*为临界晶核尺寸；v_0为分子体积（α-HH的分子体积为$8.75 \times 10^{-29}\mathrm{m}^3$）；$\gamma$为固液界面能（$\mathrm{J/m}^2$）；$k_{\mathrm{B}}$为玻尔兹曼常数；$T$为温度（K）；$s$为过饱和度。$\alpha$-HH为微溶物，其界面能可以参考Sohnel提出的关系式[69, 70]：

$$\gamma = \beta k_{\mathrm{B}} T v_0^{-2/3} \cdot \ln \frac{1}{v_0 \cdot c_{\mathrm{e}}} \quad (7\text{-}35)$$

式中，β 为形状因子；c_e 为研究对象（α 型 $CaSO_4 \cdot 2H_2O$）的溶解度。上式适用于均相成核体系，而结晶体系中有大量外来界面时，易诱发较大比例的异相成核，异相成核时界面能会有所降低，即 $\gamma_{HETE} = k \cdot \gamma_{HOMO}$（$0 < k < 1$），则其他反应条件相同情况下，异相成核比例越高，整体界面能越低，导致成核速率越快、临界尺寸越小。此外，将式（7-35）代入式（7-33）与式（7-34），可发现温度项会约去，影响因素只剩过饱和度（s）和 α 型 $CaSO_4 \cdot 2H_2O$ 的溶解度（c_e）。但需要指出的是，过饱和度与溶解度都会受到温度影响，因此在具体分析中温度对成核速率的影响也不可忽略。

对于晶体生长过程，其生长速率可由式（7-36）表示[65, 71]。

$$R = -\frac{1}{A} \cdot \frac{dC}{dt} = k \cdot (s-1)^n \qquad (7-36)$$

式中，R 为晶体生长速率；k 为生长速率常数；n 为表观反应级数。

Yang 等[71]证明了常压水热反应中 α-HH 的晶体生长控制步骤主要是生长基元在晶体表面的阶梯聚集，对于反应级数 $n \approx 2$，此外，生长速率常数（k）与温度有关，温度越高，k 值越大。因此，过饱和度或温度升高时，晶体生长速率增大。

7.2.3 常压水热反应晶相转变过程

目前一般认为，常压水热法制备 α 型 $CaSO_4 \cdot 2H_2O$ 的晶相转变是"溶解-再结晶"过程[55, 56, 59, 65, 69]，具体为：二水石膏与 α 型 $CaSO_4 \cdot 2H_2O$ 均为微溶物质，在一定的热力学条件的液相环境中，二水石膏的溶解度大于 α 型 $CaSO_4 \cdot 2H_2O$，反应介质中的二水石膏逐渐溶解，向其中释放 Ca^{2+} 与 SO_4^{2-}，达到二水石膏的溶解平衡后这些 Ca^{2+} 与 SO_4^{2-} 对于 α 型 $CaSO_4 \cdot 2H_2O$ 是过饱和的，其与 1/2 的水分子结合生成溶解度更低的 α 型 $CaSO_4 \cdot 0.5H_2O$，而 α 型 $CaSO_4 \cdot 2H_2O$ 的析出又会降低 Ca^{2+} 与 SO_4^{2-} 的浓度，促进二水石膏继续溶解，最终可实现二水石膏到 α 型 $CaSO_4 \cdot 2H_2O$ 的转化。

Li 等[59, 60]、Ling 等[72]通过等温溶解法和 OLI 化学模型法研究了"$HCl + CaCl_2 + H_2O$"溶液介质中不同石膏相态的溶解度情况，绘制了各相态的转化相图，部分数据与模型可为常压水热反应中的二水石膏到 $CaSO_4 \cdot 2H_2O$ 的晶相转变提供理论基础。Baohong 等针对烟气脱硫石膏做了较系统的常压水热合成的研究，研究了 $Ca-Cl-H_2O$[66, 73]、$Ca-NO_3-H_2O$[74]以及 $K-Ca-Mg-Cl-H_2O$[67]溶液介质中常压水热反应的结晶路径、反应过程调控以及相关机理，测定了 α 型 $CaSO_4 \cdot 2H_2O$ 在不同条件下的介稳时间，并报道了工业中试级成果。但是长期以来，针对磷石膏常压水热反应体系的研究很少，近几年才逐渐被研究人员重视，马保国团队进行了此方向的研究，发现反应介质中 Na^+ 含量较高时在晶相转变过程中会形成复盐而影响产物品质[75]，研究了磷石膏常压水热反应过程的主要影响因素以及可溶磷杂质对反应过程及产物性能的影响[63, 76]，并报道了工业中试成果[62]。

7.2.4 α 型 $CaSO_4 \cdot 2H_2O$ 晶体形貌调控

α 型 $CaSO_4 \cdot 0.5H_2O$ 的流动性、强度等宏观性能与其微观形貌紧密相关，短柱状 α 型 $CaSO_4 \cdot 0.5H_2O$ 的标准稠度用水量较小、工作性能较好、硬化体强度较高，制备 α-高强石膏一般需要控制产物晶体为此类晶貌[62, 64, 67, 77]。但是不添加外加剂时，α 型

$CaSO_4 \cdot 2H_2O$ 形貌一般为长柱状或者针状，这主要是因为 SO_4^{2-} 与 Ca^{2+} 以离子键形式键合，形成重复的—Ca—SO_4—Ca—SO_4—分子链，结晶水按照一定比例存在于分子链之间，该分子链在自然条件下倾向于沿 c 轴方向纵向生长[78, 79]。为了获得理想的产物晶体形貌，目前较普遍的方法是，向反应介质中加入适量的用以调控晶体形貌的外加剂（简称媒晶剂），媒晶剂的类型较多，主要包括有机羧酸及其对应的羧酸盐、高价无机盐、表面活性剂等。

研究中一般以选择性吸附机理解释媒晶剂对产物晶体形貌的影响。彭家惠团队[80-83]以脱硫石膏为原料、氯化钠溶液为反应介质进行常压水热反应，研究了不同类型媒晶剂（主要为 EDTA、丁二酸、柠檬酸）对产物α型 $CaSO_4 \cdot 2H_2O$ 晶体形貌的影响。Guan 等[84]以脱硫石膏为原料，研究了甘油-水-氯化钠体系中不同类型媒晶剂（包括马来酸、丁二酸、丁二酸钠等）对α型 $CaSO_4 \cdot 2H_2O$ 晶体形貌的影响，通过 FTIR、XPS、EDS 等测试手段，结合 Materials Studio 软件对α型 $CaSO_4 \cdot 2H_2O$ 晶体表面断裂键的模拟验证，证明了媒晶剂的特征基团在α型 $CaSO_4 \cdot 2H_2O$ 表面的选择性吸附机制。Li 等[85]研究了磷石膏常压水热法制备α型 $CaSO_4 \cdot 2H_2O$ 的转化过程，并着重研究了媒晶剂（马来酸、L-天冬氨酸）对α型 $CaSO_4 \cdot 2H_2O$ 晶体形貌的影响机理。

7.2.5 常压水热反应介质的循环利用

常压水热工艺在完成晶相转变后，需要进行过滤、洗涤、干燥才可获得产物α-高强石膏，其中对于分离出的反应介质的后端处理，是影响常压水热工艺绿色化的重要问题。常压水热工艺中需加入大量（常见的反应液固比为 2～5）较高浓度的反应介质（多为质量分数 15%～40% 的电解质溶液），这就意味着每生产 1t 的α-高强石膏，需要 2.4～5.9t 反应介质溶液（α-高强石膏与干基磷石膏的换算比例为 1：1.186）。首先，这是一部分可观的原材料成本（以反应介质溶液质量分数为 20% 计，则每生产 1t 高强石膏需 0.5～1.2t 相关电解质），会增加整体工艺的生产成本；更严重的是，水热反应过程并不会消耗反应介质，因此反应完成后这些反应介质绝大部分面临外排压力（考虑到滤饼含水率及工艺过程中的蒸发，一般为总量的 90% 左右，即每生产 1t 高强石膏，排放 2.2～5.3t 电解质废液），由于是高浓度电解质溶液，且含有复杂杂质，废液处理难度大、成本高，如果不能有效处理会引起二次污染。对反应介质进行多次循环利用是解决此问题的可行方案，但是目前国内外没有针对磷石膏体系的反应介质多次循环利用的研究，多数为脱硫石膏体系，此体系可借鉴参考。有研究者针对脱硫石膏的水热反应进行了反应介质循环利用的探讨并得出了相似的结论，Guan 等[86]指出，脱硫石膏常压水热反应中的反应介质（$CaCl_2$、$MgCl_2$ 和 KCl 的混合溶液）在未进行处理的情况下，实验室条件下可直接循环利用 7 次，工业中试中可直接循环利用 8 次，制得的高强石膏产物综合性能无明显劣化；Shao 等[87]指出，脱硫石膏加压水热反应中的反应介质（NaCl 溶液）在未进行处理的情况下直接循环利用 5 次，产物不会有明显的形貌变化。

7.2.6 磷基α-高强石膏工业制备

依托武汉理工大学马保国课题组研究成果，武汉晨创润科材料有限公司进行了磷石膏基α-高强石膏工业制备。图7-7列出了本次工业中试的相关系统设计、主要组成设备、设备间连接方式以及固液相在反应系统中的运行路径。工业中试的常压水热反应部分主要设备如图 7-8 所示，其中主反应器主要由搅拌器、电加热器、温度传感器组成。工业中试装置的最大生产能力约为1t/次，经调试整体工艺装置可以稳定运行。

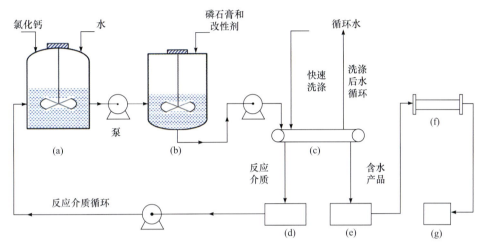

图 7-7　磷石膏常压水热工艺制备α-高强石膏的工业中试示意图

（a）电解质溶液的配制及预热容器；（b）主反应器；（c）真空带式过滤机；（d）液相容器；（e）固相容器；（f）回转烘干机；（g）包装机

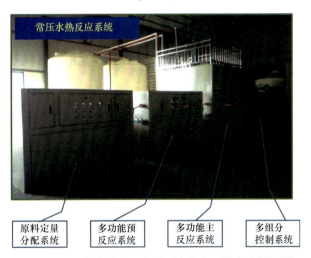

图 7-8　工业制备磷基α-高强石膏的主要设备实拍图[61]

　　工业制备的具体操作步骤为，首先在电解质溶液容器中配制一定浓度的 $CaCl_2$ 溶液，并预热至 85～90℃，通过带式输送机将适量二水磷石膏和媒晶剂输送至主反应器中，$CaCl_2$ 溶液与磷石膏的液固比控制为2。开动搅拌转子，搅拌速度控制在（60±5）r/min，使反应料浆充分均化，通过温度传感器和电加热装置将反应温度控制在（97±2）℃。反应完成后，将反应料浆泵送至真空带式过滤机进行固液分离和水洗。第一次固液分离得到的反应介质置于液相容器中，再泵送至电解质溶液容器中，补充部分新 $CaCl_2$ 溶液用作下次循环实验的反应介质；物料继续以 80～90℃的热水充分洗涤 5～10min，收集洗涤水进行多次循环利用，分离出的固相湿物料快速打碎并输送至回转烘干机进行烘干，烘干温度为 110℃左右，烘干后的α-HH 粉料打包即为最终产品。制备出的磷基α-高强石膏 2h 抗折强度为 6.3MPa，绝干抗压强度达到了 58.7MPa，检测报告如表 7-1 所示。

表 7-1 磷基α-高强石膏性能检测结果

检测项目	检测结果
细度（0.125mm 方孔筛筛余量）/%	1.9
初凝时间/min	5
终凝时间/min	25.6
2 h 抗折强度/MPa	6.3
绝干抗压强度/MPa	58.7
硬度	15.3
白度	77.1

此外，马保国课题组还开发出磷基α-高强石膏在线利用技术，取消压滤设备，直接利用α-石膏料浆完成轻质隔墙条板生产，大幅降低了制备成本。

7.3 低碳高性能磷石膏基胶凝材料

β型半水磷石膏（β-HPG）是由磷石膏经低温煅烧制备而成的，其制备能耗低，仅为水泥的 25%，石灰的 33%，是一种典型的绿色低碳胶凝材料。β-HPG 作为胶凝材料制备高附加值建筑材料是实现 PG 资源化有效利用的重要途径，但是β-HPG 化学组成和微观结构缺陷造成其强度低和耐水性差等问题，在一定程度上制约了其在建材制品中的大规模应用。因此，必须实现β-HPG 的高性能化，以实现磷石膏的高值化、规模化利用。

针对β-HPG 在应用过程中存在的问题，研究人员探索了不同改性组分的掺入对 $CaSO_4 \cdot 2H_2O$ 的水化过程和形成硬化体的微观组成的影响，从而实现其性能上的优化和提升，改性后形成的高性能磷石膏基胶凝材料可制备出不同高附加值的制品。改性β-HPG 的方式主要包括矿物组分改性、化学外加剂改性等多种方式。

7.3.1 矿物相重组改性

胶凝材料的矿物组成对其水化硬化过程及形成硬化体的性能起着重要作用。β-HPG 的主要矿物组成为 $CaSO_4 \cdot 0.5H_2O$，质量分数一般大于 80%，其水化过程为半水相与水反应生成二水石膏相的过程，水化反应的进程和形成水化产物的组成与结构共同决定了硬化体的物理力学性能。$CaSO_4 \cdot 2H_2O$ 的快速凝结硬化特性是由于其矿物相在水相中的快速溶解与结晶，这也导致了其强度快速发展；力学性能较差的原因主要是矿物相的结构造成了水化过程的需水量过大，从而使得水化产物形成的结晶结构网中孔隙率过大；而耐水性能较差是由于水化形成的二水硫酸钙在水环境下容易溶蚀，同时结晶接触点易遭到破坏而使得结构强度产生损失[88]。β-HPG 的凝结时间快、力学强度和耐水性能差的问题正是由其矿物相组成和结构所决定的，对于其矿物组成的再设计技术是优化其物理力学性能的关键手段。矿物掺合料、水泥、石灰等具有特定矿物组成的无机材料常被用作矿物改性组分优化 β-HPG 的性能。

矿物掺合料一般作为辅助胶凝材料，掺入胶凝材料之中改善其矿物相组成、调控其水化进程和形成硬化体的微观结构，从而起到优化胶凝材料物理力学性能、耐久性能等作用，常用的矿物掺合料包括粒化高炉矿渣、粉煤灰、钢渣、硅灰等，主要矿物相为 SiO_2、Al_2O_3、CaO、MgO 等，其中含有的活性矿物相使其具有一定的水化活性，可以形成水化硅酸钙凝胶、钙矾石等水化产物，从而改善石膏胶凝材料的物理力学性能[89-91]。赵彬宇等[92]研究了粉煤灰、硅灰两种矿物掺合料单掺或者复掺对 β-HPG 性能的影响，发现两种矿物掺合料复掺能同时发挥其火山灰效应和填充效应，得到的复合体系力学性能和工作性能最佳。水泥作为一种水硬性的胶凝材料，掺入 $CaSO_4 \cdot 2H_2O$ 之中可以对其水化硬化过程和微观结构产生影响，并通过水硬性产物[水化硅酸钙（C-S-H）凝胶、钙矾石（AFt）等]的生成提高石膏材料的耐水性能[93-95]。研究人员探索了将普通硅酸盐水泥、铝酸盐水泥等不同种类水泥掺入 β-HPG 中的影响效果，结果表明不同种类水泥的掺入均可在一定程度上增加石膏胶凝材料的力学性能和耐水性能，但是水泥掺量过大会引起体系的体积稳定性不良，造成制品开裂，从而影响力学性能[96]。另外，由于 β-HPG 中可溶性杂质会对其性能造成负面影响，石灰可以作为碱性改性剂中和 β-HPG 的酸性，从而起到将其中可溶性的磷、氟转化为难溶性沉淀的作用[97]；具有沸石结构的多孔材料也可以用作矿物改性组分掺入 β-HPG 中，起到吸附其中磷、氟等有害杂质并优化物理力学性能的作用[98]。另外，由于不同的矿物相对于 β-HPG 具有不同的改性效果，研究人员尝试将多种矿物改性组分与 β-HPG 混合来制备复合胶凝材料，通过多组分的协同作用实现复合体系性能提升，常见的复合体系包括 β-HPG-粉煤灰-石灰[99]、β-HPG-矿粉-水泥[100]等。

7.3.2 化学改性

化学外加剂可以与胶凝材料产生一定的化学作用，从而起到优化性能的作用，其研究和开发对提高胶凝材料的综合性能起着非常重要的作用。对于水泥混凝土体系，化学外加剂的研发与应用较为成熟。而对于石膏胶凝材料，其专用化学外加剂的开发相对来说较晚，对其改性方式和机理的研究也不完善。针对 β-HPG，化学外加剂主要用来改善其需水量高、力学性能差、凝结时间短等问题，常用的化学外加剂包括减水剂、缓凝剂以及憎水剂等。

对于石膏胶凝材料而言，需水量较大造成的硬化体孔隙率过高是其力学性能差的主要原因，减水剂一般用于降低石膏胶凝材料的需水量，从而起到增加力学性能的效果，常用减水剂包括萘系、三聚氰胺及聚羧酸类减水剂等[101, 102]。Peng 等[103]研究了不同减水剂对石膏流变性能的影响，提出了减水剂能够增加石膏浆体中颗粒的分散程度，起到降低标准稠度用水量、增加强度的作用，减水剂的吸附作用改变了石膏颗粒表面的电化学性质，基于双电层斥力效应和空间位阻效应起到分散作用，并且不同的减水剂之间作用效果不同。常用的石膏缓凝剂有 3 类：磷酸盐、有机酸及其盐类、蛋白质类大分子化合物[104]。三种缓凝剂的缓凝机理有所不同，导致其缓凝效果也产生了一定的差别。柠檬酸中的羧基和羟基能与水化矿物相中溶出的钙离子发生络合反应，形成柠檬酸钙，达到缓凝的效果。蛋白质类缓凝剂缓凝效果优异，并且对强度影响较小，是石膏专用的缓凝剂类型。蛋白质类缓凝剂在新生二水石膏晶核表面产生化学吸附，覆盖在二水石膏晶核表面，降低晶核的表面能，同时抑制了晶核的生长和结晶网络的形成，达到缓凝的效果。磷酸盐类缓凝剂能与钙离子形成难溶盐附着在 $CaSO_4 \cdot 2H_2O$ 和二水石膏的晶核表面，从而阻碍其溶解结晶过程[105]。其他种类的化学外加剂一般包括有机聚合物、纳米材料等，其也会对石膏的性能产生一定的影响，其中有机聚合物可以起到保护石膏结晶接触点、调控石膏晶体形貌、提高石膏胶凝材料的耐水性能的作用[106]，常用的包括有机硅、胶粉等。

7.3.3 低碳高性能磷石膏基胶凝材料的应用

武汉理工大学硅酸盐建筑材料国家重点实验室联合武汉晨创润科材料有限公司，综合运用矿物相重组和化学改性技术，制备出低碳高性能磷石膏基胶凝材料，标准稠度水膏比可降至 0.5 以下，绝干抗压强度可达 35MPa，软化系数 0.67，并与不同轻骨料（lightweight aggregate，LWA）复合，研制出保温隔热材料及多孔吸音材料。

1. 保温隔热材料

为构建更加健康舒适的室内生活环境，同时降低建筑的能耗，实现节能环保的时代主题，建筑材料保温性能的开发与研究受到了广泛的关注。低碳高性能磷石膏基胶凝材料复合不同轻骨料可实现其轻质化，进而满足保温隔热的要求。

图 7-9 为不同低碳高性能磷石膏基胶凝材料复合不同轻骨料后的导热系数测试结果。从图中可以看出，随着轻骨料掺量的增加，复合体系的导热系数呈现不断下降的规律。具体来看，对于陶砂体系而言，随着陶砂掺量的增加，其导热系数的降低程度最小，当陶砂掺量为 20%时，复合体系的导热系数为 0.4214W/(m·K)，较空白样降低了 22.62%；而当陶砂的掺量增加到 80%时，复合体系的导热系数为 0.3068W/(m·K)，较空白样降低了43.67%。对于膨胀珍珠岩和发泡聚苯乙烯（EPS）颗粒体系，其导热系数的降低程度均较陶砂体系大，当膨胀珍珠岩掺量为 80%时，复合体系的导热系数为 0.1834 W/(m·K)，较空白样降低了 52.94%；而当 EPS 颗粒的掺量为 80%时，复合体系的导热系数为0.1106W/(m·K)，较空白样降低了 79.21%。不同轻骨料体系导热系数的差异可能是由于其内部孔结构的差异，使得热量的传导方式产生了区别。

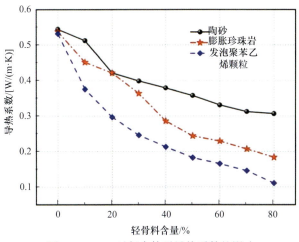

图 7-9　LWA 对复合体系导热系数的影响

图 7-10 为复合体系导热系数与容重的关系。从图中可以看出，随着复合体系容重的降低，其导热系数均表现出不断降低的规律。导热系数随容重下降说明随着体系内部孔隙增多，热量在材料内部的传递会受到阻碍。从材料传热机理来看，热量从高温处向低温处传递，其传递方式主要包括热传导、热对流和热辐射三种，不同的传递方式在材料中发挥着不同的作用，而实际传热过程一般都不是单一的传热方式，为三种传热方式的综合作用。对于低碳高性能磷石膏基胶凝材料-轻骨料复合体系，其材料组成主要为固相材料，热量的传递主要是热传导方式，另外由于轻骨料引入、胶凝组分水化以及自由水挥发，在复合体系内部产生了一定的气孔，气相组分的存在改变了热量在复合体系中的传递方式，其传热过程如图 7-10 所示。当热量传入复合材料表面时，热量首先进行固相传导，当热量遇到内部气孔时，一部分绕开气孔继续传导，但增加了热传递的路线，从而使得热量的消耗增多；另一部分以气相的方式在材料内部传递，其传递方式主要为热传导，同时也包括热对流和热辐射作用，由于空气的导热系数相对较小[0.023W/(m·K) 左右]，热量得到更多的消耗；热量穿过气孔之后，继续沿固相传递，或者遇到下一个气孔之后重复上述传递方式，热量的上述传播方式使得材料整体的导热系数得到下降，从而表现出保温隔热的效果[107]。另外，体系中不同种类的孔也会对热量的传递方式产生不

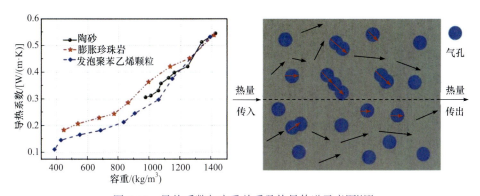

图 7-10　导热系数与容重关系及热量传递示意图[108]

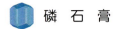

同的影响，热量在闭口孔中更难以形成对流传递，使得其对传热的阻碍作用更大，导热系数降低更显著，而在开口孔中呈现出相反的规律。

陶砂体系在相同容重时较膨胀珍珠岩体系具有更小的导热系数，主要是由于陶砂的掺入增加了体系中闭口孔的数量，而膨胀珍珠岩的掺入主要引入的是开口孔。另外，EPS颗粒体系具有最低的导热系数，这是因为 EPS 颗粒的掺入在材料体系内部引入了大量的闭孔结构，使得热量传递的阻力增加，热量的大量消耗使得体系具有了更低的导热系数。

2. 多孔吸音材料

高性能磷石膏基胶凝材料复合不同 LWA 也可制备出多孔吸音材料。图 7-11 为不同 LWA 对复合体系吸声系数的影响。从图中可以看出，复合体系的吸声系数均随着声波频率的增加呈现先增加后减小的规律，且最大吸声系数均出现在 500 Hz 处，不同 LWA 作用下复合体系的吸声系数有明显的差异。对于空白样而言，最高吸声系数为 0.24，具备了一定的吸声性能，主要是由于石膏内部的多孔结构对声波的传播产生了一定的阻碍和消耗作用。随着 LWA 的掺入，复合体系内部孔结构的差异也造成了其吸声性能的差异。对于陶砂体系而言，其吸声的增加最小，当陶砂的掺量为 70%时，体系的最高吸声系数为 0.44，较空白样增加了 83.33%；而对于膨胀珍珠岩和 EPS 颗粒形成的复合体系，当掺量达到 70%时，其最高吸声系数分别为 0.82 和 0.53，分别增加了 241.67%和 120.83%。对比三种 LWA 作用下复合体系吸声系数的差异，膨胀珍珠岩的掺入使得复合体系的吸声得到了最大幅度的提升，而陶砂的掺入对复合体系吸声作用的提升效果最差。由于吸声性能与材料内部的开孔孔隙率呈正相关的关系[109]，即开孔孔隙率增加会提高材料的吸声性能，不同 LWA 作用下的吸声系数的差别也正是由于其形成复合体系中开孔孔隙率不同。

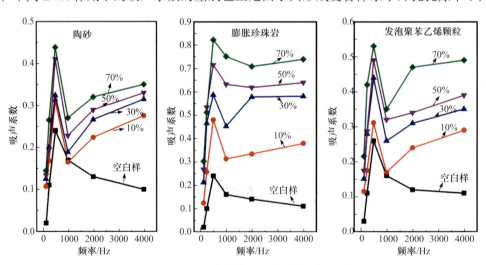

图 7-11　LWA 对复合体系吸声系数的影响[108]

降噪系数为材料在 250 Hz、500 Hz、1000 Hz、2000 Hz 吸声系数的平均值，是工程应用中评价吸声性能的关键指标。不同 LWA 对复合体系的降噪系数影响如图 7-12 所示。从图中可以看出，随着 LWA 掺量的增加，复合体系的降噪系数也呈现不断增加的趋势。

基于声波在材料中传播机理分析：声波通过材料表面传播到内部时，会通过材料内部的气孔而引发气孔内的空气发生振动，在振动过程中与微孔边壁的摩擦作用，由于黏滞阻力，从而使振动的能量转化为摩擦作用产生的热能，声能得到减弱，材料达到吸声的目的[110]，因此 LWA 作用下气相的引入是其吸声性能得到提升的原因。对于膨胀珍珠岩体系，其具备优异的吸声性能，当掺量达到 70%时，降噪系数达到 0.7，达到二级吸声材料的要求；而同等掺量下，发泡聚苯乙烯颗粒体系和陶砂体系的降噪系数分别为 0.44 和 0.28，分别为三级和四级吸声材料。膨胀珍珠岩体系吸声性能大幅度增加主要是由骨料内部的空腔结构引起的，声波传播到骨料表面时，其中接近空腔共振吸声结构固有频率的声波会引起空气强烈振动，在振动过程中克服摩擦阻力消耗声能，从而使得体系的吸声性能得到进一步的提高。

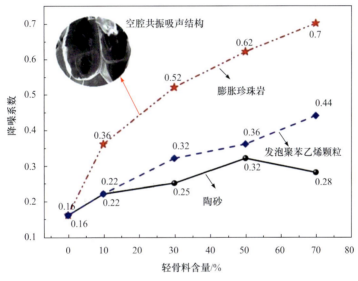

图 7-12　LWA 对复合体系降噪系数的影响[108]

7.4　功能型磷石膏基装配式内墙材料

建筑能耗占社会总能耗的 30%左右，研究与开发性能优良的轻质建材是实现建筑节能、降低能源消耗的重要途径。随着国家对建筑工业化的大力发展，功能型建材的绿色制造及快速施工技术受到了广泛的关注和重视。而面向未来建筑对健康舒适室内环境的需求，装饰、抗菌、净醛等功能与结构一体化轻质建材的研究和开发具有重大意义。将功能（抗菌、防霉、调湿、净化甲醛、装饰等）赋予在磷石膏基装配式内墙材料上，使其成为集功能与墙体围护于一体的新型墙体材料，墙体不需要另行采取其他措施即可满足现行建筑墙体标准的要求，实现功能与墙体结构一体化，具有免砌筑、免抹灰、免装饰、装配式一步到位的优点，简化施工工序、时间和成本，保证居住环境品质。

根据未来建筑对室内环境的需求，2016 年科技部批准国家重点研发计划："装饰装修一体化轻质建材的绿色制造技术开发与应用"（2016YFC0700904），武汉理工大学硅酸盐建筑材料国家重点实验室联合武汉晨创润科材料有限公司，研发出墙体材料绿色制造技术与装备（图 7-13）、柔性纤维膜技术和表面原位成膜技术，突破传统功能材料与结构一体化复合的多工序、多界面、质量不稳定的难题，形成了具有健康舒适、净化甲醛、抗菌防霉、调湿等多功能装饰装修与结构功能一体化磷石膏基轻质板材体系内墙材料。

图 7-13　武汉晨创润科材料有限公司装饰与结构功能一体化轻质板材生产线图

7.4.1　抗菌防霉型内墙材料

我国南方地区常年多雨、潮湿，普通墙体板材产品容易滋生细菌、霉菌等有害物质，极大地影响室内空气质量和人体健康。涂刷抗菌防霉内墙涂料是改善墙体发霉问题的重要手段之一。

抗菌防霉建材是在 20 世纪 90 年代后发展起来的，各种抗菌防霉制品采用的抗菌防霉材料不同、抗菌防霉机理不同，抗菌防霉效果和对环境与人身的安全性不同[111]。一般有机类抗菌防霉涂料是由基料、颜填料、抗菌防霉剂以及其他助剂组成，其生产方法一般分为化学结合法和物理掺混法。化学结合法是把有效的抗菌防霉剂作为功能单体与高分子单体进行接枝共聚，从而得到具有抗菌防霉功能的合成树脂。由于抗菌防霉剂接枝到合成树脂中，因此用这种抗菌防霉树脂生产的抗菌防霉涂料，其涂层的抗菌防霉性能稳定，效果持久，而且不会释放有毒性气体，安全性高[112, 113]。物理掺混法生产有机类抗菌防霉涂料，通常需要通过一定的生产工艺才能达到较好的抗菌防霉效果，这是因为大部分有机类抗菌防霉剂是不溶于水的，较难分散，所以需要先用有机溶剂将抗菌防霉剂进行溶解，再用乳化剂进行乳化，使之容易分散，如果分散不好，就无法保证良好的抗菌防霉效果。此外，抗菌防霉剂的颗粒大小也是影响抗菌防霉效果的重要因素之一，通常为抗菌防霉剂的颗粒尺寸减小，抗菌防霉功效随之增大。物理掺混法制备抗菌防霉涂料工艺较为简单，但由于某些有机类抗菌防霉剂对环境和人体的危害大，含有甲醛、刺激气味和致癌作用等问题，因此抗菌防霉剂的选择尤为关键，一般应具备高效、广谱、低毒的特点，在涂料中不会与其他组分发生化学反应，成膜后也不影响涂层的物理和化学性质，并且具有挥发性低、相容性好、难溶于水等特点[114-116]。通常无机抗菌剂可以对细菌起到抑菌和杀菌的作用。抑菌指在细菌的繁殖期，无机抗菌剂与微生物表面接触，与其细胞膜蛋白结合，破坏其中的酶，阻碍细菌能量代谢时的电子传递，抑制细菌生长。杀菌是指无机抗菌剂直接对细胞膜酶破坏，使细菌维持个体生存所需的能量代谢不能正常进行而死亡的作用[117,118]。

抗菌防霉型内墙材料是将抗菌防霉材料与内墙材料结合起来，通过柔性纤维膜技术和表面原位成膜技术赋予内墙材料抗菌防霉性能，如图7-14所示，使其是集结构、功能一体化的新型材料，可以抑制微生物（如细菌、真菌等）生长甚至杀死微生物，减少空气中有害微生物含量，改善空气质量，保护墙体材料免受霉菌侵蚀，并延长材料使用寿命。抗菌防霉型内墙材料可以在医院、学校、车站、机场等高密度人流区的工程中大规模使用。

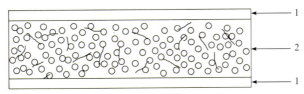

图 7-14　抗菌防霉型内墙材料示意图
1-抗菌防霉层；2-石膏基内墙

对于抗菌防霉型内墙材料而言，其抗菌防霉效果一般应以其抗菌防霉性能、抗菌防霉耐久性能指标为评价标准。为进一步研究抗菌防霉型轻质板材性能，可依据《抗菌防霉木质装饰板》（JC/T 2039—2010）检测抗菌防霉及耐久性能[119]，要求如表7-2所示。武汉理工大学硅酸盐建筑材料国家重点实验室联合武汉晨创润科材料有限公司生产的抗菌防霉型内墙材料抗大肠埃希氏菌99.99%，抗金黄色葡萄球菌99.99%，抗菌防霉性能0级，抗菌防霉耐久性能0级。

表 7-2　抗菌防霉型内墙材料性能要求

项目名称	抗菌防霉性能指标	抗菌防霉耐久性能指标
抗细菌率/%	≥90.00	≥90.00
防霉菌等级	0级或1级	0级、1级或2级

注：样品长霉等级评定：0级不长，即显微镜（放大50倍）下观察未生长；1级痕迹生长，即肉眼可见生长，但生长覆盖面积小于10%；2级生长覆盖面积大于10%。

7.4.2　调湿型轻质内墙材料

室内空气湿度是影响室内居住环境的重要因素之一。如果空气湿度过高，人们会感到胸闷，并且室内容易滋生细菌、真菌等微生物；如果空气湿度过低，则会引起人体皮肤干裂、家具变形收缩、设备仪器易损坏等问题。Arundel 等[120]研究了相对湿度与人类生活和工业生产之间的关系，40%~60%的空气相对湿度最适宜人类生活。因此，适宜的空气湿度对于人的健康、家具的使用寿命以及仪器的保养具有重要意义。住房和城乡建设部在 2012 年制定了《民用建筑供暖通风与空气调节设计规范》（GB 50736—2012），对室内相对湿度做出了相应的标准规定：夏季室内相对湿度为 40%～65%，冬季室内相对湿度为 30%～60%。

目前，可将室内相对湿度的调节方式分为两种：主动式与被动式。主动式是指使用通风空调系统或者供暖设备，通过除湿和加湿，将室内湿度控制在一个合理的范围内，主要手段包括冷凝、通风、转轮除湿以及加湿器加湿等来主动调节室内相对湿度。主动式调湿虽然效率高，但是能源消耗很大，据研究，其能源消耗量占建筑总能耗的 50%～60%。而被动式则是指不通过上述主动手段，仅依靠建筑材料自身的能力对室内相对湿度进行调节，主要通过调湿材料来实现这一目的。调湿材料是指不需要借助其他任何人工能源和机械设备，仅依靠材料本身的吸、放湿性能，感应周围空间的空气温湿度变化，就可以自动调节空气相对湿度的材料。因此，从节能减排、可持续发展的角度来考虑，被动式调湿所需要的调湿材料具有重要的研究意义。

调湿材料在空气湿度较高的情况时能够吸附周围环境中的水分，降低空气的湿度；在空气湿度较低的情况时，它又能够将吸附在自身的水蒸气释放出来，从而提高空气的湿度，来保证相对湿度的平衡。这对于节能减排、改善环境舒适性以及促进社会可持续发展具有非常重要的意义。由于调湿材料的种类不同，其作用机理也有差别。根据调湿基材的不同，调湿材料主要可以分为无机矿物调湿材料、有机高分子调湿材料和复合型调湿材料。具体如下。

（1）无机矿物调湿材料。可用于调湿材料的无机矿物比较多，如具有较多的微孔结构和较高的表面极性的无机矿物材料（如高岭土、蒙脱土、沸石粉、硅藻土、海泡石等无机矿物）。这类无机矿物的共有特点是比表面积大、吸附能力强以及内部微孔多。利用一定的制备工艺，可以将这些无机矿物调湿材料作为改性材料加入到传统建材以得到调湿性能更好的调湿型建筑材料。其中以硅藻土作为调湿材料还具有较好的杀菌、除臭、吸音、绝热等功能。

（2）有机高分子调湿材料。有机高分子调湿材料是一种高调湿量的调湿材料，通常是具有三维交联网状结构的超强吸水性树脂，如聚丙烯酸、淀粉、聚丙烯酸钠、聚乙烯醇、聚丙烯酰胺、丙烯腈等。相比于无机调湿材料，其主要特点是高吸湿容量。1974 年美国农业部北方实验室首次将淀粉的丙烯酸接枝共聚物用碱水解获得的树脂，其吸水量达自重数百倍[121]。有机高分子调湿材料还具有多样化的特点，可以制成颗粒状、粉末状、条状和薄膜状，因此可以适用于较多的场合。但是就调湿材料而言，有机高分子调湿材料的放湿性能很差，吸附水难以脱去。如何增强其放湿性能和提高其响应性是目前这方面的研究方向。

（3）复合调湿材料。一般复合调湿材料是将高吸水性树脂与其他无机填料经反应或混合后制得。一般高分子树脂材料具有超高吸湿容量，但因为结构的规整性，吸附水难以释出，故而放湿性能较差。其与多孔无机填料复合后，不仅能够充分发挥高分子聚合物超强的吸水性，而且能通过与填料复合，提高聚合物内部离子浓度，从而使聚合物内外表面的渗透压增大，加快聚合物外表面水分进入内部。闫杰等[122]选用石膏作为基体胶结材料，通过添加有较好吸附性的植物纤维、活性炭和高岭土等多孔材料，使其最大调湿量达 0.36 g/kg 空气。复合调湿材料不仅具有调湿功能，而且根据添加材料的不同还具有杀菌、环保等功能。

在磷石膏基装配式内墙材料中加入调湿材料可使其具有调湿性能，其中，硅藻土和海泡石均可作为调湿材料。硅藻土的主要组分为 SiO_2，但其骨架的颗粒形状和多孔结构与其他形式的 SiO_2 不同。硅藻壳体的微孔结构和通孔结构，不仅可使水分易进入壳体内部让其具有良好的吸湿速率，还为其放湿性能提供了保证。海泡石主要成分为含水硅酸镁，呈纤维状，具有较大的比表面积和孔隙率，吸附效果好。

7.4.3 净化甲醛型内墙材料

随着生产和生活方式的更加现代化，更多的工作和文娱体育活动都在室内进行。室内甲醛超过安全标准，对不同的人群、不同的身体状况，会造成不同的影响。因此，室内空气质量与人体健康的关系就显得更加密切、重要。世界卫生组织有关资料表明，全球每年因室内环境污染而死亡的人数已达 280 万人。国家室内空气检测部门做过相关统计，新装修居室 90%以上有害气体严重超标，68%的胎儿畸形是由居室甲醛严重超标导致的，90%的新增白血病患儿家中半年内装修过，90%的新居装修及新家具甲醛测试超标。

室内空气中的甲醛污染主要来源于装修、家具中所使用的人造板材、涂料、胶黏剂等家装材料，普通内墙不会释放甲醛，但在内墙表面附着装修材料后，如果涂料产品不合格、环保性能很差，装饰材料会在装修和使用过程中慢慢释放甲醛，其释放的游离甲醛越多，危害也就越大，污染室内空气，危害人们的健康，且甲醛释放时间长达 10～15 年。针对室内空气污染问题，目前采用的室内空气净化产品主要有活性炭、空气净化器、空气净化涂料、空气净化壁纸等。室内墙面装饰装修的主要涂料是乳胶漆，但乳胶涂料的缺点是透气性差，室内有害气体不易被吸附。且原有的装饰装修材料存在环保性差、功能单一、无健康功能、施工工艺复杂的缺点，研发集轻质、环保多功能于一体的装饰装修材料存在很大的市场需求，代表了未来室内装饰装修环保的发展方向。

净化甲醛型内墙材料是集结构、功能一体化的新型材料，具有吸附甲醛的功能，保证居住环境品质，是未来建筑发展的重要方向之一，在未来公共建筑、居民住宅建设中具有广阔前景。室内甲醛净化方法主要包括通风换气法、吸附法、植物吸收法、室温催化氧化法、光催化氧化法、等离子体法、臭氧氧化法等。对于室内建筑材料而言，通常可以在其表层涂覆一层净醛组分以吸附、分解甲醛，净化室内空气[123]。磷石膏基装配式内墙材料通过柔性纤维膜技术和表面原位成膜技术而具有净化甲醛的性能。净化甲醛型内墙材料表层含有净醛有效成分，与空气接触时发生化学反应，生成稳定的有机物——曼尼希碱，达到净化空气的目的。该材料能够快速、大量去除空气中甲醛污染物，不会造成二次污染。

对于净化甲醛型内墙材料而言，其净化效率和净化效果持久性可根据《净醛装饰型轻质隔墙条板》（T/CSTM 00203—2020）检测[119]，要求如表 7-3 所示。武汉理工大学硅酸盐建筑材料国家重点实验室联合武汉晨创润科材料有限公司生产的净化甲醛型内墙材料，其甲醛净化性能为 96.1%，甲醛净化效果持久性为 92.7%。

表 7-3　净化甲醛型内墙材料性能要求（%）

项目	净化效率		净化持久性	
	Ⅰ类	Ⅱ类	Ⅰ类	Ⅱ类
甲醛	≥85	≥80	≥75	≥70

7.4.4　装饰装修一体化内墙材料

　　装饰装修一体化内墙材料是将结构与装饰装修功能相结合的新型墙体材料，在生产磷石膏基装配式内墙材料时可将装饰装修材料（硅钙板、装饰板、壁纸等）结合在内墙材料表面。使用该材料可简化施工步骤，突破传统装饰装修建材功能单一、现场施工工序繁杂、工业化水平低等技术难题和瓶颈，同时，装饰装修材料的生产和应用可创造巨大的产值，并促进建材、建筑、机械、环保等产业转型升级，进而产生重大的社会及经济效益。武汉理工大学硅酸盐建筑材料国家重点实验室联合武汉晨创润科材料有限公司生产的装饰装修一体化内墙材料如图 7-15 所示。

图 7-15　仿木装饰装修一体化内墙材料

7.4.5　轻质保温隔热快速固化材料

　　随着建筑节能要求的不断提高，人们对于建筑材料的性能提出了更高的要求。为实现建筑节能的目标，具有优良保温隔热性能的轻质建材的开发与研究受到了广泛的关注和重视。利用磷石膏制备轻质材料，可以在发挥石膏材料优良特性的同时，实现固废的高附加值资源化利用，具有重大的研究前景。对于轻质石膏的制备，一般通过发泡剂的发泡作用在材料内部产生气孔或通过胶凝材料与轻骨料的复合来实现。

　　对于发泡工艺，Çolak[124]以建筑石膏为主要胶凝材料，分别采用了钾明矾、硫酸铝、十二烷基硫酸钠、碳酸氢铵、壬基酚等制备发泡石膏，对比分析了不同方式制备发泡石膏的性能。Rubio-Avalos 等[125]利用碳酸氢钠作为引气剂制备发泡石膏，当碳酸氢钠掺量为 1.0%时，导热系数为 0.399W/(m·K)。Umponpanarat 等[126]设计了硫酸铝/碳酸钙、硫酸铝/柠檬酸和碳酸氢钠三个体系，其中碳酸氢钠体系的导热系数最低能达到 0.22W/(m·K)。祝路[127]研究了酸性和弱碱性条件下的双氧水发泡石膏的性能，分析了凝结时间、水膏比、pH、MnO_2 和 H_2O_2 掺量对发泡效果的影响，制备出了具有优异保温和吸声性能的发泡石膏（容重在 $344\sim379kg/m^3$ 之间，抗压强度在 $0.71\sim0.97MPa$ 之间）。虽然采用发泡技术能在一定程度上实现轻质石膏的制备，但是由于气泡的可控性差，且大量气孔的引入会造成强度大幅度降低。

对于轻骨料复合技术，由于轻骨料自身具有一定的力学强度，可以起到骨架支撑的作用，从而使得体系的力学性能得到一定的保障。Vimmrová 等[128]研究了两种不同的采用轻骨料制备轻质石膏的技术方法，包括高密度骨料与低密度发泡石膏基质复合以及低密度骨料与高密度基质复合，得出结论：低密度骨料与高密度基质复合更适用于制备轻质石膏，采用质量分数 5%的膨胀珍珠岩制得的轻质石膏容重为 $547kg/m^3$，导热系数为 $0.12W/(m·K)$，抗压强度为 2.0MPa。San-Antonio-González 等[129]采用废弃 EPS 颗粒为骨料制备轻质石膏，研究了不同颗粒粒径的废弃 EPS 颗粒对体系性能的影响，得出结论：废弃 EPS 颗粒与石膏复合能够制备出低容重和优异保温性能的轻质材料，且粒径较大的 EPS 颗粒对复合材料表面硬度的负面影响更大。孙仲达[130]研究了磷建筑石膏与 EPS 颗粒复合制备轻质石膏的关键技术，并对 EPS 颗粒进行了表面改性处理，使得其与石膏胶凝材料有了更好的界面结合，制备出力学性能更加优异的轻质石膏。

可见，通过发泡技术和轻骨料复合技术制备轻质保温隔热快速固化材料，可以大大减轻建筑物自重，增加楼层高度，降低工程造价。

7.5 磷石膏基快速成岩材料

7.5.1 岩石的基本分类和特征

岩石是固态矿物或矿物的混合物，其中海面下的岩石称为礁、暗礁及暗沙，由一种或多种矿物组成，具有一定结构构造的集合体，也有少数含有生物的遗骸或遗迹（即化石）。按强度等级分为硬质岩石（>30MPa）、软质岩石（5～30MPa）和极软岩石（<5MPa）。按成因分为沉积岩、火成岩（岩浆岩）和变质岩三大类[131, 132]。

天然岩石在建筑工程中使用相当普遍，较多地被用作建筑装饰材料、基础和墙体砌筑材料以及混凝土骨料。各种砂岩因胶结物质和构造不同，其抗压强度(5～200MPa)、表观密度(2200～2500kg/m³)、孔隙率、吸水率、软化系数等性质差异很大。建筑工程中，砂岩常用于基础、墙身、人行道、踏步等。纯白色砂岩俗称白玉石，可作雕刻及装饰材料。

混凝土材料是一种由粗、细骨料和胶凝材料、外加剂等组成，按照一定比例配制，并且在一定养护条件下形成的人造石建筑材料。混凝土材料的应用大大推动了建筑工程发展，满足了人们日益增长的生活需求。

伴随着国家的发展建设，天然岩石和水泥混凝土的使用，造成了资源大量消耗，并且水泥生产一直存在废气排放量大和能耗高两大难题。研究一种低碳胶凝材料取代传统水泥组分，形成一种新型快速成岩胶凝材料，符合国家战略需求，同时也符合降低成本、缩短工期的工程需求。

7.5.2 利用磷建筑石膏制备快速成岩低碳胶凝材料

将固体废弃物转化成具有良好性能的快速成岩低碳胶凝材料是解决固体废弃物的一种新途径，同时也能解决需要早期强度来缩短服役周期的工程问题。利用 PG 在低温下煅烧生成磷建筑石膏（β-HPG），从而制备建筑材料，是目前磷石膏利用较普遍和成熟的技术[135, 136]。因为β-HPG 水化过程迅速，可以提供早期强度，所以选择β-HPG 为主要原材料制备快速成岩胶凝材料。

然而，β-HPG 在浆体成型过程中强度低、耐水性能差，极大地限制了其应用[135]。因此，在实际应用过程中，常常需要掺入其他辅助性胶凝材料来改善其力学性能/耐水性能。已有研究表明将普通硅酸盐水泥（OPC）复合到β-HPG 中时，随着 OPC 掺量的增加，试件的抗压强度、软化系数呈现先升高后降低的趋势，当 OPC 对β-HPG 的替代量约为 10%时，复合体系的抗压强度和软化系数达到最佳[137-139]。

结合上述研究，本书中所述的磷石膏基快速成岩材料以β-HPG 为主要组分，冶金渣为辅料组分，通过自密实成型工艺来提高效率，其利废率>95%，2h 抗压强度>1MPa，28d 抗压强度 5~35MPa 可调（满足极软岩、软岩、硬质岩石的强度需求），软化系数可达到>0.75（满足不软化岩石需求）。

参 考 文 献

[1] 李武. 无机晶须[M]. 北京: 化学工业出版社, 2005.

[2] Freyer D, Voigt W. Crystallization and phase stability of CaSO₄ and CaSO₄ - based salts[J]. Monatshefte für Chemie/Chemical Monthly, 2003, 134(4):693-719.

[3] 吴佩芝. 湿法磷酸[M]. 北京: 化学工业出版社, 1987.

[4] 王露琦, 熊道陵, 李洋, 等. 硫酸钙晶须制备及应用研究进展[J]. 有色金属科学与工程, 2018, 9（3）: 34-41.

[5] 罗康碧. 硫酸钙晶须的水热制备工艺及定向生长机理研究[D]. 昆明: 昆明理工大学, 2011.

[6] 闵乃本. 晶体生长的物理基础[M]. 上海: 上海科学技术出版社, 1982.

[7] Frank F C. The influence of dislocations on crystal growth[J]. Discussions of the Faraday Society, 1949, 5: 48.

[8] Mullin J W. Crystallization[M]. 4th ed. London: Butterworth-Heinemann, 2001.

[9] 宫建红, 李木森, 王美, 等. 人造含硼金刚石单晶表面形貌与生长机制研究[J]. 人工晶体学报, 2010, 39（1）: 15-20.

[10] Hartman P, Bennema P. The attachment energy as a habit controlling factor[J]. Journal of Crystal Growth, 1980, 49（1）: 145-156.

[11] 赵晨阳, 吴丰辉, 瞿广飞, 等. 废石膏制备硫酸钙晶须的高附加值利用前景[J]. 环境化学, 2022, 41（3）: 1086-1096.

[12] 马林转. 硫酸钙晶须制备与性能机理研究[M]. 北京: 科学出版社, 2017.

[13] 韩青, 罗康碧, 李沪萍, 等. 磷石膏的高效利用——硫酸钙晶须的制备与应用[J]. 无机盐工业, 2013, 45（7）: 46-48.

[14] 杨荣华, 宋锡高. 磷石膏的净化处理及制备硫酸钙晶须的研究[J]. 无机盐工业, 2012, 44（4）: 31-34.

[15] 袁致涛, 王泽红, 韩跃新, 等. 用石膏合成超细硫酸钙晶须的研究[J]. 中国矿业, 2005, （11）: 33-36.

[16] 柏光山, 杨林, 曹建新. 工业废渣制备硫酸钙晶须及其应用研究进展[J]. 贵州化工, 2010, 35（6）: 17-19.

[17] 杨林, 柏光山, 曹建新, 等. 磷石膏水热合成硫酸钙晶须的研究[J]. 化工矿物与加工, 2011, 40（3）: 16-19.

[18] 李德星, 郭荣鑫, 林志伟, 等. 常压微波醇水法制备α半水硫酸钙晶须的研究[J]. 非金属矿, 2022, 45（1）: 46-50, 5.

[19] 马春磊, 金央, 李军, 等. 二水磷石膏转化为半水石膏的工艺研究[J]. 化学工程师, 2013, 27(1): 52-54.

[20] 耿庆钰, 李建锡, 郑书瑞, 等. 磷石膏常压酸溶液法制备二水硫酸钙晶须[J]. 硅酸盐通报, 2015, 34（12）: 3731-3736.

[21] 厉伟光, 徐玲玲, 戴俊. 柠檬酸废渣制备硫酸钙晶须的研究[J]. 人工晶体学报, 2005, （2）: 323-327.

[22] 李茂刚, 叶楷, 罗康碧, 等. 硫酸钙晶须改性及其在材料领域中的应用研究进展[J]. 硅酸盐通报, 2017, 36（5）: 1590-1593, 1598.

[23] Wang J, Yang K, Lu S. Preparation and characteristic of novel silicone rubber composites based on organophilic calcium sulfate whisker[J]. High Performance Polymers, 2011, 23（2）: 141-150.

[24] 满忠标, 杨淳宇, 陈盈颖, 等. 改性硫酸钙晶须/天然橡胶复合材料的性能[J]. 上海工程技术大学学报, 2012, 26（4）: 306-309.

[25] 杨森, 陈月辉, 铁寅, 等. 改性硫酸钙晶须改善 SBS 胶黏剂黏接性能的研究[J]. 非金属矿, 2010, 33（2）: 18-20.

[26] 朱一民, 张勇, 王晓丽, 等. 硫酸钙晶须制备过程中的表面改性研究[J]. 中国粉体技术, 2015, 21(2): 35-37, 42.

[27] 王晓丽, 朱一民, 韩跃新, 等. 表面处理剂对硫酸钙晶须/聚丙烯复合材料的增韧（Ⅰ）[J]. 东北大学学报（自然科学版）, 2008, （10）: 1494-1497.

[28] 王晓丽, 印万忠, 韩跃新, 等. 硫酸钙晶须表面湿法改性研究[J]. 矿冶, 2006, （3）: 30-37.

[29] Lowmunkong R, Sohmura T, Takahashi J, et al. Transformation of 3DP gypsum model to HA by treating in ammonium phosphate solution[J]. Journal of Biomedical Materials Research Part B Applied Biomaterials, 2007, 80（2）: 386-393.

[30] Jian S W, Sun M Q, He G H, et al. Effect of ammonium chloride solution on the growth of phosphorus gypsum whisker and its modification[J]. Journal of nanomaterials, 2016, (3): 1-8.

[31] Ling Y, Demopoulos G P. Solubility of calcium sulfate hydrates in （0 to 3.5）mol · kg^{-1} sulfuric acid solutions at 100℃[J]. Journal of Chemical & Engineering Data, 2004, 49（5）: 1263-1268.

[32] Yuan T, Wang J, Li Z. Measurement and modelling of solubility for calcium sulfate dihydrate and calcium hydroxide in NaOH/KOH solutions[J]. Fluid Phase Equilibria, 2010, 297（1）: 129-137.

[33] Edinger S E. An investigation of the factors which affect the size and growth rates of the habit faces of gypsum[J]. Journal of Crystal Growth, 1973, 18（3）: 217-224.

[34] 徐红英, 龚木荣, 丁大武. 一种硫酸钙晶须表面改性的方法: CN104651945A[P]. 2015-05-27.

[35] 宫海燕, 李彩虹, 王佩佩, 等. 硫酸钙晶须的制备现状[J]. 无机盐工业, 2010, 42（10）: 1-4.

[36] 王晓丽, 韩跃新, 王泽红, 等. 硫酸钙晶须的研究进展[J]. 有色矿冶, 2005, （S1）: 77-80.

[37] 朱佳兵. 常压下石膏制备硫酸钙晶须工艺研究[D]. 成都: 成都理工大学, 2016.

[38] 杜惠蓉, 陈安银, 高尚芬, 等. 硫酸钙晶须制备机理及技术研究进展[J]. 山东化工, 2014, 43（2）: 49-51.

[39] 周超, 周健. 硫酸钙晶须在 HiPS 中的应用[J]. 现代塑料加工应用, 2009, 21（4）: 45-48.

[40] 李辉, 褚国红, 施强, 等. 硫酸钙晶须改性氟橡胶复合材料的热稳定性[J]. 复合材料学报, 2011, 28（4）: 58-62.

[41] 曾斌, 李海鹏, 刘书萌, 等. 硫酸钙晶须短玻纤协同增强尼龙6复合材料的力学性能[J]. 合成材料老化与应用, 2014, 43（2）: 13-15, 57.

[42] 何航, 蒋绍强, 杜思骏, 等. 硫酸钙晶须改性丁腈橡胶的研究[J]. 塑料工业, 2014, 42（7）: 31-34.

[43] 刘焱, 于钢. 硫酸钙晶须用于纸张增强[J]. 纸和造纸, 2009, 28（5）: 38-39.

[44] 王成海, 苏艳群, 刘金刚. 改性硫酸钙晶须用于纸张加填的研究[J]. 中华纸业, 2012,（8）: 48-50.

[45] 操欢. 石膏晶须在造纸上的应用研究[D]. 武汉: 湖北工业大学, 2014.

[46] 张迎, 冯欣, 王钢领, 等. SHMP 改性硫酸钙晶须纸张加填研究[J]. 中国造纸, 2013, 32（8）: 23-27.

[47] 何玉鑫, 万建东, 华苏东, 等. 磷石膏晶须多元化应用进展[J]. 现代化工, 2013, 33（7）: 43-45.

[48] 陈辉, 吴其胜. 硫酸钙晶须增强树脂基复合摩擦材料摩擦磨损性能的研究[J]. 化工新型材料, 2012, 40（8）: 111-112, 147.

[49] 牛永平, 甘立慧, 杜三明, 等. 硫酸钙晶须填充 UHMWPE 复合材料的摩擦磨损性能[J]. 润滑与密封, 2010, 35（2）: 11-14.

[50] 胡晓兰, 余谋发. 硫酸钙晶须改性双马来酰亚胺树脂摩擦磨损性能的研究[J]. 高分子学报, 2006,（5）: 686-691.

[51] 刘玲, 杨双春, 张洪林. 硫酸钙晶须去除废水中乳化油的研究[J]. 工业水处理, 2005,（11）: 34-36, 54.

[52] 邱学剑, 刘江, 杨成志, 等. 硫酸钙晶须对磷的静态吸附[J]. 化工环保, 2014, 34（5）: 405-409.

[53] 陈敏, 杨柳春, 朱丽峰, 等. 硫酸钙晶须改性制备汞吸附剂的实验研究[J]. 人工晶体学报, 2015, 44（7）: 1951-1956, 1974.

[54] 杨双春, 由宏军, 潘一. 改性硫酸钙晶须对印染废水的脱色研究[J]. 印染助剂, 2006,（8）: 34-37.

[55] 蒋光明. α半水石膏亚稳定特性及其在醇水溶液中的结晶规律及颗粒特性[D]. 杭州: 浙江大学, 2015.

[56] 付海陆. 氯化钙溶液中亚硫酸钙和硫酸钙相变与结晶转化[D]. 杭州: 浙江大学, 2013.

[57] 朱明丽. 纯碱工业卤水中硫酸根的脱除及副产物二水石膏制备α-半水石膏的研究[D]. 广州: 华南理工大学, 2017.

[58] Ma B G, Lu W D, Su Y, et al. Synthesis of α-hemihydrate gypsum from cleaner phosphogypsum[J]. Journal of Cleaner Production, 2018, 195: 396-405.

[59] Li Z B, Demopoulos G P. Model-based construction of calcium sulfate phase-transition diagrams in the HCl−CaCl₂−H₂O system between 0 and 100℃[J]. Industrial & Engineering Chemistry Research, 2006, 45（13）: 4517-4524.

[60] Li Z B, Demopoulos G P. Solubility of CaSO₄ phases in aqueous HCl+CaCl₂ solutions from 283 K to 353 K[J]. Journal of Chemical and Engineering Data, 2005, 50: 1971-1982.

[61] Lu W D, Ma B G, Su Y, et al. Preparation of α-hemihydrate gypsum from phosphogypsum in recycling CaCl₂ solution[J]. Construction and Building Materials, 2019, 214: 399-412.

[62] 马保国, 高超, 卢文达, 等. 电解质浓度与媒晶剂掺量对磷基高强石膏制备的影响[J]. 新型建筑材料, 2018, 45（1）: 92-95.

[63] Guan B H, Kong B, Fu H L, et al. Pilot scale preparation of α-calcium sulfate hemihydrate from FGD gypsum in Ca-K-Mg aqueous solution under atmospheric pressure[J]. Fuel, 2012, 98: 48-54.

[64] 茹晓红. 磷石膏基胶凝材料的制备理论及应用技术研究[D]. 武汉: 武汉理工大学, 2013.

[65] 卢文达. 磷石膏制备α高强石膏的晶相调控与绿色制造研究[D]. 武汉: 武汉理工大学, 2019.

[66] Fu H L, Jiang G M, Wang H, et al. Solution-mediated transformation kinetics of calcium sulfate dihydrate

to α-calcium sulfate hemihydrate in CaCl₂ solutions at elevated temperature[J]. Industrial & Engineering Chemistry Research, 2013, 52（48）: 17134-17139.

[67] Guan B H, Shen Z X, Wu Z B, et al. Effect of pH on the preparation of α-calcium sulfate hemihydrate from FGD gypsum with the hydrothermal method[J]. Journal of the American Ceramic Society, 2008, 91（12）: 3835-3840.

[68] 陈巧珊. 硫酸钙的晶相调控、介晶制备及钙离子控释[D]. 杭州: 浙江大学, 2019.

[69] Fu H L, Guan B H, Jiang G M, et al. Effect of supersaturation on competitive nucleation of CaSO₄ phases in a concentrated CaCl₂ solution[J]. Crystal Growth & Design, 2012, 12（3）: 1388-1394.

[70] Bennema P, Söhnel O. Interfacial surface tension for crystallization and precipitation from aqueous solutions[J]. Journal of Crystal Growth, 1990, 102（3）: 547-556.

[71] Yang L C, Wu Z B, Guan B H, et al. Growth rate of α-calcium sulfate hemihydrate in K-Ca-Mg-Cl–H₂O systems at elevated temperature[J]. Journal of Crystal Growth, 2009, 311（20）: 4518-4524.

[72] Ling Y B, Demopoulos G P. Preparation of α-calcium sulfate hemihydrate by reaction of sulfuric acid with lime[J]. Industrial & Engineering Chemistry Research, 2005, 44（4）: 715-724.

[73] Fu H L, Guan B H, Wu Z B. Transformation pathways from calcium sulfite to α-calcium sulfate hemihydrate in concentrated CaCl₂ solutions[J]. Fuel, 2015, 150: 602-608.

[74] Jiang G M, Wang H, Chen Q S, et al. Preparation of alpha-calcium sulfate hemihydrate from FGD gypsum in chloride-free Ca（NO₃）₂ solution under mild conditions[J]. Fuel, 2016, 174: 235-241.

[75] Ru X H, Ma B G, Huang J, et al. Phosphogypsum transition to α-calcium sulfate hemihydrate in the presence of omongwaite in NaCl solutions under atmospheric pressure[J]. Journal of the American Ceramic Society, 2012, 95（11）: 3478-3482.

[76] 马保国, 茹晓红, 邹开波, 等. 常压水热 Ca-Na-Cl 溶液中用磷石膏制备α-半水石膏[J]. 化工学报, 2013, 64（7）: 2701-2707.

[77] 赵青南, 陈少雄, 岳文海. 蒸压法生产高强石膏粉的工艺参数研究[J]. 建材地质, 1995,（6）: 40-42.

[78] Dirksen J, Ring T. Fundamentals of crystallization: kinetic effects on particle size distributions and morphology[J]. Chemical Engineering Science, 1991, 46（10）: 2389-2427.

[79] Zhao W P, Gao C H, Zhang G Y, et al. Controlling the morphology of calcium sulfate hemihydrate using aluminum chloride as a habit modifier[J]. New Journal of Chemistry, 2016, 40（4）: 3104-3108.

[80] 邹辰阳, 彭家惠, 魏桂芳, 等. EDTA 对α半水脱硫石膏晶体形貌的影响及调晶机理研究[J]. 材料导报, 2011, 25（20）: 113-116.

[81] 彭家惠, 张建新, 瞿金东, 等. 有机酸对α半水脱硫石膏晶体生长习性的影响与调晶机理[J]. 硅酸盐学报, 2011, 39（10）: 1711-1718.

[82] 刘红霞, 彭家惠, 瞿金东, 等. 柠檬酸和 pH 值对α-半水脱硫石膏晶体形貌的调控及影响[J]. 硅酸盐通报, 2010, 29（3）: 518-523.

[83] 彭家惠, 瞿金东, 张建新, 等. 丁二酸对α半水脱硫石膏晶体生长习性与晶体形貌的影响[J]. 东南大学学报（自然科学版）, 2011, 41（6）: 1307-1312.

[84] Guan Q J, Sun W, Hu Y H, et al. Synthesis of α-CaSO₄·2H₂O from flue gas desulfurization gypsum regulated by C₄H₄O₄Na₂·6H₂O and NaCl in glycerol-water solution[J]. RSC Advances, 2017, 7（44）: 27807-27815.

[85] Li X B, Zhang Q, Shen Z H, et al. L-aspartic acid: a crystal modifier for preparation of hemihydrate from phosphogypsum in CaCl₂ solution[J]. Journal of Crystal Growth, 2019, 511: 48-55.

[86] Guan B H, Yang L, Fu H L, et al. α-Calcium sulfate hemihydrate preparation from FGD gypsum in recycling mixed salt solutions[J]. Chemical Engineering Journal, 2011, 174（1）: 296-303.

[87] Shao D D, Zhao B, Zhang H Q, et al. Preparation of large-grained α-high strength gypsum with FGD

gypsum[J]. Crystal Research and Technology, 2017, 52（7）: 1700078.

[88] 林宗寿. 胶凝材料学[M]. 武汉: 武汉理工大学出版社, 2014.

[89] 胡红梅, 马保国. 混凝土矿物掺合料[M]. 北京: 中国电力出版社, 2016.

[90] 卢斯文. 磷石膏基自流平材料的研究与应用[D]. 武汉: 武汉理工大学, 2014.

[91] Camarini G, José A D M. Gypsum hemihydrate-cement blends to improve renderings durability[J]. Construction & Building Materials, 2011, 25（11）: 4121-4125.

[92] 赵彬宇, 赵志曼, 全思臣, 等. 矿物掺和料对磷建筑石膏砂浆强度的影响[J]. 非金属矿, 2019, 42(6): 45-48.

[93] Bentur A, Kovler K, Goldman A. Gypsum of improved performance using blends with Portland cement and silica fume[J]. Advances in Cement Research, 1994, 6（23）: 109-116.

[94] Klover K. Setting and hardening of gypsum-Portland cement-silica fume blends, part 1: temperature and setting expansion[J]. Cement and Concrete Research, 1998, 28（3）: 423-437.

[95] Klover K. Setting and hardening of gypsum-Portland cement-silica fume blends, part 2: early strength, DTA, DRX and SEM observations[J]. Cement and Concrete Research, 1998, 4（28）: 523-531.

[96] 梁旭辉. 磷建筑石膏改性及自流平砂浆制备[D]. 重庆: 重庆大学, 2018.

[97] Chen X M, Gao J M, Zhao Y S. Investigation on the hydration of hemihydrate phosphogypsum after post treatment[J]. Construction and Building Materials, 2019, 229: 116864.

[98] Nizevičienė D, Vaičiukynienė D, Vaitkevičius V, et al. Effects of waste fluid catalytic cracking on the properties of semi-hydrate phosphogypsum[J]. Journal Of Cleaner Production, 2016, 137: 150-156.

[99] Kumar S. A perspective study on fly ash-lime-gypsum bricks and hollow blocks for low cost housing development[J]. Construction & Building Materials, 2002, 16（8）: 519-525.

[100] Wang Q, Jia R Q. A novel gypsum-based self-leveling mortar produced by phosphorus building gypsum[J]. Construction and Building Materials, 2019, 226: 11-20.

[101] Guan B H, Ye Q Q, Zhang J L, et al. Interaction between α-calcium sulfate hemihydrate and superplasticizer from the point of adsorption characteristics, hydration and hardening process[J]. Cement and Concrete Research, 2010, 40（2）: 253-259.

[102] Zhi Z Z, Huang J, Guo Y F, et al. Effect of chemical admixtures on setting time, fluidity and mechanical properties of phosphorus gypsum based self-leveling mortar[J]. KSCE Journal of Civil Engineering, 2017, 21（5）: 1836-1843.

[103] Peng J H, Qu J D, Zhang J X, et al. Adsorption characteristics of water-reducing agents on gypsum surface and its effect on the rheology of gypsum plaster[J]. Cement and Concrete Research, 2005, 35(3): 527-531.

[104] 李显良. 磷石膏基吸声材料的制备与性能研究[D]. 武汉: 武汉理工大学, 2016.

[105] 彭家惠. 建筑石膏减水剂与缓凝剂作用机理研究[D]: 重庆: 重庆大学, 2004.

[106] Wu Q S, Ma H G, Chen Q J, et al. Effect of silane modified styrene-acrylic emulsion on the waterproof properties of flue gas desulfurization gypsum[J]. Construction and Building Materials, 2019, 197: 506-512.

[107] 杨清. 超轻泡沫混凝土的性能及结构调控[D]. 济南: 济南大学, 2020.

[108] 金子豪. 磷石膏-轻骨料复合体系性能及应用研究[D]. 武汉: 武汉理工大学, 2021.

[109] Rutkevičius M, Austin Z, Chalk B, et al. Sound absorption of porous cement composites: effects of the porosity and the pore size[J]. Journal of Materials Science, 2015, 50（9）: 3495-3503.

[110] 杜功焕, 朱哲民. 声学基础[M]. 2 版. 南京: 南京大学出版社, 2001.

[111] 王静, 冀志江, 王继梅, 等. 抗菌防霉功能建筑材料标准化工作进展[A]. 北京: 2012 第八届中国抗菌产业发展大会论文集, 2012: 120-123.

[112] 易英, 黄畸, 郑化, 等. 新型抗菌内墙涂料的制备及性能研究[J]. 现代涂料与涂装, 2005, （6）:
22-24.

[113] 王萍. 高分子聚合物在抗菌、防污涂料方面的应用[J]. 化工设计通讯, 2018, 44（9）: 57.

[114] 张文毓. 抗菌剂及抗菌涂料的研究进展[J]. 上海涂料, 2017, 55（5）: 33-36.

[115] 赵欣, 朱健健, 李梦, 等. 我国抗菌剂的应用与发展现状[J]. 材料导报, 2016, 30（7）: 68-73.

[116] 彭红, 谢小保, 欧阳友生, 等. 涂料用防霉剂、抗菌剂和抗藻剂[J]. 中国涂料, 2007, （12）: 48-52, 1.

[117] 崔跃红, 关红艳, 郭中宝. 无机抗菌剂在抗菌涂料中的研究进展[J]. 中国建材科技, 2017, 26（1）:
5-7, 26.

[118] 林杰赐, 陈炳耀, 陈明毅. 抗菌防霉涂料的研究进展[J]. 山东化工, 2021, 50（5）: 72-73.

[119] 中国建筑材料科学研究总院, 湖南福湘木业有限公司, 四川升达林产工业集团有限公司, 等. 抗菌
防霉木质装饰板: JC/T2039-2010[S]. 北京: 中国建材工业出版社, 2011.

[120] Arundel A V, Sterling E M, Biggin J H, et al. Indirect health effects of relative humidity in indoor
environments[J]. Environmental Health Perspectives, 1986, 65（1）: 351-361.

[121] 王存国, 董晓臣, 何丽霞, 等. 淀粉与丙烯酸接枝共聚物吸水性能的影响因素研究[J]. 功能材料,
2007, （11）: 1904-1907.

[122] 闫杰, 马斌齐, 岳鹏. 调湿建筑材料调湿性能试验研究[J]. 建筑科学, 2009, 25（6）: 61-64.

[123] 王静, 冀志江, 张连松, 等. 新型空气净化功能材料对甲醛净化效果研究[J]. 中国建材科技, 2004,
（5）: 5-9.

[124] Çolak A. Density and strength characteristics of foamed gypsum[J]. Cement and Concrete Composites,
2000, 22: 193-200.

[125] Rubio-Avalos J C, Manzano-Ramirez A, Luna-Barcenas J G. Flexural behavior and microstructure
analysis of a gypsum-SBR composite material[J]. Materials Letters, 2005, 59（2-3）: 230-233.

[126] Umponpanarat P, Wansom S. Thermal conductivity and strength of foamed gypsum formulated using
aluminum sulfate and sodium bicarbonate as gas-producing additives[J]. Materials and Structures, 2016,
49（4）: 1115-1126.

[127] 祝路. 磷石膏基功能型泡沫石膏的制备与性能研究[D]. 武汉: 武汉理工大学, 2018.

[128] Vimmrová A, Keppert M, Svoboda L, et al. Lightweight gypsum composites: design strategies for
multi-functionality[J]. Cement and Concrete Composites, 2011, 33（1）: 84-89.

[129] San-Antonio-González A, Merino M D R, Arrebola C V, et al. Lightweight material made with gypsum
and EPS waste with enhanced mechanical strength[J]. Journal of Materials in Civil Engineering, 2016,
28（2）: 04015101.

[130] 孙仲达. EPS-磷石膏复合体系的性能优化及调湿功能设计[D]. 武汉: 武汉理工大学, 2019.

[131] 彭军, 曾垚, 杨一茗, 等. 细粒沉积岩岩石分类及命名方案探讨[J]. 石油勘探与开发, 49（1）:
106-115.

[132] 钱让清. 岩石分类命名与工程应用[M]. 合肥: 合肥工业大学出版社, 2008.

[133] 叶学东. 2016 年我国磷石膏利用现状、存在问题及建议[J]. 磷肥与复肥, 2017, 32（7）: 1-3.

[134] Yang J, Zeng J Y, He X Y, et al. Sustainable clinker-free solid waste binder produced from wet-ground
granulated blast-furnace slag, phosphogypsum and carbide slag[J]. Construction and Building Materials,
2022, 330: 127218.

[135] Jin Z, Ma B, Su Y, et al. Effect of calcium sulphoaluminate cement on mechanical strength and
waterproof properties of beta-hemihydrate phosphogypsum[J]. Construction and Building Materials,
2020, 242: 118198.

[136] Jiang G Z, Wu A X, Wang Y M, et al. Low cost and high efficiency utilization of hemihydrate
phosphogypsum: used as binder to prepare filling material[J]. Construction and Building Materials,

2018, 167: 263-270.

[137] 沈荣熹. 杜力克石膏基自流平砂浆的组成、性能与应用[A]. 西宁: 第十届全国石膏技术交流大会暨展览会论文集, 2015: 31-35.

[138] 梁旭辉, 刘芳, 许耀文, 等. 硅酸盐水泥改性磷建筑石膏及水化机理研究[J]. 非金属矿, 2018, 41（2）: 45-47.

[139] 戴浩, 张超, 王辉. 石膏-水泥-碱-矿渣复合胶凝体系对石膏基自流平砂浆性能的影响[J]. 中国建材科技, 2020, 29（6）: 40-43.

第 8 章
磷石膏的堆存

中国磷矿资源比较丰富，约占世界磷资源的 30%，位居世界第二位，为磷化工下游产品提供原料。磷石膏是湿法磷酸生产过程中硫酸分解磷矿得到的副产物，主要成分为二水磷石膏（$CaSO_4 \cdot 2H_2O$，dihydrate gypsum，DH），呈细粉状，以灰白色较为常见，杂质包括游离磷酸、磷酸盐、酸性不溶物、氟化物、碱金属盐、有机物和 SiO_2 等。磷石膏密度一般为 2200～2300kg/m³，颗粒尺寸 40～200μm，偏酸性（pH=1.5～4.5），略有异味，含水率在 20%～50% 之间[1]。磷石膏存在针状、板状、密实、多晶核四种晶体形态，以板状形态居多，其胶结性能不如天然石膏，存在黏性较强、流动性较差、晶体结构疏松、浆体凝结时间延长、硬化强度较低和具有一定腐蚀性等缺陷。

据统计，每生产 1t 磷酸约产生 5t 磷石膏[2]，2016 年以来，我国磷石膏的产生量维持在 7500 万～7800 万 t，中国磷复肥工业协会统计数据显示 2019 年我国磷石膏全行业消纳量为 3000 万 t，磷石膏综合利用的途径和产品易受多种因素的影响，主要应用于建材、路基材料、化工原料、充填材料、土壤改良剂等领域，但综合利用率仍不高，仅为 40%，短期内还无法做到全部利用，处理处置方式以堆存为主。

磷石膏堆存方式主要有干法堆存和湿法堆存两种方式，湿法堆场包括场地防渗、初期坝、堆积坝、排洪及排洪回水系统、监测设施和辅助工程，干法堆场包括干堆的堆筑形式、场地防渗、排水及渗滤液收集处理系统和监测设施。磷石膏堆场的设计参照《选矿厂尾矿设施设计规范》（ZB J 1—1990)、《尾矿库安全规程》（GB 39496—2020）等相关规定执行[3]。

8.1 磷石膏的湿堆

湿法磷酸工序产生的磷石膏含水率较高，可采用湿排湿堆的方式进行筑坝堆存，磷石膏湿堆坝是用来保持库区安全稳定的重要设施，其建造形式依材料及结构形式不同而不同，也因库的等级不同分成不同安全等级。筑坝常用的材料有土石料和尾矿砂，常见筑坝方式有上游法、下游法、中心线法、圆锥法等。

磷 石 膏

8.1.1 磷石膏湿堆堆场类型

磷石膏湿堆堆场类型常依据地形条件划分，常见类型为以下 4 种[4]。

1. 山谷型堆场

山谷型堆场常见于山区和丘陵地区，利用山体或丘陵合围并在下游谷口处筑坝形成封闭库区存放磷石膏，如图 8-1 所示。它的特点是初期坝相对较短，坝体与山体相连，稳定性好，安全度高；初期坝坝体工程量较小，整座坝体呈 U 形，后期堆坝相对较容易；随着坝体升高，库区面积逐步增大，可以实现最大的有效库容；管理和维护成本较低，库区纵深较长，澄清距离适宜，易实现清浊分离，也能保障足够大的干滩长度。但汇水面积较大，排水设施工程量大，防洪要求相对较高。

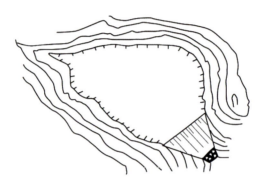

图 8-1　山谷型尾矿库

2. 傍山型堆场

傍山型堆场是依靠单侧丘陵作为围堰，其余三面或两面进行筑坝合围形成堆场，如图 8-2 所示。它的特点是坝相对较长，堆坝工程量较大，后期管理难度较大；堆场纵深较短，磷石膏流淌距离和澄清时间较短，不利于清浊分离；形成干滩长度短，不利于坝前粗砂颗粒沉积，影响坝体根部沉积区的稳定，造成浸润线较高；后期堆坝高度也同样受到限制，导致有效库容较小，调洪能力较小，排洪设施设计能力较大，投入较高，后期维护及安全管理较难。由于受自然条件所限，低山丘陵地区的企业多采用该类型堆场。

3. 平地型堆场

平地型磷石膏在国外已形成一套堆筑的经验技术，采用四面筑坝的方式形成堆场[5]。如图 8-3 所示，堆场常被分割为 2～3 个区，放浆、干堆、堆筑循环进行，便于取干渣进行子坝堆筑，周边的观测井用来检测堆场对周边环境水的污染情况。其特点是坝体全部由人工建造，无任何自然屏障可利用，堆坝工程量最大，后期管理投入大；由于四周堆坝，磷石膏需定期调换排放点，保障库内形成均匀稳定的沉积滩，但随着库区滩顶升高，库区面积逐渐变小，尾矿沉积滩坡度越来越缓，同时减少了矿浆澄清时间，缩短了干滩长度，大大降低了堆场的调洪能力；但这种堆场汇水面积小，排水构筑物相对较小，可不用设置截洪沟。

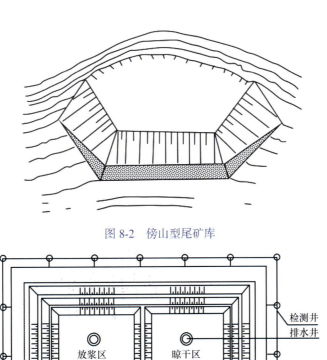

图 8-2　傍山型尾矿库

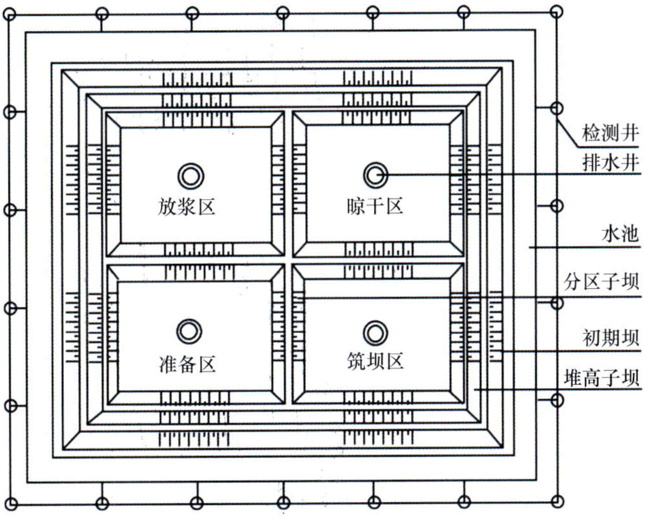

图 8-3　典型平地型堆场布置图

检测井
排水井
水池
分区子坝
初期坝
堆高子坝

放浆区　晾干区
准备区　筑坝区

4. 截河型堆场

截河型堆场是依靠河床而建的，取一段河床，在其上、下游分别筑坝，如图 8-4 所示。它的特点是不占土地资源，库区汇水面积较小，主要汇水面积位于堆场外上游，堆

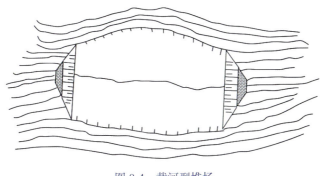

图 8-4　截河型堆场

场内和其上游都需要设置排水设施，整个排水系统相对复杂，规模较大。此类尾矿库由于维护管理十分困难，目前国内采用较少。

8.1.2 磷石膏湿堆筑坝类型及特点

磷石膏堆坝是用来拦挡磷石膏和水的围护构筑物。一般坝体是由初期坝和后期坝组成。初期坝是整座坝的基础，多为土石坝，依原地形而建；后期坝是在初期坝坝顶以上，逐级用磷石膏或其他材料堆积成阶梯状的子坝[6]。

1. 初期坝的类型及其特点

用土、石等材料修筑成的坝体称为初期坝，可作为后期坝的支撑及排渗棱体。初期坝的坝型可分为不透水坝和透水坝。

不透水初期坝：指用透水性较小的材料筑成的初期坝。其透水性远小于堆场内磷石膏的透水性，不利于磷石膏沉积的排水固结。当磷石膏堆高后，浸润线往往从初期坝坝顶以上的子坝坝脚或坝坡逸出，造成坝面沼泽化，不利于坝体的稳定性。这种坝型适用于不用废渣筑坝或因环保要求不允许向库下游放水的湿式堆场。

透水初期坝：指用透水性较好的材料筑成的初期坝。其透水性大于库内磷石膏的透水性，可加快库内沉积磷石膏的排水固结，并可降低坝体浸润线，因而有利于提高坝体的稳定性。这种坝型是初期坝比较理想的坝型。透水初期坝的主要坝型有堆石坝或在各种不透水坝体上游坡面设置排渗通道的坝型。初期坝具体有以下几种坝型。

（1）均质土坝

均质土坝是用黏土、粉质黏土或风化土料筑成的坝，如图 8-5 所示，它像水坝一样，属典型的不透水坝型。在坝的外坡脚设有毛石堆成的排水棱体，以加强排渗，降低坝体浸润线。该坝型对坝基工程地质条件要求不高，施工简单，造价较低，在早期或缺少石材地区应用较多。

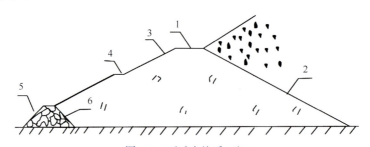

图 8-5 不透水均质土坝

1-坝顶；2-上游坡面（内坡）；3-下游坡面（外坡）；4-马道；5-排水棱体；6-反滤层

在均质土坝内坡面和坝底面铺筑可靠的排渗层，如图 8-6 所示，使磷石膏尾矿堆积坝内的渗水通过此排渗层排到坝外，便成了适用于堆坝要求的透水土坝。

（2）堆石坝

用毛石堆筑成的坝如图 8-7 所示。在坝的上游坡面用砂砾料或土工布铺设反滤层，其作用是有效地降低后期坝的浸润线。它对后期坝的稳定有利，且施工简便，因此成为

20 世纪 60 年代以后广泛采用的初期坝型。该坝型对坝基工程地质条件要求也不高。当质量较好的石料数量不足时，也可采用一部分较差的砂石料来筑坝，即将质量较好的石料铺筑在坝体底部及上游坡一侧，而将质量较差的砂石料铺筑在坝体的次要部位，如图 8-8 所示。

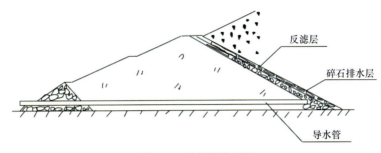

图 8-6　透水均质土坝

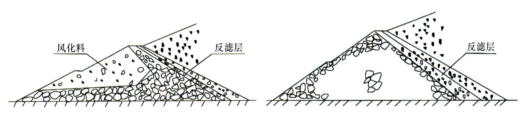

图 8-7　用毛石堆筑成透水堆石坝　　　　图 8-8　用砂石堆筑成透水堆石坝

（3）废石坝

用采矿场剥离的废石筑坝，可分为两种情况：一种是当废石质量符合强度和块度要求时，可按正常堆石坝要求筑坝；另一种是结合采场废石排放筑坝，废石不经挑选，用汽车或轻便轨道直接上坝卸料，下游坝坡为废石的自然安息角，为安全起见，坝顶宽度较大，如图 8-9 所示。在上游坡面应设置砂砾料或土工布做成的反滤层，以防止坝体土颗粒透过堆石而流失。

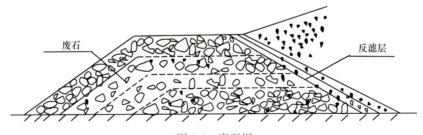

图 8-9　废石坝

（4）砌石坝

砌石坝指用块石或条石砌成的坝。这种坝型的坝体强度较高，坝坡可做得比较陡，能节省筑坝材料，但造价较高。可用于高度不大的磷石膏尾矿坝，但对坝基的工程地质条件要求较高，坝基最好是基岩，以免坝体产生不均匀沉降，导致坝体产生裂缝。

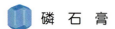

（5）混凝土坝

混凝土坝是用混凝土浇筑成的坝。这种坝型的坝体整体性好，强度高，因而坝坡可做得很陡，筑坝工程量比其他坝型都小，但工程造价高，对坝基条件要求高，采用者比较少。

2. 初期坝的构造

（1）坝顶宽度

为了满足敷设磷石膏输送主管、支管和向尾矿库内排放磷石膏操作的要求，初期坝坝顶应具有一定的宽度。一般情况下坝顶宽度不宜小于表 8-1 所列的数值。当坝顶需要行车时，还应按行车的要求确定。生产中应确保坝顶宽度不被侵占。

表 8-1　初期坝坝顶最小宽度

坝高/m	坝顶最小宽度/m
<10	2.5
10～20	3
20～30	3.5
>30	4

（2）坝坡

坝的内、外坡坡比应通过坝坡稳定性计算来确定。土坝的下游坡面上应种植草皮护坡，堆石坝的下游坡面应干砌大块石护面。

（3）马道

当坝的高度较高时，坝体下游坡每隔 10～15m 高度设置一宽度为 1～2m 的马道，以利于坝体稳定，方便操作管理。

（4）排水棱体

为排出坝体内的渗水和保护坝体外坡脚，在土坝外坡脚处设置毛石堆成的排水棱体。排水棱体的高度为初期坝坝高的 1/5～1/3，顶宽为 1.5～2.0m，边坡坡比为 1：1～1：1.5。

（5）反滤层

为防止渗透水将细粒磷石膏通过堆石体带出坝外，在土坝坝体与排水棱体接触面处以及堆石坝的上游坡面处或与非基岩的接触面处都须设置反滤层。

早期的反滤层采用砂、砾料或卵石等，由细到粗顺水流方向敷设。反滤层上再用毛石护面。因对各层物料的级配、层厚和施工要求很严格，反滤层的施工质量要求较高。现在普遍采用土工布作反滤层。在土工布的上下用粒径符合要求的碎石作过滤层，并用毛石护面。土工布作反滤层施工简单，质量易保证，使用效果好，相对廉价。

3. 后期坝的类型及其特点

一般磷石膏尾矿坝采用尾砂或石料堆筑，随坝的不断加高，坝的体积逐渐增大。按坝顶轴线和初期坝的相对位置，磷石膏的堆积属于后期坝的建设内容，方法主要有上游法、中心线法、下游法、高浓度尾矿堆积法和水库式尾矿堆积法，常用方式是上游法、中心线法、下游法[7]。其中，上游法堆坝由于工艺简单、便于管理、造价低等特点而被国内企业广泛采用[8]。

（1）上游法

上游法堆放是我国磷化工行业湿式堆场中最主要的一种堆放方式，在沟谷处修建初期坝和调节池，初期库容满后，再采用修建子坝的方式逐步向上游推进，如图8-10所示。上游法堆坝工艺比较简单，以库区内粗粒磷石膏作为堆筑材料，粗砂取自坝前沉积干滩上或经旋流分离出的粗砂。子坝高度一般为 1～3m。生产过程中排浆管线均布在子坝上排放磷石膏矿浆，待库内充填尾砂与子坝坝面平齐时，在新形成的尾矿干滩面上堆筑下一级子坝。随着堆放库存的增加，上游库水位也增加，堆积坝内浸润线提高，对渗透稳定与抗滑稳定不利。此外，库内存有高水头压力，容易导致磷石膏中有害杂质（如可溶磷、氟等）渗漏，造成地下水污染[9]。

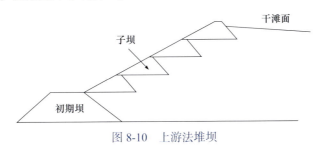

图 8-10　上游法堆坝

（2）下游法

下游法堆坝是子坝向初期坝下游方向移动堆筑的方式，如图8-11所示。坝体稳定性较好，容易满足抗震要求。其主要缺点是需要大量的粗粒尾矿作为筑坝材料，特别是在使用初期，存在粗粒尾矿量不足的问题，其解决的办法是利用废石代替[10]。

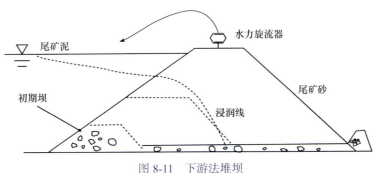

图 8-11　下游法堆坝

（3）中心线法

中心线法筑坝是介于上游法和下游法之间的一种坝型。它是指在固定的坝轴线上，采用垂直升高的方式堆筑坝体，如图8-12所示。该法具有透水性强和力学强度高等特点，但要确保尾砂中粗砂含量达到一定比例才能保障坝体的稳定性[11]。

该方法在筑坝过程中坝垂直升高，旋流细砂与粗砂将坝体迎水面与背水面分离，形成坝体。但与下游法相比,其坝体上升速度快,筑坝所需材料少,充分利用尾矿,有效提升库容,筑坝成本较低。但因坝坡面一直在变动,该堆坝法会使得坝面水土流失严重。

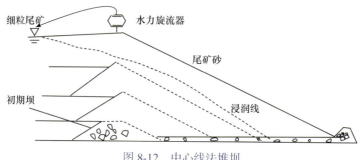

图 8-12　中心线法堆坝

（4）高浓度尾矿堆积法（圆锥法）

该方法和传统方法不同,需将尾矿浆浓缩到 50% 以上,定点排放,形成锥体。为了排放磷石膏,随着堆积体的增高,需要修筑一些坡道,但其容易被雨水冲刷,造成砂土流失,所以周边需设堤坝和排水沟。这种方法在平原地区或丘陵地区使用较多。目前,该法在我国尚处于研究阶段,应用这种方法的困难在于磷石膏堆场的防冲刷问题,在技术经济上尚需做进一步研究。

8.1.3　磷石膏湿堆排洪系统

1. 排洪系统布置的原则

磷石膏堆场设置排洪系统可及时排出库内暴雨水,而且可回收库内尾矿澄清水复用。对于一次建坝的磷石膏堆场,可在坝顶一端的山坡上开挖溢洪道排洪。其形式与水库的溢洪道相类似。对于非一次建坝的尾矿库,排洪系统应靠尾矿库一侧山坡进行布置。选线应力求短直;地基的工程地质条件应尽量均匀,最好无断层、破碎带、滑坡带及软弱岩层。

排洪系统布置的关键是进水构筑物的位置。坝上排矿口的位置在使用过程中是不断改变的,进水构筑物与排矿口之间的距离应始终能满足安全排洪和尾矿水得以澄清的要求。也就是说,这个距离一般应不小于尾矿水最小澄清距离、调洪所需滩长和设计最小安全滩长（或最小安全超高所对应的滩长）三者之和。

当采用排水井作为进水构筑物时,为了适应排矿口位置的不断改变,往往需建多个井接替使用,相邻两个井的井筒有一定高度的重叠（一般为 0.5～1.0m）。进水构筑物以下可采用排水涵管或排水隧洞的结构型式进行排水。

当采用排水斜槽方案排洪时,为了适应排矿口位置的不断改变,需根据地形条件和排洪量大小确定斜槽的断面和敷设坡度。

有时为了避免全部洪水流经库内而增大排水系统的规模,当磷石膏堆场淹没范围以上具备较缓山坡地形时,可沿库周边开挖截洪沟或在库后部的山谷狭窄处设拦洪坝和溢洪道分流,以减小库区淹没范围内的排洪系统的规模。

排洪系统出水口以下用明渠与下游水系连通。

2. 排洪计算步骤

洪水计算的目的在于根据选定的排洪系统和布置，计算出不同库水位时的泄洪流量，以确定排洪构筑物的结构尺寸。

当尾矿库的调洪库容足够大，可以容纳得下一场暴雨的洪水总量时，问题比较简单，先将洪水汇积后再慢慢排出，排水构筑物可做得较小，工程投资费用最低；当尾矿库没有足够的调洪库容时，问题就比较复杂。排水构筑物要做得较大，工程投资费用较高。一般情况下尾矿库都有一定的调洪库容，但不足以容纳全部洪水，在设计排水构筑物时要充分考虑利用这部分调洪库容来进行排洪计算，以便减小排水构筑物的尺寸，节省工程投资费用。

排洪计算的步骤一般如下。

1）确定防洪标准。我国现行设计规范规定的防洪标准按表8-2确定。当确定磷石膏的库容或坝高偏于下限，或使用年限较短，或失事后危害较轻者，宜取重现期的下限；反之，宜取上限。

表 8-2　尾矿库防洪标准

堆场等别		一	二	三	四	五
洪水重现期/a	初期		100～200	50～100	30～50	20～30
	中后期	1000～2000	500～1000	200～500	100～200	50～100

注：初期指堆场启用后的前3～5年。

2）洪水计算及调洪演算。确定防洪标准后，可从当地水文手册查得有关降雨量等水文参数，先求出堆场不同高程汇水面积的洪峰流量和洪水总量，即洪水计算。再根据尾矿沉积滩的坡度求出不同高程的调洪库容，即调洪演算。

3）排洪计算。根据洪水计算及调洪演算的结果，进行库内水量平衡计算，就可求出经过调洪以后的洪峰流量。该流量即为堆场所需排洪流量。最后，设计者以堆场所需排洪流量作为依据，进行排洪构筑物的水力计算，以确定构筑物的净空断面尺寸。

3. 排洪构筑物的类型及其特点

通常库内排洪构筑物由进水构筑物和输水构筑物两部分组成。坝下游坡面的洪水用排水沟排出。排洪构筑物型式的选择应根据库排水量的大小、库的地形、地质条件、使用要求以及施工条件等因素，经技术经济比较确定。

（1）进水构筑物

进水构筑物的基本型式有排水井、排水斜槽、溢洪道以及山坡截洪沟等。排水井是最常用的进水构筑物。有窗口式、框架式、叠圈式和砌块式等型式，如图8-13所示。

窗口式排水井整体性好，堵孔简单，但进水量小，未能充分发挥井筒的作用，早期应用较多。框架式排水井由现浇梁柱构成框架，用预制薄拱板逐层加高，具有结构合理，进水量大，操作也较简便的优点，从20世纪60年代后期起被广泛采用。叠圈式和砌块式等型式排水井分别用预制拱板和预制砌块逐层加高。虽能充分发挥井筒的进水作用，但加高操作要求位置准确性较高，整体性差些，应用不多。

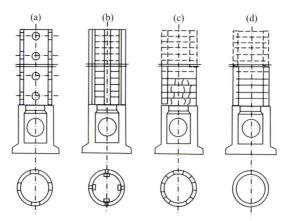

图 8-13 进水构筑物

（a）窗口式；（b）框架式；（c）砌块式；（d）叠圈式

排水斜槽既是进水构筑物，又是输水构筑物。随着库水位的升高，进水口的位置不断向上移动。它没有复杂的排水井，但毕竟进水量小，一般在排洪量较小时经常采用。

洪道常用于一次性建库的排洪进水构筑物。为了尽量减小进水深度，往往做成宽浅式结构。

山坡截洪沟也是进水构筑物，兼作输水构筑物。沿全部沟长均可进水。在较陡山坡处的截洪沟易遭暴雨冲毁，管理维护工作量大。

（2）输水构筑物

尾矿库输水构筑物的基本型式有排水管、隧洞、斜槽、山坡截洪沟等。

排水管是最常用的输水构筑物。一般排水管埋设在库内最底部，荷载较大，一般采用钢筋混凝土管，如图 8-14 所示。斜槽的盖板采用钢筋混凝土板，槽身有钢筋混凝土和浆砌块石两种，如图 8-15 所示。钢筋混凝土管整体性好，承压能力高，适用于堆坝较高的尾矿库，但当净空尺寸较大时，造价偏高。浆砌块石管使用浆砌块石作为管底和侧壁，用钢筋混凝土板盖顶而成，整体性差，承压能力较低，适用于堆坝不高、排洪量不大的尾矿库。

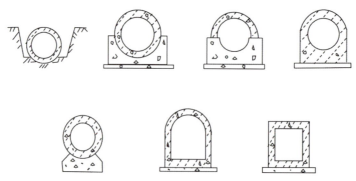

图 8-14 钢筋混凝土排水管

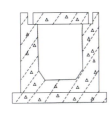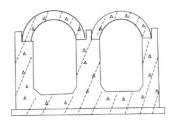

图 8-15　斜槽盖板

隧洞需由专门凿岩机械施工，故净空尺寸较大。它的结构稳定性好，是大、中型磷石膏库常用的输水构筑物。当排洪量较大，且地质条件较好时，隧洞方案往往比较经济。

（3）坝坡排水沟

坝坡排水沟有两类：一类是沿山坡与坝坡接合部设置浆砌块石截水沟，以防止山坡暴雨汇流冲刷坝肩。另一类是在坝体下游坡面设置纵横排水沟，将坝面的雨水导流排出坝外，以免雨水滞留在坝面造成坝面拉沟，影响坝体的安全。

8.2　磷石膏的干堆

8.2.1　国内外尾矿干堆发展现状

尾矿浓缩堆存为磷石膏这一想法最早由 Ronbinsky 于 20 世纪 70 年代提出，形成了干堆尾矿库理念的雏形。20 世纪 80～90 年代浓缩技术和尾矿膏体的输送技术的发展，即先采用高效浓缩机或深锥浓缩机将尾矿浓缩成膏体尾矿，再用泵输送到浓缩尾矿场或者将干堆浓缩设备放到干堆的高点上直接排放，有助于解决膏体尾矿堆存问题。国外在这一领域的研究开展较早，国际上首座使用干堆技术筑成的尾矿库是 Kidd Creek 尾矿库，其位于加拿大安大略省，早在 1973 年就已经开始运行，50 年后预计堆存量可超过 1 亿 t。

国外对于干堆尾矿坝的探索随各种成功的应用实例已取得一定成果，具体为：脱水工艺的提高使尾矿砂可以达到一个较低的含水率；不同矿种尾矿砂的性质差异推动了筑坝工艺的改变与匹配；针对干堆尾矿坝的标准也在这些探索中逐渐形成[12]。

国内大量使用上游法湿堆尾矿库，对于干堆尾矿库的研究起步较晚。20 世纪 70 年代，我国逐渐开始对尾矿干堆的技术和施工工艺进行探索，20 多年后终于成功将这项技术运用于实践之中。1994 年，山东平邑归来庄金矿首先使用干堆法，应用效果较为显著[13]；随后，由于国家的大力推广，山东三山岛金矿[14]、云南镇沅金矿[15]、河北石湖金矿[16]等紧随其后，并且由于干堆尾矿库的优越性和特点，其为企业带来了一定的经济效益。

付永祥[17]基于某山谷型干堆尾矿库，对干堆尾矿库设计坡比和分级问题进行了研究，并发现降雨会减少尾矿砂的抗剪强度，因此在对坝体稳定性进行评价时需要将降雨影响考虑在内。

江南[18]分析了尾矿库稳定性的影响因素，分别对尾矿库现状和降雨时的稳定性进行分析，并编写可将尾矿库中渗流场和应力场进行耦合的程序，为类似工程提供合理的研

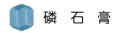

究方法。

贾梁[19]通过对干堆尾矿库降雨入渗规律的研究，提出了定量计算降雨量和入渗量的两种方法，并推出了一套计算干堆尾矿库降雨稳定性的新模型，弥补了规范的缺陷，并且对其库容最大化的坡比进行了探讨，为类似工程研究的不足进行了补充，提供了新的解决途径。

8.2.2　磷石膏干堆特点

近年来，磷化工固废堆积坝安全事故频发，造成重大人员伤亡和财产损失，促使监管部门与矿山企业寻求更加安全的尾矿堆存方式，与传统湿堆相比，磷石膏干堆方案以其安全、节水、环保等特点正逐渐受到重视，国家和有关省市已出台相关规定，鼓励采用干堆方案。磷石膏干堆技术将湿法磷酸工序后产生的低浓度磷石膏经过浓缩脱水压滤，使含水率低于 20%，再通过皮带或汽车运输到堆场进行堆积，可较好地缓解湿堆尾矿库存在的溃坝、污染环境等现象，在磷石膏堆场方面，也有向干式堆存转变的趋势[20]。

一般来说，尾矿库选用干堆的方式主要考虑以下几点[21]。

1）建库地址没有优势地形。

2）待堆存尾矿为细粒尾矿，没有形成沉积干滩的条件。

3）堆积坝整体的稳定性较差，无法满足安全标准。

4）使用传统的湿堆堆积方式不可行或使用后运营成本高，经济性差。

5）使用湿堆法无法满足对环境保护的要求。

尾矿干堆的方式是将饱和尾矿材料压缩和过滤后进行脱水处理，使其含水率降低，从饱和变为非饱和，然后进行堆筑。干堆实际上就是尾矿经过脱水后无偏析或仅有少量渗水，从而可以达到一定的强度进行自然堆积，并能够堆至一定的高度。目前，尾矿脱水的工艺根据脱水后尾矿含水率的不同可分为两种，一种称为压滤浓缩，另一种称为膏体浓缩。

1. 压滤浓缩干堆

尾矿浆被排出后，经过浓缩和压滤等一系列工艺流程成为饼状物，其含水率一般在10%～15%，业内称其为滤饼，运送滤饼的方式可以是传送带运输，也可以使用卡车运送至干堆尾矿库处进行堆存。

2. 膏体浓缩干堆

膏体尾矿是一种固液混合体，如果将压滤浓缩定义为干排干堆，那膏体尾矿则属于湿排干堆，其仍然属于尾矿矿浆，有一定的流动性和屈服应力。膏体尾矿在脱水阶段中加入添加剂，脱水后具有不产生离析的特性，因此膏体尾矿在堆存一定时间后，其表面水分蒸发后开裂，但不会在大风天气出现扬尘现象，改善了周边环境。

干堆尾矿库在中国发展时间不长，却成为国家大力推广、企业重点关注的项目，这是因为相较于湿堆尾矿库，干堆尾矿库具有以下优势。

1）提高安全等级、减少安全隐患。因降低了尾矿的含水率，库内储水量较少，高密度状态的尾矿通过机械设备提供的摊铺和密实度也被提高了，在正常运行情况下，干堆尾矿库的稳定性较高。即使在强降雨情况下，干堆尾矿库设计的排水系统拦截上游雨水，入库水较少，库内尾矿材料还具有吸水作用，相较于同等情况下的传统湿排尾矿库，不易发生滑坡、溃坝等现象，安全等级大幅度提高了。

2）从环境保护方面来说，过滤液可以循环利用，因此可减少化学药剂的用量，降低了环境污染的风险，也减小了灾害发生后对环境的污染程度。

3）从应用范围方面来说，干堆尾矿库的选址灵活。由于不需要进行水力充填，因此，其对缺水地区以及高寒地区极其适用，且不易液化这一特点也适用于地震频发地区。

4）从经济效益方面来说，由于库内无积水，因此干堆尾矿库的坝坡稳定性要高于同坡比下的湿堆尾矿库，因此，可适当提高干堆尾矿库的坡比，从而达到增加库容的目的，也能减少征地面积。干堆尾矿坝的使用年限相对湿堆较长，湿堆尾矿库总库容的利用率在70%~80%，而干堆则可达到100%~140%，这大大增加了企业效益。

5）传统湿堆尾矿库最终的库容利用系数一般在0.75左右；而干堆尾矿库可以通过对堆积高度和堆积坡度的优化，使其最终的库容利用系数达到1.0，甚至更高[22]，不仅能够增加尾矿库库容，延长尾矿库的使用寿命，同时也提高了土地的利用率。

8.2.3　磷石膏干堆场设计

1. 磷石膏干堆场筑堆形式

干堆磷石膏库可以分为膏体浓缩尾矿库和压滤浓缩干堆场。膏体浓缩干堆场按堆筑方式可分为中心排放式、沟谷堆放式、逐级加高式等类型；压滤浓缩干堆场按堆筑方式可分为从下往上台阶式和倒排入库式等类型。与湿堆场不同，磷石膏干堆场调节池位于拦渣坝坝前，堆场无须建水池坝，拦渣坝设置于沟口，这样在堆积体和拦渣坝之间形成了天然调节池，具有"拦砂、滞洪、拦渣"三大功能[23]。磷石膏干堆库按堆筑形式可分为单阶式、台阶式、坝壳式等干堆库。

干堆库没有在堆积坝上设置堆筑平台的，或设置的平台宽度较窄可忽略不计的，均可看作单阶式膏体干堆库，其适用于磷石膏排出量小、运距短的矿山。

台阶式压滤干堆库从坝体稳定性角度出发，在单阶式膏体干堆尾矿库基础上进行完善改进，即每堆积到一合适高度，向库区内偏移一定长度，形成一个堆筑平台，再继续进行之前的堆筑工艺，最终形成台阶式筑坝坝面。

坝壳式干堆尾矿库堆积断面表现为在干堆尾矿材料上层又堆筑了一层物理特性较好的材料（如岩石废体），因覆盖了一层坚硬的壳体，干堆尾矿坝更趋于稳定，故称为坝壳式干堆库，其剖面图如图8-16所示。

2. 磷石膏干堆场排洪、排水系统

虽然干堆尾矿含水率较低，库内仍需设置排洪、排水系统，以便遇到暴雨或洪水时，将库内存水及时排出，提高干堆尾矿库的稳定性。

出于环保考虑，雨水一旦入库，即变为污水，不得随便外排。当渣场四周有汇水流

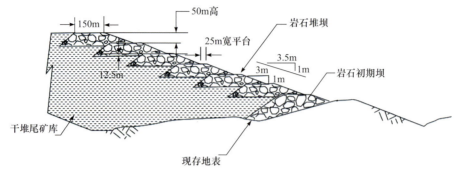

图 8-16 坝壳式干堆尾矿库剖面图

域时，宜采用库区周边设置截洪沟的形式，将汇水截流并引至堆场外，使入库水量最小化，从而实现"清浊分流"。为此，干堆尾矿库的排洪、排水系统包括以下内容。

（1）截洪沟

截洪沟的主要作用就是当遭遇设计洪水时，为防止整个汇水面积的洪水全部进入场内，使尾砂饱和，并阻止侧向渗流进入场内，在场外一定标高处开挖截洪沟，将此标高以上的洪水直接排出场外[24]。

（2）溢洪道

溢洪道是防止事故发生的泄洪设施，当遭遇特大超设计洪水或截洪沟淤堵时，保证磷石膏干堆场安全度过汛期。

（3）拦砂坝

由于使用干堆工艺，磷石膏脱水至 15%左右，导致日常生产过程中堆场不会形成自由水面，无须设置回水构筑物，但需设渗滤水收集系统，尽可能地减少库内水量。当遭遇设计洪水时，依靠截洪沟和溢洪道共同拦截库外来水，此时还需设置拦沙坝。

对于自上而下堆积方式的干法堆场，全场干法堆积作业，通常情况下并无表面水体，堆积区无须设置排洪井-隧洞这样的渣库排洪系统。

对于山谷型堆场、干法堆场的磷石膏堆积体，其主要防洪、排洪手段为设置截洪沟（截排洪系统），以防止较大汇水面积降雨径流进入磷石膏堆积体。截排洪系统失事垮塌，瞬间大量洪水冲刷磷石膏堆积体，表面径流会造成边坡滑坡、垮塌危险；或降雨径流大量进入磷石膏堆积体，在排渗系统不畅或排渗能力不足情况下，使堆积体中饱和区扩大，也会引起边坡失稳、滑坡，甚至垮塌。因此干法堆存截排洪系统的安全可靠性特别重要。

对于磷石膏干法堆场，考虑到截洪沟为磷石膏堆积体防洪、排洪几乎是唯一的措施，故防洪标准宜考虑采用堆积区最终等别（或相近）确定。对于规划堆积区以外库尾、库侧仍有较大汇水面积的山谷型堆场，应采用挡水坝-隧洞系统的防洪、排洪形式，防洪标准不低于截洪沟采用标准。

雨季时，应在堆积体表面做临时排水措施，结合堆积布置，构筑临时排水沟渠。堆积体表面不得蓄积水体。

8.2.4 磷石膏干堆场防渗

磷石膏中含有一定量的有害成分，如可溶磷、可溶氟、微量重金属及放射性元素，可随水体发生迁移，对周围环境造成一定危害，需要对磷石膏干堆场进行防渗处理，不仅可有效回收 P 和 F 等有用资源，而且可以最大限度降低干堆场对地下水的污染。磷石膏堆场污染防治应达到《一般工业固体废物贮存和填埋污染控制标准》（GB 18599—2020）中第Ⅱ类一般工业固体废物标准要求[25]。

干堆尾矿库的防渗设施主要包括坝体防渗和库区防渗。

坝体防渗：初期坝体内坡由外到内铺设材料，一般为块石护坡、碾压黏土垫层、防渗土工膜、碎石垫层、碾压堆石坝体。后期子坝内侧铺设防渗层。内坡防渗层与库区防渗层搭接。

库区防渗：在库底及岸坡铺设复合土工膜防渗层。一般上层为黏土垫层，下层铺设防水毯及黏土垫层。

目前，用高密度聚乙烯膜对磷石膏堆场进行水平防渗透处理，是磷石膏堆存污染防治的重要技术手段，可有效减少对堆场周边和地下水资源的污染，为今后更好处理处置做过渡。

8.3 磷石膏堆存场的安全监控与管理

长江流域作为国内"三磷"最为集中的地区，磷污染十分严重。目前总磷已经成为长江流域的首要污染物，磷石膏尾矿库作为"三磷"之一，是长江经济带尾矿库污染防治工作的重点目标[26]。长江经济带磷石膏尾矿库约有 70 座，总体来说具有库容大、库内堆存有害物质多、距长江干支流近等特点。大多数磷石膏尾矿库与化工厂相伴生，由于生产污水肆意排放以及尾矿水渗漏等问题，对长江的水质造成了极大的破坏。

历史遗留磷石膏库占用大量土地资源，由于磷石膏综合利用低，新增磷石膏继续占用土地。2018 年新增磷石膏库占地 2.5 万～3.0 万亩，若不科学堆存，将可能存在溃坝风险。另外，磷石膏主要成分为二水硫酸钙，含有残留磷酸、硫酸、氢氟酸以及砷、镉、汞等有害成分，其渗滤液对地表水和地下水环境影响大。磷石膏库覆土复绿、排水防渗、渗滤液收集、拦洪排洪等未建设或未规范建设，不符合《磷石膏库安全技术规程》AQ 2059—2016），导致扬尘污染和渗滤液污染严重影响周边大气环境和水环境。

8.3.1 堆场稳定性分析

尾矿库坝体稳定性分析计算，以定量的方式评价和预测坝体的工作状态，以检验运行中的尾矿库安全系数是否满足要求，确定安全富余量，核算尾矿坝剩余堆积高度，对坝体的稳定性做出评价。

目前，尾矿坝稳定性分析方法主要有三大类，分别是数值分析法（如有限元法、有限差分法、边界元法等）；极限平衡法（如瑞典圆弧法、Bishop 法、余推力法、Sarma 法等）；强度折减法等[27,28]。

尾矿坝稳定性分析，首先是确定计算剖面，然后运用极限平衡法分析计算，再做数值分析，用极限平衡法检验计算结果，最后用概率分析法确定坝体工程破坏风险程度。

1. 数值分析法

数值分析法即通过建立数学模型，选择材料的本构关系来模拟求解坝体的应力应变值，然后按照一定的准则，判断并给出坝体的稳定性区域等指标。数值分析法根据对安全系数的不同定义可以分为两类：剪应力比形式与矢量和形式。剪应力比形式是将二维有限元极限平衡法拓展到三维中的分析方法，矢量和形式则是郭明伟等[29]基于力是矢量的概念所提出的安全系数定义。

Stianson 等[30]采用剪应力比定义的安全系数，仅考虑椭球形滑动面，研究了滑动面的网格数以及泊松比对安全系数的影响。林永生等[31]采用了剪应力比定义的安全系数，用遗传算法搜索了最危险滑动面，通过工程实例验证了方法的实用性。计算结果显示，采用剪应力比形式的安全系数与极限平衡法计算结果规律相同，略有差异。张海涛等[32]为解决矢量和法的安全系数可能为负值的问题，通过将滑动面视为薄滑移带，并进行微元受力分析，将极限和抗滑剪力矢量在滑动趋势反方向的投影与合滑动剪力矢量在滑动趋势方向的投影的比值定义为安全系数。

除这两种定义外，杨涛等[33]将点安全系数定义为该点抗剪强度与滑动方向上剪应力的比值，整体安全系数为位移等值面上点安全系数对面积的加权平均值，通过将节点位移矢量投影到位移等值面计算该点的滑动方向。

2. 极限平衡法

极限平衡法根据坝体的静力平衡原理分析边坡各种破坏模式下的受力状态，以及尾矿坝滑体上的抗滑力和下滑力之间的关系来评价坝体的稳定性，其原理简单，适用性强，是坝体稳定分析计算的主要方法，能够直接提供坝体稳定性的定量结果，极限平衡法是边坡稳定分析中应用最广泛，经验积累最多的方法，主要以满足力和力矩平衡的方程作为计算基础并将安全系数视为强度储备系数。二维极限平衡法是将滑动面以上的土体划分为垂直土条进行分析，所以也称为条分法。对这些土条进行受力分析，建立平衡方程。在建立平衡方程的过程中，根据土条的条间力假设不同分别有不同的方法。主要方法包括但不限于：Fellenius 法、Bishop 法、Janbu 法、Spencer 法、Morgenstern-Price 法。

平衡方程不仅需要添加在第三个方向上的柱间力假设，并且每个柱间力的方向也由两个方向变为三个方向，平衡方程还要求满足整体的力和力矩平衡。根据满足的柱间力假设、整体力和力矩平衡可将三维极限平衡法分为不同的方法。近年来，采用条柱法形式的三维极限平衡法满足了更多的力和力矩平衡条件，奠定了更严谨的理论基础。

陈昌富等[34]根据三个方向的力平衡条件和沿主滑方向力矩平衡条件，提出了一种基于 Morgenstern-Price 法的三维极限平衡法。

袁恒等[35]通过引入条间抗剪强度发挥系数，运用各条柱的三个方向的力平衡和整体三个方向的力矩平衡，提出了一种计算边坡稳定性的三维极限平衡方法，该方法假定了底面的抗剪力方向垂直于底面与平面的交线。

凌道盛等[36]通过侧向剪力系数和侧向剪力分布函数对条件力进行假定，提出了所有条柱满足 3 个力矩平衡、滑坡体满足 3 个力矩平衡的极限平衡法，该方法可看作二维

Morgenstern-Price 法的三维扩展。

Zhou 等[37]提出了基于六个平衡条件建立的严格极限平衡法，对三个算例的研究表明，该方法与仅考虑四个或五个平衡条件的准严格极限平衡法相比更准确与严格。

Wan 等[38]基于 Spencer 法提出了一种简化方法来评价三维非对称边坡的稳定性。该方法满足三个方向上的力平衡和两个方向的力矩平衡，假设了唯一的滑动方向，对两个非对称算例的研究表明，在三维非对称边坡中忽略唯一的滑动方向会高估边坡稳定性。

相比于有限元等数值分析方法，极限平衡法没有应力应变关系和几何协调方程，所以必然要引入假设用以代替这部分缺失。极限平衡法必然会因为假设的合理性而影响结果的准确性，从而制约了极限平衡法在三维情况下的推广与应用。

3. 强度折减法

强度折减法是随着数值方法（有限单元法、有限差分法等）发展起来的一种方法，Zienkiewicz 等[39]在 1975 年对这一方法进行了完整的阐述，赵尚毅等[40]首先在中文期刊对强度折减法进行了报道。强度折减法通过对土体材料强度参数的折减，迭代计算直至整个边坡达到临界破坏的状态。一般强度折减法采用的数值方法有有限单元法和有限差分法，其他数值方法则少见。

强度折减法的优点在于不需要提前对滑动面形态进行假定，采用的数值方法能够满足应力应变关系等。以土体强度减弱的形式产生边坡破坏是强度折减法的基本假设，不同于极限平衡法的是，后者需要对条间力进行复杂假设进而产生不同的对应方法。采用强度折减法可解决如下问题。

利用强度折减法分析不同类型的工程问题。林杭等[41]将 Hoek-Brown 准则的强度折减法扩展到三维情况；Shen 等[42]用有限差分强度折减法基于 Hoek-Brown 强度准则研究了边坡的安全性，并对收敛准则和边界条件对三维模型的影响进行了分析。

完善强度折减法存在的数值问题。Wei 等[43]对比了强度折减法与极限平衡法在三维边坡中的应用，指出三维强度折减法对收敛准则、边界条件和网格设计非常敏感，在使用时需格外谨慎。

强度折减法在三维分析中也存在着一些问题，除了剪胀角对计算收敛性的影响外，还有采用不同的失稳判据会得到不同的安全系数。

4. 稳定性计算原理及模型

堆石坝的破坏可能有沿着地基表面的整体滑动、坝坡坍滑以及坝坡与地基一起滑动。坝体的失稳是部分坝体沿某滑裂面滑动，黏土坝或少黏性的土坝的滑裂面通常假定为圆弧形，而石坝的滑弧面通常假定为折线形。按滑弧面形状，坝体稳定分析法分为圆弧滑动法和折线形滑面法；当采用圆弧滑动法计算时，又有瑞典条分法、简化 Bishop 法和 Janbu 法；当采用折线形滑面计算时，又有简化 Bishop 法、Janbu 法和 Morgenstern-Price 法。

可采用计算机程序对边坡稳定性分别建立相应模型，对于同一个尾矿库边坡问题，采用不同计算理论分析的方法，将结果相互对照，也是提高边坡稳定性模型精准性的有效手段，目前国内外基于极限平衡法和强度折减法的软件有以下几种。

国外的极限平衡法软件主要有以下几种。

1）基于简化 Bishop 法、Janbu 法和 Spencer 法开发的 Clara-W 软件。

2）基于普通条柱法和 Spencer 法开发的 TSlope 软件。

3）基于双向力和力矩平衡极限平衡法开发的 Slide3 软件。

4）基于 Hovland 法、改进 Hovland 法、简化 Janbu 法和 Bishop 法开发的 COSTANA 3D 软件。

国内的极限平衡法软件主要有以下几种。

1）基于 Janbu 法开发的 SSA-3D 软件。

2）采用 VC++结合 OpenGL 技术基于简化 Janbu 法开发的 SLOPE 3D 软件。

3）基于 Spencer 法开发的 STEB 3D 软件。

在三维强度折减法方面，有很多常用的商业有限元和有限差分法软件，可以通过软件内置的材料强度折减计算流程，实现强度折减法的计算，代表性的软件有：FLAC 3D、Plaxis、Ansys、Abaqus 等。

8.3.2　磷石膏堆场的安全管理

尾矿库的建设、运行、闭库和闭库后再利用及其安全监督管理，必须执行《尾矿库安全监督管理规定》，其安全技术要求及尾矿库等级划分标准按照《尾矿库安全技术规程》执行。

1. 磷石膏堆场存在的隐患及对策

堆场存在的危险有害因素主要有以下几种。

1）垮坝：磷石膏堆场初期坝为土坝，因各种因素影响存在垮坝的风险。

2）滑坡或漫顶：在地震或特大暴雨时可能会出现滑坡或漫顶现象。

3）坍塌：四周山坡可能出现山体滑坡或坍塌的风险。

4）淹溺：库内水域地区可能产生淹溺情况。

主要安全隐患应采取的对策有以下几种。

1）做好勘察，严格遵循规程规范，精心设计。

2）优质施工，加强监督管理，进行严格监理，保证施工质量。

3）加强生产运行期的管理，严格巡查制度，发现安全隐患及时处理。

4）设立安全警示标志，防止人畜坠落，造成溺水危险及伤害。

2. 安全管理原则

根据《尾矿库安全监督管理规定》要求对磷石膏堆场进行安全管理。

1）建立安全生产责任制，制定详细的安全生产规章制度和操作规程，配置专业管理队伍。

2）进行危险与可操作性研究（HAZOP），全面分析掌控安全风险，并制定相关安全管理规程。

3）针对重大险情编制应急救援预案及演练方案，并定期进行有针对性的应急演练。

4）加强工程档案资料管理，保证资料完整，并长期保管。

5）做到持证上岗，定期对生产管理人员、操作工进行培训并取得特种作业人员操作资格证书。

6）磷石膏堆场建设过程中的勘察、设计、安全评价、施工、监理需由具有相应资质的单位承担。

7）磷石膏堆场建设项目做好"三同时"工作。

8）办理安全生产许可证。

9）定期进行磷石膏堆场安全评价。

3. 安全管理技术要求

磷石膏堆场工程作为一项重大危险源的环境保护工程，其设计必须将安全放在首位，初步设计时就应对堆存尾矿的安全问题进行可行性论证。

尾矿库安全的要求内容如下。

1）磷石膏堆场选址安全。

2）堆场防洪安全。

3）库坝体安全。

4）库坝体渗流稳定安全。

磷石膏堆场工程的初步设计应严格遵守《选矿厂尾矿设施设计规范》，符合《尾矿库安全规程》的要求。

4. 库水位控制和防洪安全

1）一期后期坝调洪高度 1.5m，正常运行最高水位顶应离坝顶标高不得小于 3.5m，以保证尾矿库有一定的风浪爬高和安全超高。

2）排洪构筑物和排水沟在任何时间和任何情况下均不允许树枝、泥沙等淤堵或堵塞，库内进口段和下游河道须保证畅通。

3）截洪沟应注意有无变形、位移、冲刷、损毁等影响构筑物安全的情况。

4）汛期做好防汛排洪工作，主要包括：汛期前必须对排洪系统进行全面检查，对防洪高度应随时可以进行测量，发现问题，及时解决，并在库内竖立水位标尺，以及时了解水位动态；配置抢险物资、机具、通信设备、电力照明等设备，整修抢险道路，保障畅通完好；加强巡检，密切注视库内水情变化，监控两侧沟谷地表径流和山体动态；结合本库情况，制订尾矿库安全度汛方案；洪水过后应对坝体和排洪构筑物进行全面检查，发现问题及时修复，准备连续暴雨的袭击。

5. 尾矿坝安全管理

1）做好位移监测，当位移量超标或者有增大趋势时及时查明原因，妥善处理。

2）检查坝体裂缝，查明裂缝的范围、形态、深度、性质，判定危害程度，妥善处理。

3）按时测量浸润线，防止出现大面积浸润线溢出，一旦发现必须及时查明出溢点的位置、形态、流量及含沙量等情况。

4）监测干滩长度，防止干滩不足。

5）监测干滩坡比，及时调整排浆方式，保证坡比合理。

6）检查周边山体稳定性，当发现有山体滑坡、塌方、泥石流等情况时，应详细观察周边山体有无异常和急变，并根据工程地质勘查报告分析周边山体发生滑坡的可能性和危害性，采取应急方案妥善处理。

7）磷石膏堆场内严禁违章爆破、采石和建筑。

8）磷石膏堆场内严禁违章尾矿回采和开垦等。

9）磷石膏堆场库区内禁止放牧、垂钓、行船。

10）库区严禁伐木或破坏植被。

11）磷石膏堆场内禁止违章排入外来尾矿、废石、废水和废弃物。

12）库区实行封闭式管理。

8.4 磷石膏堆场生态修复

8.4.1 堆场生态修复技术和原理

近年来，由于磷肥企业的发展和扩张，我国各大省份磷石膏堆存总量超过 6 亿 t，并每年仍以巨大的增速在堆积着，磷石膏堆场也不得不每年扩建扩修。同时由于大部分磷石膏堆场分布在长江流域附近，磷石膏的渗漏流失以及其他诸多不确定因素会日益增加生态风险[44]。采用露天堆置处理方式的磷石膏会带来许多问题，尤其是生态环境问题。实施健康、和谐、绿色的磷石膏资源回收再利用策略，对磷石膏堆场进行生态修复，采用边坡治理、植被恢复、水质净化、设施升级以及生态景观改造等方式，实现堆场有效治理的目标，并解决磷石膏库存堆放问题以及磷酸产业可持续发展的问题，为助推长江流域地区生态修复与全国堆场的污染治理探索出路。

1. 堆场生态修复技术

为了高效环保地解决磷石膏堆存的问题，其生态恢复研究的进度不断加快，越来越多的探索重点集中在了磷石膏的原位控制上。在已有的研究报道中，原位修复技术已经应用于治理受污染的土壤，包括土壤有机物污染、重金属污染以及放射性污染等，且均取得了不错的成果。磷石膏是具有这些污染因素的集合，现将修复对象受污染土壤与磷石膏进行有效替换，进行原位控制与生态修复，已经被证明具有较大的可行性[45]。

磷石膏的原位生态修复主要是通过植物修复方式来实现，筛选特定的高耐受性植物在磷石膏堆场上种植生长，修复植物的生长会对各种有害物质进行吸附转化和固定，不仅可以有效防止堆场中污染物扩散，还能改善空气质量、提高绿化面积。也可筛选种植耐受性花卉、开发景区或是修建运动场地等，在带来经济效益的同时还实现磷石膏的资源化利用[46]。这种植物修复分为三种基本类型：植物提取修复、植物稳定修复和植物挥发修复[47]。在磷石膏堆场污染修复的原位处理上，植物修复技术对本土环境安全可靠，对周边环境无明显影响[48]，且相比传统的其他环境修复技术，植物修复技术具有更大的优势：成本低廉、效用好、安全性高、治理原位性强且环境控制力强[47]。

2. 堆场生态修复技术原理

堆场治理更适合的植物修复方式为稳定修复，快速稳定环境，恢复生态。对于堆场中含有的重金属污染，选用合适的重金属耐性植物，通过植物代谢活动与其固定作用可以降低重金属的迁移性，从而降低重金属被淋溶到地下水、周边土壤环境或由空气介质扩散造成进一步环境污染的风险性[49]。植物稳定修复的作用主要体现在：一是植物的生长，会对重金属离子进行一定的吸附和累积；或者是通过植物根系的分泌物来固定离子，大大降低离子可迁移性；再者是植物直接吸收离子至体内，来利用和固定重金属。二是植物能够使其生长区域土壤密集紧凑，提高此区域的环境抵抗力，极大减轻污染区受土壤风蚀、水蚀的影响，防止污染物质向大气或是周边环境的扩散。

8.4.2　磷石膏堆场存在的生态问题

1. 堆场周边的土系水系危害

磷石膏堆存会造成多方面的危害，其中含有的许多溶出性较强的杂质，如磷、氟化钠、硫酸根等，或是其他的一些具有可溶出性的重金属元素，在受到雨水的浸润、冲刷后淋出，会随雨水进入周边的水系统和土系统，造成水和土污染。并且磷石膏的 pH 较低，含磷量较大，长期露天堆存，雨水淋溶后携带酸性，进入水环境后，这些显酸性的含磷物质极易引起水体富营养化。据国内新闻网报道，在湖北省黄冈市距长江 2.5km 处，由于一座巨型磷石膏库防治不力，大量磷石膏随水体流失[50]，汇集入长江河流，致使长江边缘水面显白，极似牛奶，散发异味，引起民众的怨言。经检查，河流近缘总磷浓度严重超标，达标准量的 3474 倍。中央第三生态环境保护督察组在湖北督察时指出，湖北省推进磷石膏资源化综合利用不力，部分地方磷化工企业环境污染问题依然突出。截至 2020 年底，湖北省磷石膏堆存量已达 2.96 亿 t，存在着极大的危害风险。

2. 对周边大气的影响

磷石膏中存在的一些氟化物、硫化物等在堆放过程中会释放一些毒害气体，或是粉尘随风扬飞，进入空中，造成大气环境污染。磷石膏中的氟来源于磷矿石，磷矿石在与硫酸的分解反应中，使氟元素逐渐暴露富集，并夹杂在磷石膏中。磷石膏中的可溶氟主要以 NaF 形式存在，难溶氟是以 CaF_2、Na_2SiF_6 形式存在[51]。磷石膏中所含的可溶性氟化物及硫酸盐进入液体环境后，可能生成氟、氟化氢和二氧化硫等污染气体，这些气体会从水中逸出而污染大气。在气温较高的夏季，受气候风季或雨季的影响，经常出现此类大气污染状况[52]。氟元素虽然是人体必需微量元素之一，但是在氟污染的环境的影响下，过量的氟摄入，会给人体带来严重的危害。氟对人体的危害主要表现在骨骼上的损伤，尤其是在牙齿上的影响，如牙齿上出现黄色斑点斑纹、牙齿畸形等。并且氟化氢也是一种毒性较高的气体，短时间暴露就会对机体造成极大的危害，引起鼻炎或皮肤炎症等症状。磷石膏中氟污染的存在给堆场周边人们的身体健康带来较大的健康隐患。

3. 放射性污染

磷矿石成分繁杂，其中还有放射性物质，如镭、钍等元素以及它们的衰变产物[53]，这些物质也不可避免地存在于磷石膏中，被堆置存放下来。因此，磷石膏的堆放同样存在对周边造成放射性污染的环境风险，放射性物质含量超标，也将对人们造成严重的不良影响。而也正是磷石膏的放射性，使得磷石膏的生态修复以及综合利用增加了多重阻碍。

8.4.3 磷石膏堆场生态修复的意义

当前的磷石膏堆置占用着大量的土地，将磷石膏妥善安全处理，不仅仅是国家政策的需要，更是受其影响的周边居民们的诉求。现如今资源短缺问题日益严峻，磷石膏本身也是一种可利用资源，如将大量堆存的磷石膏资源回采，采用一种健康、绿色、环保、无危害的方式对其进行利用，并对堆场进行生态修复，在能源利用和生态良好上都具有重大的意义。同时，在正进行的磷石膏应用研究中，涉及的领域包括建筑、农业和工业等，充分显示了磷石膏资源利用的可行性。通过借鉴和改善，努力助推磷石膏的资源化、无害化和减量化，致力消除安全隐患，避免污染事故[54]；推进磷化工企业的可持续发展，尽全力打造健康、和谐、绿色、环保的生态居住环境。

8.4.4 针对当前问题的生态研究现状

1. 磷石膏直接施田，促进作物增产

磷石膏虽然是磷酸产业的生产废弃物，但其中含有的各种植物生长必需元素如 P、Mg、S、Fe 等，以及其中具有的 Ca^{2+} 和 SO_4^{2-}，经过预处理后混合到土壤，能够起到调节和促进植物生长的作用，可增加产量和提高品质。磷石膏中 Ca^{2+} 在盐碱性土壤中，与钠离子进行交换，能改善土壤理化性质，增强土壤品质[55]，起到不错的土壤改良和作物促产作用。举例如下。

1）磷石膏在水稻、棉花、大豆等作物田施用以后，与不施用磷石膏组的对照相比，分别增产 13.98%～18.26%、7.65%～14.38%、16.07%，并在不同程度上提高作物的品质。

2）采用磷石膏配方培育平菇，平菇的品质有明显提高，表现为色泽好、菌肉变厚、菇质硬实、不易破碎，一般可增产 10%[56]。

由以上的数据结果可以看出，磷石膏替代磷肥使用，粮田作物生长得到了改善，这对于磷石膏的资源化利用也提供了另一种重要的思路。磷石膏堆置并经过预处理后，如果可以在植被作物上大范围推广使用，不仅可以迅速地消耗储量，还能够大量节省磷石膏堆置带来的堆置管理费用和设施维护费用，并且也能够增加作物的产量，带来不错的社会效益和经济效益。

2. 磷石膏堆场的原位生态修复

（1）磷石膏堆场的植被修复

对于磷石膏利用率较低的问题，采用磷石膏堆场的原位生态修复具有重要的意义，原位进行堆场的污染控制及稳定修复，可以从源头上缓解磷石膏堆积造成污染问题的压力[45]，让磷石膏堆场尽早地进行生态恢复，也更便于之后的环保治理，促进磷酸企业可持续发展，而且也为同期磷石膏的综合利用作了净化处理，具有一举多得的意义。从综合利用的角度考虑，有两条较为理想的方式：一是采用快速植被恢复法覆盖露天堆置的磷石膏，通过植物生长稳定堆场环境，植物生长后期可收获地上部分作为燃料；二是采用磷石膏作为草坪或草皮生长基质，种植绿化草皮[57]。

在磷石膏堆场植被恢复过程中草种优选方面，向仰州等[46]在磷石膏基质种植草地早熟禾、百喜草、紫花苜蓿、白三叶、一年生黑麦草、多年生黑麦草 6 种草种，观察草株各生长时期指标发现，黑麦草和紫花苜蓿的发芽率、分蘖率、成活率及株高和生长效应等均优于草地早熟禾、百喜草和白三叶，并达到显著性差异水平（$P<0.05$），说明黑麦草与紫花苜蓿对磷石膏的生长适应性要比其他几种草种强，为磷石膏堆场的快速植被种植提供了一定借鉴。

通过向磷石膏堆场中施加不同种类及比例控制的外源物，对重度恶劣的土壤环境进行稀释，种植大蒜，并通过分析大蒜的生长状况、生理指标以及混合后改良土壤的化学指标，来探究磷石膏堆场被大蒜修复的可能性[58]。结果表明，加入适量稻壳粉进行调整后，大蒜的发芽率和存活率都获得不错的提高。根据控制比例，磷石膏与稻壳粉的比例为 35∶1 时，大蒜综合生长表现最佳。研究结果表明，大蒜能在添加了一定比例稻壳粉的磷石膏中生长，指标分析表明，磷石膏基质得到较好的改善，为之后覆盖废弃磷石膏堆场，大蒜作为可行植物提供了参考作用。

国外在磷石膏生态修复过程中，也在堆场可覆盖植物的筛选和培育方面进行了大量研究。Komnitsas 等[59]发现狗牙根、须芒草、偃麦草、牛尾草等多种草种在磷石膏上存活良好，有着不错的植物覆盖修复潜力。Petrisor 等[60]选取多种植物对磷石膏污染地土壤进行覆盖，为修复磷石膏堆场提供了有效的参考。Leaković 等[61]发现苜蓿、狗牙根、紫羊茅、紫穗槐能够在含有氟化钙的基质中正常生长。以此模拟磷石膏堆场环境，为植物的选择提供更多的思路。Khoudi 等[62]通过 TaVP1 转基因拟南芥研究也对磷石膏堆场污染修复和基质的改良进行了探索。

（2）磷石膏堆场微生物修复

微生物可以对堆积的磷石膏进行生物降解[63]。磷石膏中富含的硫元素，可以作为硫源，为采用硫酸盐类菌种处理磷石膏开辟了新方向[64]。Wolicka 等[65]分离出一种厌氧型硫酸盐降解菌，经扩大培养后在磷石膏基质上接种，显示此菌能够进行正常的生长代谢，并将磷石膏转化为碳酸钙，在综合利用上可以生产土壤改良剂，便于治理施用。实验培养采用特定培养基，以磷石膏作为唯一的电子受体，调节营养条件，以乳酸、酪蛋白或乳糖作为碳源。观测其中的 COD 值、SO_4^{2-}含量等因素，最终磷石膏降解率达到 53%，验证了在实验室的条件下，磷石膏可以被降解，为微生物降解磷石膏的可行性提供了理论支撑。

Houda 等[66]从磷石膏中分离得到一株新菌株 BRM17，其能够在磷石膏中较好生长，将此菌株接种，并在磷石膏基质上种植番茄幼苗，观测 BRM17 菌株对幼苗的促进作用，结果显示出 BRM17 菌株在处理磷石膏污染、促进植物生长、恢复污染地生态和消除磷石膏库存方面的巨大潜力。Petrisor 等[67]在矿山尾矿接种人工细菌褐藻固氮菌和芽孢杆菌，发现人工细菌褐藻固氮菌和芽孢杆菌对磷石膏场地的环境改良有较大促进作用，再联合植被种植，他们提出磷石膏堆场植被协同微生物修复的综合治理方案。

（3）磷石膏堆场重金属污染修复

物理修复法和化学修复法作为早期土壤修复的主要方式，具有修复力强、效用高的特性，但从长远来看，这类修复方式容易给土壤造成不可逆的影响，如出现板结、降低生物群落丰度等。环保要求日趋严格，对磷石膏堆场的修复方式提出了更高的标准，植物修复法及微生物修复法的出现，从根本上弥补了物理法和化学法的短板，由此各方法的搭配联合逐渐成为土壤污染修复的主要方式。

向污染土壤中施加合适的改良剂与钝化剂是化学钝化修复的主流实现方式，使金属元素的迁移性与溶解性受到抑制，在土壤上生长的植物受金属毒害作用降低，从而实现土壤重金属固定修复作用[68, 69]。化学钝化修复技术对磷石膏原位修复具有较高的适应性，仅需控制钝化剂的施加即可，还具有成本低、操作易，且能获得较好成效等优点。但作为外源物质施入污染地进行修复，综合效果会受到较多的因素限制，如土壤类型及性质、重金属元素种类及浓度、钝化剂的适应性及用量等因素[70]。王仙慧等[71]利用废铁屑、粉煤灰和过磷酸钙三种钝化剂对磷石膏污染土壤进行修复，通过钝化剂组合筛选及控制施加量，分析各种基质理化指标。结果表明，各钝化剂组合的搭配，使磷石膏基质中的重金属活性显著降低，Cd 的迁移性减弱，并且玉米幼苗能在此修复过的磷石膏土壤上种植生长，且受到 Cd 元素的毒性影响减弱，说明添加外援钝化剂对磷石膏基质治理也有一定效果。

当前，生物修复技术处理土壤的重金属污染已经取得了较好的研究成果，借鉴土壤生物修复技术来处理磷石膏中的重金属污染，也已进行了一定的可行性研究。生物修复技术可以在原位修复及控制上发挥极大的作用，与物理、化学金属污染修复技术相比，该技术不仅对土壤环境友好，还能有效地改良土壤环境，增加有机质含量[72]，在环境污染治理的同时，实现污染地的生态恢复。

生物修复技术包括植物修复技术和微生物修复技术。植物修复是植物通过其发达的根系，吸附或产生分泌物来固定转化土壤中的重金属离子，或是被富集植物吸收至体内，构成自身有用的物质，并将其代谢分解形成毒性较小的金属离子存在形态，存储在植物的组织器官中[73]。微生物修复是以微生物的生长数量和生理代谢为基础，使金属离子发生络合、沉淀、氧化、还原等的生化作用，改变重金属离子的迁移性或降低毒性来实现污染修复。

目前，植物与微生物联合修复土壤重金属污染的方式，在生态治理中发挥着越来越重要的作用，它们的联合修复具有多方面的协调配合优势。植物发达根系的生长，为微生物提供良好的天然生活场所，根系的分泌物也为微生物提供足量的营养条件，供维持微生物足够的微生物量和种类。微生物也通过其旺盛的代谢活动改善植物生长的根际环境，并且微生物的许多胞外分泌物对植物来说有类似于生长素等植物激素的作用，促进植物生长，提高植物的抗逆能力，形成完整互利协同的土壤-微生物-植物体系，对重金属污染的治理可以有极佳的处理效用。

（4）磷石膏堆场的生态防护

磷石膏堆场遍布全国各地，由于其量大、难处理、利用率低等因素，国内大多是将磷石膏长期露天堆置，这会造成许多隐患，如堆场堆体边坡陡峭，存在塌方和滑坡的风险。在干燥炎热的季节，细粒磷石膏易随风飘扬，发生粉尘扬飞，进而污染大气。在雨季，磷石膏中的淋溶物质也会随雨水浸润流出，造成堆场或堆场外的生态污染；或者是由于雨水过大，冲刷力强，造成磷石膏滑动流失。因此，对整个堆体采用合适的生态防护就显得尤为重要。当前的研究和申请专利提供了一种磷石膏堆场的生态防护结构及方法[74]。对磷石膏堆体边坡整形修理后，由里及外地依次铺设多层防护层、营养层和土壤改良层。各层与层之间以及与堆体表面用铆钉紧密固定，顶层种植根系生长旺盛的植物，这样就在植物生长的过程中，发达的根系会依次穿透各个防护层，形成一个整密连接的整体，称作生态防护网。该防护结构可模块化铺装、拼接和种植，在挖掘堆体利用磷石膏时又可连带植被一起模块化移动，既能保证整个堆场环保及安全，又不影响前端持续排放及后端持续挖掘利用。使用此堆场堆体生态防护网系统为应对这些隐患问题提供较大指导与参考价值。

参 考 文 献

[1] Yang J, Ma L P, Liu H P, et al. Chemical behavior of fluorine and phosphorus in chemical looping gasification using phosphogypsum as an oxygen carrier[J]. Chemosphere, 2020, （248）: 1-11.

[2] 白海丹. 2019 年我国磷石膏利用现状、问题及建议[J]. 硫酸工业, 2020, （12）: 7-10.

[3] 中国国家标准化管理委员会. GB 39496—2020, 尾矿库安全规程[S]. 2020-10-11.

[4] 李建雄, 张庆安, 高伟. 磷石膏的安全环保堆存及综合利用[J]. 化肥设计, 2018, 56（3）: 58-62.

[5] 张庆安, 高伟, 吴娟. 磷石膏堆存技术[J]. 化工技术, 2008, 18（4）: 67-71.

[6] 许凯, 蔡元奇, 朱以文, 等. 渣场的一种新渗流排放体系研究[J]. 岩土力学, 2007, 29（5）: 976-980.

[7] 卢星. 中线法尾矿坝筑坝工艺及渗流、稳定分析[D]. 西安: 西安理工大学, 2016.

[8] 郭中岳. 浅谈上游式尾矿库闭库治理措施[J]. 有色金属节能, 2021, 37（2）: 58-61.

[9] 陈永松, 毛健全. 磷石膏中污染物可溶磷的溶出特性实验研究[J]. 贵州工业大学学报, 2007, 36（1）: 99-102.

[10] 杨春福. 中下游式尾矿坝设计概要[J]. 有色矿山, 1999, （3）: 33-36.

[11] 王柏纯, 曲忠德. 采用中线法筑坝工艺实现尾矿库大幅扩容[J]. 矿业快报, 2002, 9（17）: 18-20.

[12] Michael D. Filtered dry stacked tailings-the findamentals[J]. Tailings Andmine Waste, 2011, （11）: 6-9.

[13] 田赞生. 国内膏体干堆工艺[J]. 矿业装备, 2014, （6）: 35-36.

[14] 洪飞, 刘渝燕, 曲鸿鲁. 国内膏体干堆工艺应用[J]. 矿业装备, 2014, （6）: 35-36.

[15] 彭华, 刘松韬, 张清华. 云南镇沅金矿尾矿干堆工艺研究[J]. 云南冶金, 2010, 39（6）: 54-57.

[16] 岳俊偶, 付琳. 尾矿干堆技术在黄金矿山的应用实践[J]. 黄金, 2010, 16（8）: 51-54.

[17] 付永祥. 大型山谷型尾矿干堆场设计理念与实例[J]. 金属矿山, 2009, （10）: 1-4, 31.

[18] 江南. 基于 ANSYS 的干堆尾矿库坝体稳定性与结构优化研究[D]. 昆明: 昆明理工大学, 2017.

[19] 贾梁. 降雨条件下干堆尾矿坝稳定性分析及设计坡比的探讨[D]. 绵阳: 西南科技大学, 2015.

[20] 何秉顺, 田亚护, 张平虎, 等. 干堆磷石膏大型渣场设计概述[J]. 磷肥与复肥, 2011, 26（2）: 24-27.

[21] 傅灿, 文枚, 杨国刚, 等. 尾矿干堆工艺技术应用分析[J]. 有色金属（矿山部分）, 2013, 65（2）: 60-63.

[22] 曾宪坤, 沈楼燕. 关于在我国南方多雨地区实施尾矿干堆技术的探讨[J]. 中国矿业, 2001, 20（5）:

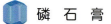

90-92.

[23] 何秉顺, 付永祥. 岩溶地区磷化工固体废物堆场的设计思路[J]. 金属材料与冶金工程, 2012（40）: 94-99.

[24] 李远飞. 尾矿干堆处理技术[J]. 矿业工程, 2011, 9（5）: 55-57.

[25] 童俊. "十三五"磷石膏处理处置现状及展望[J]. 建材发展导向, 2018, 16（16）: 6-11.

[26] 杨荣金, 张钰莹, 张乐, 等. 长江流域"三磷"综合整治"十四五"策略[J]. 生态经济, 2021, 37（3）: 187-191, 206.

[27] 豆中强. 弹性静力学问题 ANSYS 求解与边界元求解比较[J]. 西华大学学报, 2005, （6）: 116-119.

[28] Zienkiewicz O C, Taylor R L. The Finite Element Method[M]. 5th ed. Oxford：Butterworth Heinemann, 2000.

[29] 郭明伟, 葛修润, 李春光, 等. 基于矢量和方法的边坡稳定性分析中整体下滑趋势方向的探讨[J]. 岩土工程学报, 2009, 31（4）: 577-583.

[30] Stianson J R, Fredlund D G, Chan D. Three-dimensional slope stability based from a stress-deformation analysis[J]. Canadian Geotechnical Journal, 2011, 48（6）: 891-904.

[31] 林永生, 陈胜宏. 基于有限元计算的边坡三维滑裂面搜索[J]. 岩土力学, 2013, 34（4）: 1191-1196.

[32] 张海涛, 罗先启, 沈辉, 等. 基于矢量和的滑面应力抗滑稳定分析方法[J]. 岩土力学, 2018, 39（5）: 1691-1698, 1708.

[33] 杨涛, 刘涌江, 杨兵, 等. 应用点安全系数分析基坑边坡三维稳定性[J]. 岩土力学, 2014, 35（6）: 1756-1761.

[34] 陈昌富, 朱剑锋. 基于 Morgenstern-Price 法边坡三维稳定性分析[J]. 岩石力学与工程学报, 2010, 29（7）: 1473-1480.

[35] 袁恒, 罗先启, 张振华. 边坡稳定分析三维极限平衡条柱间力的讨论[J]. 岩土力学, 2011, 32（8）: 2453-2458.

[36] 凌道盛, 戚顺超, 陈锋, 等. 一种基于 Morgenstern-Price 法假定的三维边坡稳定性分析法[J]. 岩石力学与工程学报, 2013, 32（1）: 107-116.

[37] Zhou X P, Cheng H. Analysis of stability of three-dimensinal slopes using the rigorous limit equilibrium method[J]. Engineering Geology, 2013, 160: 21-33.

[38] Wan Y K, Gao Y F, Zhang F. A simplified approach to determine the unique direction of sliding in 3D slopes[J]. Engineering Geology, 2016, 211: 179-183.

[39] Zienkiewicz O C, Humpheson C, Lewis R W. Associated and non-associated visco-plasticity and plasticity in soil mechanics[J]. Geotechnique, 1975, 25（4）: 671-689.

[40] 赵尚毅, 郑颖人, 时卫民, 等. 用有限元强度折减法求边坡稳定安全系数[J]. 岩土工程学报, 2002, （3）: 343-346.

[41] 林杭, 曹平, 李江腾, 等. 基于 Hoek-Brown 准则的三维边坡变形稳定性分析[J]. 岩土力学, 2010, 31（11）: 3656-3660.

[42] Shen J, Karakus M. Three-dimensional numerical analysis for rock slope stability using shear strength reduction method[J]. Canadian Geotechnical Journal, 2014, 51（2）: 164-172.

[43] Wei W B, Cheng Y M, Li L. Three-dimensional slope failure analysis by the strength reduction and limit equilibrium methods[J]. Compiters and Geotechnics, 2009, 36（1-2）: 70-80.

[44] 杨再银. 扎实推进磷石膏综合利用加快修复长江生态环境[J]. 磷肥与复肥, 2021, 36（9）: 4.

[45] 尚凯. 磷石膏堆场污染原位控制及生态修复研究进展[J]. 广州化工, 2015, 43（24）: 42-43, 78.

[46] 向仰州, 刘方, 巍鬼, 等. 磷石膏基质改良配方筛选及多年生黑麦草生长特性研究[J].北方园艺, 2010, （2）: 90-93.

[47] 鲍桐, 廉梅花, 孙丽娜, 等. 重金属污染土壤植物修复研究进展[J]. 生态环境, 2008, （2）: 858-865.

[48] Daie J.Annual review of plant physiology and plant molecular biology [J]. Soil Science, 1992, 154(6): 508.

[49] Daie J.Annual review of plant physiology and plant molecular biology [J]. Soil Science, 1989, 147（5）: 385.

[50] 徐丽君. 磷石膏处理方案综合评价研究[D]. 成都: 西南交通大学, 2015.

[51] 舒静, 田中全. 长江附近缘何涌出"牛奶水"?[N]. 新华每日电讯, 2021-09-07 （004）.

[52] 卓蓉晖. 磷石膏的特性与开发应用途径[J]. 山东建材, 2005, （01）: 46-49.

[53] 官洪霞, 谭建红, 袁鹏, 等. 对磷石膏中各危害组分环境污染本质的分析[J]. 广州化工, 2013, 41 （22）: 135-136, 145.

[54] 王乐亮. 磷石膏综合利用不可忽视放射性污染问题[J]. 硫磷设计, 1997, （1）: 2-5.

[55] 李骏宇, 田蔚, 康明远. 磷石膏"以渣定产"综合利用技术经济分析[J]. 贵州科学, 2020, 38（4）: 85-88.

[56] 姚永发, 曹智澄. 磷石膏的综合利用[J]. 化工设计通讯, 1991, 17（4）: 4.

[57] 向仰州, 刘方. 不同草种在磷石膏基质中生长适应性[J]. 辽宁工程技术大学学报（自然科学版）, 2010, 29（3）: 525-528.

[58] 苟万里, 梁婷婷, 杨敏, 等. 大蒜用于磷石膏堆场植被覆盖可能性的初步研究[J]. 化工管理, 2021, （27）: 25-26, 29.

[59] Komnitsas K, Lazar I, Petrisor I G. Application of a vegetative cover onphosphogypsum stacks[J]. Minerals Engineering, 1999, 12（2）: 175-185.

[60] Petrisor I G, Komnitsas K, Lazar I, et al. Vegetative cover for phosphogypsum dumps: a romanian field study [A]. International Containment & Remediation Technology Conference and Exhibition, 2001.

[61] Leaković S, Lisac H, Vukadin R. Application of industrial waste CaF2 for vegetative covering of phosphogypsum disposal site[J]. Kemija u Industriji-Journal of Chemists and Chemical Engineers, 2012, 61（11-12）: 505-512.

[62] Khoudi H, Maatar Y, Brini F, et al. Phytoremediation potential of *Arabidopsis thaliana*, expressing ectopically a vacuolar proton pump, for the industrial waste phosphogypsum[J]. Environmental Science and Pollution Research, 2012, 20（1）: 270-280.

[63] 王晓岑, 李淑芹, 许景钢. 农业应用磷石膏前景展望[J]. 中国农学通报, 2010, 26（4）: 287-294.

[64] Azabou S, Mechichi T, Sayadi S. Zinc precipitation by heavy-metal tolerant sulfate-reducing bacteria enriched on phosphogypsum as a sulfate source[J].Minerals Engineering, 2006, 20: 173-178.

[65] Wolicka D, Borkowski A. Phosphogypsum biotransformation in cultures of sulphate reducing bacteria in whey[J]. International Biodeterioration & Biodegradation, 2009, 63（3）: 322-327.

[66] Houda T, Issam B S, Naïma K B, er al. Effectiveness of the plant growth-promoting rhizobacterium *Pantoea* sp. BRM17 in enhancing brassica napus growth in phosphogypsum-amended soil[J]. Pedosphere , 2017, 30: 570-576.

[67] Petrisor I G, Dobrota S, Komnitsas K, et al.Artificial inoculation—perspectives in tailings phytostabilization[J]. International Journal of Phytoremediation, 2004, 6（1）: 1-15.

[68] Diels L, van der Lelie N, Bastiaens L. New developments in treatment of heavy metal contaminated soils[J]. Reviews in Envi-Ronmental Science & Bio/Technology, 2002, 1（1）: 75-82.

[69] 崔俊义, 马友华, 王陈丝丝, 等. 农田土壤镉污染原位钝化修复技术的研究进展[J]. 中国农学通报, 2017, 33（30）: 79-83.

[70] 吴霄霄, 曹榕彬, 米长虹, 等 . 重金属污染农田原位钝化修复材料研究进展[J]. 农业资源与环境学报, 2019, 36（3）: 253-263.

[71] 王仙慧, 龙涛, 张建昆, 等. 土壤钝化剂对磷石膏污染土壤中 Cd 的钝化修复效应[J]. 湖北农业科学,

295

2020, 59（12）：68-71.

[72] 张英婷, 李紫龙, 蒋妮娜, 等. 重金属污染土壤修复技术及其研究进展[J]. 能源与环境, 2021,（5）：78-79, 83.

[73] 金明兰, 王悦宏, 姚峻程, 等. 植物对重金属污染土壤的生态修复[J]. 科学技术与工程, 2020, 20（32）：13493-13496.

[74] 朱兆华, 陈晓蓉, 徐国钢, 等. 一种适用于磷石膏堆场的生态防护的方法[P]. CN201410083026.7. 2015-11-25.

第 9 章
磷石膏利用的展望

9.1　磷石膏开发利用技术发展前景

磷石膏是国内外磷化工企业产量较大的固体废弃物，为了提高磷石膏综合利用率，众多磷化工企业以及相关科研工作者近些年来投入了大量的人力、物力和财力积极攻克该问题，以缓解磷石膏的大量堆存问题。

现有的磷石膏处置及资源化利用技术主要集中于制备水泥缓凝剂、纸面石膏板、悬浮态分解磷石膏制硫酸等方面，存在在线质量控制技术不成熟、预处理技术成本较高、技术经济性差、推广价值普遍低等问题，这些问题限制了磷石膏的大规模处理，严重制约了磷石膏资源化利用产业的发展，亟须低成本、高效益的技术和产品。随着国家相关部门、高等院校、研究院所和企业对磷石膏问题的日益重视，磷石膏源头和末端治理技术的开发不断涌现，有望逐步实现磷石膏的减量化、资源化和无害化[1]。

9.1.1　源头减排方案

1. 硫酸分解磷矿技术

传统的硫酸分解磷矿方法二水法导致大量的磷石膏杂质含量较高，且需经浮选、水洗和压滤等净化技术处理，应用受限。然而，半水-二水法以及二水-半水法相较二水法具有明显的优势。

通过对磷矿 MER 值 [$w(MgO+Fe_2O_3+Al_2O_3)/w(P_2O_5)$] 对半水石膏的品质影响、磷矿非定态变浓度酸解动力学模型、二水-半水两级晶态调控机制研究，磷矿酸解机制及结晶过程中的相变规律表明二水、半水在适宜的温度、硫酸根浓度等条件下可以相互转化。以五环科技股份有限公司和贵州金正大化肥有限公司为代表，半水-二水法以及二水-半水法逐步走向工程化。相对于传统二水法工艺，半水-二水法以及二水-半水法装置能耗低，磷收率高，成品磷酸质量好，石膏品质好，且半水-二水法的磷石膏经过两次过滤，磷石膏中杂质含量降低，二水-半水法得到的副产品是半水石膏，半水石膏可直接用于石膏产品的生产。

虽然半水-二水法以及二水-半水法磷酸装置主要技术经济指标均优于传统二水法装

置，但仍然存在生产不稳定等一定的技术难题，故市场占有率一直低于二水法装置。

2. 硝酸磷肥技术

硝酸磷肥是用硝酸分解磷矿所生产的含有氮与五氧化二磷肥料的统称。其主要特点在于硝酸分解磷矿时，硝酸既作为酸解剂，把磷矿中的 P_2O_5 转变为可被作物吸收的形式，其本身又作为氮肥留在产品中。因此，硝酸的费用可以包含进氮肥的生产成本中，由于它可以不用硫酸而制成磷肥，在经济上具有一定优势。

该技术具有如下创新点：冷冻法硝酸磷肥工艺技术实现资源综合利用，将磷矿中的钙转化成 $5Ca(NO_3)_2 \cdot NH_4NO_3 \cdot 10H_2O$ 产品，无磷石膏排放；缺点是二氧化氮或氟化氢大量逸出，污染环境，产品吸湿严重。

3. 双酸法酸解技术

双酸法酸解即磷矿先用盐酸分解，经过滤后液相再用硫酸析钙，形成硫酸钙纯度较高的石膏固体。采用双酸酸解工艺，可以处理中低品位磷矿，无须选矿工艺，可获得磷石膏晶须。国内也有企业完成了万吨级的中试装置。纯度较高的石膏固体经加工可以生产超纯超白高强石膏，可应用于高端建材、生物医药、精密铸造等领域，市场售价在 2500 元/t 以上，是普通建筑石膏（市场售价 300 元/t 左右）的 8 倍以上，产品运输半径很大，有良好的推广前景。

但双酸酸解技术规模化推广中仍存在以下技术问题有待攻克：设备大型化后，强酸、强氯和氟离子环境下设备的耐腐蚀难题；盐酸在"双酸阶梯解耦"反应中的迁移、分离与循环利用的技术难题；含氯磷肥的土壤、市场应用推广限制；钙组分的纯化以及高效大规模利用问题。

9.1.2 末端利用的方法

1. 磷石膏净化

为了更好地实现磷石膏的综合利用，必须对磷石膏进行净化。未来发展主要集中在浮选除杂、煅烧除去有机质和超溶净化等，目的都是纯化磷石膏，以便将其作为综合利用的原料。

2. 石膏基建筑材料

以磷石膏为原料，制备的石膏基建筑材料，并非指目前常规的建筑石膏粉、石膏板等传统产品，而是以石膏基装配式板材、石膏基高强自流平等高附加值产品为主。随着磷石膏浮选技术开发的突破、水洗及压滤设备自动化程度的提高，对该技术思路已经完成了相关工业中试，需要进一步研究大规模利用中的设备、控制及工艺选型等问题，以期实现百万吨级/年的生产示范线。运输半径极大扩展，借助磷化工企业的长江水运优势，推广前景良好。仅以石膏基装配式内墙材料计，我国每年新增内墙面积约 40 亿 m²，按照国家规划的推广比例 40% 计算，相关建筑材料市场需求量约 2 亿 t。

3. 路基材料

美国佛罗里达磷酸盐研究所经过 20 年的跟踪检测,证明磷石膏作为路基材料对地下水无污染,不存在放射性风险,但这一用途仍未获得相关部门的正式批准;我国也曾经用磷石膏作道路基材的工程示范,但其承重量不足,磷石膏掺入量仅 15%~30%,经过一段时间的使用和大型车辆的行驶,部分路段出现垮塌现象。在新农村建设和城市扩建中,可以大量用于道路基础材料。磷石膏路基对磷石膏的消耗量较大,这是磷石膏的一个较好的出路,磷石膏路基材料的增强改性是问题的关键。同时,因硫酸钙微溶于水,路基的防水性问题也需一并考虑。

4. 磷石膏固碳及新型材料

磷石膏氨法直接固碳技术的基本原理是以磷石膏、氨水、二氧化碳作为反应物,以硫酸铵和碳酸钙为目标产物,在控制各种反应条件的前提下,实现对二氧化碳的高效固定。

近年来,国内对于二氧化碳捕集、利用与封存技术的研究日益增多。磷石膏氨法直接固碳技术和石膏分解渣二步法固碳技术的研究有所突破,利用磷石膏捕集二氧化碳具有良好的技术及经济效益,将其作为一种高效、经济的钙基二氧化碳吸收剂具有广泛的应用前景[2]。

5. 固化和采空区回填材料

在磷石膏中添加固化剂,可阻止水溶性磷、氟、共晶磷和有机质等有害杂质渗出,同时磷石膏固化后也可作为采矿回填料,该方法消耗量较大,但是由于磷化工企业与采矿点通常距离较远,而磷石膏回填材料的附加值很低,因此相关企业没有积极性,如果能给予相应的政策扶持,这也是一种可行的途径。

6. 土壤化改良及生态化利用

磷石膏用于土壤调理剂,能为土壤补充磷元素及调节土壤酸碱度,同时用磷石膏制作的土壤改良剂能有效地促进小麦生长,还可以通过提供基本阳离子和降低 Al^{3+} 有效性来改善土壤肥力。也有学者通过筛选出有效菌剂并将其加入到磷石膏中,活化磷石膏的 Ca、S、P 营养元素,探索化学、生物的方法制备磷石膏生物肥料。但是由于各地产出的磷石膏杂质成分不一,有害重金属元素的含量也不同,如单纯地把磷石膏直接施到土壤中,一方面增加了有益微量元素的含量,另一方面也增加了有害重金属元素的含量,污染了土壤[3]。

同时,陈旧的磷石膏堆场占用了大量的土地,长期堆放的磷石膏在钙化以后,就变得非常板结,基本连草都长不出来,严重影响生态环境。磷石膏堆场可进行人工植被恢复,生态修复和覆盖植被可使磷石膏堆场重新披上绿装,还可形成人文景观。

总之,磷石膏的综合利用应从源头、末端加强技术开发,在现有的磷酸生产工艺基础上,从生产过程中降低磷、氟、有机物及其他有害元素,得到α-高强石膏、β-建筑石膏和Ⅱ型无水磷石膏等,为直接生产如石膏模具、玻璃纤维石膏板、门芯板等提供强有

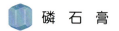

力的原材料保障。同时，开发石膏晶须和Ⅱ型无水磷石膏等石膏基工业填料，推动其在工程塑料、造纸、农用膜、无纺布、沥青、油漆、涂料等行业的应用，从而加快磷石膏源头减排、资源化和清洁技术的研发与推广应用[4]。

9.2 磷石膏开发利用的政策支持前景

2011 年，国家相关部门印发《关于工业副产石膏综合利用的指导意见》，明确指出，到 2015 年底，磷石膏综合利用率由 2009 年的 20%提高到 40%。2022 年 5 月 26 日湖北省第十三届人民代表大会常务委员会第三十一次会议通过《湖北省磷石膏污染防治条例》，提出了磷石膏污染防治坚持减量化、资源化、无害化和污染担责原则；产生磷石膏的企业应当配套建设磷石膏无害化处理设施，采取先进工艺对所产生的磷石膏进行无害化处理，减少或者消除其危险成分，防止磷石膏污染环境。

2019 年，国家发展和改革委员会、工业和信息化部印发的《关于推进大宗固体废弃物综合利用产业集聚发展的通知》指出，按照生态文明建设的总体要求，以集聚化、产业化、市场化、生态化为导向，以提高资源利用效率为核心，着力技术创新和制度创新，探索大宗固体废弃物区域整体协同解决方案，推动大宗固体废弃物由"低效、低值、分散利用"向"高效、高值、规模利用"转变，带动资源综合利用水平的全面提升，推动经济高质量可持续发展。推广脱硫石膏、磷石膏等工业副产石膏替代天然石膏的资源化利用；推动副产石膏分级利用，扩大副产石膏生产高强石膏粉、纸面石膏板等高附加值产品规模，鼓励工业副产石膏综合利用产业集约发展。

2021 年 12 月 27 日，国家发展和改革委员会印发的《关于加快推进大宗固体废弃物综合利用示范建设的通知》提出加快推进基地建设和骨干企业培育，确保如期完成建设目标任务，进一步提升大宗固体废弃物综合利用水平，推动资源综合利用产业节能降碳，助力实现碳达峰碳中和。

2021 年 12 月，生态环境部等部门发布《"十四五"时期"无废城市"建设工作方案》，推动 100 个左右地级及以上城市开展"无废城市"建设，到 2025 年，"无废城市"固体废物产生强度较快下降，综合利用水平显著提升，无害化处置能力有效保障，减污降碳协同增效作用充分发挥，基本实现固体废物管理信息"一张网""无废"理念得到广泛认同，固体废物治理体系和治理能力得到明显提升。

近年来，磷矿主要产地省份也在出台磷石膏污染防治条例、关于加强磷石膏综合治理促进磷化工产业高质量发展的意见、磷石膏无害化处理暂行技术规程以及房屋市政工程推广应用磷石膏建材实施方案等一系列政策、规范、标准等文件，为磷化工企业稳定、健康和持续发展提供保障。

9.2.1 政策扶持，综合协调

科学的产业政策和优越的制度是开展经济活动的根本前提。要彻底解决磷石膏大量堆存和资源化利用的问题，离不开国家相关政策的大力扶持。在磷石膏发展空间上、磷石膏产品推广应用、资金支持等方面政府出台了相关政策，如限制或禁止开采天然石膏，将磷石膏产品纳入政府采购品目分类目录，在市政工程建设等政府项目中大力推广使用磷石膏产品，给予磷石膏处理、磷石膏制品应用等补贴等。

同时，政府建立配套的协调机制和长效机制。由于磷石膏的综合利用涉及社会各行各业，许多领域部门都对其有重要的影响，为了使磷石膏的综合利用效率得到较大程度提高，减少对各地区的污染，实现磷石膏的资源化可持续利用，就亟须从各个角度来加强宏观协调指导，打通磷石膏资源化利用进程中"最后一公里"的障碍。

9.2.2　完善标准，有效指导

磷石膏产品得不到大规模应用，很大一部分原因是缺乏相关标准，导致下游企业不敢用。规范磷石膏利用标准不仅可以提高磷石膏利用效率，还能促进产业的规范化和合理化。目前，国家有关行业主管部门已着手开展磷石膏及其资源化利用产品相关标准的制定工作，制定适用于不同途径和应用对象的磷石膏行业标准，使得磷石膏在不同领域得到应用与推广。对于不同的磷石膏综合利用产品，必须对其进行应用检测，检测后修改校正标准，使其存在合理性。同时，加强国家标准、行业标准、地方标准和技术标准的有机结合，实现标准对行业发展的有效指导。

9.2.3　强化创新，提供保障

在我国相关政策的激励之下，磷石膏综合利用产业技术创新得到空前发展，新的技术创新均以有效、尽快地解决磷石膏综合利用难题为目标，实现长江流域生态环保。政府相关部门对影响磷石膏综合利用的重大关键技术和装备上提供了充足的资金支持，确定针对性的课题，"产学研"相结合，打造"以企业为主体，科研单位为辅助"的联合团队，完成针对性的技术突破，实现技术性创新。加大科研投入力度，开展磷石膏资源化利用相关研究工作，完成针对性的技术突破，是拓展磷石膏资源化利用途径的有效措施之一。

9.2.4　控制污染，强化意识

从磷化工生产和磷石膏利用来看，一方面企业主要重视磷铵的产量，忽视了磷石膏的质量，导致磷石膏中含有较多的杂质，杂质含量往往超过磷石膏的标准；另一方面，对于磷石膏用户而言，通常希望磷石膏杂质越少越好，以减少加工成本和对制品的影响。磷石膏产生及排放的先天不足将会提高下游企业的处理及生产成本，以及带来可能的环保及安全问题。这就需要磷肥企业在工艺流程中应加强生产全过程管理，在磷肥生产线对磷石膏的产生及排放进行无害化处理，提升磷石膏品质，为其资源化利用提供质量保障。

9.3　磷石膏开发利用的产业应用前景

磷石膏的产品应用主要有以下几个方面：①化工，如硫酸钙、硫酸铵、硫酸钾、硫脲等；②建材，如纤维石膏板、纸面石膏板、粉煤灰高强石膏砌块、磷石膏防水剂、保温砂浆、建筑胶结料、磷石膏免烧砖、磷石膏烧结板、墙体砖等；③修路，如路基材料和沥青混合填料、沥青改性剂；④水泥产品，如水泥缓凝剂、硫酸联产水泥；⑤充填，如回填废弃矿井、工程遗留凹地等；⑥复合肥料，如磷石膏与矿粉、煤灰等混合处理后的复混肥、钾钙肥、缓释尿素、硫铵复合肥等；⑦土壤改良剂，如用于盐碱性土壤的改良剂[3]。

随着国家对于磷石膏等大宗固体废弃物的综合利用问题越来越重视，相应政策也在陆续出台。磷化工企业应以此为契机，在保证磷石膏堆场的安全管理和污染治理不松懈的前提下，集中力量攻克磷石膏综合利用问题，开发高附加值利用途径；同时聚焦于建材行业，推动磷石膏产品在建筑业的广义化应用，从顶层设计出发，编制系列标准体系，提升磷石膏制品的市场认可度，减少对堆存的依赖，实现对增量消纳和存量削减的统筹兼顾[5]。

近些年来国家发布了一系列相关政策，大力支持磷石膏综合利用产业，制定了奖励机制以促进行业发展；修正磷石膏标准以强化磷石膏品质，创新技术空前发展，加快推动绿色环保，说明了磷化工产业保持着可持续、高质量、不断更正的状态，产业未来发展拥有无限潜力。

磷石膏本质上是一种宝贵的资源，潜在开发价值大、应用范围广，尤其是优质绿色建材、高强硫酸盐水泥、高分子材料填料、土壤改良剂，以及硫、硅等元素回收等具有较好的前景，只要政策引导好，加大技术突破，我国的磷石膏完全可以全部、高效、高价值地资源化利用。

参 考 文 献

[1] 李纯, 薛鹏丽, 张文静, 等. 我国磷石膏处置现状及绿色发展对策[J]. 化工环保, 2021, 41（1）：102-106.

[2] 谢龙贵, 马丽萍, 张伟, 等. 石膏类工业固废固碳技术研究进展 [J]. 磷肥与复肥, 2022, 37（1）：32-35.

[3] 字春光, 苏友波, 包立, 等. 我国磷石膏资源化利用现状及对策建议[J]. 安徽农业科学, 2018, 46（5）：73-76, 80.

[4] 谷守玉, 苗俊艳, 侯翠红, 等. 磷石膏综合利用途径及关键共性技术创新研究建议[J]. 矿产保护与利用, 2020, 40（3）：115-120

[5] 国亚非, 赵泽阳, 张正虎, 等. 磷石膏的综合利用探讨[J]. 中国非金属矿工业导刊, 2021,（4）：4-7.

　　湖北三峡实验室由湖北省人民政府批复，依托宜昌市人民政府组建，是湖北省十大实验室之一。实验室由湖北兴发化工集团股份有限公司牵头，联合中国科学院过程工程研究所、武汉工程大学、三峡大学、中国科学院深圳先进技术研究院、中国地质大学（武汉）、华中科技大学、武汉大学、四川大学、武汉理工大学、中南民族大学和湖北宜化集团有限责任公司共同组建，于 2021 年 12 月 21 日揭牌成立。

　　湖北三峡实验室实行独立事业法人、企业化管理、市场化运营模式，定位绿色化工，聚焦磷石膏综合利用、微电子关键化学品、磷基高端化学品、硅系基础化学品、新能源关键材料、化工高效装备与智能控制六大研究方向，开展基础研究、应用基础研究和产业化关键核心技术研发，推动现代化工产业绿色和高质量发展。

湖北三峡实验室